中国农业机械化协会

市场导向　服务当家

农业机械化研究文选（2019—2020）

中国农业机械化协会　编著

中国农业出版社
北　京

刘宪，从业45年，积累深厚。在一线从事农机具制造、修理，农机检测鉴定和技术推广20余年。精通专业技术，实践经验丰富。曾任农业部（现为农业农村部）农业机械化管理司副司长，农业部农机试验鉴定总站副站长，农业部技术开发推广和安全监理总站站长、书记，国务院学位委员会全国农业推广专业学位研究生教育指导委员会委员，河北藁城市市委副书记（挂职）。曾参与国家农业机械化立法论证，农机化重要政策、部门规章起草，行业技术标准的制定，国家财政专项实施，重大课题研究，国际合作项目实施和重要文献、史料编撰。在国内外发表论文数百余篇。主编《农机维修系统管理工程》《农机事故图册》《农业机械化纵横谈》（网络版）等十多部著述300万字。先后担任中国农业大学硕士研究生导师，中国农业机械学会、中国农机鉴定检测协会副理事长，中国农业工程学会农机化电气化专业委员会副主任委员，中国农机流通协会特聘专家，国家强制性产品认证技术专家组成员、国家计量认证及实验室认可评审员、中国质量协会企业质量管理诊断师。在农业装备制造和修理、新产品试验选型、新技术新机具推广、农机检测实验室建设和农机安全性、适应性、可靠性评价方面成果丰富。1988年推广农机节能技术获国家经济委员会技术开发优秀成果奖，1991年获国家计划委员会全国节能先进工作者称号。主持的“伪劣农机具快速鉴别”项目获中华农业科技科普奖，“油料耕作栽培新模式集成创新与示范”项目获农牧渔业丰收奖，获评中国农机化发展60年杰出人物，获中国农机发展贡献奖（2010—2014年），多次获得农业部优秀共产党员和先进工作者称号。

现任国务院安全生产委员会咨询专家委员会委员，中国农业机械化协会会长，全国农业机械化标准技术委员会副主任，农业农村部主要农作物全程机械化推进行动专家指导组专家，中国农业大学兼职教授。带领中国农业机械化协会创办甘蔗博览会、协会团体标准和智库，推出年度《农业机械化研究文选》等智库产品。承担行业重大项目第三方评估、农机装备制造业转型、农业废弃物资源化利用等热点问题的专题研究课题，为行业发展建言献策。

编 写 委 员 会

主　任： 刘　宪

副主任： 杨　林　王天辰

编　者： 夏　明　耿楷敏　党东民　陈　曦　权文格
张　斌　谢　静　李雪玲　孙　冬　王京宇
刘照然

序

本书出版之际，正值中国农业机械化协会创立先农智库5周年，算是一个小小的庆祝。先农智库运作5年来遇到的种种困难可谓始料不及，逆境中我们自己都有些心灰意冷，但也感悟到不易做的事才有做的价值，因此还是坚持下来，不仅没有半途而废，每年还不断奉献新鲜的智库产品，《农业机械化研究文选》（以下简称《文选》）就是其中之一。《文选》就像新家庭的第一个孩子，总会多受些关注，期望也高，虽未成大器，但也长得健康壮实。《文选》一书，2016—2018年，每年一本，已出版了3本，2019年与2020年合二为一，因此，这本书的书名定为《农业机械化研究文选（2019—2020）》，其他一切照旧。本书继承原有的宗旨和风格，选材不拘一格，按时间段收录公开发表的有观点和思想深度的原创文章，坚持新颖性，尽可能不重复已经说过的话、用过的题目。每年度《农机化发展白皮书》作为智库的品牌产品之一，主要记述当年发生的主要事件并进行综合分析，是文选中固定和重要的组成部分。

近两年，发生了很多大事。新冠肺炎疫情影响了世界格局，改变了生产和工作方式，我们国家的农业机械化发展也迎来新变局。保护黑土地受全社会关注；企业如何生存，且更好地生存下去；农机智能化、无人化产品越来越多地走向田间地头；提高机收质量，减少粮食损耗浪费成为工作重心等问题，我们都有所涉及和研究，且有研究的成果，这些均收入《中国农业机械化研究文选（2019—2020）》中。我们的一些分析和观点，可能不甚成熟全面，但还是无保留地呈现给关注农机化的各界人士参考，或引起大家共鸣，甚或争论。我们以为编撰文选的意义在于采用一种新的角度和新的方式，为农业机械化事业的发展服务。直面发展中的经验教训、问题和对策，从而为选择更加适合的农机化道路提供借鉴，这也是协会存在的价值所在。

5年的历程告诉我们，协会的先农智库作为一个新生事物，蕴含着强大的生命力，同时也是脆弱的，既有可能长成一棵参天大树，也可能在风雨中夭折。先农智库 5 年来所取得的一点点成绩只能代表过去，不能代表未来，眼下我们要做的就是努力工作，只顾耕耘，不问收获。

中国农业机械化协会　会长　刘宪

2021 年 5 月

目　录

三、全程全面高质高效发展

四、机收减损

五、农机社会化服务

六、智能农机智慧农业

七、新媒体看农机

八、农机抗疫和扶贫攻坚

一、综　述

2019 中国农业机械化发展白皮书

前言

2019 年，各地认真贯彻落实《国务院关于加快推进农业机械化和农机装备产业转型升级的指导意见》（国发〔2018〕42 号，后简称“国发 42 号文件”）文件精神，各项政策举措加快落实落地，农机化发展稳中求进、进中向好，呈现出加快转型升级的良好态势。

编撰年度白皮书，是中国农业机械化协会服务会员和行业的新途径。从 2016 年开始每年春季发布《白皮书》，至今已经发布 3 个，受到各方面的关注和鼓励，并逐渐形成独特品牌。《2019 中国农业机械化发展白皮书》受新冠肺炎疫情影响，资料收集和研究筛选、编撰工作略有延迟，但内容较前更为丰富，视角更加开阔。

全面记述 2019 年农机化发展历程的《白皮书》分为发展综述、新思路 新举措 新进展、展望和后记四部分，全文 5 万字。全面梳理了 2019 年农机化多领域资料，从纪实、客观、求新的角度，真实准确地记录了全年行业瞩目的农机事件和发展动态，分析未来发展趋势。在关注传统内容的同时，更多关注了贯彻落实国发 42 号文件，以及新农机鉴定办法、优势特色农产品机械化、畜牧机械化、甘蔗机械化、农村环境治理等新内容。

发展综述

（一）发展背景

2019 年，在中美经贸摩擦全面加剧、世界经济同步回落、国内结构性因素持续发酵、周期性下行压力有所加大等多重因素的作用下，中国宏观经济告别了 2016—2018 年“稳中趋缓”的平台期，经济增速回落幅度加大，经济结构分化明显。面对国内外风险挑战明显上升的复杂局面，在以习近平同志为核心的党中央坚强领导下，全党全国贯彻党中央决策部署，扎实做好“六稳”工作，坚持稳中求进工作总基调，坚持以供给侧结构性改革为主线，推动高质量发展，三大攻坚战取得关键进展，精准脱贫成效显著，金融风险有效防控，生态环境质量总体改善，改革开放迈出重要步伐，供给侧结构性改革继续深化，科技创新取得新突破，“十三五”规划主要指标进度符合预期，全面建成小康社会取得新的重大进展。

据国家统计局数据，2019 年前三季度，国民经济运行总体平稳，GDP 仍然保持了 6.2%的中高速增长。前三季度国内生产总值 697 798 亿元，按可比价格计算，同比增长 6.2%。分产业看，第一产业增加值 43 005 亿元，增长 2.9%；第二产业增加值277 869 亿元，增长 5.6%；第三产业增加值 376 925 亿元，增长 7.0%。前三季度，全国居民收入增长平稳，全国居民人均可支配收入 22 882 元，比 2018 年同期名义增长 8.8%；扣除价格因素，实际增长 6.1%。城乡居民收入差距继续缩小。前三季度，农村居民人均可支配收入增速快于城镇居民 1.3 个百分点。

国家统计局发布的工业企业财务数据显示，2019 年全国规模以上工业企业实现利润总额 61 995.5 亿元，比 2018 年下降 3.3%。在 41 个工业大类行业中，28 个行业利润总额比 2018 年增加，13 个行业减少。

2019 年，中央财政安排专项扶贫资金 1 261 亿元，比 2018 年增长 18.9%。据国家统计局全国农村贫困监测调查，按现行国家农村贫困标准测算，2019 年年末，全国农村贫困人口 551 万人，比 2018 年年末减少 1 109 万人，下降 66.8%；贫困发生率 0.6%，比 2018 年下降 1.1 个百分点。

2019 年，全国粮食播种面积 11 606.4 万公顷，比 2018 年减少 97.5 万公顷，下降 0.8%。其中谷物播种面积 9 784.7 万公顷，比 2018 年减少 182.4 万公顷，下降 1.8%。全国粮食单位面积产量 5 720 千克/公顷，比 2018 年增加 98.4 千克/公顷，增长 1.8%。全国粮食总产量 13 277 亿斤①，比 2018 年增加 5 119 亿斤，连续 5 年站稳 1.3 万亿斤台阶，棉油糖、果菜茶等生产保持稳定，农业农村经济稳中向好。

2019 年，各地坚持农业农村优先发展，推动“藏粮于地、藏粮于技”落实落地，深入推进农业供给侧结构性改革，在保障粮食生产能力不降低的同时，稳步推进耕地轮作休耕试点工作，因地制宜发展经济作物，全国粮、经、饲种植结构进一步优化。谷物和薯类播种面积减少。2019 年，全国谷物播种面积 14.68 亿亩②，较 2018 年减少 2 736 万亩，下降 1.8%。其中，稻谷 4.45 亿亩，比 2018 年减少 744 万亩，下降 1.6%。小麦 3.56 亿亩，

① 斤为非法定计量单位，1 斤=500 克。——编者注
② 亩为非法定计量单位，1 亩=1/15 公顷。——编者注

比上年减少 809 万亩，下降 2.2%。玉米 6.19 亿亩，比上年减少 1 269 万亩，下降 2.0%。2019 年全国薯类播种面积 1.07 亿亩，比上年减少 58 万亩，下降 0.5%。豆类播种面积增加，其中大豆大幅增加。2019 年，全国豆类播种面积 1.66 亿亩，比上年增加 1 332 万亩，增长 8.7%。

2019 年 11 月 21 日，国务院办公厅印发《关于切实加强高标准农田建设提升国家粮食安全保障能力的意见》，提出到 2022 年，全国要建成 10 亿亩高标准农田，以此稳定保障 5 亿吨以上的粮食产能；到 2035 年，通过持续改造提升，全国高标准农田保有量进一步提高。同时，又重视明确质量目标，对土壤质量、环境标准提出了整体要求。11 月 28 日，农业农村部下达 2020 年农田建设任务。任务要求确保 2020 年新增高标准农田 8 000 万亩以上；同步发展高效节水灌溉面积 2 000 万亩。同时提出高标准农田建设"两优先"：优先在"两区"和产粮大县开展高标准农田建设；优先支持革命老区、国家级贫困县，特别是"三区三州"等深度贫困地区建设高标准农田。

习近平总书记在十九大报告中提出，保持土地承包关系稳定并长久不变，第二轮土地承包到期后再延长 30 年。党的十九届四中全会后，11 月 26 日，国务院发布《关于保持土地承包关系稳定并长久不变的意见》，要求准确把握"长久不变"政策内涵。一是保持土地集体所有、家庭承包经营的基本制度长久不变；二是保持农户依法承包集体土地的基本权利长久不变；三是保持农户承包地稳定。意见提出，稳妥推进"长久不变"实施。一是稳定土地承包关系。二是第二轮土地承包到期后再延长 30 年。三是继续提倡"增人不增地、减人不减地"。四是建立健全土地承包权依法自愿有偿转让机制。第二轮土地承包到期后再延长 30 年制度的出台，使农民有了稳定的预期，既满足了农民稳定承包权的需要，又满足了流转经营权的需要，有利于形成多种形式适度规模经营，从而发展现代农业。

2019 年，在上一年的基础上，农业社会化服务体系建设进一步加快推进。8 月，中央农村工作领导小组办公室、农业农村部、国家发展和改革委员会等 11 部门联合印发《实施家庭农场培育计划的指导意见》，9 月，中央农办、农业农村部、国家发展改革委等 11 部门又联合印发《关于开展农民合作社规范提升行动的若干意见》，党中央、国务院一系列政策的出台，对农业社会化服务工作作出了明确部署。这些重要部署促进了新型农业经营主体和新型农业服务主体的大批涌现，促进了小农户和现代农业发展的有机衔接，推动了农业社会化服务的快速发展。

（二）农业机械化行业发展

据中国农业机械工业协会数据显示，全国规模以上农机企业 2019 年业务总收入为 2 464.67 亿元，比上年同期下降了 4.43%，出现负增长。2018 年农机工业业务总收入为

2 601.32 亿元，增长 1.637%。2019 年每年超过 2 000 万元收入的农机企业为 1 892 家，比 2018 年的 2 236 家减少了 334 家。2019 年行业利润为 103.39 亿元，比上一年下降了 0.25%。行业利润率为 4.76%。规模以上企业中亏损企业有 296 家，亏损面 15.58%。2019 年农机工业出口额 370.25 亿元，比 2018 年增长 14.82 个百分点。

2019 年，主要农作物全程机械化保持了平稳发展势头，主要农作物综合机械化率超过 70%，小麦、水稻、玉米三大粮食作物耕种收综合机械化率均已超过 80%，基本实现机械化。玉米耕种收综合机械化率增速与往年持平；马铃薯、棉花、油菜、花生、大豆的耕种收综合机械化率的增速较快，甘蔗生产耕种收综合机械化率稳步提升。

2019 年，是我国农业机械化和农机工业向全程全面高质高效迈进的重要一年，《国务院关于加快推进农业机械化和农机装备产业转型升级的指导意见》（国发〔2018〕42 号）正在得到有效落实。3 月 16 日，国务院召开全国春季农业生产暨农业机械化转型升级工作会议，李克强总理做出重要批示，强调抓好春季田管和春耕备耕，加快农机装备产业转型升级，确保粮食生产稳定发展和重要农产品有效供给，胡春华副总理出席会议并讲话。10 月 30 日，农业农村部在山东省青岛市举办推进农业机械化转型升级成果（2019）发布活动，向社会发布了主要农作物全程机械化生产模式、主要农作物品种选育宜机化指引、优势特色农产品生产机械化技术装备需求目录、“全程机械化 综合农事”服务中心典型案例、丘陵山区农田宜机化改造工作指引和全国农机化科技信息交流平台 6 项成果，对推动各地农业机械化向全程全面高质高效升级发展提供有力指导。

2019 年，农机购置补贴创新力度进一步加大，支持江西等 6 个省份开展标准化骨架大棚补贴试点，在 26 个省份部署开展 39 种农机创新产品补贴试点，在 20 个省份开展植保无人飞机规范应用试点，农业各产业对新型农机装备的需求得到充分满足。完善农机购置补贴资金管理使用方式，在北京等 4 个省份开展购置补贴、贷款贴息、融资租赁承租补助、作业补贴相衔接的试点，农民购机筹资能力进一步增强，补贴机具利用率持续提升。组织实施农机深松整地作业补助，完成 1.4 亿亩全年任务。启动实施北斗应用示范重大项目，机械化信息化融合迈出坚实步伐。新创建 153 个全程机械化示范县，总数超过 450 个。遴选形成 27 个全程机械化生产模式，70 个“全程机械化+综合农事服务中心”典型案例，以及 9 个主要农作物品种选育宜机化指引。

2019 年，农业农村部将适应机械化作业作为耕作制度变革、农田基本建设等工作的重要目标，支持丘陵山区开展农田宜机化改造，扩展大中型农机运用空间，持续改善农机作业基础条件，丘陵山区机械化发展持续向好。围绕加快推进丘陵山区机械化问题，组织大规模农机化发展专题调研，全面汇集整理 13 个典型丘陵山区省份的情况问题，组成多个调研组分赴重庆、云南、贵州等 7 个省份实地调研，找准问题症结，形成初步对策办法；印发《丘陵山区农田宜机化改造工作指引（试行）》，明确丘陵山区农田宜机化改造工作目标、地块选取原则、重点改造内容、整治标准、改造流程以及组织实施等要求；将土地平整、机耕道建设等作为农田建设补助资金重要建设内容；研究制定丘陵山区优势特色农产品生产机械化技术及装备需求目录，引导企业和科研院所积极研发推广适用于丘陵山区的农机装备和技术；大力发展农机社会化服务，促进丘陵山区农业生产方式向集约化、规模化转变；进一步提升农机购置补贴等重大政策在丘陵山区实施的力度和效果，积极探索创设农机作业补贴、农机化技术推广等扶持政策，农业物质技术装备水平和农业机械化水平得到了大幅提高，有力支撑了丘陵山区现代农业建设、产业扶贫和农民增收致富。预计 2019 年丘陵山区农作物耕种收综合机械化率将超过 48%，比 2018 年提高 1 个百分点以上。

截至 2019 年 12 月，全国有 22 个省（自治区、直辖市）相继出台贯彻落实国发42 号文件，加快推进农业机械化和农机装备产业转型升级实施意见，7 个省（自治区、直辖市）实施意见已进入发文阶段。国家对农机化和农机工业的重视，促使各界对农机化关注和支持力度加大，在政策影响下，企业和用户活跃度上升，2019 年农机化和农机工业总体形势向好。

2019 年，东北黑土地保护性耕作将提升到国家战略层面。2019 年上半年，农业农村部在全国特别是东北四省（自治区）开展保护性耕作的调研，分区域组织召开专家、科技与推广人员、应用农户等座谈会。2019 年 7 月、8 月，胡春华副总理先后两次到吉林省、辽宁省专门调研考察保护性耕作技术，在 2017 年制定的《东北黑土地保护规划纲要（2017—2030 年）》的基础上，出台了《东北黑土地保护性耕作国家行动计划（2020—2525）》。黑土地保护性耕作技术上升到国家战略，无疑为近年进入低谷的农机装备产业注入新的能量，有人预期，保护性耕作机具的研发制造将进入高速发展期。

自 2018 年 4 月以来，受非洲猪瘟疫情冲击，我国生猪产能持续下滑，猪肉供应相对偏紧，价格上涨较快，党中央、国务院高度重视生猪生产和猪肉供应的保障。2019 年，国务院对稳定生猪生产、保障猪肉供应作出全面部署，明确要求优化农机购置补贴机具种类范围，支持生猪养殖场（户）购置自动饲喂、环境控制、疫病防控、废弃物处理等农机装备。9 月 5 日，农业农村部发布《关于加大农机购置补贴力度支持生猪生产发展的通知》（农办机〔2019〕11 号），通知要求，要优化补贴范围，实行应补尽补。将全国农机购置补贴机具种类范围内的所有适用于生猪生产的机具品目原则上全部纳入本省补贴范围，“缺什么、补什么”“急事急办”“应补尽补”。对生猪养殖场（户）申领补贴优先办理、优化服务。加大政策宣传和技术培训力度，引导农机企业积极参与政策实施，支持推动广大养殖场（户）购机用机。通知明确，要加快试验鉴定，增加机具供给。指导所属农机鉴定机构敞开受理能力范围内的鉴定申请，对省内外农机企业一视同仁，加快试验鉴定，及时公布结果。积极支持农机鉴定机构改善检验检测条件，提升试验鉴定能力。农业农村部农业机械试验鉴定总站（以下简称农机鉴定总站）、农业农村部农业机械化技术开发推广总站（以下简称农机推广总站）将加强对各地相关工作的协调指导。通知提出，要深入摸底调查，全面梳理需求。开展生猪生产农机装备购置补贴需求专项调查，问需于民，广泛听取基层意见与建议，为进一步加大农机购置补贴力度、支持生猪生产发展提供第一手材料。

2019 年，是毛泽东主席发表“农业的根本出路在于机械化”著名论断 60 周年，是中华人民共和国成立 70 周年。4 月，中国农机化协会联合中国农业机械学会在江苏举办了纪念毛泽东主席“农业的根本出路在于机械化”著名论断发表 60 周年报告会；9 月，中国农业机械化协会在北京举办了“庆祝新中国成立 70 周年农业机械化发展成就座谈会”，张宝文副委员长对协会举办的系列活动表示肯定与支持。

2019 年，中国农业机械化协会（以下简称中国农机化协会）按照“市场导向、服务当家”的发展理念，把握行业发展趋势，组织成立了“农机安全互助保险工作委员会”，复制推广陕西、湖北两省农机安全互助保险先进经验做法，成立了“保护性耕作专业委员会”，为农机行业提供保护性耕作的共享平台。

2019 年，中国农机化协会将精准扶贫与乡村振兴相结合，充分利用自身优势，整合行业资源，发布了《中国农机化协会公益募捐倡议书》，针对农业产业定点贫困县发起定向公益募捐倡议书。3 月，协会面向行业发布了“情系‘三区三州’，爱心农机助力脱贫攻坚”公益募捐倡议书，15 家企业奉献爱心，为昭觉、红原、理塘 3 县共捐赠了 83 台（套）价值近 150 万元的机具；协会在自有资金有限的情况下，出资购买了 50 台电动牛奶分离机赠送给当地贫困家庭。为了解决四川省红原县山坡饲草地进行草籽补播只能由人工进行作业的困难，协会组织为当地培训了 4 名农用无人机驾驶操作机手，正式进行了无人机草籽播撒技术的试验演示，解决了高海拔地区山坡饲草地草籽补播的一大难题。10 月 17 日，民政部社会组织管理局授予中国农机化协会突出贡献表彰证书。

2019 年 6 月，中国农业机械化协会先后参加了在“第一届中国・非洲经贸博览会”期间举办的“推进中非农业领域投资与公司合作研讨会”和“推进中非农业机械领域对接会”，组织雷沃重工股份有限公司、北京德邦大为科技股份有限公司、江苏沃得集团、山东五征集团、苏州久富农业机械有限公司、青岛洪珠农业机械有限公司、南通富来威农业装备有限公司、河北农哈哈机械集团有限公司、石家庄天人农业机械装备有限公司等国内企业代表与来自非洲 12 国的农业官员面对面交流洽谈。11 月，2019 中国甘蔗机械化博览会在广西南宁举办，同期举办 2019 中国—东盟农业机械展。博览会以“搭建交流合作平台，推进农业生产机械化”为主题，180 多家国内外农机及零部件生产、销售企业参展，面积超过 3.4 万$米^2$，为历年最高，包括农机用户、服务公司等 2.5 万人次参观。

2019 年，中国农机化协会先农智库最新成果——《40 年，我们这样走过：纪念农机化改革开放 40 周年征文优秀作品集》《农业机械化研究文选 2018》正式出版发行。《40 年，我们这样走过：纪念农机化改革开放 40 周年征文优秀作品集》收录了 170 多位作者的 220 余篇文章，600 多幅各类图表，总计 100 余万字。《农业机械化研究文选 2018》精选文章 80 余篇，共 50 万字，设置综述、农机化重大问题研究、转型升级、全程全面发展、补短板 强弱项 促协调、丘陵山区机械化、农事服务、国三升国四、农机市场分析、走出去、农机人物、扶贫攻坚 12 个专题，对 2018 年全国农机化各项工作进行全方位解读与剖析。

12 月 19 日，中央经济工作会议提出，我国经济运行必须坚持以供给侧结构性改革为主线不动摇，在“巩固、增强、提升、畅通”八个字上下功夫。要巩固“三去一降一补”成果，推动更多产能过剩行业加快出清，降低全社会各类营商成本，加大基础设施等领域补短板力度。要增强微观主体活力，发挥企业和企业家主观能动性，建立公平开放透明的市场规则和法治化营商环境，促进正向激励和优胜劣汰，发展更多优质企业。要提升产业链水平，注重利用技术创新和规模效应形成新的竞争优势，培育和发展新的产业集群。12 月22 日，在中央农村工作会议上，中央农办主任、农业农村部部长韩长赋强调，农业农村系统要切实把思想和行动统一到总书记重要讲话精神上来，贯彻落实中央决策部署，坚持“稳”字当头、稳中求进，稳住农业农村发展好势头，突出“保供给、保增收、保小康”，扎实做好 2021 年农业农村工作，确保完成各项目标任务，为打赢脱贫攻坚战、全面建成小康社会作出新贡献。在 2019 年全国农机化形势分析会上，农业农村部农业机械化管理司（以下简称农业农村部农机化司）司长张兴旺对 2020 年的工作提出了五个“稳步”：一要坚持以贯彻国发 42 号文件为工作主线，稳步发展农机化全程全面转型升级的新格局；二要坚持以制度建设为保障，稳步实施农机购置补贴政策；三要坚持以“放管服”为动力，稳步提高整个农机化团队和行业的发展能力；四要坚持以新发展理念为指导，稳步提升全行业的发展水平；五要坚持以服务农业农村中心工作为方向，稳步启动东北黑土地保护性耕作行动计划。纵观 2019 年的农业机械化发展，虽然受多种因素影响，行业仍然面临很大压力，农机工业还未走出“寒冬”，但党和国家对农机化行业的持续关注与重视，为行业不断注入新的能量，挑战与机遇并存。随着国家一系列政策方针的出台，预计 2020 年，农机化行业发展将持续向好，农业机械化行业发展空间将逐步扩大。

新思路　新举措　新进展

（一）全面贯彻落实国发 42 号文件

2018 年 12 月 29 日，国务院印发《关于加快推进农业机械化和农机装备产业转型升级的指导意见》(国发〔2018〕42号),明确了指导思想、发展目标和重点任务,是农业机械化和农机装备产业发展的纲领性文件。为贯彻落实国发42号文件,2019年4月以国务院名义在湖北襄阳召开了专题会议进行了部署。农业农村部农机化司组织开展“农机化与乡村振兴”大学习活动,策划“学习贯彻国发42号文件大家谈”系列报道,邀请行业各领域专家对《意见》相关内容进行权威解读。刘宪会长在解读文章中汇报了中国农机化协会学习心得和2019年贯彻《意见》思路措施。福建、重庆、湖北、云南、陕西、山西、宁夏、四川、吉林、河北、内蒙古、甘肃等地结合本地实际,因地制宜,先后出台了具体实施意见。

2019年各地贯彻《意见》工作成效明显:湖北提出将实施农机装备产业升级工程、农机作业水平提升工程、农机农艺融合发展工程、绿色农机推进工程、农机精准作业示范工程、新型农机服务主体培育工程、农机作业条件建设工程和农机抗灾救灾能力提升工程“八大工程”,推动农业机械化实现高质量发展。山东省紧紧围绕打造乡村振兴齐鲁样板,牢牢把握“走在前列、全面开创”目标定位,贯彻新发展理念,落实高质量发展要求,以实施国发42号文件和省政府实施意见为主线,锚定率先建成“两全两高”农机化示范省,奋力打造全程全面机械化升级版。云南成立全省高原农机创新研发联盟,大力发展适应丘陵山区作业的中小型农机,协调发展特色作物生产、特产养殖需要的高效专用农机。针对全省特色经济作物,建立农机农艺融合的机械化农业生产技术规范,打造高原特色农产品优势区机械化生产样板。陕西在实施国发42号文件中明确提出支持农机互助保险发展,强化“3+X”农业特色产业机械装备支撑,提升果业生产机械化水平,提升畜牧业生产机械化、智能化和清洁化水平,提升设施农业机械化和自动化水平,提高特色产业机械化水平。江苏聚焦农机化和农机装备产业转型升级,强化供给侧改革,明确以现代农机装备产业集群创新行动、农机装备关键技术协同攻关行动、主要农作物生产全程机械化整体推进行动、特色产业农机化技术示范推广行动、新型农机服务组织共育共建行动、农业宜机化作业条件提档升级行动、农机人才培养培育行动8项行动作为主抓手,全面推进农机装备产业和农业机械化高质量发展。福建在财政支持、农机购置补贴和税收金融保险优惠上给予政策扶持,其中包括扩大购机补贴品目、对进口农机产品按同等条件享受补贴等。甘肃针对特殊的丘陵山地具体情形,以服务脱贫攻坚和乡村振兴战略、满足农民对机械化生产需要为目标,聚焦聚力特色产业机具研发和示范推广,推动全省特色产业提质增效。重庆积极推进农田宜机化改造,2019年宜机化改造面积40多万亩,100%的地块机器能穿梭自如,助推了当地水稻、油菜、马铃薯等主要作物及柑橘、榨菜、花椒等特色经济作物的全面全程机械化。

(二)农机购置补贴政策操作更加科学、务实和灵活

2019年,中央财政投入农机购置补贴资金180亿元,使用资金171亿元,使用进度

94.68%，扶持143万农户购置机具192万台（套），是近5年来实施进度最快，效果更加凸显的一年。对于少数人认为农机购置补贴政策实施存在部分机具饱和、行业撬动乏力、违规行为增多等问题，已经进入了政策实施的“后补贴”时代。中国农机化协会认为，农机化的服务对象不仅仅是种植业，还应包括农、林、牧、副、渔业的各个方面。从这个角度看，农机化服务的领域更宽了，补贴资金支持范围更大了，补贴还有很大的发展空间。2019年，各地加大补贴政策创设力度，开展了补贴范围拓展、资质多元采信、信息化监管、鉴定能力建设、严惩违规行为等一系列措施，缓解了“补不了”“补不好”“补得难”“补得繁”等诸多问题，不遗余力地提高政策的执行力。在行业遭遇寒流冲击的背景下，农机购置补贴的一系列创新举措，促进了政策的柔性实施，给行业带来了阵阵暖流。

补贴品目范围进一步扩大，资金支持方向由粮棉油糖等大宗作物向畜牧水产养殖、设施农业、农产品初加工等领域倾斜，“补不了”的问题得到缓解，养殖户、渔民、果农等感受到了政策的温暖。农民是生产的主体，农民满不满意、需不需要是补贴实施的出发点。在补贴资金充足的条件下，如农业运输机械、新能源农机、设施大棚等农民需要、生产亟须的农业机械都应给予资金扶持。在此基础上，要加强信息化监管等手段，提高补贴机具管理能力，避免机具非农使用和非正常转让等问题。全年新增或细分了有机废弃物好氧发酵翻堆机、有机废弃物干式厌氧发酵装置、畜禽粪便发酵处理机、有机肥加工设备、埋茬起浆机、精量播种机、整地施肥播种机、风筛清选机等多个品目，将饲料（草）生产加工机械设备、饲养机械、畜产品采集加工、畜禽粪污资源化利用4个种类的机械装备列为重点内容；各地补贴范围进一步扩大，江西等6个省份将标准化骨架大棚纳入试点品目范围，26个省份开展了39种农机创新产品补贴试点，20个省份开展植保无人飞机规范应用试点，农民对各种新型农机装备需求得到满足。

补贴操作进一步规范，抵抗风险能力得到加强，对违规失信主体严惩力度加大，“补不好”的问题得到缓解，诚信企业感受到了政策的温暖。农机购置补贴资金作为中央专项资金，属中央拿钱委托地方管理部门实施，这种层层委托、分散执行的操作方式，滋生出一些短板和痛点，也产生了一些违规行为。治乱需用重典。为了提高中央专项资金的执行效果，农业农村部办公厅、财政部办公厅联合印发了《关于进一步加强农机购置补贴政策监管强化纪律约束的通知》，加强县级农机购置补贴领导小组建设，出台严厉打击采用提供不实投档信息、虚购报补、一机多补、重复报补、以小抵大等违规手段骗套补贴行为，强化农机生产企业规范参与补贴政策实施承诺制，风险堤坝得到筑牢；农业农村部农机化司组织开展了“大马拉小车”问题农机产品专项整治工作，发布《“大马拉小车”问题农机产品消费警示》，试点将最小使用比质量等列为分档参数，有针对性地防范“大马拉小车”问题产品参与投档；农业农村部办公厅出台了《农机购置补贴机具投档工作规范》，明确了《生产企业自主投档承诺书》的主要内容，规范了要求在全国全面使用补贴机具信息化自主投档平台，鼓励一年2次以上或常年受理投档；出台了《农机购置补贴机具核验工作要点》，规范核验行为，明确核验内容、程序和要求，推行购机承诺，明确购机者凭拖拉机和联合收割机行驶证申请补贴免予现场实物核验，推动补贴机具由人工核验向信息化核验转变；组织第三方对机具进行抽查核验，支持各级管理部门开展补贴机具第三方独立抽查核验，探索外部监督。

补贴采信更加多元化，鉴定体系得到完善，技术供给能力不断增强，“补得难”的问题得到缓解，创新企业感受到了政策温暖。农业农村部办公厅发布了《关于进一步规范农机试验鉴定产品品目归属工作的通知》，研究制定了新的《农业机械分类行业标准对照表》，将2015版行业标准与2008版行业标准进行了对照，确定了补贴产品的品目归属，从“一致”“包含”“被包含”3个方面对两个标准所有品目间的横向对应关系进行了明确，保证标准内的产品能按规定得到财政补贴；通过了《农业农村部关于印发〈农业机械试验鉴定工作规范〉的通知》《农业农村部办公厅关于加快推进畜禽粪污资源化利用机具试验鉴定有关工作的通知》《农业农村部农业机械试验鉴定总站关于发布〈全国农业机械试验鉴定管理服务信息化平台信息管理办法〉的通知》《国家支持的农业机械推广鉴定任务计划管理办法》等系列文件，各省鉴定机构加快开展专项鉴定大纲制定工作，畅通了农机创新产品鉴定渠道，鉴定改革措施得到落实，鉴定体系和鉴定能力得到进一步完善，补贴机具有效供给更加充足；农机强制性产品认证和农机自愿性产品认证结果纳入农机购置补贴采信范围，开发了认证结果信息公开系统，实现与补贴投档平台互通互联，为购机补贴投档工作提供技术数据支撑，补贴采信的渠道更加多元化。

补贴信息化管理水平得到提高，实施更加公开透明，操作更加便捷，“补得繁”的问题得到改善，收益主体感受到了政策温暖。农户姓名、住址、机具名称、生产企业、机型、经销商、补贴金额、销售价格等信息均能在“农机购置补贴信息公开专栏”网站查询，补贴操作做到了“在阳光下运行”。所有省份均建立了补贴资金使用定期调度机制，及时掌握市、县资金使用进度。云南、宁夏等省份的财政、农机部门密切配合，在全省（自治区）范围内开展了资金余缺动态调剂，有效防止大量结转的产生；北京、江西等省（直辖市）率先利用二维码和物联网技术强化机具溯源精准监管，积极探索“放管服”大背景下的补贴机具信息化监管新模式；推动县级补贴信息公开专栏建设率超过90%，公布各级补贴咨询电话超1万个，暂停或取消了400多家农机企业的产品，将相关企业和个人列入补贴产品经营黑名单；启动实施北斗应用示范重大项目，机械化信息化融合迈出坚实步伐。2019年中国农机化协会围绕补贴政策实施开展深入农村合作社的调查研究，为政府部门落实政策建言献策。

（三）农机科研新进展、新突破

农机科研项目稳步实施。2019年，国家重点研发计划项目承担单位按照科学技术部农村中心要求，重点围绕项目执行情况、解决的科学或产业问题、为后续工作打下的基础以及产业贡献等方面，进行充分梳理和提练，为项目考评验收做好准备。各地也在不断加大对农机化科研项目的支持力度。山东省连续5年实施“农机装备研发创新计划”，年均支持力度6 000多万元，山东省用于补贴先进高效装备的资金，每年都在10亿元以上。农机化和科研管理部门积极谋划“十四五”重大项目。农业农村部计划启动《薄弱环节农机化科技创新专项》；2020年，中国农业科学院设立院级重大科研计划“农机装备与智慧农业科研计划”，农业农村部南京农业机械化研究所作为重大科研计划的实施主体，拟设立5项所级重点任务，由中国农业科学院创新工程经费资助。

农业装备与技术取得丰硕成果。2019年，农机化科技成果获得多项奖励。荣获“2018—2019年度神农中华农业科技奖”共7项，其中，北京农业智能装备技术研究中心赵春江院士牵头完成的“基于北斗的农机自动导航与作业精准测控关键技术及应用”、青岛农业大学尚书旗教授牵头完成的“作物品种小区试验与繁育机械化关键技术及装备”和西北农林科技大学吴普特教授牵头的“多能源互补驱动低能耗喷灌机系列产品研发与应用”获得一等奖；荣获“全国农牧渔业丰收奖”共15项，其中农业农村部南京农业机械化研究所肖宏儒牵头完成的“茶园生产机械化作业技术集成应用”、薛新宇研究员牵头的“植保无人飞机减施增效关键技术集成与产业化推广应用”获得一等奖。

2019年，农机化科技创新平台不断完善。中国农业大学国家保护性耕作研究院、青岛智能农业机械研究院相继成立，国务院批复将“南京白马国家农业科技园区”建设为“江苏南京国家农业高新技术产业示范区”，以绿色智慧农业为主题，重点推进农业智能装备制造技术发展。为进一步推进农机化信息化工作，由农业农村部农机化管理司组织、农业农村部南京农业机械化研究所牵头开发了“全国农机化科技信息交流平台”（http：//www. njhkj. net/），由此可实现多个创新资源的开放共享和大数据统计与配置决策功能，并成为全国农机化科技工作者之家，成为科技成果展示转化的重要枢纽和智能化农机技术推广的主渠道。

农机科研人才队伍建设取得新进展。2019年，全国农机化科技创新战略咨询专家组，按照农机化生产的关键环节，组织开展系列调研培训活动40余次，制定和完善机械化作业规范和技术标准63项，牵头召开国内外学术交流会议30余次，形成了10份专业领域科技发展报告；专家组7名成员当选“中国农业机械化发展60周年杰出人物”，其中包括4名专家组组长，分别为综合组组长罗锡文院士、农机化信息化专业组组长赵春江院士、收获机械化专业组组长胡志超研究员和农产品干燥贮藏与加工专业组组长应义斌教授；主要农作物生产全程机械化推进行动专家指导组，聚焦九大作物，编制了《主要农作物全程机械化生产模式》。

农机化新技术推广不断取得新突破。在农业农村部公布的“2019年十大引领性农业技术”中，农机占一半，包括玉米籽粒低破碎机械化收获技术、油菜生产全程机械化技术、大豆免耕精量播种及高质低损机械化收获技术、北斗导航支持下的智慧麦作技术和棉花采摘及残膜回收机械化技术。其中玉米籽粒低破碎机械化收获技术是继2018年入选十大引领性农业技术后，2019年再次入选的。农机领域中，玉米密植高产全程机械化生产、黄淮海夏大豆免耕覆秸机械化生产、油菜机械化播栽与收获、花生机械化播种与收获、全程机械化植棉、茶园全程机械化管理、茎叶类蔬菜全程机械化、根茎类中药材机械化收获、农田残膜机械化回收、稻田冬绿肥全程机械化生产10项技术列为全国农业主推技术。广适低损油菜分段/联合收获技术与装备、多垄多行花生播种联合作业装备、高效节能粮食干燥关键技术及成套设备、深施型液态施肥机等11项入选“2019中国农业农村重大新技术、新产品和新装备”。

（四）新农机鉴定办法实施

农机购置补贴管理服务改革创新成效显现，补贴机具资质采信范围拓宽，采信管理进一步规范，生产销售“大马拉小车”产品等恶性竞争现象得到有效遏制，市场秩序趋好；新的农业机械试验鉴定办法全面实施，简政便利企业申请鉴定，开辟农机创新产品专项鉴定通道，农机企业申请鉴定数量较2018年同期大幅增长；新版补贴机具投档平台上线运行，企业投档实现电子化。全国农机试验鉴定信息化平台与补贴机具投档平台全面对接，农机企业申请鉴定、投档更为便利；全天候在线办理补贴软件启用，手机申请补贴App广泛应用。农机维修执业资格许可全面取消，拖拉机、联合收割机牌证管理便民化措施加快落地，农民购机用机环境优化。农机工业加快结构调整、技术升级，新产品研发生产步伐加快，拖拉机、联合收割机等传统主流产品加快淘汰落后产能，行业集中度明显提升。

在《办法》和工作规范发布后，农业农村部农机鉴定总站制定发布了《国家支持的农业机械推广鉴定实施细则》《全国农机试验鉴定管理服务信息化平台信息管理办法》《国家支持的农业机械推广鉴定任务计划管理办法》和《国家支持的农业机械推广鉴定证书发放办法》等一系列配套制度文件。各省农机鉴定机构也组织对相关配套制度文件进行制（修）订，内蒙古、黑龙江、江苏、山东、河南等省（自治区）均制定发布了本省（自治区）农业机械试验鉴定实施细则等相关制度，保证了鉴定工作顺利过渡和依法依规开展。新的农业机械试验鉴定办法对原有农机试验鉴定工作制度、管理机制、鉴定大纲内容等都进行了较大幅度的调整，鉴定机构根据新的要求，转换原有技术体系，包括组织对原部级和部分省级推广鉴定大纲向新推广鉴定大纲的转换工作；根据新发布的推广鉴定大纲及时开展检验资质转换，并申报能力扩项，及时发布鉴定产品种类指南，修订农机试验鉴定相关工作程序及鉴定报告编写规则等操作层面的技术文件等。在新的农业机械试验鉴定办法发布后，农业农村部农机化司向社会各界介绍了农机鉴定改革背景、内容及贯彻落实等有关情况，并举办了农业机械试验鉴定工作培训班，对贯彻落实农机试验鉴定新制度进行了部署。农机鉴定总站召开全国农业机械试验鉴定和农机化质量工作改革贯彻落实会，组织全系统贯彻落实农机鉴定改革新要求，并先后组织农业机械推广鉴定管理制度培训班和研讨会议，解决新制度在贯彻落实过程中出现的问题。天津、河北、内蒙古、黑龙江、江苏、浙江、广西、新疆等多个省（自治区、直辖市）也分别组织农机鉴定制度相关宣传贯彻培训活动，促进了社会各界对农机鉴定新制度的了解。通过宣传培训，努力推动农机试验鉴定改革成果落地，提高社会对农机试验鉴定工作的认知和支持。

通过新的办法为新产品提供一个“短、平、快”的鉴定渠道，使产品更加方便，更加便捷地投入市场，享受国家的补贴。农业农村部决定，将农机鉴定纳入农业农村部政务服务大厅集中统一办理，选派了进驻人员，明确了工作流程。总的来看，新的鉴定制度有条不紊推进，过渡平稳，需求旺盛，其间发现的一些问题都及时进行了研究解决，鉴定工作更加高效便捷。2019 年共接收国家支持的（部级）推广鉴定申请 3 668 个，受理立项 2 208 个；发布 6 批国家支持的（部级）推广鉴定结果通报，1 批撤证通报和 1 批证后监督结果通报；颁发证书 1 778 张，其中部级农业机械推广鉴定证书 719 张，农业机械试验鉴定证书 1 059 张；对 355 张证书换发部级农业机械推广鉴定证书，撤销农业机械推广鉴定证书 210 张，注销部级农业机械推广鉴定证书 116 张，补发部级农业机械推广鉴定证书 1 张；对 55 个产品变更所属品目，推动了试验鉴定依法规范稳步发展，为农机购置补贴政策实施和农机化发展提供了有力的技术支撑。

（五）农机安全生产形势持续向好

2019 年，各级农业农村部门及农机安全监理机构认真贯彻落实党中央、国务院关于安全生产工作的决策部署，以“平安农机”创建活动为抓手，落实安全生产责任，强化隐患排查整治，加大宣传教育力度，农机安全生产形势持续向好。但是一些地方仍有事故发生，安全意识淡薄、农机安全状况差、变型拖拉机淘汰缓慢等问题还不同程度存在，对农机安全生产造成威胁。

2019 年，全国累计报告在国家等级公路以外的农机事故 351 起、死亡 49 人、受伤 87 人、直接经济损失 569.4 万元。与 2018 年相比，以上 4 项指标分别下降了 37.7%、33.8%、33.6%和 20.7%。其中：拖拉机事故 128 起、死亡 20 人、受伤 32 人，分别占 36.5%、40.8%和 36.8%。联合收割机事故 201 起、死亡 20 人、受伤 46 人，分别占 57.3%、40.8%和 52.9%。其他农业机械事故 22 起、死亡 9 人、受伤 9 人，分别占 6.2%、18.4%和 10.3%。

事故发生的主要原因是驾驶员操作失误，造成事故 225 起、死亡 20 人、受伤 45 人，分别占 64.1%、40.8%和 57.7%。事故中存在违规行为的比例较高，其中涉及无证驾驶事故 75 起、死亡 25 人、受伤 32 人，分别占 21.4%、51%和 36.8%；涉及无牌行驶的事故 52 起、死亡 21 人、受伤 26 人，分别占 14.8%、42.8%和 29.9%；涉及未年检的事故 75 起、死亡 33 人、受伤 32 人，分别占 21.4%、67.3%和 36.8%。

据公安部门统计，2019 年，全国共接报拖拉机肇事造成人员伤亡的道路交通事故 1 867 起，致 699 人死亡、1 819 人受伤，直接财产损失 582.3 万元。与 2018 年相比，事故起数减少 328 起，下降 14.9%；死亡人数减少 130 人，下降 15.7%；受伤人数减少 371 人，下降 16.9%；直接财产损失减少 116.1 万元，下降 16.6%。发生较大以上道路交通事故 7 起，同比减少 8 起。

拖拉机道路交通事故中，涉及无牌行驶的占 56%，其中，广西、安徽、湖北、黑龙江、江苏、贵州、河南、广东 8 个省份无号牌拖拉机肇事最为突出，占全国总数的 62.2%；涉及无证驾驶的占 37%，其中，广西、湖北、安徽、黑龙江、河南、江苏、吉林、新疆 8 个省份无证驾驶拖拉机肇事最为突出，占全国总数的 65.5%。

（六）农机市场

2019 年农机市场继续进入深度调整期，传统农机市场需求持续低迷，整体市场持续下沉，一些新兴市场也出现滑坡。农机市场面临着深刻的变革转型，传统市场下跌成为常态，小众市场崛起趋势明显。

基本面持续低迷，创历史新低。据统计，截至 11 月底，农机累计实现主营业务收入 2 054.38 亿元，同比下跌 0.21%，在机械行业 14 个子行业中，增幅排名倒数第二位。实现利润 84.92 亿元，同比增长 15.24%。这种增长是基于 2018 年 18.26%的大幅度下跌基础之上。2019 年出现负增长，反映了当今农机市场正经历着前所未有的疲态。导致这种变化的原因是多方面的，其中三大粮食作物的耕种收环节机械化水平达到较高水平，与之相关的拖拉机、收获机、播种机市场趋于饱和，刚性需求下降是主要原因。粮价波动、购买力下降、更新周期延长、投资收益缩水也成为市场下沉的不可忽视的原因。

出口多增少降，出口交货值大幅度攀升。在国内市场低迷之时，农机出口贸易却逆势增长。2019 年的前 11 个月，农机出口交货值同比大幅度攀升。农机行业累计实现出口交货值 320.84 亿元，同比大幅度攀升 14.77%，高出机械行业平均增幅 11.3 个百分点，在 14 个机械行业中，出口增幅排名第二位（仅次于内燃机行业）。11 个子行业同比增幅呈现“8 上 3 下”的特点，畜牧机械制造、拖拉机制造、棉花加工机械制造出现不同程度的下滑，其他 8 个行业出现增长。出口聚焦机械化农业及园艺机具制造、农用及园林用金属工具制造两个子行业，占比高达 73.34%，同比分别增长 18.2%和 27.8%，正是这两个子行业的大幅度攀升，成就了 2019 年良好的出口形势。

2019 年传统农机市场的持续下沉，拖拉机、粮食作物收获机、插秧机等均出现不同程度的下跌。大中拖市场缓慢复苏，小拖市场大幅度滑坡。市场调查显示，全年累计销售各种拖拉机 59.32 万台，同比下滑 9.66%。其中，大中拖销售 30.24 万台，小拖销售 29.08 万台，同比分别增长 3.35%和−20.11%，占比 50.98%和 49.02%，大中拖占比较之 2018 年同期上扬 6.41 个百分点。2019 年大中拖市场虽然呈现小幅攀升，这种增长是基于“三连跌”基础之上，市场销量虽然同比小幅增长，但相对 2015 年销量高峰期下降了 46.97%。

2019 年，联合收获机市场小幅滑坡。市场调查显示，全年累计销售各种联合收获机 24.94 万台，同比增长 1.3%。其中，谷物联合收获机出现下滑，累计销售 7.13 万台，同比下降 21.39%；其中，自走轮式谷物联合收获机销售 2.09 万台，同比下滑 8.33%；自走履带式谷物联合收获机销售 5.04 万台，同比下滑 25.77%，两个占比分别下挫 0.88%和−7.37%。玉米收获机市场出现小幅攀升，销售 4.51 万台，同比攀升 0.22%，占比 18.08%，较之 2018 年同期下挫 0.19 个百分点。其他联合收获机销售 13.3 万台，同比大幅度增长 20.36%，占比 53.33%，较之 2018 年同期上扬 8.45 个百分点。

2019 年受深松、深翻作业补贴政策的拉动，耕整地机具出现增长，市场调查显示，累计销售 69.26 万台，同比增长 8.88%。市场调查显示，2019 年的前 11 个月，累计销售深松机 4 318 台，同比下降 42.13%。插秧机市场累计销量 5.81 万台，同比下滑 22.43%。喷雾机市场累计销售各种喷雾机 4.02 万台，同比大幅下滑 21.11%；其中动力喷雾机增长 2.8%，喷杆式喷雾机下滑 10.6%，风送式喷雾机大幅度下跌 78.8%。累计销售各种畜牧机械 8.23 万余台，同比大幅度增长 28.47%。累计销售各种播种机 10.92 万余台，同比大幅度增长 83.76%。喷灌设备全年累计销售 4.13 万台，同比大幅度增长 48.81%。

2019 年农机市场的一个新特征，即需求旺盛的蓝海市场凸显疲软之势。市场调查显示，截至 11 月底，累计销售各种打捆机 23 517 台，同比大幅度下滑 24.89%。累计销售各种秸秆还田机 7.6 万台，同比攀升 1.23%，市场增幅趋缓。各种薯类收获机累计销售 5 604 台，同比大幅度下滑 31.12%。各种烘干机累计销售 8 519 台，同比下滑 22.77%。

2019 年拖拉机、收获机、插秧机、打捆机、青饲料收获机等农机市场进一步向大型化、智能化方向快速推进。截至 11 月，200 马力* 以上的拖拉机销售 8 000 余台，同比大幅度攀升 131.65%；水稻收获机（喂入量 6 千克/秒）同比增长 30.77%，5 行玉米收获机同比增幅也高达 31.71%。大型翻转犁、大型播种机、大型青饲料收获机等市场也同比出现不同程度的大幅度攀升。

持续低迷的农机市场，对农机流通行业造成巨大冲击，许多经销商举步维艰，行业加

---

* 马力为非法定计量单位，1 马力=0.735 千瓦。——编者注

速洗牌。市场调查显示，八成以上的经销商主营业务收入同比出现不同程度的下滑，平均降幅在20%左右。与新机销售市场冷冷清清形成鲜明对照的是二手农机市场渐入佳境。山东郯城分布着近200余家二手农机经销商。二手农机市场经营范围广、价格低，很多二手农机使用年限不过一年或两年，与新机差距较小，吸引全国各地不少用户购买。

（七）丘陵山区农田宜机化

丘陵山区是我国乡村振兴战略实施的重要区域，然而根据农业农村部南京农业机械化研究所张宗毅研究员主持的2019年全国丘陵山区农业机械化水平摸底调查课题表明：2018年全国丘陵山区县耕种收综合机械化水平为46.87%，比全国平均水平低21.92个百分点，比非丘陵山区低33.87个百分点。假如全国其他地区耕种收综合机械化水平达到100%，丘陵山区县停步不前，则全国农业耕种收综合机械化水平最多达到81.41%，无法实现“至2035年全国基本实现农业现代化”的战略目标。

为此，国家高度重视丘陵山区农业机械化的发展，2018年国务院发布了国发42号文件中就对丘陵山区农业机械化发展目标和具体举措提出了明确要求。

为贯彻落实国发42号文件，2019年农业农村部从农田宜机化改造和农机研发推广两方面进行了推进。在农田宜机化改造方面，一是在制定“十四五”高标准农田建设规划时将农田宜机化纳入高标准农田建设指标；二是印发《丘陵山区农田宜机化改造工作指引（试行）》并成立“全国丘陵山区农田宜机化改造工作专家组”，以指导各地推进丘陵山区农田宜机化改造工作；三是对丘陵山区农业机械化水平和不同地形地貌耕地分布情况进行了全面摸底调查，并计划在2020年继续对丘陵山区农机化水平及农田宜机化进展进行监测。在农机研发推广方面，一是加强政策扶持，在优化补贴机具种类范围过程中对微耕机、耕整机、田间管理机等小型机具品目予以保留，同时积极支持丘陵山区省份开展农机新产品购置补贴试点工作，一些省份还利用地方财政资金对丘陵山区农机具进行累加补贴；二是研究制订丘陵山区优势特色农产品生产机械化技术及装备需求目录，引导企业和科研院所积极研发推广适用于丘陵山区的农机装备和技术。

各地在推进丘陵山区农业机械化方面，重点从农田宜机化改造方面取得了新进展。如重庆市2014年以来持续推动农田宜机化改造工作，截至2019年年底累计完成30万亩农田宜机化改造，其中2019年新增面积高达8万亩，2019年还在地方法规《重庆市农业机械化促进条例》中首次写入了宜机化内容，重庆的农田宜机化改造工作取得了巨大的经济社会效益，为其他省份提供了样板。山西省针对丘陵山区农田地块小、坡度大，大型机具进地难、作业难的实际，在全省11个市的15个县（市、区）实施丘陵山区农田宜机化改造，试点面积8 000亩。安徽、江苏、福建、广东、湖南、湖北、吉林等多个省份也都纷纷将支持丘陵山区农田宜机化改造的内容写入本省的《关于加快推进农业机械化和农机装备产业转型升级的实施意见》中。

（八）优势特色农产品机械化

从种植业看，拖拉机、联合收割机等传统大宗机具补贴资金使用占比稳中趋降，马铃薯、花生、油菜种植和收获机械以及棉花、甘蔗收获机械等特色产业、薄弱环节机具需求快速增长。从机具类型看，大型、高效、绿色化趋势明显，如深松整地、免耕播种、畜禽粪污资源化利用等机具需求快速增长。从产业领域情况看，当前我国种植业机械化水平较高，而畜牧业、渔业、设施农业和农产品初加工业机械化水平较低，这些领域长期以来是机械化发展的弱项，特别是产业比重较大的畜牧业，其养殖机械化率仅为33%，不到主要农作物机械化率的一半。目前畜牧业、渔业、农产品初加工业机具补贴资金占比虽然较小，但增长势头明显。其中农产品初加工机具补贴资金用量近3年翻了一番。

为深入贯彻国发42号文件精神，促进农业机械化全程全面高质高效发展，推动解决优势特色农产品生产“无机可用”“无好机用”的问题，2019年农业农村部农机化司会同农业农村部农业机械化技术开发推广总站、农业机械试验鉴定总站，组织各地开展了优势特色农产品机械化生产技术装备需求调查工作。

全国各级农机推广机构近3万名专业技术人员，深入所有农业县主要种养大户、农民合作社和农业企业进行了实地调查。通过调查，其掌握了各优势特色农产品主产区现有种养规模、机械化生产规模、机具型号与数量、存在的问题与建议，以及所需机具型号、数量、基本性能要求、需求程度等。此次调查基本摸清了规模种养区域、面积（养殖量）、关键环节技术与机具缺口以及下一步研发推广重点等情况，形成了蔬菜、林果、茶叶、杂粮、中药材、青贮玉米、牧草、畜禽养殖和水产养殖9类农产品在内的机械化生产技术装备需求目录。需求目录主要包括优势特色农产品规模种养数量及区域分布、关键环节机具种类及数量需求和关键环节急需机具主要性能需求3方面的信息。

实地调查以能基本反映当地机械化生产实际情况和需求展望为目标，瞄准了当地主要优势特色品种、种养大户、重点环节、急需技术与装备。因此，需求目录基本能够反映农业生产实际需要，对于引导农机企业、科研院所加快研发农民急用、产业急需、适销对路的技术装备，推动农机工业供给侧结构性改革，进一步增加有效供给，促进优势特色农产品生产机械化，助力产业发展和农民增收具有重要意义。

2019年，养殖业、设施农业、农产品初加工等领域机械化需求强劲，农机装备创新应用步伐加快。养殖业、大宗经济作物、果菜茶生产机械等特色小众产品产销较快增长，1—5月畜牧养殖机械企业主营业务收入同比增长20.31%、利润同比增长80.33%，远高于行业整体水平，保鲜、畜禽粪污资源化利用、果园运输等方面设备加快增长。标准化设施大棚补贴试点展开，设施大棚建造趋于大型化和宜机化，设施育苗、设施内运输、水肥一体化、信息化监测等装备加快运用，设施农业机械化迈出新步伐。丘陵山区农田宜机化改造在西南、华北等多个省份落地实施。搭载动力换挡的200马力级拖拉机技术实现产业化；水稻插秧机制造技术突破发达国家垄断；采棉机主要依赖进口的局面改变，3行普及型技术、6行采摘与成模智能型产品加速应用；国产甘蔗联合收割机制造技术进一步熟化；养殖装备技术储备日益丰厚，产能持续提升。

畜牧业机械化方面，加快试验鉴定进度，扩展补贴范围，加大补贴支持力度，支持畜牧机械加快推广应用。畜牧机械装备需求调查提出了饲喂、粪污处理、畜禽产品采集加工、饲料加工4类畜牧机械数量和性能需求。加快试验鉴定步伐，制定了15项新的畜牧机械推广鉴定大纲，畜牧机械产品鉴定大纲达到45项，基本涵盖了畜牧业生产全过程的装备种类。围绕畜禽粪污资源化利用、生猪生产等畜牧装备需求，对生猪生产所需的自动饲喂、环境控制、疫病防控、废弃物处理等装备实行应补尽补，全年使用中央资金1.8亿元补贴相关机具7.6万台（套）。目前，我国畜牧机械保有量达到780.95万台，六大主要畜种规模养殖装备保有量原值超过2 585亿元，约占农业机械原值的27.5%。

布局建立了"设施农业学科群"重点实验室，建设了生猪、蛋鸡、牧草全程机械化科学实验基地，组建"畜禽养殖工程专业组""秸秆处理和饲草料机械化专业组"等科技专家团队，初步构建了畜牧机械科研和推广应用体系。

我国设施农业规模连年扩大，产品种类日益丰富，产业效益持续提升，已成为设施农业第一大国，但也面临设施装备总体水平不高、机械化程度低、生产成本攀升、废弃物处理利用难等问题。要加快提升机械化水平，有效降低生产成本，提高产出水平和经营效益，并为废弃物处理及资源化利用提供技术装备支撑。

（九）农机化扶贫

1. 全国扶贫取得显著成就

20世纪80年代中期，我国开始实施有组织、有计划、大规模的扶贫开发，并取得了显著成就。在消除贫困方面，我国已经探索出了一条中国特色扶贫开发道路。全党全国全社会以习近平关于扶贫工作的重要论述为根本遵循，奋力攻坚，脱贫攻坚战取得了决定性进展，创造了历史上最好的减贫成绩。

脱贫攻坚任务接近完成。我国脱贫攻坚取得了举世瞩目的成绩，贫困人口从2012年的9 899万人减少到2019年年底的551万人，贫困发生率由10.2%降至0.6%，区域性贫困基本得到解决。

贫困群众收入水平大幅提高。自2013年至2019年，832个贫困村农民人均可支配收入由6 079元增加到11 567元，年均增长9.7%。全国建档立卡贫困户人均纯收入由2015年的3 416元增加到2019年的9 808元，年均增幅30.2%。

贫困地区基本生产生活条件明显改善。具备条件的建制村全部通硬化路，村村都有卫生室和村医，10.8万所义务教育薄弱学校的办学条件得到改善，农网供电可靠率达到99%，深度贫困地区贫困村通宽带比例达到98%，960多万贫困人口易地扶贫搬迁摆脱了“一方水土养育一方人”的困境。贫困地区群众出行难、用电难、上学难、看病难、通信难等长期没有解决的老大难问题普遍解决，义务教育、基本医疗、住房安全有了保障。

贫困地区经济社会发展明显加快。贫困地区特色产业不断壮大，产业扶贫、电商扶贫、光伏扶贫、旅游扶贫等较快发展，贫困地区经济活力和发展后劲明显增加，通过生态扶贫、易地扶贫搬迁、退耕还林还草等，贫困地区生态环境明显改善，贫困户就业增收渠道明显增多，基本公共设施日益完善。

2. 脱贫攻坚农机化系统在行动

农机系统在农业农村部农业机械化管理司的统一部署下，深入学习习近平总书记关于扶贫的重要论述，将农业产业扶贫作为摆脱贫困、实现乡村振兴的第一要务。在扶贫机制上创建“1+2+1+N”的协作机制，即一司（农业机械化管理司）、两站（农机鉴定总站、农机推广总站）、协会（中国农业机械化协会）加社会农机爱心企业的方式，充分发挥农机系统的资源优势，全方位地推动脱贫攻坚各项任务落地生根。

（1）精准扶贫，找准切入点

2019年4—6月，农业机械化管理司针对贫困地区所在的丘陵山区农机化发展展开全面调研，深入了解贫困地区农业发展制约因素，形成专题调研报告，并制定了应对策略。6月，根据贫困地区需求向社会募集农业机具，捐赠给贫困地区并指导当地组建农机作业服务社。

（2）扶贫扶智，增加造血能力

围绕贫困地区主导特色农业产业，针对机械化生产的重点和需求，组织农机化技术专家赴相关地区开展机械化培训。对于具备条件的地方，组织县、乡、村的合作社、龙头企业等脱贫带头人及种养大户参加技术培训、行业展览及相关会议。指导开展农机作业服务和作业组织建设，帮助贫困地区提升长期稳定收益能力，带动促进当地农民学技术，开展技术结对帮扶。

（3）政策支持，助力当地发展

在农业机械化管理司的指导下，贫困县所在省份的农机化主管部门，在农机购置补贴以及示范项目资金、农机深松整地作业补助等任务安排上向贫困地区倾斜，最大限度地满足了当地农业的发展需求。

3. 中国农业机械化协会助力脱贫攻坚

中国农业机械化协会作为全国性行业社团，始终把提升贫困地区产业脱贫增收视为己任。

（1）回访贫困村

为促进西部贫困地区农机化发展，帮助贫困地区脱贫增收。2017年6月，协会联合甘肃省农业机械质量管理总站、山东省农业机械试验鉴定站在甘肃省永登县通远乡团庄村，组织开展了“牵手贫困村，助推机械化”农业机械定向捐赠活动。2019年4月，协会对团庄村进行回访。经过两年的发展壮大，合作社目前拥有大中型农机具20多台（套），可以开展深松整地、犁耕、旋耕、铺膜、播种等机械化作业，一年多来共作业2万多亩。截至2018年年底，团庄村正式脱贫摘帽，其中农机合作社的贡献功不可没。

（2）助力“三区三州”脱贫攻坚

经农业农村部农业机械化管理司统一安排，协会组织行业专家、爱心农机企业多次赴四川贫困地区对当地的真实状况进行实地了解，就该地区在脱贫致富过程中遇到的困难进行调研分析。2019年3月，协会面向行业发布了“情系‘三区三州’，爱心农机助力脱贫攻坚”公益募捐倡议书，得到了会员单位、社会各界的广泛响应。15家企业奉献爱心，为昭觉、红原、理塘3县共捐赠了83台（套）价值近150万元的机具；协会在自有资金有限的情况下，出资购买了50台电动牛奶分离机赠送给当地贫困家庭，为当地贫困家庭的农牧业生产提供了有力保障。

（3）总结经验做法，巩固扶贫成果

中国农业机械化协会发挥行业优势，积极开展农机化扶贫行动，得到行业的广泛响应和大力支持。2019年10月17日，第十七届中国国际粮油产品及设备技术展示交易会期间，由民政部社会组织管理局主办的首届“全国性粮农类社会组织产业扶贫对接活动”在安徽合肥隆重举办。中国农业机械化协会与12家全国性粮农类社会组织通过图文展示了扶贫成果，与20家全国性粮农类社会组织共同发起“履行社会责任，助力脱贫攻坚”全国性粮农社会组织扶贫攻坚倡议书，大会授予协会突出贡献表彰证书。

（4）引进无人机播种新模式

2018年5月中旬，协会随农机化司扶贫调研组赴贫困县红原县进行调研，发现当地的山坡饲草地草籽补播作业是一大难题，制约了当地畜牧业发展。协会与农用航空企业联合筹划，尝试探索利用无人机播种草种。2019年3月，当地农机管理部门推荐的4名农机手，在协会的组织下通过了系统培训，掌握了农用无人机驾驶技术并结业。4月25日，在四川省红原县深度贫困地区举行了“万亩草籽飞播作业启动仪式”，正式开始了无人机草籽播撒技术的试验演示。

（5）以科学管理技术支持贫困地区农牧业发展

通过多次与红原县对接情况、实地考察农牧业发展现状，协会针对红原县农牧机合作社机械配置不合理的现状进行调研分析，组织相关专家充分考虑牧区草种种植情况、土壤地质、气象等情况，提出不同规模合作社机械化配置方案，最大限度地引导当地农牧机合作社优化资源配置和发展，同时也为牧业地区农业管理部门提供科学的参考依据。

（6）联合举办脱贫带头人培训班

中国农业机械化协会联合山东农业大学分别在新疆石河子、北京、山东泰安等地举办精准施药技术与装备应用向南发展高级研修班、北斗导航精准农业向南发展高级研究班，以及扶贫工作重点村支部书记和创业致富带头人培训班，组织贫困地区人员参加设施农业产业大会。中国农机化协会以自有资金承担了这些学员参加培训的费用。

开展农机化扶贫是中国农机化协会落实农业农村部党组扶贫工作总体要求的具体行动。协会积极行动，发挥优势，协调配合，完善机制，扶贫工作取得了良好效果，为脱贫攻坚战做出了应有的贡献。

（十）农机合作社及农机社会化服务

国务院印发国发 42 号文件，就发展农机社会化服务提出了一系列创新政策，比如建设一批“全程机械化＋综合农事”服务中心，有效打通农业综合服务“最后一公里”；支持农机服务主体及农村集体经济组织按规划建设区域农机维修中心，建立健全现代农机流通体系和售后服务网络，加快推广应用农机维修诊断信息化服务平台等。这些政策指向明确、措施实化、扶持有力、含金量高，为提升农机社会化服务增添新动能。

农机社会化服务快速发展，规模和能力持续提升。农机化作业服务组织总量稳定增长，规模化、专业化组织发展迅速。全国农机服务组织达 19.2 万个，较 2018 年同比增长 2.2%，其中，拥有农机原值 50 万元（含 50 万元）以上的农机服务组织，达 5.4 万个，同比增长 15.2%，占农机服务组织总数的比例由 24.9%增长到 28.1%；农机户规模保持稳定，户数和年末人数分别达 4 080.36 万个和 5 132.75 万人，其中农机作业服务专业户和年末人数分别为 440.9 万个和 610.5 万人。农机服务收入达到 4 717.8 亿元，其中农机作业服务收入 353.38 亿元。开展万名农机合作社理事长和农机大户轮训，“互联网＋农机服务”“机农合一”“全程机械化＋综合农事服务”等专业性综合化新型服务主体和服务模式加快发展。在各类新型农机社会化服务组织共同作用下，农机跨区作业服务面积减少至 3.11 亿亩，减少 6.3%。

农机合作社规范提升，“全程机械化＋综合农事”服务中心建设显成效。2019 年中央 1 号文件提出，开展农民专业合作社规范提升行动。中央农办、农业农村部等 11 部委联合印发了《关于开展农民合作社规范提升行动的若干意见》（中农发〔2019〕18 号）。《意见》从完善章程制度、健全组织机构、规范财务管理、合理分配收益、加强登记管理 5 个方面对农民专业合作社规范提升作出明确规定。为推动农机合作社组织创新、模式创新和业态创新，农业农村部组织开展了“全程机械化＋综合农事”服务中心典型案例征集活动，经过广泛征集和评审，公布了70家办社时间长、入社成员多、综合实力强、带动范围广的农机合作社典型案例。典型案例总结了一批可复制、可推广的做法经验，树立了示范标杆，有效推进了农机社会化服务提挡升级。农机合作社是农民专业合作社的重要组成部分，全国注册登记农机合作社达7.26万个，同比增长6.8%，占农机服务组织总数的比例由36.3%增长到37.9%，拥有农机原值100万元（含100万元）以上的农机合作社达2.6万个，全年农机合作社作业服务面积超过7.8亿亩。

各地多举措推动农机服务主体快速发展。为进一步落实国务院“放管服”改革要求，各地农机化主管部门通过宣传贯彻行业标准、培训从业人员、建立投诉渠道、开展联合执法检查和安全生产督导等多种形式加强事中事后监管、规范维修服务行为，保障消费者合法权益。各地积极争取政策资金扶持农机社会化服务组织发展。浙江统筹安排农机购置补贴、报废补偿以及农机化促进工程项目资金建成“2＋N”农机综合服务中心135个，农用植保飞防组织26家，一级农机维修中心10个，二级农机维修中心40个。2019年，安徽安排1 280万元计划建设128个综合性全程农事服务中心。江西、福建、湖北、陕西等省连续多年安排专项资金支持合作社机库及维修中心建设。江苏张家港、常熟，湖南长沙等地通过考核在册农机维修点的服务能力和服务满意度给予2万～6万元奖励补贴。

（十一）团体标准

2019年，根据全国标准信息公共服务平台统计，共发布79项农业机械方面的团体标准，其中中国农业机械化协会发布团体标准22项，中国农业机械学会发布团体标准22项，中国农业机械工业协会发布团体标准24项。

中国农业机械化协会自2017年1号团体标准发布以来，共立项68项标准，2019年新立项19项标准，审批发布22项，分别在农用航空、畜禽养殖、设施农业、植保等领域初步建立了团体标准体系；2020年，新立项的20个标准将主推设施农业、保护性耕作等方面的内容。

2019年，中国农业机械化协会发布的植保无人飞机九大项系列标准分别从术语、分类与型号编制规程、安全操作规程、农药使用规范、作业质量、云系统接口数据规范、电磁兼容性试验方法、驾驶员培训要求和运营人员要求等方面，全面规范了农用无人植保飞机的操作和使用规范，内容全面，针对性强，及时填补了植保无人飞机在国家和行业标准中的空白，解决了植保无人飞机企业和使用者无标准可用的问题。

2019年，中国农业机械化协会发布的《挤奶设备安装质量评价技术规范》等5项畜牧团体标准和《太阳能相变蓄热型日光温室设计规范》等4项设施农业团体标准，吸收和借鉴了国际最佳试验方法，加强与国内高等院校和管理部门合作，开展标准化课题项目研究，有效促进市场向更加健康、有序的方向发展。

目前，社会团体发布的团体标准多数由行业领军企业或专业机构牵头起草，引导市场规范管理，推动标准有效落地，贴近行业发展热点，督促行业自律和提升服务水平。经过实践的考验，受到管理部门、检测部门和会员单位极大的采信，采信度较高的团体标准将升级为国家标准或行业标准，同时也进一步为国家相关部门制定国家标准和行业标准，从而起到试验的先锋作用。团体标准建设不仅仅是给行业补充几个急需的标准，更深远的意义是丰富了农机化标准体系的构架。

团体标准发布后的使用情况也是行业关注的重点。中国农业机械化协会发布的《农机深松作业远程监测系统技术要求》等团体标准，得到各省农机部门和行业企业的采信，例如为了保证农机田间作业远程监测的顺利实施，增强农机作业监测能力，提升农机作业质量，农机化协会根据《农机深松作业远程监测系统技术要求》团体标准先后三次开展农机田间作业远程监测系统推荐活动，在会员之间架起信息共享、交流、合作的平台，推荐结果得到多个省份采用，使团体标准为行业提供了更加优质的服务。

（十二）农机展会动态

2019 年，受国内政策和社会环境影响，我国农业机械展会在上年的基础上，有了进一步发展，展会规模、参展企业和专业观众数量均有所增加。农业机械展会依然保持增长态势，达到一个新高点。

据不完全统计，2019 年度全国农业机械类展会（包括含有农业机械板块的农业展会）数量约 35 个，同比增长 9.3%，其中，地方农业机械展会约 15 个，全国和区域性展会约 20 个。展会的举办时间主要集中在 3 月和 11 月。

近年来，随着我国农村人口不断减少，从事农业生产的人员严重不足，有些地区甚至出现了用工荒，劳动力成本逐年递增，迫使农业合作社和种植大户购买农业机械进行农业生产。由于需求拉动，农业机械展会呈现递增趋势。

总体来看，2019 年我国农业机械展会上了一个新台阶，展会组织单位加大了招商招展和专业观众的组织力度和资金投入，积极推进市场化运作，加强展会品牌化培育，借助专业的团队力量，办展水平和服务能力得到进一步提升，逐步拉近了与发达国家的距离。但是在交通物流、配套设施、展会服务等方面仍然存在一定差距，这是应该重点关注和尽快解决的问题。

2020 年，突如其来的新冠肺炎疫情，扰乱了人们的正常生活，更是对展会造成了巨大的冲击。2020 年上半年的展会全部延期至下半年举办，最终能否全部如期举办，还要视疫情发展，以及国家对举办展会的政策而定。预计 2020 年农业机械展会数量将出现下滑局面，但行业依赖展会平台发布信息，宣传产品，开展技术交流需求的基本面没变。

（十三）畜牧业机械化

畜禽养殖机械化水平快速提升。2019 年，中央财政农机购置补贴畜牧养殖机械和畜禽废弃物资源化利用设备的资金近 2 亿元，新增各类机械近 8 万台（套），其中，新增饲料（草）加工机械设备 7 万多台（套）、饲养机械 4 000 多台（套）、畜产品采集加工机械设备 300 多台（套）、畜禽废弃物资源化利用设备 3 000 多台（套）。

目前，我国畜禽养殖业快速向规模化、标准化发展，规模养殖的机械化程度进一步提升。奶牛养殖机械化在畜禽养殖机械化领域呈现引领状态，奶牛养殖的主要环节基本实现机械化，并且正处于从传统机械化向自动化、信息化、智能化升级的过程中。猪鸡规模养殖机械化装备标准化、成套化特点显著，智能化环控设备、高效消洗设备需求量迅速提升，高效低耗型产品逐步替代传统产品。在粪污处理环节，规模化养殖场内处理设施与装备得到广泛应用，已基本实现机械化替代人工。2018 年全国畜禽粪污综合利用率和规模养殖场粪污处理设施装备配套率均已达到 74%，大型规模养殖场粪污处理设施装备配套率达到 86%，病死畜禽无害化处理体系不断健全，畜禽养殖废弃物资源化利用取得积极成效。

农机购置补贴导向作用明显。畜禽养殖机械补贴产品范围进一步扩大。在《2018—2020 年农机购置补贴实施指导意见》中已包括的 19 种畜禽养殖装备的基础上，2019 年进一步落实《农业农村部办公厅关于加快推进畜禽粪污资源化利用机具试验鉴定有关工作的通知》（农办机〔2018〕29 号）的具体要求，在农机购置补贴种类范围中新增加了有机废弃物好氧发酵翻堆机、畜禽粪便发酵处理机、有机肥加工设备、有机废弃物干式厌氧发酵装置 4 个畜禽粪污资源化利用机具品目。

产品补贴力度持续加大。按照《农业农村部办公厅关于加大农机购置补贴力度支持生猪生产发展的通知》（农办机〔2019〕11 号）的要求，将全国农机购置补贴机具种类范围内的所有适用于生猪生产的机具品目全部纳入补贴范围，将生猪生产中急需的自动饲喂、环境控制、疫病防控、废弃物处理等农机装备实现应补尽补。目前，享受农机购置补贴的畜禽养殖机械产品既涉及猪、鸡、牛等主要畜禽品种，也涵盖饲料加工、饲喂、粪污收集和资源化利用等关键性生产环节。

畜禽养殖机械化生产技术装备需求更加明确。农业农村部发布了《全国优势特色农产品机械化生产技术装备需求目录（2019）》，使鉴定与补贴更具目标导向和问题导向。明确供给重点是补足当前畜禽机械化养殖的饲养、畜禽产品采集加工、饲料加工环节机具缺口，即饲养机械 38.4 万台〔其中，饲喂饮水机械 17.9 万台（套），粪污处理机械 15.3 万台（套）〕，畜禽产品采集加工机械 14.2 万台（套）〔其中，挤奶机械 5.5 万台（套），剪毛机械 5.6 万台（套），捡蛋机械 3 万台（套）〕，饲料加工机械 9.6 万台（套）。

畜禽养殖机械推广鉴定体系不断完善。一是提高畜禽养殖机械推广鉴定大纲覆盖面。2019 年，在农业农村部发布的两批次共 235 项农业机械推广鉴定大纲中，涵盖《农业机械分类》(NY/T 1640—2015）中畜禽养殖机械大类中 77％的品目和农业废弃物利用处理设备大类中 100％的品目，实现了对畜禽规模养殖中主要环节机械装备的全覆盖。二是将具备条件的生猪养殖设备和畜禽养殖废弃物资源化利用装备全部纳入推广鉴定指南。2019 年共将 7 个品目的畜禽粪污资源化利用装备列入国家支持的推广鉴定产品种类指南。引导各地将畜禽养殖装备列入省级鉴定产品种类指南，2019 年共有 8 个品目的畜禽粪污资源化利用装备和 3 个品目的生猪生产设施装备被纳入省级鉴定产品种类指南，保证了畜禽养殖机械装备的鉴定需求。三是加紧畜禽养殖机械试验鉴定能力建设。支持全国各农机鉴定机构开展畜禽养殖废弃物资源化利用和生猪生产设施装备鉴定能力建设。目前，相关省级鉴定机构已具备 10 项关键畜禽养殖废弃物资源化利用装备的鉴定能力，生猪养殖设施装备重点省和农机鉴定总站已经具备 5 项生猪生产装备鉴定能力。四是加快畜禽养殖废弃物资源化利用装备和生猪养殖设备鉴定。2019 年全国鉴定机构共承担畜禽养殖废弃物资源化利用装备以及生猪生产装备鉴定项目 172 项，是 2018 年承担项目数的 6 倍多。全国各级试验鉴定机构的畜禽养殖机械试验鉴定供给能力不断加强，为畜禽养殖机械补贴工作提供了强有力的支撑。

试验示范演示及培训力度与规模不断扩大。在全国畜牧业机械化现场会活动中，组织开展现场试验演示工作，推广先进的畜禽养殖机械产品和技术。召开畜禽养殖机械鉴定检测技术研讨会，面向鉴定系统开展畜禽养殖废弃物资源化利用和生猪生产机械化方面的专业培训，稳步推动畜禽养殖机械的鉴定和推广。创设畜禽养殖机械试验示范基地，开展奶牛养殖全程机械化模式研究，编制畜禽养殖机械科普丛书，制定规模化养鸡场机械装备配置规范行业标准，强化示范引领。

（十四）智能农机发展

农业机械化和农机装备是转变农业发展方式、提高农村生产力的重要基础，是实施乡村振兴战略的重要支撑。智能农机装备是农业先进生产力的代表，也是促进发展绿色、高效现代农业的重要途径。随着 2018 年 12 月 29 日国发 42 号文件的发布，明确提出了“促进物联网、大数据、移动互联网、智能控制、卫星定位等信息技术在农机装备和农机作业上的应用”“推动智慧农业示范应用”，从政策层面上看，国家正在积极推动智能农机装备以及农机信息化技术的发展和应用。

2019 年以来，各地认真贯彻落实国发 42 号文件精神，各项政策举措加快落实落地，农机化发展稳中求进、进中向好，呈现出加快转型升级的良好态势。河北、安徽、湖北、天津、江苏、山东、吉林、甘肃、陕西、山西、新疆、福建、四川、广西、广东等地为落实国发42号文件的具体实施，结合本省实际情况均提出了具体的实施意见，把推进智能农机装备应用以及“互联网+农机作业”作为本年度主要工作任务。其中河北省明确提出了“实施智慧农机提升行动”，加快物联网、大数据、移动互联网、智能控制、卫星定位等信息技术在农机装备和农机作业上的应用，建设大田作物精准耕作、智慧养殖、设施园艺、作物智能化生产等智慧农机示范基地，到2020年建设智慧农场80个。2019年在13个县（市）开展农机合作社“智慧农场”创建，开展拖拉机自动导航系统、卫星平地控制系统、精准播种施肥系统、精准喷药系统、智能测产系统等智能农业装备的应用和推广，河北省积极推动农机信息化技术在深松、深翻、旋耕、秸秆还田、收获等环节的应用，从2019年开始对开展深松深耕、秸秆还田、机播机收等作业的1.6万台机具安装智能监测终端，到2025年对3万台大中型拖拉机、2万台小麦联合收割机、1万台玉米收获机开展智能化改造提升，探索建立集数据化、智能化、可视化于一体的智慧农机作业体系，积极推进与农机工业、种植业、养殖业等相关信息系统互联互通，建设国内一流的农机管理服务平台。

“互联网+农机作业”模式在全国农机深松作业监管过程中逐渐得到普及。2019年，全国累计投入深松作业机具20.5万台（套），共完成农机深松整地1.4亿亩，全国农机深松信息化远程监测作业面积占实际补助面积的95%以上。黑龙江、内蒙古、河北、安徽、山东、吉林、辽宁、新疆、湖北、宁夏等多个省份信息化监测率均达到100%。作业类型正在由单一的深松作业向深松、翻地、播种、秸秆还田、施肥、打捆、旋耕、插秧、收获、喷药、平地全程作业监管发展。“全程托管”“机农合一”“全程机械化+综合农事服务”等专业性综合化新主体、新业态、新模式正在快速发展，积极发展“互联网+农机”服务，创新组织管理和经营机制，进一步提升农机合作社的发展动力和活力。

2019年，我国农机智能装备的发展已经进入暴发奇点，正迎来全面展开阶段。以农业环境监测、温室大棚控制、农机自动导航、激光平地、卫星平地、变量播种（施肥）、变量喷雾控制、联合收割机智能测控、圆捆机自动打捆控制、水肥一体化等为代表的农机智能装备进入快速增长期，已经在实际生产中广泛应用，大大提升了农业生产效率、提高了农产品质量、降低了损耗、扩大了农业收益。其中农机自动导航系统市场需求增长迅猛，2018年销量达6 500多台，形成了全域性的影响力，2019年销量达到15 000套左右，由于电动方向盘式安装简单、价格低廉、通用性强，已成为当前国内农机自动导航系统的主流，国内自动导航产业由市场培育期进入了快速增长期。

为应对人口老龄化带来的农业劳动力短缺、生产成本增长带来的影响，我国农机装备正在向无人化、机器人化方向发展，2019年以来多个无人农场示范项目在全国陆续实施，基于智能农业机械、农业物联网、全产业链云平台、行业管理及行业组织信息平台技术，实现在规模化农场的耕种管收农业生产全过程无人化，目前，我国正计划分级、分期、分步建立无人农场，以智能化促进农业生产提质、增效、降本、绿色、生态、宜人。5月8日，农业全过程无人作业试验2019年首站试验在黑龙江北大荒农垦集团总公司建三江分公司红卫农场启动，黑龙江重兴机械设备有限公司、黑龙江泰多植物保护有限公司、山东华盛集团、丰疆智能科技股份有限公司等单位组成的12支无人化的搅浆、整地、插秧、施肥施药工作团队联合完成了160亩的无人作业任务。后续试验项目将在江苏、重庆、新疆、河南、海南等10个省份展开，通过建立全国无人农机合作联社，采取农机共享等方式，解决我国农业生产人口老龄化、作业效率低下、作业标准差异化等问题，打造出我国农业生产的新模式。6月11日，在山东省淄博市临淄区朱台镇禾丰种业生态无人农场开展了无人驾驶的拖拉机、小麦收获机、播种施肥一体机、植保无人机、秸秆粉碎灭茬混土还田机等农机装备的无人化作业试验，生态无人农场融合了生物防控、绿色植保、无人机、农业机器人、人工智能、物联网、大数据、云计算等众多高新技术，涉及耕种管收全过程。6月12日，河北省农机部门联合国家农业智能装备工程技术研究中心和河北省农林科学院专家团队共同开发的全程无人驾驶智能化作业系统，在赵县姚家庄村试验田成功完成首试。新一代智能作业农机可以更加精准地设定作业路线，最大限度地减少农机作业中的重叠和遗漏，显著提高作业质量，增加有效耕地面积。同时，全程无人驾驶系统降低了对农机驾驶员的操作要求，驾驶和操作更加轻松便利，缓解了对高水平农机手的依赖。11月7日，国内首个“5G+智慧农机”创新示范场景在上海崇明区万禾有机农场千亩有机稻田上开展演示，中国一拖、丰疆智能和雷沃重工等国内企业研制的无人驾驶收割机、新能源智能拖拉机、水稻插秧机器人、无人驾驶收割机等新型智慧农机开展无人化精准作业，结合5G网络，智慧农机可摆脱对人的过多依赖，便捷地实现远程一人对多机的操控与管理。

中国一拖集团有限公司、中联重科股份有限公司、雷沃重工、三一重工股份有限公司、宗申产业集团等传统农机企业纷纷布局智能农机，打造智慧农业。2019年10月，中国一拖牵头在洛阳组建国家农机装备创新中心，围绕农机装备关键材料及工艺、核心零部件及元器件、农机装备智能化等领域，建设研发设计平台、中试验证基地、推广应用与成果孵化平台、共性技术服务平台，推进农机装备产业链协同发展。在农机装备核心元器件、核心零部件、农业机器人、智慧农业装备、农机大数据平台等方向取得了阶段性成果。率先研发的超级拖拉机Ⅰ号，承载着电动化、无人化、网联化三大任务，是我国发布的首台具备完全自主知识产权无驾驶室纯电动无人驾驶拖拉机，并于2019年年初正式进行田间验证性作业。8月6日，一拖与华为技术有限公司签署全面合作框架协议，将在智慧农业、企业信息化、云服务、无人驾驶和5G创新应用等领域开展全面合作，推动农业机械行业转型升级。雷沃重工发力精准农业，与百度签署战略合作协议，双方将以实现自动驾驶量产为目标，就农机智慧化展开合作，用AI赋能农机制造，共同解决自动驾驶领域的技术难题，共同开启人工智能在农业领域运用的新场景，推进智慧农业的升级发展。

8月7日，雷沃重工与华南农业大学合作研制的国内首个主从导航收获机系统在甘肃金昌成功收获小麦，实现粮食收割过程自动化。中联重科发力人工智能，与 Landing. AI 达成合作，高起点跨入人工智能技术领域，在智能制造领域不断开拓进取，其农机产品已经实现了自动驾驶、自动收割、智能烘干等功能，并建有农业装备物联网平台，可实现农机信息及时反馈等远程控制功能，为人工智能技术应用奠定了基础。在 2019 年的中国国际农业机械展览会期间，召开了“AI 中联重科农机新品发布会”，将 AI 人工智能概念引入农业机械领域。

智能农机已成为 2019 年备受社会关注的热点，现代农业绿色优质、节本丰产、高效发展离不开智能农机装备，“机器换人”实现的重要一环就是智能农机装备的自动化作业，在自动控制系统作用下，降低人力成本和时间成本，提高农业作业效率，为现代化农业规模化发展打下基础。我国正处于由传统农业向现代农业转型的关键时期，农业现代化进程正出现加速发展态势，物联网、AI、5G 网络、大数据、云平台、机器人等高新技术，正深刻影响和改变着我国的农业发展，农业生产、经营、管理、政务方式也正在发生深刻的变革。要实现农业生产由粗放型经营向集约化经营方式的转变、由传统农业向现代农业的转变，必须瞄准世界农业科技前沿，大力发展农机信息化、智能化等工程科技相关技术，迎接农机智能化、无人化的发展趋势，助推农业现代化。

（十五）甘蔗生产全程机械化

2019 年，据测算甘蔗机耕率将超过 90%；在种植和收获机械化方面也将取得进展，机播率、机收率和综合机械化率有望高于上年，机播率约达 30%，机收率预计接近 3%。

2019 年，广西、云南、广东三大主产区甘蔗生产综合机械化率分别达到 60.41%、39.65%和 46.55%。这 3 省（自治区）耕整地机械化率均在 90%以上；种植机械化率逐年稳步提高，广西已近 60%；收获方面，尽管近两年来我国甘蔗收割机装备制造能力、市场保有量均有明显提升，但固有的糖业利益机制障碍凸显，亟待攻坚突破。2019 年，我国甘蔗全程机械化发展情况可作如下概括。

甘蔗机械化收获装备持续改进。重大关键装备甘蔗联合收割机制造骨干企业稳步夯实基础，在制造技术、区域适应性、市场服务等方面持续改进。国产收割机性价比优势明显，甘蔗收割机民族工业基础基本确立。据了解，2019/2020 榨季预计新增联合收获机 300 余台。

甘蔗生产机械化发展区域特点显现。广西、云南、广东等主产区因自然条件、起步早晚、经济水平的差异，甘蔗全程机械化发展呈现出不同的阶段性特点，值得认真总结、相互借鉴。广西已形成对糖企主导作用重要性、土地宜机化改造必要性的广泛共识；在提前完成 500 万亩“双高”基地建设的基础上，总结经验教训，着力生产经营模式的探索和农机农艺的融合。云南继续稳步开展坝地甘蔗生产全程机械化和山地机械化轻简生产技术的试验和示范。广东农垦从机制创新的角度实行原料生产、加工一体化，推进全程机械化发展；广东民营糖企则通过政府、糖企、农机企业多方协作，适度扶持与市场化运作相结合，支持鼓励农机专业合作社发展。

不同主体对发展机械化的需求存在差异。蔗农与糖企对全程机械化需求不同步，尤其是对机收的需求认识尚不同步，部分糖企缺乏推进全程机械化的主动作为，导致机械化推进滞缓。

土地规模化缓慢，影响机械化发展。甘蔗机械化装备尤其是机收大型机械装备适用于较大规模土地连片作业，然而当前各地甘蔗生产仍以单家独户分散经营为主，难以发挥机具效率。土地流转成本高，阻碍了甘蔗连片种植规模，不利于机械作业。

全程机械化技术体系有待健全。研发重点欠突出，支持力度不足，未见重大关键突破，适应未来机械化快速发展的技术储备不足；突破传统落后的小农意识，突破制糖企业与蔗农的利益博弈关系从根本上有赖于固有糖业生产体制的转型，有待市场引导、政府科学决策和糖企的配合，仍需时日。

当前围绕机收为核心的全程机械化生产所面临的问题大多已不是技术问题，更多的是宏观经济背景和系统性的蔗糖生产体制机制问题。

以“全程机械化生产模式”为指引，开展以制糖企业为主导的模式示范，以完善技术及运行系统、减轻种植者经营压力为出发点，以产业转型升级和形成新型的糖业利益协调机制为目标，细化、深化模式研究和配套，切实解决全程机械化过程中的系统性、关键性问题。

进一步推进高标准农田宜机化建设，鼓励支持土地流转，发展适度规模经营。鼓励进行农机农艺融合试验示范，集成推广新机具和作业模式，发挥样板示范的辐射效应。

以“机械化品种技术要求”为切入点，促进农机农艺融合技术体系的研究和应用。扩大机具购置和作业补贴、示范推广、人才培训、科学研究与学术交流等财政支持覆盖面。

（十六）农村环境治理

2018 年 2 月，中共中央办公厅、国务院办公厅联合印发了《农村人居环境整治三年行动方案》，旨在加快推进农村人居环境整治、进一步提升农村人居环境水平，到 2020 年，实现农村人居环境明显改善、村庄环境基本干净整洁有序、村民环境与健康意识普遍增强。2019 年中央 1 号文件指出，抓好农村人居环境整治三年行动，全面开展以农村垃圾污水治理、厕所革命和村容村貌提升为重点的农村人居环境整治。推进人居环境整治要从实际出发，坚持因地制宜、分类指导，循序渐进、量力而行，要注重同农村经济发展水平相适应，还要同当地的文化和风土人情相协调。

改善农村人居环境，建设美丽宜居乡村，是实施乡村振兴战略的一项重要任务。目前，我国农村人居环境整治取得积极进展，农村卫生厕所普及率达到 60%，90%以上的村庄开展了清洁行动，农村生活垃圾收运处置体系覆盖84%的行政村，农村水电路气房等基础设施建设都实现了历史性变化。

2019年各部门合力推进农村人居环境整治工作。农业农村部指导各地因地制宜开展农村厕所革命，分三类地区推进农村改厕，提高工作指导精准性。会同国家卫生健康委员会等部门制定《关于切实提高农村改厕工作质量的通知》，强调各地严把农村改厕“十关”。农业农村部等18个部门联合印发《农村人居环境整治村庄清洁行动方案》，提出开展以清理农村生活垃圾、清理村内塘沟、清理畜禽养殖粪污等农业生产废弃物、改变影响农村人居环境的不良习惯为主要内容的村庄清洁行动，集中整治村庄环境“脏乱差”。住房和城乡建设部印发《关于建立健全农村生活垃圾收集、转运和处置体系的指导意见》。生态环境部等9部门印发《关于推进农村生活污水治理的指导意见》。生态环境部将农业农村污染治理突出问题纳入中央生态环境保护督察，印发《关于推进农村黑臭水体治理工作的指导意见》《农村生活污水处理设施水污染物排放控制规范编制工作指南（试行）》等。中央财政安排资金支持各地开展农作物秸秆综合利用、畜禽粪污资源化利用试点、农用地膜回收利用相关工作。农业农村部会同有关部门印发《关于做好2019年畜禽粪污资源化利用项目实施工作的通知》《关于促进畜禽粪污还田利用依法加强养殖污染治理的指导意见》《关于进一步做好当前生猪规模养殖环评管理相关工作的通知》。农业农村部、自然资源部、国家发展改革委、财政部等5部门印发《关于统筹推进村庄规划工作的意见》，坚持以规划引领，充分利用原有工作基础，指导各地扎实推进“多规合一”的实用性村庄编制规划工作，助推农村人居环境整治。

农业农村部组建了全国农村厕所革命专家智库，编写农村改厕实用技术手册，开展农村改厕技术集成示范试点和专家技术指导服务，举办农村人居环境整治高峰论坛暨农村厕所革命技术论坛和第一届全国农村改厕技术产品创新大赛，启动编制农村户厕建设有关标准规范，举办农村人居环境整治工作培训班。国家卫生健康委员会、农业农村部制定《农村户厕建设技术要求（试行）》，举办农村改厕技术及评价系统培训班。文化和旅游部深入实施《全国旅游厕所建设管理新三年行动计划》。交通运输部安排投资改善农村道路交通。国家林业和草原局举办全国研修班，评价认定国家森林乡村。住房和城乡建设部开展农村住房建设试点；督促各地加快推进非正规生活垃圾堆放点整治，截至2019年年底排查出的2.4万个非正规垃圾堆放点有82%已完成整治；指导督促农村生活垃圾分类和资源化利用示范县探索可复制、可推广的经验。中央财政通过农村环境整治资金重点支持农村污水综合治理试点等。农业农村部继续支持整县推进畜禽粪污资源化利用，创建国家级畜禽标准化示范场，推进农膜污染治理示范县、秸秆综合利用试点县建设。国家能源局会同有关部门推进生物天然气开发利用。全国农业农村系统加紧落实，主要工作有推进农村生活垃圾治理、开展厕所粪污治理、梯次推进农村生活污水治理、提升村容村貌、加强村庄规划管理等。2019 中国国际农业机械展览会积极响应国家政策与市场需求，推出了农村人居环境整治与环保设备专区，其中广泛涉及工程与建设机械、清扫机械、垃圾转运及处理设备、灌排设备、粪污及畜禽养殖废弃物处理利用设备等，为农业机械行业转型升级提出新方向、新趋势。

展望

“稳中求进”是对 2019 年经济成绩的总结，“长期向好”是对当前经济形势的判断，“积极进取”是对 2020 年经济工作的要求，同样也适合农业机械化发展。

2019 年年底，农业农村部农机化司司长张兴旺对 2020 年的农业机械化工作提出总体要求：一是坚持以贯彻 42 号文件为工作主线，稳步发展农机化全程全面转型升级的新格局。二是坚持以制度建设为保障，稳步实施农机购置补贴政策。三是坚持以“放管服”改革为动力，稳步提高整个农机化行业发展能力。四是坚持以新发展理念为指导，稳步提升全行业的发展水平。五是坚持以服务农业农村中心工作为方向，稳步启动东北“黑土地”保护性耕作行动计划。

农机科研方面，将继续面向市场、面向需求，开展产学研协同创新，不断完善农机装备创新体系，支持开展农业机器人等智能化高端农机装备开发，加强与新型农业经营主体对接，孵化培育更多农机高新技术企业、探索建立“企业＋合作社＋基地”的农机产品研发、生产、推广新模式。

农机社会化服务方面，将以更好地满足广大农民日益增长的多样化高质量农机服务需求为目标，以提高农机利用效率经营效益为核心，以组织创新、机制创新为动力，以推进农机农艺农事融合、机械化信息化融合、农机服务模式与农业规模经营融合为重点，培育发展各类农机服务新主体、新模式、新业态，推进农机服务向农业生产全过程、全产业和农村生态、农民生活服务领域延伸，优化创新链、扩大服务链、拓展产业链、提升价值链。

农机市场方面，下滑局面趋缓。植保机面临着良好的发展机遇，应引起业内人士关注。一是政策利好，农机补贴等政策将成为驱动市场发展的强劲动力。二是刚性需求强大，我国植保机市场正处于更新高峰期，发展空间大。随着农村劳动力急剧下降和土地流转加速，市场将加速淘汰这些背负式喷雾器。三是高端植保机市场刚刚起步，刚性需求强劲。四是家庭农场、农业合作社、农机大户等群体组织的崛起以及专业农业服务业的快速发展，为植保机市场提供了强大的发展后劲。

从发展趋势分析，马铃薯生产机械大型化、高端化或成为未来市场发展趋势。但我国的马铃薯技术与国外差距较大。德国从效率和技术上遥遥领先于我国，他们一直在追求更大的作业效率和收获产量。这就要求我国马铃薯收获机在大型、高端化方面下足功夫，缩小与国际先进产品的技术与功能的差距。在“一带一路”利好环境的影响下，我国农机出口可望继续保持两位数的增长势头。

畜牧机械化方面，农业农村部印发《关于加快畜牧业机械化发展的意见》，提出统筹设施装备和畜牧业协调发展，着力推进主要畜种养殖、重点生产环节、规模养殖场（户）的机械化。未来将集中力量强科技、补短板、推全程、兴主体、保安全、稳供给，从推动畜牧机械装备科技创新、推进主要畜种规模化养殖全程机械化、加强绿色高效新装备新技术示范推广、提高重点环节社会化服务水平、推进机械化信息化融合等重点任务入手，突出抓好养殖生产全程机械化，加快提升畜禽养殖废弃物处理机械化水平，积极促进畜牧业机械化全面提档升级。

丘陵山区农机化方面，通过“改地适机”的方式推动丘陵山区农业机械化已经形成了共识，农田宜机化改造成了丘陵山区省份农业机械化工作内容之一。2020 年，除了重庆、山西将继续推进丘陵山区农田宜机化改造以外，湖南、福建、贵州、四川等多个省份也将开展丘陵山区农田宜机化改造试点工作，同时农业农村部农业机械化管理司正在积极争取亚洲基础设施投资银行贷款项目用于丘陵山区农田宜机化改造，预计 2020 年全国丘陵山区农田宜机化改造工作将取得更大范围的共识和进展。

黑土地保护方面，为加快推进耕地质量提升，全力破解东北黑土地战略性保护难题，组织对东北黑土地保护性耕作问题进行深入调研，形成了《东北黑土地保护性耕作国家行动计划（2020—2025 年）》，提出用 5～6 年时间，在东北适宜地区实施高质量保护性耕作面积 1.4 亿亩，占比达到 70%，找到一条运用机械化手段解决东北黑土地保护问题的有效路径。启动了东北黑土地保护性耕作行动计划，2020 年力争达到 4 000 万亩。

报废更新工作是购机补贴的一个延伸。农业农村部和财政部、商务部协商，计划制定新的报废更新指导意见。新的意见有以下几个方面的变化：一是实施范围扩展到全国，与农机购置补贴实施区域相同。二是报废补贴机具种类由原来的拖拉机和联合收割机 2 种，扩大到水稻插秧机、机动喷雾（粉）机、机动脱粒机、饲料（草）粉碎机、铡草机等 7 种。三是报废条件由地方参照相关机械报废标准确定，更加结合实际，尊重农民意愿。四是报废补贴标准适当提高。拖拉机和联合收割机报废补贴标准由购机补贴额的 30%提高到 40%，其他新增加的 5 种机械为 30%。报废补贴额原则上不超过 2 万元。五是回收企业在依靠机动车回收拆解企业的基础上，允许农机生产、销售企业和合作社开展这项业务。打破了单纯依靠汽车回收企业的格局，引入竞争机制，方便农民，也方便农机企业以旧换新，扩展业务。

农机管理部门未来在农机报废更新推广力度上将有所增加。2020 年全国实施报废更新的县的数量将达到 50%，2021 年将达到 80%，2022 年将达到 100%。新办法出台以后，实施的速度会加快，应通过报废更新这样一个购机补贴政策的延续，把政策用好、用透、用足。

农机行业应瞄准农业机械化需求，加快推进农机装备创新，研发适合国情、农民需要、先进适用的各类农业机械，丰富农业装备产品种类，补齐全程机械化短板；加强农机农艺融合、机械化信息化融合、设计—材料—工艺协同优化，通过农机制造、销售、服务、作业控制以及合作社服务管理、金融需求等多链条多环节的信息化，推进农机装备全产业链协同发展；借助“一带一路”国际农业装备产能联盟及对外援助项目，推动先进农机技术及产品“走出去”。

后记

《中国农业机械化发展白皮书》已连续发布 3 年，受到了行业的广泛关注和认可。在《2019 中国农业机械化发展白皮书》编辑过程中，编写组查阅了行业公开发表的文件、书籍、会议讲话稿等资讯，通过多种方式收集了大量行业资料和数据，进行整理分析，提取有效信息，反映行业年度发展状况，分析行业发展变化及趋势。

编撰《2019 中国农业机械化发展白皮书》是一项公益性事业，中国农业机械化协会为此投入了大量的人力、物力和财力，坚持数年，得到了农机管理部门、科研院所、行业协会的领导和专家、农机制造企业和广大用户的支持和帮助，在此表示衷心感谢。因时间所限，《2019 中国农业机械化发展白皮书》中一定有许多疏漏和错误，敬请批评指正。

作者介绍

编写组组长：刘　宪

编写组副组长：杨　林　王天辰

编写组成员：谢　静　李雪玲　耿楷敏　孙　冬　张　斌　曹光乔　张宗毅　田金明　曹洪玮　王明磊　桑春晓　武广伟　张华光

（全文由刘宪、谢静、李雪玲统稿校核）

（甘蔗机械化内容来自农业农村部全程机械化推进行动专家指导组甘蔗专业组，指导组成员：区颖刚、张华、陈世凡、尹明玉、刘胜敏）

来源：中国农机化协会公众号

2020 年 6 月 19 日

2019年农机化十大新闻

中国农机化导报　陈　斯 等

2月28日，中国农业机械化协会、青岛洪珠农业机械有限公司与本报再度携手举办的“洪珠杯”2019年全国农机化十大新闻评选活动网上投票结束。相比往届，今年在新冠肺炎疫情的影响下，主办方创新模式，采取视频讨论、线上投票形式，邀请来自农机界的领导、专家、媒体、企业代表以及农机合作社代表分组进行讨论，“2019年全国农机化十大新闻”最终火热“出炉”。

作为农机领域的传统品牌活动，“全国农机化十大新闻”评选活动已举行了16届，在农机领域是连续举办时间最长的活动。该活动自1月启动以来，首先面向全行业征集条目，在此基础上进行整理并征求有关方面意见，形成15条候选条目，提交评审会讨论投票。但就在各项评选工作准备就绪之际，却突遇新冠肺炎疫情，主办方紧急研讨、制定方案，遵循不聚餐、少聚集的原则，首次创新采用视频会议分组讨论的模式，全力组织不同地区农机界领导、专家、媒体代表、企业代表以及合作社负责人在短短两天之内完成线上分组讨论环节，并在网上进行投票。

随着科技的发展，网络化逐渐被人们所熟悉，尤其在疫情的影响下，视频、电话会议成为人们联络的“法宝”。此次活动中大家虽无法面对面探讨交流，但来自全国各地的评委们依旧认真审阅每条候选题目，逐字评审、讨论的认真劲儿丝毫没有因为屏幕的阻隔而减弱。

每一届的“全国农机化十大新闻”评选活动不仅能够全面梳理和宣传农机化发展的巨大成就，而且能为农机化行业留下非常有价值的新闻史料，成为我国农机化事业发展的一个重要见证，深受好评。为了确保不遗漏一条农机重大新闻，精选最具代表性、新闻性、引领性的新闻条目，主办方经过征求多方意见，反复斟酌，最终确定了15条候选条目。

在讨论环节，评审们一致认为，经过数年的发展，我国农机化取得了重大的成绩，因此，在评选过程中要将涉及农机化大事、要事、新鲜事等内容条目作为优先考虑项。

经过两天的分组讨论，评委们共同梳理、回顾了2019年的农机化标志性事件和新闻，最终投票选出最具代表性的“全国农机化十大新闻”，其中“举行纪念毛泽东‘农业的根本出路在于机械化’论断发表60周年活动”获得评委们全票通过，成为最没有悬念的一条标志性新闻。虽然“农业的根本出路在于机械化”是早在60年前发表的，但评审们一致认为这一论断始终让人记忆犹新，是农机人的魂，更是农机领域蓬勃发展的信心所在。正如评委在讨论时所说：“农业的根本出路在于机械化，毫无疑问当选此次十大新闻条目之一，对整个农机行业是个鼓励，是农机领域对未来工作有根可寻的依据，农机人将会永远铭记。”

“全国主要农作物耕种收综合机械化率跨上了70%的台阶，提前一年实现‘十三五’规划目标，小麦、水稻、玉米三大主粮生产基本实现机械化”“时隔40年，国务院再次召开全国以农机化为专题的会议，部署加快农机化转型升级”等候选条目高票当选，反映了农机化实现的标志性成果和对农机化工作的再部署再落实，这些话题成为2019年最受农机界关注的新闻。有评审专家表示，今年的全国农机化十大新闻评选条目更加全面，既涵盖了国家宏观政策层面、科研、教育等领域对农机化事业的关注，又多方面、多角度地展示了这一年来农机化的发展脉络，对农机领域而言是莫大的鼓励，更是未来前行的动力。

“虽然现在处于非常时期，但我们依旧不遗余力地继续推动着农机化工作的进行。由于疫情原因，不能与大家面对面交流讨论，并现场聆听领导和专家们对农机化发展的回顾总结和梳理展望，但是我们通过现代通信技术，创新性地通过视频会议进行讨论交流，在线上进行投票，最终评选出了2019年全国农机化十大新闻。”青岛洪珠农业机械有限公司总经理吴洪珠说，“此次活动，让越来越多的人知道了洪珠、熟悉了洪珠、了解了洪珠，我们愿意为推动马铃薯机械化贡献我们的力量。”

“洪珠杯”2019年度全国农机化十大新闻

（一）全国主要农作物耕种收综合机械化率跨上70%台阶，提前一年实现“十三五”规划目标，小麦、水稻、玉米三大主粮生产基本实现机械化

2019年，农业农村部着力推进农机化转型升级工作，全国主要农作物耕种收综合机械化率跨上70%台阶，提前一年实现“十三五”规划目标，小麦、水稻、玉米三大主粮生产基本实现机械化，畜牧水产养殖、设施农业、农产品初加工机械化率均提升2个百分点以上。

（二）时隔40年，国务院再次召开全国以农机化为专题的会议，部署加快农机化转型升级

3月17日，全国春季农业生产暨农业机械化转型升级工作会议在湖北省襄阳市召开，李克强总理对会议的召开作出重要批示，强调抓好春季田管和春耕备耕，加快农机装备产业转型升级，确保粮食生产稳定发展和重要农产品有效供给。胡春华副总理出席会议，并在讲话中强调，要积极创新农业经营方式，发展农业社会化服务，加快推进农业机械化转型升级，加强农业防灾减灾，保障农业生产稳定发展。

农业农村部部长韩长赋在会上向全国农业农村系统提出明确要求，加快推进机械化由耕、种、收环节向植保、烘干、秸秆处理全过程发展，由种植业向畜牧业、渔业、设施农业、农产品初加工业延伸，由平原地区向丘陵山区扩展。

这次会议是继1978年第三次全国农机化工作会议40年后，国务院又一次召开的以农机化为专题的工作会议。

（三）举行纪念毛泽东"农业的根本出路在于机械化"论断发表60周年活动

4月29日，落实习近平总书记"大力推进农业机械化、智能化"重要论述暨纪念毛泽东"农业的根本出路在于机械化"著名论断发表60周年活动在江苏举行。农机化业内领导专家齐聚一堂，抚今追昔，碰撞思想，共同回顾我国农业机械化发展的历史进程，展望我国农业机械化的未来发展，为助推农业农村现代化建言献策。

1959年4月29日，针对当时农业生产方面存在的不实事求是的作风，毛泽东就机械化等6个问题写了一篇《党内通信》，提出"农业的根本出路在于机械化"著名论断，为农业发展之路指明了方向。

（四）国家农机装备创新中心获批成立

国家农机装备创新中心于5月正式获得工信部批复组建，是全国正式批复建设的第12家国家制造业创新中心，也是农机领域首个国家制造业创新中心，该中心位于河南省洛阳市。制造业创新中心建设工程是制造强国战略的核心内容之一，每个行业只设一家国家级创新中心。国家农机装备创新中心由中国一拖牵头组建，以洛阳智能农业装备研究院有限公司为依托单位，由6位院士及多名行业知名专家组成专家委员会，集聚了中国一拖、清华大学、中国科学院计算技术研究所等创新资源。国家农机装备创新中心将围绕关键材料及工艺、核心零部件及元器件、农机装备智能化等领域，建设研发设计平台、中试验证基地、推广应用与成果孵化平台、共性技术服务平台等，推进农机装备产业链完整协同发展。

（五）农业农村部农机试验鉴定总站与农机化技术开发推广总站合署办公

6月26日，农业农村部农机试验鉴定总站和农业农村部农机化技术开发推广总站召开合署办公大会。农业农村部副部长张桃林在会上强调，两站要以合署办公为契机，围绕农业机械化全程推进全面发展各项重点任务，优化职能配置，推进业务整合，构建职责明确、执行有力、协同高效、服务到位的职能体系，进一步提升农业机械化转型升级支撑保障能力。两站合署办公后共设置19个部门，137名编制。

两站合署办公是深化事业单位改革的重要举措，是新形势下推进农机化转型升级的现实需要，也是整合职能力量、提高工作效能的有效途径，有利于整合资源、激发活力，实现优势互补，统筹推进农机化技术支撑体系建设。

（六）建立国家农机化发展协调推进机制，从而使部级任务上升到国家层面

7月9日，农业农村部会同工信部在北京召开国家农机化发展协调推进机制16个成员单位第一次会议，宣布了《国家农业机械化发展协调推进机制工作制度》，审议并原则通过了《〈国务院关于加快推进农业机械化和农机装备产业转型升级的指导意见〉任务分工和2019年工作计划》，农业农村部副部长张桃林、工信部副部长辛国斌出席会议并分别讲话，对协同抓好42号文件贯彻落实提出要求，从而使部级任务上升到国家层面。在农业农村部农机化司指导下，吉林省率先颁布实施《吉林省人民政府关于加快推进农业机械化和农机装备产业转型升级的实施意见》。2019年全国共有30个省（自治区、直辖市）出台贯彻实施国发42号文件意见。

（七）两位农机专业教师喜获国家表彰

9月10日，在第35个教师节到来之际，庆祝2019年教师节暨全国教育系统先进集体和先进个人表彰大会在北京举行。青岛农业大学机电工程学院院长尚书旗教授、山西农业大学工学院张淑娟教授两位农机专业教师分别荣获“全国教育系统先进工作者”“全国模范教师”称号。

尚书旗教授在根茎类作物机械化方面取得了一批重要创新成果，对农机教育体系改革作了大量工作，培养了大批农机专门人才。曾获“国家科技进步二等奖”“全国五一劳动奖章”“全国优秀科技工作者”等多项荣誉称号。

张淑娟教授将三维设计软件引入机械制图课程，建立了国家制造业信息化培训中心的三维CAD教育培训基地。她主讲的机械制图课程获批“国家级精品课程”“国家精品资源共享课程”，她本人还被评为“全国十佳农机教师”。

（八）首次全国畜牧业机械化现场会在青岛召开，吹响加快畜牧业机械化发展的号角

10月30日，首次全国畜牧业机械化现场会在青岛召开，吹响加快畜牧业机械化发展的号角，提出力争到2025年畜牧养殖机械化率达到50%，标志着我国农机化发展从种植业向畜牧业拓展。当前我国畜牧业机械化水平仅为33%，远低于农作物耕种收综合机械化水平。畜牧业机械化是实现畜牧业发展转型升级的必然选择，是确保肉蛋奶生产安全、环境安全的紧迫需要。为支持生猪生产，农业农村部将全国农机购置补贴机具种类范围内的所有适用于生猪生产的机具品目原则上全部纳入补贴范围，支持推动广大养殖场（户）购机用机。

（九）全国优势特色农产品机械化生产技术与装备需求调查目录等6项推进农机化转型升级成果发布

10月30日，农业农村部农业机械化管理司、农业农村部农业机械试验鉴定总站、农业农村部农业机械化技术开发推广总站、农业农村部南京农业机械化研究所和农业农村部全程机械化推进行动专家指导组联合在青岛发布了6项推进农业机械化转型升级成果。

6项成果具体内容包括主要农作物全程机械化生产模式、主要农作物品种选育宜机化指引、全国优势特色农产品生产机械化技术装备需求目录、“全程机械化+综合农事”服务中心典型案例、丘陵山区农田宜机化改造工作指引、全国农机化科技信息交流平台。

为推动解决优势特色农产品生产“无机可用”“无好机用”问题，促进农机化全面发展，2019年农业农村部农机化司、农机化技术开发推广总站、农机试验鉴定总站组织了全国优势特色农产品机械化生产技术与装备需求调查工作。全国各级农机推广机构近3万名专业技术人员，深入所有农业县主要种养大户、农民合作社和农业企业进行了实地调查。此次调查基本摸清了规模种养区域、面积（养殖量）、关键环节技术与机具缺口和下一步研发推广重点，形成了蔬菜、林果、茶叶、杂粮、中药材、青贮玉米、牧草、畜禽和水产9类农产品机械化技术装备需求目录。

（十）农机装备领域荣获四项2019年度国家科学奖

由中国农机工业协会会长陈志主持完成的“东北玉米全价值仿生收获关键技术与装备”项目摘得2019年度国家技术发明奖二等奖，中国农业大学工学院李洪文教授主持完成的“北方玉米少免耕高速精量播种关键技术与装备”项目、信息与电气工程学院李道亮教授主持完成的“水产集约化养殖精准测控关键技术与装备”项目以及中国农业科学院北京畜牧兽医研究所熊本海研究员主持完成的“家畜养殖数字化关键技术与智能饲喂装备创

制及应用”项目分别荣获国家科学技术进步奖二等奖。

“东北玉米全价值仿生收获关键技术与装备”针对东北玉米含水率高、种植密度大等造成的机收损失与损伤严重问题，发明摘穗、剥皮、脱粒核心技术，研制玉米籽粒—芯轴联合收获机、穗—茎兼收玉米联合收获机两套新装备，解决了摘穗堵塞与啃穗、剥皮不净，脱粒损伤等技术难题，为芯轴和秸秆多元利用提供了收获装备支撑。

来源：《中国农机化导报》

2020年5月28日

2020 中国农业机械化发展白皮书

前言

2020 年是不平凡的一年，是“十三五”的收官之年，是打赢脱贫攻坚战的收官之年，也是全面衔接乡村振兴战略的关键之年。这一年新冠肺炎疫情突如其来，面对国内外复杂严峻的形势，农机人齐心协力，攻坚克难，积极复产复工，为粮食丰收和重要农产品供给提供了有力支撑和保障，取得了不俗的成绩。这一年，农机化发展稳中向好、稳中有进，亮点纷呈。

白皮书是中国农业机械化协会的年度智库产品，是服务行业和会员的有效途径。2020 年白皮书是第五个年头，密切关注年度热点，搜集海量数据资料，内容不断丰富完善。2020 白皮书延续了往年的体例，分为综述、新思路 新举措 新进展、展望和后记 4 部分，全文约 3.7 万字。客观、真实地记录了农机化年度的发展和变化，分析发展趋势。2020 年增加了疫情下的农业生产和农机化、机收损失、东北黑土地保护性耕作、畜牧、水产养殖机械化等内容。

综述

2020 年，新冠肺炎疫情席卷全球，世界经济罕见萎缩，中国经济在抵抗疫情中率先强势复苏，据经济合作与发展组织日前发布的全球经济展望报告预计，中国经济 2020 年增长 1.8%，成为全球唯一实现正增长的主要经济体，中国对未来全球经济的回暖将起到积极且持久的作用。

（一）宏观大势

2020 年，面对严峻复杂的国际形势和艰巨繁重的国内改革发展稳定任务，特别是新冠肺炎疫情的严重冲击，以习近平同志为核心的党中央保持战略定力，准确判断形势，中共中央政治局常委会会议首次提出深化供给侧结构性改革，充分发挥我国超大规模市场优势和内需潜力，构建国际国内双循环相互促进的新发展格局，适应中国经济高质量发展的内在需要和全球经济再平衡的客观要求。2020 年是我国“十三五”收官之年，“十三五”规划主要目标任务已经完成，全面建成小康社会胜利在望，第一个百年奋斗目标即将达成，国家经济实力、科技实力、综合国力和人民生活水平又跃上新的大台阶。

截至 2020 年年底，“十三五”规划确定的农业农村发展各项目标任务胜利完成，包括建设 8 亿亩旱涝保收、高产稳产的高标准农田，划定 10.88 亿亩粮食生产功能区和重要农产品生产保护区，粮食产量连续 6 年超过 1.3 万亿斤，水稻、小麦自给率保持在 100%以上，玉米自给率超过 95%；农业科技进步贡献率突破 60%，全国农作物耕种收综合机械化率达到 71%，主要农作物良种实现全覆盖；全国家庭农场超过 100 万家，农民合作社达到 222.5 万家。现行标准下贫困人口全部脱贫，832 个贫困县全部摘帽，区域性整体贫困问题得到解决。产业扶贫政策覆盖了 98%的贫困户，贫困地区累计实施产业扶贫项目超过 100 万个，建成各类产业扶贫基地超过 30 万个。乡村振兴战略规划发布实施，党的农村工作条例颁布施行，乡村振兴制度框架基本形成。农村卫生厕所普及率超过 65%，行政村生活垃圾收运处置体系覆盖率超过 90%，农村人居环境整治三年行动目标任务基本完成。农村基本经营制度进一步巩固完善，2 亿多农户领到土地承包经营权证。农村集体资产清产核资基本完成，6 亿多人的集体成员身份得到确认。

2020 年，中央财政共支出专项资金 45 亿元，通过先服务后补助的方式，在 29 个省（自治区、直辖市）实施农业生产托管项目，支持各类社会化服务主体为农户提供从种到管、从技术服务到农资供应等全程“保姆式”服务。项目受益对象主要聚焦小农户，要求小农户受益资金比例或为小农户服务的面积不低于 60%；补贴要补到薄弱环节、关键环节，同时鼓励探索特色产品、特色产业的补贴方式。

2020 年，各地加大对粮食生产的支持力度，积极落实各项补贴政策，提高农民种粮积极性，粮食播种面积止跌回升。全国粮食播种面积 17.52 亿亩，比 2019 年增加 1 056 万亩，增长 0.6%。面对国际粮食市场的价格波动，为确保粮食安全稳定生产，国家加大对水稻生产的扶持力度，落实各项支农惠农、种粮补贴、粮食最低收购价等政策，全年双季稻播种面积比 2019 年增加 756 万亩，增长 5.3%，成为粮食播种面积扩大的主要原因。

据国家统计局数据，全国粮食单位面积产量 5 734 千克/公顷（382 千克/亩），比

2019年增长0.2%。全国粮食总产量66 949万吨（13 390亿斤），增长0.9%，我国粮食生产实现“十七连丰”。

2020年中国共产党第十九届中央委员会第五次全体会议提出到2035年基本实现社会主义现代化的远景目标：关键核心技术实现重大突破，进入创新型国家前列；基本实现新型工业化、信息化、城镇化、农业现代化，建成现代化经济体系；基本实现国家治理体系和治理能力现代化，人民平等参与、平等发展权利得到充分保障；基本建成法治国家、法治政府、法治社会；建成文化强国、教育强国、人才强国、体育强国、健康中国，国民素质和社会文明程度达到新高度，国家文化软实力显著增强；广泛形成绿色生产生活方式，碳排放达峰后稳中有降，生态环境根本好转，美丽中国建设目标基本实现；形成对外开放新格局，参与国际经济合作和竞争新优势明显增强；人均国内生产总值达到中等发达国家水平，中等收入群体显著扩大，基本公共服务实现均等化，城乡区域发展差距和居民生活水平差距显著缩小；平安中国建设达到更高水平，基本实现国防和军队现代化；人民生活更加美好，人的全面发展、全体人民共同富裕取得更为明显的实质性进展。

2020年中央经济工作会议要求：2021年要以习近平新时代中国特色社会主义思想为指导，全面贯彻党的十九大和十九届二中、三中、四中、五中全会精神，坚持稳中求进工作总基调，立足新发展阶段，贯彻新发展理念，构建新发展格局，以推动高质量发展为主题，以深化供给侧结构性改革为主线，以改革创新为根本动力，以满足人民日益增长的美好生活需要为根本目的，坚持系统观念，巩固拓展疫情防控和经济社会发展成果，更好统筹发展和安全，扎实做好“六稳”工作、全面落实“六保”任务，科学精准实施宏观政策，努力保持经济运行在合理区间，坚持扩大内需战略，强化科技战略支撑，扩大高水平对外开放，确保“十四五”开好局。

习近平总书记在2020年中央农村工作会议上发表重要讲话，强调在向第二个百年奋斗目标迈进的历史关口，巩固和拓展脱贫攻坚成果、全面推进乡村振兴、加快农业农村现代化，是需要全党高度重视的一个关系大局的重大问题。全党务必充分认识新发展阶段做好“三农”工作的重要性和紧迫性，坚持把解决好“三农”问题作为全党工作重中之重，举全党全社会之力推动乡村振兴，促进农业高质高效、乡村宜居宜业、农民富裕富足。会议提出，要牢牢把住粮食安全主动权，粮食生产年年要抓紧；要严防死守18亿亩耕地红线，采取长牙齿的硬措施，落实最严格的耕地保护制度；要建设高标准农田，真正实现旱涝保收、高产稳产；要把黑土地保护作为一件大事来抓，把黑土地用好养好；要提升农业科技、“藏粮于技”的相关措施，要坚持农业科技自立自强，加快推进农业关键核心技术攻关；调动农民种粮积极性，稳定和加强种粮农民补贴，提升收储调控能力，坚持完善最低收购价政策，扩大完全成本和收入保险范围。各地政府要扛起粮食安全的政治责任，实行党政同责；要深入推进农业供给侧结构性改革，推动品种培优、品质提升、品牌打造和标准化生产；要继续抓好生猪生产恢复，促进产业稳定发展；要支持企业“走出去”；要坚持不懈制止餐饮浪费。

（二）行业足迹

2020年是农机化发展历史上极不平凡的一年，在“双循环”大格局下，内需坚挺拉动了农业及相关产业持续提升，农业机械化继续获得良好的发展空间。农机工业乘势而上，装备水平加快提升；全国农业机械总动力达到10.28亿千瓦。新推出161个基本实现主要农作物生产全程机械化示范县（市），超额完成国家“十三五”规划纲要累计创建500个示范县的建设任务。深松整地、免耕播种、精量播种、化肥深施、节水灌溉、秸秆还田与打捆等绿色高效机械化技术加快推广，应用面积近29亿亩次。丘陵山区农田宜机化改造加快推进，三大主粮基本实现了机械化，小麦耕种收综合机械化率稳定在95％以上；水稻、玉米耕种收综合机械化率分别超过85％、90％，畜牧养殖和水产养殖机械化率分别达到34％和30％，农业机械化正在从耕种收环节向植保、秸秆处理、烘干等全程延伸拓展，农业生产方式继续上演历史性转变。农业机械化转型升级步伐加快，发展环境持续优化。

2020年是《中华人民共和国农业机械化促进法》（以下简称《农业机械化促进法》）实施的第十四年，全国人大常委会首次启动《农业机械化促进法》执法检查，分别对吉林、江苏、河南、重庆、四川、新疆6个省（自治区、直辖市）进行检查，同时委托内蒙古、黑龙江、安徽、江西、山东、贵州6个省级人大常委会分别对本行政区域内《农业机械化促进法》的实施情况进行检查。2020年8月10日，十三届全国人大常委会第二十一次会议对执法检查报告进行审议。报告指出，农机行业整体研发能力较弱，核心技术有待突破，关键零部件依靠进口，基础材料和配套机具质量不过关，成为影响农机化高质量发展的最大制约。

目前，我国已经建立了全球规模最大、覆盖最广的农机制造业体系，但高端装备产业国产化、自主化水平较低依然是制约发展的关键因素。在全球农机市场，我国农机装备产业如何实现从“跟跑”到“并跑”继而成为“领跑”，将是“十四五”期间的重大考验。

2020年，农机装备产销逆势回升，产业格局出现新变化，企业集中度提高，不合时宜和浑水摸鱼的企业遭到市场过滤和淘汰，黯然退场。优质企业销售形势看好，普遍盈利，行业利润总体增长，据国家统计局统计，2020年拖拉机总产量53.76万台，大型拖拉机（大于100马力）累计产量70 432台，同比增长56％；中型拖拉机（25～100马力）累计产量289 228台，同比增长17.7％；小型拖拉机（小于25马力）累计产量17.8万台，同比下降47.2％。据农机工业协会统计，截至10月底，全国累计分别销售各种大中拖、耕整地机械、联合收获机、播种机、插秧机、植保机械31.94万台、72.92万台、

24.73 万台、12.42 万台、7.02 万台、4.41 万台，同比分别增长 23.56%、10.38%、14.81%、23.46%、9.29%和 36.18%。畜牧机械、饲料收获机械、水产养殖机械、排灌机械、打（压）捆机、秸秆粉碎还田机、薯类收获机、果蔬烘干设备等新兴市场出现不同程度的增长。根据分析，农机报废更新补贴政策实施力度加大，推动老旧农机的更新换代，传统农机更新进入高峰期，激发了二手农机市场交易活跃度，同时受新冠肺炎疫情影响，跨区机收受到限制，部分不能外出务工的农民选择投资农机，购机补贴以及保护性耕作等相关国家政策也不同程度拉动了农机购买，多方面原因促进了 2020 年农机市场的繁荣。但同时，2020 年在技术和产品研发方面，创新不足，低成本重复竞争的局面仍未改观。一些领域市场淘汰残酷进行，投入风险增加，几家欢乐几家愁的局面在所难免。

2020 年，党中央、国务院各项政策措施加快落实落地，农机购置补贴政策实施进度加快，支持 231 万农户和农业生产经营组织购置农机具 270 万台（套）。探索开展农机购置贷款贴息，中央财政投入资金 375 万元，撬动 1.1 亿元社会贷款，解决了 1 750 台机具的筹资压力。全面开展农业机械报废更新补贴，将报废机具种类由拖拉机、联合收割机 2 种增至 7 种，实现法定涉及人身财产安全的机具全覆盖。

2020 年，黑土地保护性耕作行动计划有序实施。东北四省（自治区）共投入 1.6 万个农机服务组织、4.1 万台免耕播种机，开展免（少）耕播种作业 4 606 万亩，超额完成 4 000 万亩年度任务；建设了 38 个整体推进县，实施面积 2 892 万亩，占总实施面积的 63%；打造了 82 个县级、282 个乡级高标准应用基地，使之成为长期应用样板和宣传培训阵地；在典型区域设立了 72 个长期固定监测点，强化了土壤数据采集分析和作业效果实时监控能力。农业农村部门与各方继续联手推动丘陵山区农田宜机化改造。据不完全统计，近两年重庆、山西、湖北、湖南、广西、甘肃等省份共计投入资金 76 亿元，完成农田宜机化改造面积近 350 万亩，目前丘陵山区累计改造面积达 790 万亩。2020 年具有长远和基础性作用的农田宜机化改造运动渐成气候，促进全国农业机械化发展向纵深挺进，具有非同寻常的意义。

作为全球最大的棉花生产国和消费国，2020 年，新疆棉花播种面积达到 2 419.66 万亩，其中机械采棉面积达到 1 689.63 万亩，机采率占棉花总面积的 69.83%。据统计，2020 年全国棉花收获机补贴公示销量 1 215 台，实现销售额超 17.7 亿元，其中，新疆地区 2020 年补贴公示销量 1 027 台，占 2020 年全国棉花收获机补贴公示销量的 85%。随着我国棉花生产基本实现机械化，我国采棉机生产也突破技术壁垒，国内有数家企业采棉机实现产业化，打破了外资品牌采棉机占国内市场主导地位的局面，逐步替代外资品牌采棉机。据统计，2019 年国产采棉机销售市场占比已超过外资品牌。中国制造已解决了“从无到有”的问题，逐步向“从有到好”发展。

2020 年，在关注粮食安全的大背景下，如何减少粮食在收、运、储和使用环节的损失浪费再次引发热议。特别是入秋时节东北地区遭遇三次台风入侵，作物大面积倒伏，如何提高收获效果，减少机收环节损失成为讨论焦点。农业农村部农业机械化管理司印发《粮食作物机械化收获减损技术指导意见》，指导抗灾减损；中国农业机械化协会组织召开“主粮作物收获损失有关问题”座谈会，召集行业专家、企业、合作社代表专题研讨，提出了评估意见和应对措施。2020 年开展的提高机手素质和作业质量，打通机收损失命门争取粮食颗粒归仓活动，意义深远，或将成为今后推进农机化转型升级的一个抓手。

2020 年，农机装备智能化步伐明显加快，5G、AI、物联网、区块链等技术在农业生产上的广泛应用，为农机制造带来了新的机遇。据中国工程院院士赵春江预测，目前我国的农业数字经济规模已经达到 5 778 亿元，预计到 2025 年能够达到 1.26 万亿元。农业的数字化、智能化、工业化生产成为必然的大趋势，人工智能等数字化技术引入农业生产，为农机装备智能化发展提供了新的发展空间，智能化农机将成为产业转型升级的突破口。

2020 年，围绕粮食安全，推进农机化的政策和规划陆续出台。2 月 25 日，农业农村部、财政部联合印发《东北黑土地保护性耕作行动计划（2020—2025 年）》。3 月 27 日，印发《东北黑土地保护性耕作行动计划实施指导意见》，在东北四省（自治区）适宜区域全面推行以秸秆覆盖还田、免（少）耕播种为主要内容的保护性耕作技术。6 月 23 日，农业农村部印发《关于加快推进设施种植机械化发展的意见》，明确提出要大力推进设施布局标准化、设施建造宜机化、生产作业机械化、设施装备智能化和生产服务社会化。到 2025 年，以塑料大棚、日光温室和连栋温室为主的种植设施总面积稳定在 200 万公顷以上，设施蔬菜、花卉、果树、中药材的主要品种生产全程机械化技术装备体系和社会化服务体系基本建立，设施种植机械化水平总体达到 50%以上。这是国家层面首次对推进设施种植机械化作出系统部署，是推进农业机械化向全程全面发展的一个重要行动。11 月 4 日，农业农村部印发《关于加快水产养殖机械化发展的意见》（以下简称《意见》），针对当前水产养殖机械化发展不平衡、不充分等问题，指导各地着力补短板、强弱项，推动水产养殖机械化向全程全面高质高效发展。《意见》提出，到 2025 年，水产养殖机械化水平总体达到 50%以上，育种育苗、防疫处置、起捕采收、尾水处理等薄弱环节机械化取得长足进步，主要养殖模式、重点生产环节的机械化、设施化、信息化水平显著提升，绿色高效养殖机械化生产体系和社会化服务体系基本建立。

2020 年，习近平总书记在吉林省考察时鼓励各地因地制宜探索不同的专业合作社模式，把合作社办得更加红火。落实习近平总书记的重要指示，各地牢牢把握其“姓农属农为农”的特质，围绕规范发展和质量提升，加强示范引领，不断增强合作社经济实力、发展活力和带动能力，充分发挥其服务农民、帮助农民、提高农民、富裕农民的功能作用。合作社业务不断从产中环节向产前农资供应和产后流通、加工等环节拓展，向休闲农业、乡村旅游和农村电商等新产业、新业态延伸，把产业链留在县、乡、村，为乡村产业发展注入活力。

农业农村部围绕健全专业化农业社会化服务体系，以推进农业生产托管为重点，推动资源整合、模式创新、主体壮大，促进农业社会化服务提档升级，在巩固完善农村基本经营制度、保障国家粮食安全和重要农产品有效供给等方面发挥重要作用。2020 年年底，全国农业社会化服务组织数量超 90 万个，农业生产托管服务面积超 16 亿亩次，其中服务粮食作物面积超 9 亿亩次，服务带动小农户 7 000 万户。

2020 年中国农业机械化协会在北京召开综合农事服务座谈会，会议邀请 24 家农机合作社、农业生产服务公司负责人进行座谈，共同讨论研究现阶段农机合作社典型模式以及农业生产作业服务情况。中国农业机械化协会会长刘宪认为：农业社会化服务是建设现代农业的必由之路，综合农事服务组织正处在最好的发展时期，接受过高等教育的有抱负的年轻人是最充满活力最有发展潜力的群体，越来越多的高知人才进入农机合作社领域，是“十四五”期间农业机械化高水平发展的依托和希望。中国农机化协会及各分支机构都要以做好农机合作社工作为中心，了解合作社、支撑合作社，全心全意为合作社服务，做好合作社的代言人。

2020 年，中国农业机械化协会大学生从业合作社理事长工作委员会组织力量深入全国200 家左右典型合作社、家庭农场、农业企业、农业服务公司，按照新型农业经营主体的经营类型与子产业类别开展服务需求和对外合作需求情况调研，协助和指导新型农业经营主体认识、了解自身的真实需求，形成系统的报告，并协助有实力的新型经营主体参加中德农业企业对话活动，学习借鉴德国先进经验，推动我国新型农业经营主体和服务主体高质量发展。

2020 年，出于减少人员流动和聚集，避免密切接触的防疫需要，加快了网上业务活动的进程。远程办公、线上教育和网络会议成为探索低成本工作模式的一种选择，极大地改变了原有的工作格局。2020 年讨论农业机械化热点问题的微信群和自媒体如雨后春笋般大量涌现，过去需要消耗交通费、食宿费、会议室资源的研讨交流和培训演示活动，如今花钱不多就可以在网络平台上以文字图片、音视频的方式，每天 24 小时进行培训。中国农业机械化协会发起建立的“保护性耕作大讲堂”和“甘蔗机械化讨论”两个线上交流平台，邀请农机装备企业人员，项目管理和技术推广人员，国内外高校院所科研、教育专家，技术及装备应用典型，NGO 组织代表等近千余人在线交流互动，组织专题报告、讲座近 200 场，来自各相关领域专家、推广部门、种植大户、服务组织的代表作了报告，相关材料汇编出版了《中国玉米免（少）耕播种机》《甘蔗机械化线上交流活动报告汇编》，广受好评。网络平台使普通的农机化工作者可以和行业大咖一样拥有话语权，就关心的问题各抒己见，农机化技术、发展理念和发展方式的交流讨论，新产品和新技术信息的发布，突破了时间和空间的制约，以前所未有的速度传播。这些变化是即将过去的 2020 年留给我们非同寻常的礼物。

2020 年，世界知名品牌国际农机展陆续被迫停摆，中国农机流通协会担纲，行业三大协会联手打造的秋季农机大展一枝独秀，在青岛成功举办，防疫大网不仅过滤了病毒，也使展会的各项活动、参展的观众更加规范和专业化。展会期间举办的报告会和讲座大受欢迎，许多场次甚至一座难求。2020 年年底，中国农业机械化协会与中国农机工业协会、中国农机流通协会联合中国糖业协会共同举办的 2020 年糖业和甘蔗机械化博览会在广西南宁成功举办，在农机装备技术和产业结合方面进行了初步探索。

2020 年，中国农业机械化协会认真履行社会责任，在疫情暴发严峻时刻，制定防疫物资捐赠方案，购置 468 台背负式电动喷雾器，向国家发展改革委、农业农村部对口帮扶的湖北省黄石市、来凤县和咸丰县，湖南永顺县和龙山县等部分主要疫区，以及农业农村部农业机械化管理司、农业农村部农业机械试验鉴定总站、农业机械化技术开发推广总站和农业机械化协会对口帮扶的“三区三州”四川省凉山彝族自治州昭觉县、四川省阿坝藏族羌族自治州红原县和四川省甘孜藏族自治州理塘县，贵州省剑河县，河北省曲阳县和甘肃省永登县团庄村等贫困地区开展无偿捐赠活动。

2020 年，协会积极响应农业农村部和民政部号召，抗疫期间协会及分支机构工作不停摆，及时发布《关于在疫情期间积极开展工作的通知》，做好疫情防控攻坚战，帮助企业复工复产，协助会员解决困难和问题。协会开设网络直播，进行政策宣讲、技术指导等，多渠道了解会员需求，及时协助解决相关问题。协会与农机鉴定总站联合线上举办农机“3·15”质量承诺活动，与陕西省农机安全协会共同主办的农机安全劳动大竞赛规模进一步扩大。2020 年，中国农机化协会先农智库工作有了新的进展，《推进广西甘蔗生产全程机械化行动方案（2017—2020 年）》评估报告圆满完成，《2019 农机化发展白皮书》和《机收损失讨论专辑》等原创研究成果陆续发布，为记录农机化历史、探讨发展农机化经验、研究农机化发展规律、记录农机化历史、评价农机装备应用效果提供了不可多得的参考和借鉴。

2020 年，《农业机械化研究 人物卷》正式出版发行。协会自 2019 年启动《农业机械化研究　人物卷》项目，历时一年，收集整理 300 余位行业人物文字素材，各类照片 400 余幅，编撰成书。此书致力于讲述行业人物故事，传承农机人精神，研究农机化发展，在书籍面世后，受到行业内广泛关注与好评。

2021 年是“十四五”开局之年，按照《乡村振兴战略规划（2018—2022 年）》中提出的 2035 年农业农村现代化基本实现的战略目标，我国将在 2035 年实现农业全程全面机械化，为巩固脱贫攻坚成果，增强脱贫地区“造血功能”，实现农业农村现代化和乡村振兴目标提供物质装备与技术支撑。为全面实现“十四五”发展目标，如何创新协作，推动农机化转型升级，将成为全行业共同的课题和任务。

新思路 新举措 新发展

（一）抗击疫情，促进农机化发展

2020年上半年，随着新冠肺炎疫情的持续暴发，我国农业生产的多个行业均受到不同程度的影响。农业机械展会因自身的特殊性，上半年的展会全部取消或推迟。2020年5月，国务院联防联控机制印发了《关于做好新冠肺炎疫情常态化防控工作的指导意见》，提出要全面落实“外防输入、内防反弹”的总体防控策略，要求各地区做好疫情防控工作，保证经济的正常运行。进入6月以后，在国家强有力的推动下，疫情防控形势明显好转，农业生产活动逐步步入正轨，展会活动也相继恢复举办。

受新冠肺炎疫情的影响，2020年1—5月，社会化服务组织、生产企业、经销企业、大专院校、科研院所、事业单位、社会团体及其他组织及个人，超过60%～70%受到不同程度的影响，农机社会化服务组织受到的影响较为严重，作业服务能力明显下降；农机生产和流通企业形势不太乐观，67%的企业产品销售同比下滑，剩余的33%与往年销售持平或有一定幅度增长；大专院校师生不能返校授课、学习，教学工作几乎处于停滞状态；部分科研院所、事业单位和社会团体受到的影响较小；调查研究、展览展示、现场演示、观摩、技术推广培训等人员聚集和接触性活动无法开展，现场交流活动停止。

上述现象产生的主要原因，一是县域之间以及乡村道路封锁严重，有的甚至直接切断路面，严重影响了正常的物流运输和农机下田作业。二是不能正常上班，无法开展正常的生产经营活动，部分项目几乎处于停滞拖延状态。三是零部件供应不足，产品不能按时组装，订单减少，错过季节，销售不畅，由此导致产能下滑，合同无法正常履行。

各机构、组织及个人在疫情防控期间，积极响应配合当地政府部门的防疫要求，严格遵守相关规定，采取网络办公、弹性办公、停工停产等形式，尽量减少人员聚集，为防止病毒的传、规避风险、抗击疫情、维护自身持续发展做出了积极努力。

2020年6—12月，除少数地区受零散疫情影响外，全国的农业生产活动基本恢复正常。农机生产和流通企业产品销售逆势上涨，超过80%的企业2020年度销售额明显高于上年。

疫情期间，中国农业机械化协会发布《关于在疫情期间积极开展工作的通知》《坚定不移 再接再厉 打赢疫情防控攻坚战——中国农业机械化协会致各会员单位、分支机构秘书处及全体农机化行业工作者的倡议书》，刊发《战疫情保春耕，农机化协会在行动》等文章，开展疫情对农业生产影响情况调研。协会各分支机构通过各种方式开展活动，做好疫情防控攻坚战，帮助企业复工复产，协助会员解决一些困难和问题。各会员企业、农机合作社、农机大户积极行动，捐款捐物，利用农业机械科学喷药消毒，改善乡村卫生环境。

展会具有人员流动大、密集程度高的特点，是疫情防控重点关注的对象。2020 年约有一半以上的农业机械展会被迫取消，或改为线上展（云展览）。

中国农机行业三大协会主办的 4 个展会，中国国际农业机械展览会和中国甘蔗机械化博览会成功举办，全国农业机械及零部件展览会和新疆农业机械博览会取消。中国国际农业机械展览会因青岛局部地区出现境外输入性病例，导致展会延期。经过主办方和青岛市、山东省政府部门多次风险评估后，并在加大疫情防控力度的前提下，才得以继续举办，实属不易。本届国际农业机械展会共有 1 800 家企业参展，展览规模近 20 万米^2。连续 3 天的展览，每天观众保持在 4 万人次左右，展商和观众对本届展会分别给予了高度评价。值得称赞的是，新冠肺炎疫情席卷全球，国际上的多个知名农机展会纷纷停办，唯有中国国际农业机械展会顺利举办，这主要得益于我国优越的社会主义制度，以及严格的疫情防控机制。

各级政府部门为做好疫情防控工作，降低病毒传染风险，必将加大针对展会、演示会等人员密集型活动的管控措施，把参展企业和观众数量控制在一定的比例范围之内，展会规模将会受到一定程度的影响。展会主办方应提前做好谋划，充分利用网络信息化平台技术，开通线上展会，为线下展会做补充。

（二）农机扶贫

党的十八大以来，党中央团结带领全党全国各族人民，把扶贫攻坚摆在治国理政突出位置，充分发挥党的领导和我国社会主义制度的政治优势，采取了许多具有原创性、独特性的重大举措，组织实施了人类历史上规模最大、力度最强的脱贫攻坚战，历经 8 年奋斗，如期完成了新时代脱贫攻坚任务，现行标准型农村贫困人口全部脱贫，贫困县全部摘帽，清除了绝对贫困和区域性整体贫困，近 1 亿人口实现脱贫，取得了重大胜利。

农机系统在农业农村部农业机械化管理司的统一部署下，深入学习习近平总书记关于扶贫的重要论述，将农业产业扶贫作为贫困地区乡村振兴的第一要务。在扶贫机制上创建“1＋2＋1＋N”的协作机制，即一司（农业机械化管理司）、两站（农机试验鉴定总站、农机化技术开发推广总站）、协会（中国农业机械化协会）加社会农机爱心企业的方式。充分发挥农机系统的资源优势，全方位推动脱贫攻坚各项任务落地生根。

农业农村部农业机械化管理司制定印发了农机系统《2020 年扶贫工作任务清单》《专项巡视“回头看”相关问题整改方案》和工作月历，明确了涉及四川省“三区三州”深度贫困县（村）、农业农村部定点扶贫县、新疆、西藏等民族地区和革命老区以及丘陵山区等农机化发展薄弱地区的 40 项具体帮扶任务。组织农业农村部农机鉴定总站、农机推广总站、中国农机化协会等单位制定具体措施、明确责任分工和时限要求，共同推进工作落实。

针对突如其来的新冠肺炎疫情，中国农机化协会购置400余台可用于病毒消杀防控的背负式电动喷雾器，向农业农村部5个定点扶贫县及四川省“三区三州”深度贫困县捐赠，助力贫困地区打赢疫情防控保卫战。农机化司通过电话、微信等方式，密切关注结对帮扶点湖南省龙山县茨岩塘镇包谷村的疫情防控工作，详细了解全村人员外地来往、防护措施执行、防疫点值守、春耕备耕等情况，帮助解决实际困难。中国农机化协会协调无人机生产企业安排技术人员远程指导红原县开展无人机撒播草籽作业。农业农村部农机鉴定总站举办了农机专业服务组织，助力产业扶贫线上专题培训活动，指导贫困地区农产品品牌建设、合作社规范化建设等。

在农机购置补贴政策的支持引导下，农业农村部农机化司将一批助力贫困地区产业发展的机具纳入全国农机购置补贴范围，明确将茶叶色选机、茶叶输送机、茶叶压扁机、果树修剪机、食用菌料装瓶（袋）机、果园轨道运输机、秸秆收集机等助力丘陵山区等贫困地区产业发展所需机具纳入全国补贴范围，促进贫困地区农业机械化发展，为决战决胜脱贫攻坚贡献机械化力量。

在农业农村部农机化管理司的组织下，中国农机化协会、两站联合农机爱心企业为河北省曲阳县捐赠小型农用微耕机，助力当地果蔬产业发展；为四川省理塘县捐赠马铃薯杀秧机促进当地“千亩马铃薯种业”发展。中国农机化协会、农机鉴定总站协调全国牧草机械化专家及相关农机企业，赴四川理塘开展马铃薯、饲草生产全程机械化技术支撑，助力当地特色农牧产业发展。四川省农机研究院组织相关产业专家深入昭觉、理塘、红原3个贫困县举办马铃薯、牧草、无人机撒播草籽等机械化技术培训，现场解答农机、农艺疑问，指导农民实际操作。

为全面了解捐赠机具使用效果，及时解决后续使用问题，中国农机化协会开展专项评估调查，获取了7个贫困地区的186台（套）捐赠机具使用反馈相关数据，经系统评估得出对比结果。据评估结果显示，向贫困地区捐赠的机具使用和维护情况良好，作业服务为当地农民带去了实实在在的收益。

脱贫摘帽是决胜全面建成小康社会的阶段性胜利，是布局乡村振兴的新起点，如期完成新时代脱贫攻坚目标任务之后，“三农”工作进入全面推进乡村振兴的新发展阶段。脱贫攻坚战极大地缩小了贫困地区与发达地区农村在各个维度的差异，彻底消除了极度贫困现象，补齐了实现全面小康社会的第一个短板。脱贫攻坚与乡村振兴对于高质量、高效率实现新时期发展目标具有重要意义。

（三）农机补贴政策

面对2020年年初新冠肺炎疫情冲击，农机购置补贴政策实施不仅未受影响，反而在资金使用进度上大幅跃升，有效引导了农民购机，为重要农时农业生产提供了强有力的机械化支撑，也为农机工业健康发展提供了积极预期。2020年，中央财政投入农机购置补贴资金170亿元，截至12月15日，全国已使用中央财政农机购置补贴资金额度277.35亿元，超过全年170亿元预算安排数，占比达163%，共补贴购置各类农机具293.41万台（套），受益农户和农业生产经营组织250.28万个，其中农业生产经营组织6.71万个。支持各地开展新产品补贴试点使用资金额度6.42亿元，补贴购置机具4.23万台（套），受益农户和农业生产经营组织1.95万个，其中包括6 648个农户和农业生产经营组织购置植保无人飞机13 726架，使用补贴资金额度2.26亿元。

补贴品目范围持续扩大。在保持政策框架和操作方式基本稳定的基础上，在补贴范围、补贴标准上重点支持粮棉油糖和生猪生产所需机具，突出支持丘陵贫困地区特色产业发展所需机具。粮棉油糖生产机具使用补贴资金236.5亿元，占已使用资金额度的85.3%。各地将支持生猪等畜产品生产的自动饲喂、环境控制、疫病防控、废弃物处理等19个品目的机具全部纳入本省补贴范围，并在全国范围内统一13个生猪生产和畜禽粪污资源化利用机具品目的分档参数，提升了政策实施精准性。截至2020年12月中旬，累计补贴购置生猪生产相关机具14.45万台（套），使用补贴资金额度2.92亿元，受益养殖场（户）13.67万个（包括农业生产经营组织1 371个）。将支持丘陵贫困地区特色产业发展急需的茶叶色选机、输送机、压扁机及果树修剪机、食用菌料装瓶装袋机、果园轨道运输机、秸秆收集机等全部纳入补贴范围，全国补贴范围内的品目达到154个。品目的持续优化为农机化技术与装备的更新换代发挥了政策引领性作用，增强了农机企业主体和农业生产经营者发展动力。

风险管控措施持续增加。在风险管控方面，制度不断完善，规范补贴机具核验，建立完善农机购置补贴信息公开专栏，全程全面公开各类补贴信息。推进补贴机具第三方抽查，推行企业承诺践诺，深入查处农机购置补贴违规行为。对伪造、冒用拖拉机翻倾防护装置强度检验报告的农机企业进行了整改。针对风险点，专门印发了《拖拉机产品推广鉴定采信检验报告的审查规范》，进一步规范轮式拖拉机推广鉴定采信工作流程和要求，提高审查工作的规范性、一致性，避免采信带来的技术风险。35个省级实施单位梳理投档环节违规行为类型，从源头管控风险，警示农机生产企业敬畏工作要求、规范参与补贴政策实施。对自走式风送喷雾机专用底盘进行论证，全面排查低端产品，持续对涉及人身安全和农产品质量安全的植保机械保持高压监管态势。推动修订完善推广鉴定大纲，从技术层面防范以次充好、以小套大违规行为的发生。保障了农机购置补贴强农惠农政策的安全高效实施，提升了补贴政策实施规范性和公信力。

创新支持农业生产急需但暂无补贴资质的农机产品。首次采信农机专项鉴定证书作为补贴机具资质，有14个省份将通过农机专项鉴定产品纳入补贴范围，涉及18个品目。持续开展农机新产品补贴试点，有 21 个省份完成 42 个品目的备案，包括 30 个一体化安装成套设施装备品目。探索开展农机新产品补贴试点新途径，重点针对标准化设施大棚、畜牧养殖成套设备等目前难以鉴定的产品，纳入新产品补贴范围。在农机报废更新补贴试点方面，三部委出台了《农业机械报废更新补贴实施指导意见》，把报废机具种类在拖拉机、联合收割机基础上增加了水稻插秧机、机动喷雾（粉）机、机动脱粒机、饲料（草）粉碎机、铡草机，实现对法定的涉及人身财产安全的 7 种机具全覆盖，加大报废更新工作力度，优化农机装备结构，推进农机化转型升级。

补贴办理更加便利化，信息化管理水平持续加强。2020 年 1 月，全国 38 个省级实施单位全部开通农机购置补贴辅助管理系统，畅通农户办补的“最后一公里”。补贴政策首次实现年度间无缝衔接，启动时间比往年提早了两个月，有效解决了多年来春耕生产机具“想补补不了”的问题。所有省份全面实行农机购置补贴辅助管理系统常年连续开放，大力推广手机 App 办补。截至 12 月 15 日，全国通过手机 App 提交补贴申请的比例为 37.4%，其中北京、西藏、青岛、浙江均已超过 97%。推动 35 个（除厦门、大连、宁波之外）省级实施单位全面实行企业网络投档常年受理。推动 35 个（除西藏、重庆、贵州之外）省级实施单位实现农机购置补贴辅助管理系统与农机安全监理牌证系统数据互联互通。所有省份全面实行补贴受益信息、资金使用进度实时公开。开发了“全国农机购置补贴信息实时公开”微信小程序，首次将信息公开从网页端扩展到移动端进行集中展示。稳步推进农机购置补贴“三合一”试点。建立了试点情况定期碰头会议制度，制定了《农机购置补贴用二维码编制规则》团体标准。试点平台和运行机制逐步完善，试点工作有序推进，试点机具办补步伐明显加快。截至 11 月底，北京、上海、江西、四川已办理补贴试点机具 2.3 万台（套），使用中央财政补贴资金 6.5 亿元，监测作业轨迹面积达 88 万亩。推动贷款贴息等金融扶持措施落地，进一步撬动社会资本投入农机化发展。截至 2020 年 11 月底，中央财政已投入贴息资金 378 万元，为农民购置的 1 760 台农机具办理贷款 1.1 亿元，增强了农民筹款能力。

（四）农机科技新进展

粮食生产机械化向高效智能迈进。研发了国产智能电动拖拉机、无人驾驶稻麦收割机及插秧机、无人驾驶果园中耕植保管理机等新型装备，无人农场项目在全国多地试验示范，中国工程院罗锡文院士及其团队打造的无人农场，可实现精准定位和自动作业，突破了复杂农田环境下农机自动导航作业高精度定位和姿态检测技术，通过分布式农机自主作业系统实现了水稻无人农场自主旋耕作业。张洪程院士确立了稻麦栽培无人化思路，研制了可一次完成施基肥、双轴旋耕、秸秆全量还田等 9 道工序的耕种管整体智能装备。赵春江院士及其团队成果“基于北斗的农机自动导航与作业精准测控关键技术”入选世界智能制造十大科技进展，该成果突破了农机北斗自动导航、全程机械化作业智能监测和作业大数据云服务等关键技术，构建了全程机械化作业云服务平台，为国家农机作业补贴政策规范高效实施和农机作业智能化管理服务提供了有效的技术支撑。

经济作物机械化技术取得新突破。以智能感知与控制技术为主线，大型动力、复式整地、变量施肥、精量播种、高效收获等关键技术逐步突破，形成了适应不同生产规模的配套粮食全程作业装备配套体系，技术延伸拓展应用于棉花、番茄、甘蔗、花生、马铃薯等优势经济作物环节装备。油菜机械化收获突破了高大、倒伏、高产油菜的割晒、捡拾以及联合收获多项关键技术，研制了基于履带式通用底盘与割晒台、捡拾台、联合收获割台组配的“1＋3收获成套装备”，分段与联合收获方式转换，实现了成套装备批量销售。研发了大蒜旋耕精量正芽播种机、前置式挖掘铺放收获机、后置式夹拔铺放收获机、打捆式收获机、4DS-1200型切挖组合式联合收获机，生产效率是人工的20倍以上。研制的枸杞气振联合与仿形控制技术装备，实现全过程自动控制，生产效率是人工的30倍左右。研发了新型锂电无刷电动割胶技术装备，解决了采胶机械对橡胶割胶树干的仿形、割胶深度和耗皮厚度毫米级别的精准控制关键技术难题。玉米籽粒机收新品种及配套技术、油菜生产全程机械化技术入选“十三五”十大农业科技标志性成果。

绿色种养技术装备快速发展。研制出有机肥精量撒施、全幅宽基肥精量撒施等蔬菜减肥技术装备以及推车式仿形喷雾、静电喷雾、风送喷雾、超低容量风送弥雾等蔬菜减药技术装备。设施蔬菜化肥根区条带深施技术装备比常规施肥模式节省化肥50%以上；超低容量风送弥雾技术装备提高工作效率7倍，节省农药20%以上，农药有效利用率提高10个百分点以上。植保无人机、高地隙自走式喷杆喷雾机等农业机械在抗击新冠肺炎疫情中肩负喷雾消毒等重要任务，有力支撑了农村疫情防控。在畜禽水产机械化方面，节能节地新型养殖设施、环境调控、养殖数字化监控与远程管理、饲料营养加工及快速溯源与在线检定、个性化饲喂、养殖场废物环保处理等猪、鸡、水产、奶牛养殖成套技术与设施设备取得突破，提升养殖集约化、机械化、智能化水平。研制出文蛤采收机，逐步实现由机器作业取代人工采收；研发了精准投喂、复合增氧、CNP平衡等水质调控核心技术，发明了智能投喂系统等高效水质调控设备，整体节能50%，效率提高30%以上。

丘陵山区机械化技术装备逐步完善。集成研发了丘陵山区轻便型耕整、栽插、播种、植保、收获等高效作业机具，形成了丘陵山区适度规模生产全程机械化模式和技术装备体系。集成研发了主粮杂粮作物生产作业系统，适度动力配套，改变了小型机械作业效率和质量低的问题，实现多功能复合作业。集成研发了林果田间生产管理、采收、运输等成套装备及系统，实现了高位作业平台、果园割草机、果园施药装备、轨（索）输送系统、枝条粉碎机、冷藏运输系统等技术创新升级，形成了丘陵山区林果机械化作业模式和技术装备体系；集成研发了水田生产作业装备系统，有效解决了深泥脚水稻栽插、植保及收获难点。

农产品产后加工装备全面发展。研制了叶菜、薯类、山茶籽、核桃等低损清洁与保质装备；研制了种子、菌类、中药材高效节能干燥设备；柑橘、苹果等自动化分级成套装备突破了水果内外部品质实时无损检测、高精度在线称重等技术；开发智能调湿、异性纤维剔除、新型皮棉清理与轧花等棉花提级加工智能化装备；茶叶精制加工成套装备实现了杀青、提香、揉捻、整形等工艺数字化与智能化调控。开发了屠宰同步卫检、多工位高效自动扯皮、家畜胴体自动清洗消毒、禽体精确自动在线分割等技术，实现了牛羊自动化屠宰与分割；开发了鱼虾识别、定向输送、检测分级等技术，研制了对虾自动剥制与分级、鱼去鳞去杂成套装备。开发了品质变化监测、多源信息采集控制、储藏与物流配送环境调控等技术，实现了冷库、冷藏车、冷藏货架的畜禽与水产品品质监控。

农机化新技术、新装备推广成效显著。围绕绿色增产、节本增效、生态环保、质量安全等方面，农业农村部发布“2020 年十大引领性农业技术”，其中农机领域占比一半以上，包括玉米籽粒低破碎机械化收获技术、蔬菜规模化生产人机智能协作技术、北斗导航支持下的智慧麦作技术、水稻机插缓混一次施肥技术、棉花采摘及残膜回收机械化技术、“集装箱＋生态池塘”集约养殖与尾水高效处理技术等。在生猪精准繁育生态养殖技术、“零排放”圈养绿色高效养殖技术等畜禽水产养殖集成技术中，设施装备技术也发挥了重要作用。稻秸—绿肥轻简利用及高效节肥、玉米机械籽粒收获高效生产、丘陵山区农田“宜机化”改造、丘陵山地果园机械化运输系统等 14 项农业机械技术装备入选“2020 中国农业农村重大新技术新产品新装备”。

（五）农机事故情况

2020 年，全国农机安全生产形势保持平稳。但农机违法违规现象还不同程度存在，全国累计报告道路外农机事故起数、受伤人数均比 2019 年有所下降，死亡人数和直接经济损失出现微增，农机安全生产领域隐患问题不容忽视。

2020 年，全国累计报告在国家等级公路以外的农机事故 246 起、死亡 50 人、受伤 61 人、直接经济损失 583.28 万元。与 2019 年相比，事故起数和受伤人数分别下降了 29.9％和 29.9％，死亡人数和直接经济损失分别上升了 2.04％和 2.44％。其中拖拉机事故 116 起、死亡 23 人、受伤 24 人，分别占比 47.15％、46％和 39.34％；联合收割机事故 114 起、死亡 19 人、受伤 30 人，分别占比 46.34％、38％和 49.18％；其他农业机械事故 16 起、死亡 8 人、受伤 7 人，分别占比 6.5％、16％和 11.48％。

驾驶员操作失误是造成农机事故的主要原因，共计 165 起、死亡 23 人、受伤 38 人，分别占比 67.07％、46％和 62.3％。事故中存在违规行为的比例较高，其中涉及无证驾驶事故 82 起、死亡 36 人、受伤 23 人，分别占比 33.33％、72％和 37.7％；涉及无牌行驶事故 41 起、死亡 25 人、受伤 12 人，分别占 16.67%、50%和 19.67%；涉及未年检事故 55 起、死亡 33 人、受伤 15 人，分别占比 22.36%、66%和 24.59%。

据公安部门统计，2020 年，全国共接报拖拉机肇事造成人员伤亡的道路交通事故 1 660 起，致 640 人死亡、1 564 人受伤，直接财产损失 525.4 万元。与 2019 年相比，事故起数减少 436 起，下降 20.8%；死亡人数减少 175 人，下降 21.5%；受伤人数减少 432 人，下降 21.6%；直接财产损失减少 131.5 万元，下降 20%。报告较大以上道路交通事故 2 起，同比减少 4 起。

全国拖拉机肇事造成的交通事故中，64.3%的肇事拖拉机没有号牌，所占比例较 2019 年增加 8.3 个百分点，其中广西、吉林、湖北、安徽、黑龙江 5 省（自治区）无号牌拖拉机肇事最为突出，占全国总数的 53.9%；17.6%的拖拉机驾驶人没有驾驶证，所占比例较 2019 年下降 19.4 个百分点，其中吉林、广西、黑龙江、湖北、安徽、河南、新疆 7 省（自治区）无证驾驶拖拉机肇事仍然突出，占全国总数的 63.5%。除上述违法行为外，未按规定让行、违法会车、违法上道路行驶等肇事比例较高，分别占事故总量的 17.6%、5.2%和 5.2%。

中国农机化协会联合陕西省农机安全协会举办了 2020 年农机安全作业劳动大竞赛，有来自陕西、四川、河南、河北等 16 个省份的 1 113 名机手参赛。比赛规模进一步扩大，影响力不断提升，跨区作业机手效益较 2019 年普遍增加，作业中翻机、伤人事故明显减少。大赛联合中国石油天然气集团有限公司陕西销售分公司开展“惠农安全行”活动，给陕西省 1.7 万余名机手发放加油优惠卡。据统计，为机手节约油料费用 600 多万元。

（六）农机工业与农机市场

2020 年，农机市场并未因疫情影响而滑坡，反而走出低谷，逆势增长。从农机行业运行的基本面分析，呈现出两个突出特征。一是主营业务“转正”。2020 年，农机行业实现主营业务收入 2 533.39 亿元，同比小幅攀升 7.81%。主营业务收入在经历了 2018 年、2019 年“两连跌”后“转正”，说明农机市场驶入平稳的发展轨道。二是利润出现大幅度增长。农机市场累计实现利润 123.54 亿元，同比大幅度增长 23.76%。利润增长原因：第一，经营转型；第二，2019 年形成的“洼地”；第三，企业运行质量提高，表现在财务、管理费用和亏损额同比增幅均出现负增长。

受疫情影响，2020 年农机市场的多数细分市场一度出现“断货”现象，譬如青饲料收获机市场、插秧机市场、玉米收获机市场、播种机市场等。“断货”现象的出现，反映了农机市场的突然性和火爆程度。生产企业基于过去几年市场的持续低迷，年初对市场需求的判断出现低估，生产计划较为保守，以致市场骤然启动，临时组织生产为时已晚，直接影响产量和市场销售。突出表现在以下三个方面：一是零部件供应不上。在疫情形势下，许多零部件生产企业因原材料短缺，无法正常组织生产，这种被动局面直接传导至主机生产企业；二是劳动力无法返厂，导致一些企业无法按时复工；三是一些企业因疫情导致的物流不畅，产品无法送达终端，制约市场销售。

传统市场一改多年的低迷，呈现不同程度的增长。2020 年累计分别销售各种大中拖、耕整地机械、联合收获机、播种机、插秧机、喷雾机械 38.52 万台、82.79 万台、30.77 万台、14.26 万台、7.13 万台、3.81 万台，同比分别增长 27.38%、18.39%、20.57%、28.7%、5.32%和 18.64%。近些年，一些新兴市场在国家补贴政策的推动下，进入发展的快车道，包括畜牧机械、水产养殖机械、排灌机械、打（压）捆机、秸秆粉碎还田机、薯类收获机、果蔬烘干设备等在内的各类细分市场均出现不同程度的增长。市场监控显示，2020 年，薯类收获机市场销售 8 316 台，同比增长 73.79%；青饲料收获机市场销售 6 618 台，同比增长 91.66%，向大型高端机型过渡；打捆机市场销售 3.63 万台，同比增长 17.86%；水产养殖机械销售 15.82 万台，同比增长 62.42%；果蔬烘干机市场实现销售额 10.03 亿元，同比增长 31.19%；采茶机市场销售 1.68 万台，同比增长 51.08 倍。棉花收获机连续多年出现大幅度增长，2020 年增速虽然有所收窄，但进一步向大型高端打包式机型发展。

2020 年的饲料收获机械市场在各种利好因素的推动下，呈现出齐头并进、精彩纷呈的热闹场景。青饲料收获机械、液压打包机械、捡拾打捆机械、玉米茎穗兼收机械四大饲料收获机械市场全线飘红。青饲料收获机市场销售 6 618 台，同比增长 91.66%。各类饲料收获机械主流品牌均出现大幅度攀升。

饲料收获机械市场大幅度增长主要源于以下因素。第一，更新拉动。青饲机更新周期较短，一般在 1～2 年。第二，收益高。多数用户 1～2 年即可收回成本。第三，补贴启动早。多数地区 2 月启动补贴，同时规定，当年拿不到补贴，明年可延续补贴，并且补贴额不变。第四，项目促进。一些区域青饲料收获机项目资金明显增多。第五，疫情影响。受疫情影响，进口机械数量下降，为国产机械提供了机会。第六，畜牧业的拉动。近年，猪肉价格持续飙升，牛羊等畜牧养殖业得到快速发展，以补充猪肉的不足。同时，奶牛业也出现快速发展。

畜牧机械市场大幅度增长。各种畜牧机械销售 16.39 万台，同比增长 139.99%。畜牧机械市场是朝阳市场，面临着良好的发展机遇和前景。从发展环境和现状分析，第一，我国每年进口蛋白饲料原料 8 000 多万吨，苜蓿干草 146 万吨，燕麦 22 万吨。全国 20 多亿头（只）食草畜禽每年缺乏优质饲草 2 亿吨以上，缺口巨大。第二，在养殖生产成本和生产效率方面，我国草食畜牧业与发达国家还存在一定差距。与发达国家相比，我国泌乳牛年单产水平要低 2～3 吨，肉牛和肉羊屠宰胴体重分别低约 100 千克和 10 千克，牛奶、牛肉、羊肉生产成本均高于国际平均水平一倍以上，严重影响了我国草食畜产品的竞争力。第三，市场空间大。我国牧草收获机械化总体水平还比较低，割草机、搂草机保有量仅为美国的1%，打捆机保有量仅为美国的0.1%。第四，国内农业种植结构由二元结构向三元结构“粮食作物+经济作物+饲料作物”转变的速度会加快，由于库存较大以及出于追求经济利益的考虑，后期农作物种植结构中粮食作物所占比例会逐渐降低，经济类作物、饲料作物占比会逐渐增加。

2020年市场呈现一些新的特点。第一，大众市场全线飘红，小众市场也出现大幅度攀升。第二，市场需求正呈现碎片化的特点。随着大众市场需求量下降和小众市场的崛起，其结果都直接或间接催生出农机市场需求的碎片化，减量提质成为2020年农机市场的新变化。第三，经济类作物的种植和收获机械依然是市场的短板。在三大粮食作物的耕种收环节基本实现机械化之后，经济类作物的机械化问题变得更加突出。如蔬菜、棉花、油料和糖料的种植或收获环节，因其机械的复杂性，成为农机化的短板。第四，市场需求的小型化。与大型化并进的还有小型化，不少丘陵山区依然停留在以人工作业为主的时代，推动丘陵山区机械化是我国农机化发展的重点，也是国家政策扶持的重点，也就决定了适合丘陵山区的小型机械将成为未来几年发展的一个重要趋势。第五，高端智能化成为市场的亮点。不少企业推出无人驾驶的拖拉机、收获机等高端智能产品，开启了智能化农机的先河。

由于我国新冠肺炎疫情控制得好，农机生产恢复快，进出口市场不仅没有出现下滑，相反却逆势增长。受疫情影响，各国越来越意识到粮食安全的重要性，一些国家对本国粮食出口采取限制措施，推高了国际粮价。在市场化影响下，海外农机的需求得到了释放。

根据中国海关数据统计（农业机械按商品编码84种，其中主机产品63种，零部件21种），2020年我国农业机械产品进出口贸易总额104亿美元，同比上涨9.5%。其中，出口88亿美元，同比上涨9.4%；进口17亿美元，同比上涨9.8%，农业机械贸易顺差71亿美元。

我国农机1月出口8.9亿美元，同比增长6.6%。受国内新冠肺炎疫情影响，2月出口出现52.7%的降幅，3月降幅减缓到17.1%。随着国内企业复工复产，4月出口出现10.7%的增长。但随着海外疫情的暴发，5月出口同比下滑9.4%，6月出口转正，增长18%，7月增长12.4%，8月出口快速增长至23.3%，9月增长26.9%，到10—12月增幅分别达36.3%、46.2%和23.5%。从6月到12月，中国农机出口实现了6个月持续快速增长。

我国农机主要出口国分别为美国、德国、印度、澳大利亚、俄罗斯、越南、日本、英国、泰国、印度尼西亚等。

农机市场需求正经历着大型、高端化变迁，覆盖了包括拖拉机、收获机、种植机械、畜牧机械等在内的几乎所有细分市场，这成为市场十分突出的特征。首先，传统大众农机市场大型化、高端化趋势进一步增强，大中型拖拉机和三大粮食作物收获机市场表现得尤为突出。如50马力以上的中拖和200马力以上大拖同比分别增长40.9%和75.65%，分别高于平均增幅17.34和52.09个百分点，占比分别提升了4.95和1.88个百分点。再如收获机，喂入量8千克/秒轮式谷物联合收获机同比增长22.16%，占比高达92.03%。喂入量6千克/秒的履带式谷物联合收获机同比飙升615.6%，占比上升了36.39个百分点，4行玉米收获机同比增长21.15%，占比也达到了61.65%。其次，与大众市场同时出现的小众市场的大型、高端化趋势也表现得十分强烈。如薯类和棉花收获机、青饲料收获机、打捆机等，棉花收获机进一步向大型高端打包式机型发展，青饲料收获机逐渐向大型高端机型过渡。

农机市场虽大幅增长，但对经销商来说“温度”有点低。由于绝大多数经销商的商业模式与利润模式依然陈旧，虽然营业收入大幅度增长，纯利润率却偏低，并没有从根本上改变经销商的艰难困境。在商业模式上，多数经销商未与时俱进，固守着传统的商业模式，基本围绕主机销售展开，通过销售主机，获取利润。提升服务水平，只是提升销售额的促销手段。在利润模式上，主要以农机销售为获利的单一手段，导致利润率偏低。调查中发现，多数经销商的毛利润率为5%～8%。鲜有经销商把服务作为获取利润的主要方式去运营，服务仅为更好更多地销售农机的辅助手段。在经营产品的组合上，产品种类组合单一、雷同、缺乏创新；追求大品牌，排斥小品牌，低端客户流失，市场集中度分散；品牌单一的风险并没有引起品牌专营店的足够重视。

国产农机在技术上取得了较大进步，一些瓶颈问题被突破，与发达国家的差距正在缩小。但“卡脖子”技术依然较多，并成为制约农机产业升级的羁绊。首先，工业基础设施和核心技术创新能力不足，对外依存度高。其次，信息化、智能化水平整体滞后。再次，产业结构有待改善，低端制造业市场同质化竞争严重。最后，专业人才数量欠缺。由此形成了我国农机在关键材料与核心工艺、关键核心技术、智能化技术三大领域与国外技术的较大差距。如动力换挡离合器摩擦片、动力换挡离合器活塞回位碟形弹簧、高性能传动带、电控液压悬挂提升技术、大功率拖拉机电控悬挂驱动桥技术、无级变速变量泵马达技术、非道路柴油机电控高压共轨技术/非道路用发动机燃油喷射技术、非道路用发动机电控技术、农机装备传感器关键核心技术、电控单元（控制器）关键核心技术、传感器高性能芯片等，这些“卡脖子”技术正成为制约我国农机智能制造、产品高端化的主要障碍。

（七）丘陵山区农田宜机化改造

丘陵山区涉及全国1 400多个县、三成耕地面积、五成农村人口，因此丘陵山区对于保障全国农产品供给安全、全面实现小康、农业农村现代化和乡村振兴等战略具有重要意义。而农业机械化是在劳动力转移和老龄化背景下破局丘陵山区农业现代化的关键路径，但这一关键路径受到地形地貌的严重制约。因此，近年来，丘陵山区农业机械化发展和农田作业基本条件建设，引起党中央国务院和有关各级领导的关注和重视。2018 年国发 42 号文件和 2020 年中央 1 号文件都对丘陵山区农田宜机化提出明确要求。

为贯彻落实党中央国务院有关部署，农业农村部印发《丘陵山区农田宜机化改造工作指引》，成立全国丘陵山区农田宜机化改造工作专家组。2019 年 12 月 3 日，在北京召开了专家组第一次全体成员会议，张桃林副部长在会议讲话中指出：成立专家组，总结推广国内外先进经验，具体承担丘陵山区农田宜机化改造建设相关工作的技术指导、政策咨询、人员培训等任务，对贯彻落实好国务院意见和农业农村部有关工作部署，十分必要，也十分重要。他要求各位专家组成员珍惜荣誉，切实履行职责，加强学习调研，加强沟通协调，创新指导服务。

2020 年，专家组按照“组织一次专项调研、编写一份研究报告、推选一批典型案例、建设一个宣传专栏、召开一次专家会议”的工作计划，开展了一系列工作。

2020 年 8 月，专家组成员分为 4 个组，分别赴山西、江西、广西、重庆和贵州开展了实地调研。调研组通过座谈交流、实地察看、查阅资料等方式，在当地农田宜机化改造现状、体制机制、技术方案、改造成本等方面开展了全景式调研，进一步掌握我国丘陵山区农田宜机化改造工作进展，了解地方在丘陵山区农田宜机化改造工作中的成效和做法，摸清各地推广应用宜机化改造技术过程中存在的问题和困难，并完成专项调研报告。

3 月，专家组秘书长张宗毅研究员成立了研究报告课题组，克服防疫困难，通过网络、杂志等多种渠道，收集大量日本、韩国以及我国台湾地区的土地整治资料，通过研究分析，完成了《日本、韩国、中国台湾地区丘陵山区农田宜机化研究报告》，系统梳理了日本、韩国和我国台湾地区在农田整治方面的相关法律法规政策、协作协同机制、资金投入构成和来源、田块及机耕道路建设标准规范、工作成效，分析了农田整治工作在其农业机械化发展中的重要推进作用，重点论述了其对我国丘陵山区农田宜机化改造工作的启示。

3 月，农业农村部农机化司印发《关于请报送丘陵山区农田宜机化改造工作情况及典型案例的函》，各涉及省份报送了工作情况，并推荐了 34 个案例，经专家组遴选，提出修改完善意见，最终确定第一批 11 个典型案例由部司发函推介。这些案例的实施主体、技术方案、资金来源各有特色，坚持良地、良机、良法、良制配套，实现了农田、农机、农艺融合，有效破解了限制丘陵山区现代农业发展的瓶颈，促进了当地乡村产业振兴，具有很好的引领性、实用性、创新性、普适性。

4 月，中国农业机械化信息网、农业农村部农机推广与监理网开辟了“丘陵山区农田宜机化改造宣传专栏”，开通了“丘陵山区农田宜机化改造”微信公众号，用于发布宜机化改造相关政策法规及标准文件，各地改造案例、学术论文、调研报告、工作总结等学习交流材料。截至11月底，累计发布动态要闻、法规标准、交流园地等信息79条，点击量4 428次；微信公众号累计发布新闻动态、学习交流、政策法规等信息40条，阅读量3 255次。此外，专家组成员还在《今日头条》传播宜机化视频，发布宜机化相关原创文章，阅读量破万。宣传专栏及公众号的建设，为各地搭建了宜机化改造工作交流平台，开创了宜机化改造网络推广新格局，切实加大了宜机化改造工作推介宣传力度。

农机鉴定总站、农机推广总站与重庆市农委及有关部门联合组织举办了全国丘陵山区农田宜机化改造暨绿色农机化新技术现场演示交流活动。通过共同搭建平台，展示了先行先试省份农田宜机化改造取得的先进经验，直观展现了农田宜机化改造工作的具体内容，科普、宣传与推广农田宜机化改造工作，扩大了影响面和推动力。

部分专家组成员参加了2020中国（重庆）丘陵山区农业机械展览会暨泵与电机展览会期间召开的2020丘陵山区农业机械化发展高峰论坛，在论坛上，专家组组长王桂显研究员及秘书长张宗毅研究员，以宜机化改造为主题，进行了理论性、实践性、前瞻性的汇报，为加快发展丘陵山区农机化建言献策。此次高峰论坛，是一次展示丘陵山区农田宜机化改造在推动农机化发展、促进农业产业化、规模化发展和助推乡村振兴等方面“1＋N”工作成效的重要舞台。

开展标准规范研究。一是在农业农村部农田建设管理司关于征求《全国高标准农田建设规划（2019—2025年）》（征求意见稿）意见时，专家组提出相应宜机化改造技术指标和适宜农机化发展要求的意见建议21条；二是在《农田建设条例》征求意见时，提出宜机化相关建议；三是申报《丘陵山区农田宜机化改造技术规范》制定项目。通过与高标准农田相关标准的衔接及制定结合不同区域特征和农机农田融合的丘陵山区农田宜机化改造技术要求，充分发挥“标准化＋”效应，助推丘陵山区农田宜机化改造。

2020年，丘陵山区各省份有关部门也创新工作思路，加大支持投入，强化试点示范，积极推进农田宜机化改造，改善丘陵山区农机通行和作业基础条件，探索破解“有机不能用”这一瓶颈问题的有效途径。如重庆市近年来累计投入市级财政专项资金2.13亿元，并决定从2021年起，每年安排市级财政专项2亿元用于农田宜机化改造；山西省2020年准备利用有机旱作农业专项资金，开展5万亩试点；湖南省2020年拿出3 000万元在15个县开展2.4万亩农田宜机化改造试点工作；安徽省2020年安排10个县（市、区）开展试点；贵州省2020年也进行了农田宜机化改造试点工作。此外，各省也纷纷出台了技术规范。如重庆先后制定了地方标准《丘陵山区宜机化地块整理整治技术规范》《丘陵山区坡改梯宜机化土地整治技术规范》，拟发布的技术规范有《丘陵山区农田宜机化缓坡改造技术规范》《农田宜机化改造后土壤机械化培肥技术规范》等；山西制定了《丘陵山区农田宜机化改造试点项目技术规范（试行）》；湖南制定了《宜机化茶园建设技术规程》《宜机化田土改造技术规程》；贵州制定了《500亩以上坝区农田建设工程技术指南》；广西制定了《广西丘陵山区宜机化改造技术规范》等。

丘陵山区农田宜机化工作呈现出从一枝独秀向多点开花发展的局面，社会上对宜机化工作的认同度越来越高。2020年，全国人大代表、九三学社社员周玲慧提出国家应支持南方丘陵冲垅田进行宜机化改造，她认为做好南方丘陵冲垅田便利农业机械作业改造是保障粮食生产的重要措施。此外，农田宜机化在全国扶贫事业中也发挥了重要作用。

（八）机收损失及东北抢收

2020年，受疫情影响，粮食安全受到格外重视，习近平总书记也作出“厉行节约 反对浪费”的重要批示。秋收前夕，有媒体报道作物机械收获环节损失惊人，时隔多年，机械收获损失率这一问题再次进入大众视野，受到广泛关注，引起行业热议。

中国农业机械化协会及时组织召开主粮作物机收损失专题座谈会，召集行业专家、企业以及合作社理事长代表共同展开讨论。会后，协会将会议讨论成果、媒体报道等有关材料汇编成册，编撰《农业机械化研究（专辑）——机收损失讨论》一书，受到农业农村部农机化司等有关单位高度重视。

关于农业机械收获作业损失问题，20年前国家政府部门就做过相关调查。1999年，在农业部的组织下，农机试验鉴定总站对当时进行跨区机收的联合收割机开展质量跟踪调查，主要目的是对联合收割机进行性能评价和作业效果评估，也包括对机收损失率的调查。调查在40万亩作业现场共对5 000多台参加跨区作业的小麦收割机进行了历时3年的质量跟踪调查。受当时机械制造水平所限，农机质量存在不少问题，损失率比现在略高。随着这项工作的持续开展，大部分农业机械都列入了质量跟踪调查范围，调查结果每年都公布，农机产品质量逐年提升，针对收获损失的问题，机具也在不断进行优化和改进。国家、行业的标准要求也越来越高，2017版机收作业标准规定的水稻全喂入收割机损失率≤2.8%，小麦损失率≤1.2%，2019年玉米机收作业标准修订的报批稿中，果穗收获的损失率≤3.5%，籽粒收获的损失率≤4.5%，生产企业在实际生产过程中，为了符合国家标准，要求都会更高。因此，目前国产主流的农业收获机械质量完全能够达到相关要求，甚至高于国家标准，技术指标与国外品牌水平差距不大。

根据多年跟踪调研结果，过去人工收获不仅耗时耗力，在割、捆、摞、运、碾、扬等各工序环节都有损失，机械收获作业不只大大节约了成本，提高了效率，损失率也远远低于人工收获。根据调研，机械收获在正常条件下，小麦机收损失率2%左右，水稻3%左右，玉米籽粒收获损失率4%左右、摘穗收获为5%左右，农民对于作业效果也都是认可的。资料显示，在中国消费者协会农机投诉分会接到的投诉中，粮食机收损失投诉占比很少，农民对于联合收割机质量和收获作业损失是接受的。

农业生产受气候等因素影响较大，机械在田间作业受到多方面条件影响，也会有损失率高的情况发生。造成损失率高的因素可以归纳为以下几个方面：一是自然因素，比如大风、暴雨、虫害造成的作物倒伏，田地积水等问题，机械作业困难；二是地理环境因素，比如土地不规整，大小不一，或者地块小，机具在田间作业需要频繁转弯掉头；三是农机和农艺不相适宜，如收获时作物的成熟度、含水率不同，早熟或者过熟收获，行距不统一，收获机型不适宜；四是使用操作方面，新机手没有经过充分培训，遇到需要调整操作的作业情况不能及时应对，机手过于追求速率降低作业质量造成不必要的损失。

2020年，受台风影响，东北大部地区出现了强风雨天气，一些地区玉米大面积倒伏，面对这种典型的气候影响造成的极端情况，如果缺乏专门应对这种情况的机具，受灾作物减产不可避免。针对这种特殊情况，农业农村部也制定了应对措施，安排收获机械改装补助资金，围绕提高机具收获倒伏玉米的性能，以加装扶禾装置和辅助喂入装置等改装内容为重点，组织力量加快对倒伏作物收获机械进行改装。同时，农业农村部农机化司发布了《粮食作物机械化收获减损技术指导意见》，强化技术指导，组织开展农机手特别是操作改装机具人员培训，派出专家组到一线巡回检查指导，提高抢收工作效率和质量。

收获损失是一直存在的，但通过采取必要的措施方法，可以把损失控制在更小的范围。如开发适合收获不同栽培方式和生长情况的作物，特别是收获倒伏作物的机具，开发收获损失智能报警系统；加强高标准农田建设，加强土地流转，降低土地细碎程度；强化农机手的培训，以老带新，推广优秀农机手作业经验，广泛宣传推广农业机械新技术、作业规范和技术要求；农机农艺要相适宜，培育推广抗倒伏、抗病虫害能力强、适宜机收的品种，统一种植方式；推动老旧农机具的报废更新，减少带病作业农机具的比例等。

提高农机作业质量，减少作业过程中的额外损失，强化农机手的培训是降低作业损失中最为关键的环节。农机手的机具使用操作水平对作业效果具有非常显著的影响，没有经过充分培训的新农机手，在遇到需要调整的田间情况时，不能及时应对，生硬操作，不然作业中作物破损遗漏就会增加。经验丰富的机手在作业过程中有很多小窍门：比如小麦比较潮湿的时候，要晚下地早收工，避免秸秆潮湿造成的夹带损失；去杂要根据小麦的干湿程度不同调整封堵板的开关和风向；作业速度不能过快，甚至发动机的转速、筛箱的摇摆速度对作业效果有什么影响都心里有数，会根据作业环境的不同及时调整作业方式。但目前的实际情况是在作业季对农机手需求大的时候，很多农机手只接受短时间的培训就上机操作了，有些地方因为雇工难，对机手的要求甚至低到能干活就行，这种情况不单单是增加了机收损失，还会有很大的安全隐患。而且，由于机手的流动性大，也极大地增加了培训工作的难度。

机手素质有待提升是一个长期存在又难以解决的问题，影响因素很多，深层次原因是农业经营体制问题。只有土地经营相对稳定，农机手有稳定的工作和收入来源，其流动性才会大大降低，才易于开展农机手的培训工作。因此，出台优惠政策吸引高知人才参与农机服务组织的经营管理，对行业的整体素质提高，将会起到积极的推动作用。

减少农业机械收获损失，保障粮食安全，争取粮食颗粒归仓，全面提升农业机械化发展质量，将是“十四五”期间全行业努力的目标。

（九）农业经营主体

我国农机社会化服务发展呈现服务主体多元化、服务模式多样化、服务手段专业化、服务内容综合化、服务机制市场化、服务对象稳固化、农资农机服务一体化、社社联合、社企联合、村社联合等新特征、新趋势。

当前，我国农业生产已进入以机械化为主导的新阶段，农机社会化服务向着专业性综合化新型服务主体和服务模式加快推广，引领了农机服务业态创新，发挥了引领技术运用的优势，农业农村部在2019年首批推介70个全国“全程机械化＋综合农事”服务中心典型案例的基础上，2020年又遴选确定了第二批40个典型案例。这些典型案例充分发挥农机装备优势，创新服务模式，增强服务能力，做到了服务链条向耕种管收、产地烘干、产后加工等“一条龙”农机作业服务延伸，服务内容向农资统购、技术示范、咨询培训、产品销售对接等“一站式”综合农事服务拓展，为提升农业科技应用水平，实现农业节本增效，推动适度规模经营探索了有效路径。

广袤的农村地区是新冠肺炎疫情防控的薄弱地带，各地农机社会化服务组织充分发挥农机植保和人员优势，在消毒杀菌、提高农民防范意识等方面，协助当地政府抗击疫情，共同建立联防联控机制。同时，农机社会化服务组织还发挥农业生产托管服务的规模优势，通过专业化服务队，提供统一标准的机械化生产或服务，配合小农户开展春耕春播工作，确保了国家粮食安全和重要农产品的有效供给。据不完全统计，安徽省亳州市36个服务组织利用自走式植保机、植保无人机义务为68个村居社区喷施杀菌消毒液；安庆市利用自走式植保机、植保无人机义务为720个社区（村）喷施杀菌消毒液。江苏省宝应县、高邮市、邗江区等组织100多家农机合作社，安排专门人员指导农机植保装备安全使用，利用自走式弥雾喷药机、植保无人机等装备，协助村镇喷药消毒150多千米^2，极大地提高了喷药消毒防疫效率和质量。

各地积极出台新政策，落实扶持资金，支持农机社会化服务组织创新发展。2020年，江苏省印发《关于加快推进“全程机械化＋综合农事”服务中心建设的指导意见》，明确到2025年全省建成综合农事服务中心1 000个，省级财政每年安排2 000万元资金用于“全程机械化＋综合农事”服务中心建设。广东省依托中央财政资金5 000万元，支持农机服务组织开展农业生产托管等“一站式”服务，省级财政安排1.2亿元扶持农机合作社等农机服务组织开展装备建设、农机作业服务、技术推广、信息化建设和人员培训等，进一步提升农机社会化服务水平。福建省狠抓“全程机械化＋综合农事”服务中心建设，建立了 20 个“全程机械化＋综合农事”服务中心，覆盖 9 区（市）19 县（市、区），助推多种形式的适度规模经营，进一步提升农机合作社的全程机械化服务能力。河南省每年财政安排预算资金 500 万元，对农机合作社建设机库棚和强化信息、维修等给予扶持。甘肃省制定《2020 年农机合作社装备提升行动试点实施方案》，安排农机合作社装备提升行动试点资金 1 110 万元，在 14 个市（州）65 个县（区）扶持农机合作社 222 个。

11 月，中德现代农场管理企业对话研讨会在北京举办。德国家庭农场主在线交流德国农场经营管理的理念、模式和成功经验，两国代表交流充分、研讨热烈，为新冠肺炎疫情背景下的双边农业合作注入勃勃生机。来自中德两国的农业部门、企业代表、科研机构、商协会组织，以及家庭农场主和合作社代表等 200 余人参加研讨会，直播观看人数达 8 000 余人。会上探讨了中国农机化协会大学生从业合作社理事长工作委员会与 VDMA 的合作事项，围绕农业标准化、信息化、生态化与农场管理的新模式和新业态进行充分研讨，共同为推进新型农业经营主体高质量发展加油赋能、贡献智慧，为中德农业企业和各类经营主体务实合作铺就平台。

（十）团体标准

2020 年，国家标准化管理委员会下达农业机械国家标准制（修）订计划 14 项，工业和信息化部下达机械行业标准制（修）订计划 23 项，农业农村部下达农机化领域农业行业标准制（修）订计划 12 项。全年发布农业机械国家标准 21 项，机械行业标准 14 项，农业行业标准 18 项。在团体标准方面，中国农业机械化协会发布 18 项、中国农业机械工业协会发布 12 项、中国农业机械学会发布 8 项、中国农业机械流通协会发布 4 项。

近年来，大量的社会团体在全国团体标准信息平台注册，截至 2020 年 12 月 31 日，在全国团体标准信息平台公布的团体标准共计 21 350 项，按产业和社会分布统计，工业类占比 49.31%；服务业类占比 21.40%；社会事业类占比 15.24%；农业类共 2 999 项标准，占比 14.05%。

2020 年，农业机械行业协会发布多项团体标准，是国家标准体系的补充和完善，填补了急需标准的空白，这些标准分别从智能农业、设施农业、畜禽养殖、大田机械及零部件等方面增加标准的有效供给。同时，高质量的团体标准也是国家标准和行业标准的先锋军，自 2019 年起，多项采信度高、内容优质的团体标准向行业标准转化，为部分行业标准的制定奠定了基础，转化后的标准更全面、有效地指导了全国农业生产标准化。

中国农业机械化协会在标准的制定上遵循中央 1 号文件的方针，在重点领域和新兴产业上用先进的理念和技术来确定发展方向，选择以满足市场需求为目的的项目，逐步解决原标准体系存在的问题。在农机化项目实施、行业自律活动、农机农艺融合和会员单位产品服务贸易等方面，团体标准发挥了技术支撑和信息平台的作用，展现出旺盛的生命力和广阔的应用前景。为了提高急需标准的社会参与度，中国农业机械化协会和中国农业机械学会分别在畜禽养殖和农机装备等方面广泛征集团体标准制定项目的起草单位和多方意见，共同参与标准制定，大大提高了标准的采信度。

（十一）东北黑土地保护性耕作

保护性耕作是一种以农作物秸秆覆盖还田、免（少）耕播种为主要内容的现代耕作技术体系，能够有效减轻土壤风蚀水蚀、增加土壤肥力和保墒抗旱能力、提高农业生态和经济效益。保护性耕作核心技术包含秸秆覆盖还田和免（少）耕播种两个方面，保护性耕作的配套技术包括种植模式和农艺措施等。种植模式主要是指等行距、宽窄行、平作、垄作等种植方式以及不同的种植密度。农艺措施主要是指病虫草害防治、水肥运筹和深松等田间管理技术。

2020年年初，经国务院同意，农业农村部、财政部联合印发《东北黑土地保护性耕作行动计划（2020—2025年）》，部署在东北适宜区域（辽宁省、吉林省、黑龙江省和内蒙古自治区的赤峰市、通辽市、兴安盟、呼伦贝尔市）全面推广应用保护性耕作，目标是力争到2025年，保护性耕作实施面积达1.4亿亩，占东北地区适宜区域耕地总面积的70％左右，形成较为完善的保护性耕作政策支持体系、技术装备体系和推广应用体系。经过持续努力，保护性耕作成为东北地区适宜区域农业主流耕作技术，耕地质量和农业综合生产能力稳定提升，生态、经济和社会效益明显增强。习近平总书记在2020年7月考察吉林省时说，东北是世界三大黑土区之一，是“黄金玉米带”“大豆之乡”，黑土高产丰产，同时也面临着土地肥力透支的问题。一定要采取有效措施，保护好黑土地这一“耕地中的大熊猫”。

2003年以来，在东北地区组建了以机械化保护性耕作为核心的现代农机专业合作社和旱田机械化保护性耕作示范县，每个县安排核心示范区面积1 000亩，探索玉米在秸秆覆盖还田情况下如何耕种提供科学实用的农机化技术解决方案。2020年，结合东北黑土地保护性耕作行动计划，在内蒙古自治区、辽宁省、吉林省、黑龙江省共建成364个高标准示范基地，完成保护性耕作应用面积4 606万亩。

据长期试验观测点研究表明，在东北黑土地推进保护性耕作技术，可有效保护黑土地，推进耕地可持续利用，能达到减轻风蚀水蚀、增加土壤有机质、增强防灾减灾能力和实现节本增效的效果。

（十二）畜牧业、水产养殖机械化

近年来，国务院、农业农村部高度重视畜牧水产养殖机械化发展，对畜牧业和水产养殖业提出了具体要求，进一步明确了政策导向。

《乡村振兴战略规划（2018—2022）》指出，要加快畜禽养殖等农机装备的生产研发、推广应用，积极推进养殖品种机械装备集成配套。《国务院关于加快推进农业机械化和农机装备产业转型升级的指导意见》（国发〔2018〕42 号文件）明确提出，到 2025 年，畜牧养殖、水产养殖和农产品初加工机械化率总体达到 50%左右；推进智慧养殖；加快畜牧水产业的农机装备和技术发展。《国务院办公厅关于促进畜牧业高质量发展的意见》提出，加快构建现代养殖体系、建立健全动物防疫体系、持续推动畜牧业绿色循环发展等方向，实行省负总责和“菜篮子”市长负责制，在畜牧业发展用地、财政保障、“放管服”改革方面给予大力支持。

农业农村部等 10 部委《关于加快推进水产养殖业绿色发展的若干意见》提出，到 2035 年，养殖尾水全面达标排放，并要求转变养殖方式，提高养殖设施和装备水平。《农业农村部关于加快水产养殖机械化发展的意见》（农机发〔2020〕4 号）提出“到2025 年，水产养殖机械化水平总体达到 50%以上，育种育苗、防疫处置、起捕采收、尾水处理等薄弱环节机械化取得长足进步，主要养殖模式、重点生产环节的机械化、设施化、信息化水平显著提升，绿色高效养殖机械化生产体系和社会化服务体系基本建立，工厂化、集装箱式和池塘工程化等循环水养殖基本实现机械化，水产养殖生产效率、资源利用效率和环境友好效应迈上新台阶。”。

机械化率不断提升。目前，我国规模养殖的机械化程度进一步提升，规模养猪的机械化水平总体达到 45%以上，其中饲料投喂、环境控制等环节机械化率达到 60%。规模养鸡场总体机械化水平超过 40%，其中饲料加工、饲料投喂、环境控制等关键环节的机械化率接近 70%，在产品收集环节，大型蛋鸡企业自动集蛋装备应用比例达 70%。奶牛养殖机械化水平总体超过 60%，规模牧场 100%实现了机械化挤奶、90%配备全混合日粮制备机。在畜禽养殖废弃物处理方面，规模奶牛养殖中粪污收集机械化率超过 40%。在粪污处理环节，规模化养殖场内处理设施与装备已基本实现机械化替代人工。我国水产养殖装备机械化水平约为 29.87%，其中，工厂化养殖机械化水平为 54.66%，池塘养殖机械化水平为 32.08%，筏式吊笼与底播养殖模式机械化水平为 25.15%，网箱养殖的机械化水平为 16.14%。

我国水产机械总量达到 468.97 万台，其中增氧机、投饲机分别达到 326.12 万台和 105.75 万台，补贴资金 3 507 万元，主要养殖模式的重点环节装备基本实现有机可用。

鉴定能力明显增强、覆盖产品种类更加全面。截至 2019 年年底，相关省级鉴定机构已具备 10 项关键养殖废弃物资源化利用装备的鉴定能力，生猪养殖设施装备重点省和农业农村部农机鉴定总站已经具备 5 项生猪主要生产装备鉴定能力。2019 年将 8 个品目的粪污资源化利用装备列入国家和省级支持的推广鉴定产品种类指南，3 个品目的生猪生产设施装备被纳入省级鉴定产品种类指南。全国16个省份和农垦系统的农机鉴定机构具备了增氧机等8个水产养殖机械品目的试验鉴定能力，相关产品陆续纳入各省鉴定指南并开展鉴定工作。2019年全国鉴定机构共承担养殖废弃物资源化利用装备以及生猪生产装备鉴定项目172项。截至2020年10月28日，国家支持的农机推广鉴定（以下简称国推鉴定）受理1 595项，畜牧机械518项〔包括青饲料收获机、打（压）捆机、撒肥机、粪污固液分离机、挤奶机、贮奶（冷藏）罐、清粪机、饲料粉碎机、饲料制备（搅拌）机、喂料机、病死畜禽无害化处理设备、畜禽粪便发酵处理机、有机废弃物好氧发酵翻堆机。其中初次鉴定项目507项〕，占比32.5%。从受理的畜牧机械产品种类来看，打（压）捆机受理量占畜牧机械受理量的35.9%，撒肥机、喂料机分列第二、第三位，占比分别为10.6%、10.2%。截至目前，共发放3批国推鉴定证书，共计677张，其中畜牧机械类产品证书203张，占比30%。2020年上半年各省发放的推广鉴定证书中畜牧机械的有126张。甘肃、湖南、江苏等7个省份发放专项鉴定证书中畜牧机械的有8张。2019年，农业农村部发布两批次共45项畜禽养殖机械方面的推广鉴定大纲，2020年又新增加9种急需的畜禽养殖机械产品推广鉴定大纲。各省（自治区、直辖市）也发布21项畜禽养殖机械产品专项鉴定大纲，部省两级的大纲已基本实现了对畜禽养殖主要机械装备的全覆盖。

技术推广力度不断加大。2019年10月，农业农村部农业机械化管理司制定发布了《全国优势特色农产品机械化生产技术装备需求目录（2019）》，明确当前畜牧业养殖中的饲养、畜禽产品采集加工、饲料加工环节机具缺口情况。各级农机化技术推广机构结合本地域的产业发展情况，重点推广了高效青饲料收获技术、粪污资源化利用技术。部分省份也相继开展了畜牧养殖机械试验示范，不断加大对基层农机化人员关于畜禽养殖机械产品的理论和实践培训，营造良好的推广氛围。各地根据当地的水产养殖特点，通过典型示范引领，积极开展水产养殖机械化技术推广和服务。吉林省安排财政资金600万元支持大型湖泊水库开展“智慧渔场建设”；江苏省安排资金5 100多万元、确立56个项目支持水产养殖以及果蔬菜茶等机械化装备与技术推广应用；山东省安排专门研发资金，设立项目，探索研发成果转化应用和示范推广机制；湖北省计划在有条件的地方建立“跑道养鱼”示范养殖基地；海南省近3年组织引导养殖企业和养殖户集中选用节能环保养殖机械化技术17项，使用新机型23款。以天津、上海和江苏为代表，近年来大力推广水产养殖技术和装备，水产养殖机械化水平分别达到64.82%、61.27%和57.26%。初步形成了淡水鱼池塘生态循环水养殖、虾蟹池塘养殖等主要品种、主要养殖模式、主要环节的机械化技术规范。可以说，畜牧水产养殖机械化成效进一步显现。

（十三）智能农机发展

智慧农业是将互联网、物联网、大数据、云计算、人工智能等现代信息技术与农业深度融合，实现农业信息感知、定量决策、智能控制、精准投入、个性化服务的全新农业生产方式，是农业信息化发展从数字化到网络化再到智能化的高级阶段，已成为世界现代农业发展的趋势。以卫星定位、地理信息为代表的现代空间信息技术，以智能传感和网络通讯为核心的物联网技术，以自动导航、作业控制为代表的农业智能装备技术是支撑智慧农业发展的核心技术系统。自“十三五”以来，我国在农机装备信息化、自动化领域发展迅速，2020年是“十三五”的收官之年，农业物联网技术、精准农业智能装备技术等智慧农业技术手段已经在我国农业生产的各个领域开展了广泛的应用，促进了我国现代农业的发展和农村经济发展。

2020年中央1号文件指出，要加强现代农业设施建设，依托现有资源建设农业农村大数据中心，加快物联网、大数据、区块链、人工智能、第五代移动通信网络、智慧气象等现代信息技术在农业领域的应用。中共中央网络安全和信息化委员会办公室、农业农村部、国家发展改革委、工业和信息化部联合印发《关于印发〈2020年数字乡村发展工作要点〉的通知》，明确提出要加快构建以知识更新、技术创新、数据驱动为一体的乡村经济发展政策体系，加快以信息化推进农业农村现代化。2020年10月，《中共中央关于制定国民经济和社会发展第十四个五年规划和二〇三五年远景目标的建议》经中国共产党第十九届中央委员会第五次全体会议审议通过。在“十四五”规划和2035年远景目标中，明确提出了“移动互联网、大数据、人工智能等同各产业深度融合”“提高农业质量效益和竞争力”“强化农业科技和装备支撑”“建设智慧农业”。

2020年全国处于新冠肺炎疫情防控的特殊时期，对农业生产、农机服务行业产生了比较大的影响。但是由于疫情影响，也给农机化信息化融合发展带来了新的契机。

“互联网＋农机作业”推进农机管理和社会化服务提档升级，农机智能装备应用进入快速发展期。农机作业信息化监测技术已经广泛应用到全国各地农机作业补贴监管工作中。2020年，全国累计投入深松作业机具20万台（套），农机深松整地作业面积达到1.4亿亩，作业补助地块基本实现物联网信息化远程监测，确保了作业质量达标。农业农村部、财政部联合印发《东北黑土地保护性耕作行动计划（2020—2025年）》，在东北四省（自治区）适宜区域全面推行以秸秆覆盖还田、免（少）耕播种为主要内容的保护性耕作技术，中央财政安排专项资金16亿元，专门用于支持4省（自治区）完成2020年4 000万亩实施任务，涉及补贴的各类作业面积的核算和作业质量核查基本实现信息化监测，为国家农机作业补贴政策规范高效实施提供了有效的技术支撑。疫情期间，“互联网＋农机作业”模式推进农机社会化服务提档升级，“全程托管”“机农合一”“全程机械化＋综合农事服务”等专业性综合化新主体、新业态、新模式得到快速发展，积极发展“互联网＋农机”服务，在做好疫情防控的同时最大限度地提高农机利用率，减少人员流动，降低作业成本，对保障农业安全生产起到重要的支撑作用，同时创新了组织管理和经营机制，进一步提升了农机合作社的发展动力和活力。

以农机北斗自动导航系统为代表的农机智能装备出现快速增长势头，通过农机购置补贴系统获取数据来看，2020 年农机北斗自动导航系统销售超 21 000 台，主要分布在新疆、黑龙江、新疆生产建设兵团、黑龙江农垦、山东、内蒙古等地和单位。农业环境监测、温室大棚控制、农机自动导航、激光平地、卫星平地、变量播种（施肥）、变量喷雾控制、联合收割机智能测控、圆捆机自动打捆控制、水肥一体化等其他农机智能装备也在规模经营程度比较高的地区开展广泛的推广应用。河北省农业机械化管理局联合国家农业智能装备工程技术研究中心在全省 16 个县（区）的 22 个农机合作社开展“智慧农场”建设，综合开展精准作业智能装备、农机信息化监管等技术系统的落地应用。6 月 11 日，农业农村部农业机械试验鉴定总站、农业机械化技术开发推广总站在河北赵县举办了“2020 年智能农机装备田间日”，展现了国内农机智能化、作业精准化、操作少人化的创新研发能力和制造水平，是智能农机装备和智慧农业技术首次在“三夏”生产中应用的集中亮相。2020 年在青岛举办的中国国际农机展上，配置基于北斗技术的自动导航、辅助驾驶、无人驾驶的拖拉机则已经商品化，已经成为国内高端大马力拖拉机的标配。

我国农机装备正在加速向无人化、机器人化方向发展。疫情防控期间，智能农机、无人化农场、智慧农业成为社会关注的热点，农业现代化进程出现加速发展态势，物联网、AI、5G 网络、大数据、云平台、机器人等高新技术在农业生产中不断融合应用。2020 年以来，多个无人农场示范项目在全国陆续实施，中国一拖、雷沃重工、华南农业大学、国家农业智能装备工程技术研究中心、丰疆智能、上海联适导航技术股份有限公司等国内单位研制的无人驾驶收割机、新能源智能拖拉机、水稻插秧机器人、无人驾驶收割机、无人果园割草机等新型智慧农机开展无人化精准作业。多个无人农场示范项目在全国陆续实施。8 月 11 日，国家农业信息化工程技术研究中心中心联合农业农村部农机推广总站、北京市农机试验鉴定站等单位在小汤山国家精准农业研究示范基地举办“蔬菜无人化作业技术现场观摩会”，开展甘蓝全程无人化作业技术示范应用。9 月 11 日，石家庄市农林科学研究院联合北京农业信息技术研究中心开展了蔬菜规模化生产人机智能协作技术示范现场会。10 月 11 日，建三江——碧桂园无人化农场项目在黑龙江建三江七星农场举办农机无人驾驶作业现场演示会。建三江红卫农场无人农场项目实现 412 亩水稻田的全程无人化作业。11 月 28 日，生态无人农场——新安合作区生态无人农场示范基地揭牌仪式在合隆镇陈家店村举行。

2020 年，是全面建成小康社会和“十三五”规划收官之年，也是谋划“十四五”规划的关键之年。“十四五”期间，我国农业面临着新的发展机遇和挑战。以信息技术、物联网技术、卫星定位技术、智能装备技术为核心的智慧农业工程科技的发展已成为国际现代农业技术发展前沿，呈现出快速发展的良好势头。要实现农业生产由粗放型经营向集约化经营方式的转变、由传统农业向现代农业的转变，必须瞄准世界农业科技前沿，大力发展智慧农业工程科技相关技术。

（十四）甘蔗生产全程机械化

甘蔗是我国南方重要的经济作物，蔗糖是食糖的主要组成部分，占总产糖量的90%以上，甘蔗种植面积占糖料种植面积的85%以上。甘蔗糖业是主产区经济发展的重要支柱和农民增收的主要来源，甘蔗种植涉及全国4 000多万蔗农的收入，主产区数千万农民的生计和地方政府的税收都依靠蔗糖生产。糖料总产12 169万吨，食糖产量1 050万吨左右，食糖自给率69%，其中糖料蔗总产10 938万吨，蔗糖产量900万吨左右。

甘蔗作为我国主要的糖料作物，主要集中在广西、云南、广东和海南等省份，形成了桂中南、滇西南和粤西琼北3个国家糖料蔗优势产业带。“十三五”期间，我国糖料蔗优势产区的种植面积与产糖量见表1、表2，其主导地位更加巩固，蔗糖生产发展成就显著。

表1 全国“十三五”糖料蔗主产区种植面积

单位：万亩

地区	榨季				
	2015/2016	2016/2017	2017/2018	2018/2019	2019/2020
广西	1 460.60	1 384.50	1 150.01	1 160.00	1 156.20
云南	462.50	490.01	435.00	434.90	432.80
广东	181.20	117.48	179.07	182.97	150.00
海南	47.30	37.01	28.50	37.20	29.60
全国	2 151.60	2 029.01	1 792.61	1 815.11	1 812.41

表2 “十三五”全国主产区甘蔗糖产量

单位：万吨

地区	榨季				
	2015/2016	2016/2017	2017/2018	2018/2019	2019/2020
广西	511.0	529.5	602.5	634.0	600.0
云南	191.0	187.8	206.9	208.0	217.0
广东	63.1	77.2	87.1	81.0	70.9
海南	15.1	16.5	17.3	18.8	12.1
其他	5.0	13.2	2.3	2.7	2.1
全国	785.2	824.1	919.6	944.5	902.1

甘蔗种植区域多年来一直在缓慢向西转移。即由经济发达地区向经济落后地区转移，由平原向丘陵山地转移。目前甘蔗种植区域多数是丘陵山地，甚至在山地上，如广西北部和南部地区，云南德宏傣族景颇族自治州的大部分地区；也有部分比较平缓的地方，如广东湛江地区，广西中部的一些地方，以及云南的坝子地等。

广西近年推进糖料蔗“双高”基地建设，其中主要任务之一就是通过土地整治，使土地小块变大块，同时进行适当降坡、平整，最终形成500万亩能够实现全程机械化作业。尽管“双高”基地坡度要求在13°以下，但是在这500万亩当中，也有相当一部分蔗地的坡度不小。广西甘蔗保护区种植面积在11 300万亩左右，那么除了“双高”基地外，其他近700万亩的蔗地不是分散、小块，就是坡度很大，机械化收获难度很大。

甘蔗机械系统要能高效地工作，除了坡度，还要求地块有足够的长度和面积。如大型机械系统，一般要求地块长度达到300～500米，地块大小100亩。另外，依据我国目前水平，一套有效运作的大型机器一个榨季能作业大约3 000亩，而一个服务公司最好能有2套以上机具，才更便于管理，所以最好在同一地区有较大面积连片的土地6 000亩以上。同理，中型机械化系统要求地块长度100～200米，地块大小30亩左右。在同一地区有较大面积连片的土地1 000亩以上。

我国甘蔗机械化水平还较低，由于是旱地作物，耕整地机械化困难较小，机械化程度较高，主要是机收水平进展缓慢。“十三五”期间（2015/2016榨季至2019/2020榨季），我国甘蔗机收率从0.75%提高到3.28%，5个榨季共提高了2.53个百分点。其中，2019/2020榨季比2018/2019榨季提高了1.6个百分点。总体来说，近5个榨季内我国甘蔗收获机械化发展缓慢，甘蔗收获仍然是以人工砍蔗为主。

“十三五”期间我国甘蔗耕作、种植、收获环节及综合机械化率如表3所示。

表3 “十三五”期间我国甘蔗耕作、种植、收获环节及综合机械化率

单位：%

环节	榨季				
	2015/2016	2016/2017	2017/2018	2018/2019	2019/2020
种植	5.56		30		41
收获	0.75	1.85	1.07	1.68	3.28
耕作	95	95	95	95	95
综合	42	46	50		51

各主产省份的甘蔗机收水平有较大差距。其中云南和海南机收水平较低，广东最高，但广西由于面积最大，进步较快，在2019/2020榨季机收率达到4.6%，比上一个榨季提高了近3个百分点，接近广东水平（表4）。

表 4 “十三五”期间我国各主产区甘蔗收获机械化率情况

单位：%

地区	榨季				
	2015/2016	2016/2017	2017/2018	2018/2019	2019/2020
广西	1.00	1.10	1.30	1.80	4.60
云南	0.04	0.05	0.25	0.46	1.38
广东	0.77	2.13	3.24	3.99	5.00
海南				0.70	0.80
全国	0.75	1.85	1.07	1.68	3.28

展望

面向“十四五”，立足于确保粮食等重要农产品有效供给，着眼于推动农业农村现代化，需要抓好 6 个方面的工作。一是更快补齐主要农作物全程机械化和丘陵山区农机化发展短板，充分认识丘陵山区农机化发展的至关重要性，保证丘陵山区农机化不掉队。二是更好地引导全面机械化发展，围绕贯彻落实畜牧养殖、水产养殖、设施种植机械化发展意见，进一步推动各项举措落实落地，加快农产品初加工机械化研究，推动各产业机械化水平提速发展。三是加大力度推进农机化科技创新和研发制造，聚焦基础材料、基础工艺、关键部件等卡点，积极推进农机化技术装备科技创新，强化需求引领和政策支持，引导企业和科研单位开展技术创新，加快攻克制约农机化高质量发展的技术难题。四是推动各项扶持政策落实落地，充分发挥政策实施的导向作用，解决好农民群众和农机企业等各类主体关心的问题，大力支持薄弱环节、绿色高效机械装备以及智能农机与信息化装备等推广应用；大力支持先进、高端、智能农机产品和丘陵山区急需农机具推广应用。五是更进一步提高农业机械化管理服务水平，围绕实现农机化行业管理数字化、作业监测数据化、作业服务供需对接数字化，加快推进“农业机械化+数字化”发展。六是更加注重农机化抗灾救灾能力建设，各地要针对台风、洪涝、干旱、冰雹等极端天气，加强风险研判，制定应急预案，引导农机专业合作社等生产性服务组织配备一定数量救灾防灾需要的履带式拖拉机、排灌机械、烘干机塔等机具和设备。

综合分析当前的形势，推进农机社会化服务提档升级的总体目标是：以更好满足广大农民日益增长的多样化高质量农机服务需求为目标，以提高农机利用效率经营效益为核心，以组织创新、机制创新为动力，以推进农机农艺农事融合、机械化信息化融合、农机服务模式与农业规模经营融合为重点，培育发展各类农机服务新主体、新模式、新业态，推进农机服务向农业生产全过程、全产业和农村生态、农民生活服务领域延伸，优化创新链、扩大服务链、拓展产业链、提升价值链。在“十四五”期间，一要围绕优化农机装备资源配置，积极促进多元农机服务主体融合发展；二要围绕助推多种形式的适度规模经营，探索发展“全程机械化＋综合农事”等“一站式”配套服务模式；三要围绕持续增强发展后劲，大力加强农机社会化服务制度规范建设和高素质人才队伍建设；四要围绕提升管理服务效率，加快互联网、物联网、大数据等信息化技术在农机社会化服务中的有效应用；五要围绕解决制约新型主体发展壮大的瓶颈问题，进一步完善农机社会化服务支持保障措施。加快农机社会化服务向专业化和价值链高端延伸，推动健全农业专业化、社会化服务体系，在小农户与现代农业有机衔接方面取得新的成效，助推乡村振兴。

2020年的农机市场虽然呈现高歌猛进的势头，但这种增长并非农机市场内生性动力所致，更多源于疫情、更新等偶发因素产生的驱动力。无论从传统市场正处于深度调整期分析，还是小众市场尚处于孕育期分析，都可以得出农机市场正处于转型期这样的结论。转型形成的“空窗期”决定了农机市场将经历一个较长时间的低速运行阶段，是未来3～5年的市场常态。

2020年农机市场逆势上扬，2021年的农机市场持谨慎的乐观态度，用户需求将会稳中有升，但部分产品市场将会下降。受粮价波动、补贴政策调整等因素影响，2021年的市场存在很大的不确定性。但在不确定中，也不排除植保无人机、经济作物机械、畜牧机械等会大幅增长。2021年，农机市场热点预计将会集中在以下几个产品上：一是畜牧产业的相关农机产品，诸如青饲料收获机、青贮机、打捆机、饲料加工机械、饲养机械、畜禽饲养管理机械设备等；二是用户刚需的小众类农机产品，诸如花生收获机械、马铃薯收获机械、葱姜蒜收获机械、山药收获机械、水产养殖设备以及适合丘陵山区使用的各类小型特色农机产品等；三是性价比较高的高端国产化产品，诸如国产采棉机、甘蔗收获机、国产大型畜牧机械以及大型耕整地机械等；四是科技创新农机产品，诸如遥控巡航系统、植保无人机、无人驾驶、农作物种植环境监测与监控设备等；五是节能环保，与现代农业相关产品，诸如设施农业设备、生物质能和废弃物处理设备、秸秆肥化设备、滴灌设备等。

我国农机市场正迎来大型高端的崭新时代。行业将加快向高端智能装备迈进，以大型、高端、智能、成套的农机装备为载体，应用互联网、物联网、5G、大数据、云计算等信息技术，推动农田作业精准化、农机农艺融合成为方向。同时，市场将向个性化、专业化、多元化发展，行业将呈现需求结构调整、产品功率提升、提质减量等特点。行业格局或将面临重新洗牌，地方国企资源的整合重组，以及工程机械、动力机械等行业与农机行业在技术、市场、资本、管理等方面的整合，也会进一步加深农机行业的重组。实现农机产品的大型化、高端化、智能化。面对上述诸多发展因素和前景，要求政府动员全社会力量，整合全球资源，营造技术创新环境，为技术进步和产品升级提供支撑。同时要求企业从战略引领、以人为本到技术助推、产业协同多个方面拥抱农机新时代。

目前，我国主要农作物耕种收综合机械化率超过70%，三大主粮生产已基本实现机械化，畜牧业、渔业、设施农业等机械化率只有30%～35%，丘陵山区和平原地区差距巨大。《关于加快水产养殖机械化发展的意见》和《关于加快推进设施种植机械化发展的意见》提出，到2025年，水产养殖机械化水平、设施种植机械化水平总体达到50%以上。设施农业、丘陵山区和畜牧业三大领域短板成为新的发展方向，推动农业机械化由种植业向畜牧业、设施农业延伸，从平原地区向丘陵山区扩展；推进设施布局标准化、设施建造宜机化、生产作业机械化、设施装备智能化和生产服务社会化；基本建立设施蔬菜、花卉、果树、中药材的主要品种生产全程机械化技术装备体系和社会化服务体系。

传统农机市场虽然容量大，但农机经销商如果只固守于产业成熟、市场饱和及低附加价值领域，其发展之路将越来越窄，需不断向附加价值高的区块移动与定位（如经济类作物的种植、收获机械、畜牧机械、果园机械、丘陵山区机械等蓝海市场）才能持续发展与永续经营。同时，利润模式创新很重要，需逐渐实现从以主机销售为主获取商业利润向以服务、零部件销售为主获取利润的模式转移，这样才能彻底摆脱"低温度"增长的困局。

当前，新冠肺炎疫情仍在全球蔓延，全球产业链、供应链依然受阻，经济全球化也遭遇逆流，保护主义和单边主义上升，不确定性、不稳定性也明显增多，农机进出口贸易面临的形势比较复杂严峻。但同时，我们也要看到，我国农机外贸发展的韧性强、潜力足、回旋余地大，长期向好的发展趋势没有改变。

后记

《中国农业机械化发展白皮书》已连续发布4年，受到了行业的普遍关注和认可。在《2020中国农业机械化发展白皮书》编辑过程中，编写组查阅了大量行业公开发表的文件、书籍、新闻报道、会议讲话稿等资讯，多途径收集行业数据和资料，进行汇总、整理、加工和分析，真实、客观记录行业年度发展动态。

中国农业机械化协会牵头组织并撰写了《中国农机化发展白皮书》的大部分章节，协会领导班子高度重视该书的编撰工作，并参与了该书的审定及相关工作。刘宪会长主持审核《白皮书》全文，并与李雪玲副主任共同撰写了综述部分；杨林副会长、王天辰副会长参与指导；协会夏明副秘书长、耿楷敏副秘书长、谢静主任、孙冬部长、李雪玲副主任、张斌项目主管、陈曦项目主管参与了有关章节的编撰工作；协会综合部谢静主任负责全文的统稿；协会各部门均积极参与和支持该书的有关工作。

《白皮书》是服务行业的一种方式，同时也是中国农业机械化协会的一项公益性事业，投入了大量的人力、物力和财力。编撰工作得到了农机管理部门、科研院所、行业协会等单位领导和专家的支持和帮助，在此表示衷心感谢。受时间所限，《2020中国农业机械化发展白皮书》中一定有许多疏漏和错误，敬请批评指正。

作者介绍

编写组组长：刘　宪

副组长：杨　林　王天辰

成　员（按姓氏笔划排列）：

王明磊　王桂显　王聪玲　田金明　白　艳　孙　冬　李雪玲　张华光

张宗毅　张　斌　陈　曦　武广伟　金红伟　庞爱平　赵　莹　耿楷敏

夏　明　桑春晓　曹光乔　谢　静

（东北黑土地保护性耕作行动计划专家指导组）

（农业农村部主要农作物生产全程机械化推进行动专家指导组甘蔗组）

来源：中国农机化协会公众号

2021年2月18日

2020年农机化十大新闻

中国农机化导报　陈　斯

2月25日，由中国农机安全报社、中国农业机械化协会携手“e联农机”举办的测亩易杯“2020年农机化十大新闻”评选网上推荐活动结束。最终，按照权重综合计算统计，“习近平总书记要求保护好东北黑土地这一‘耕地中的大熊猫’，东北黑土地保护性耕作行动计划启动实施”“农机在抗击新冠肺炎疫情、保障农业生产中发挥主力军作用”等十大新闻火热“出炉”。

本次评选活动涵盖了2020年度农机行业发生的重要新闻事件，经过层层筛选最终确定15条候选条目。在疫情的影响下，主办方采取专家推荐、大众推荐、线上推荐的形式，邀请来自农机界的领导、专家、媒体、企业代表以及农机合作社代表成立评审委员会进行推荐，同时结合微信公众号线上大众推荐，得出2020年农机化十大新闻最终结果。

（一）习近平总书记要求保护好东北黑土地这一“耕地中的大熊猫”，东北黑土地保护性耕作行动计划启动实施

2020年7月22日，习近平总书记在吉林省四平市梨树县考察时强调，一定要采取有效措施，保护好黑土地这一“耕地中的大熊猫”。在查看秸秆覆盖保护下耕作地块时指出，“实施玉米秸秆还田覆盖，不仅可以增加土壤有机质，还能起到防风蚀水蚀和保墒等作用，这种模式值得总结和推广。”经国务院同意，农业农村部、财政部联合发布《东北黑土地保护性耕作行动计划（2020—2025年）》（以下简称《行动计划》），提出力争到2025年保护性耕作实施面积1.4亿亩，成为东北适宜区域农业主流耕作技术。2020年，中央财政安排专项资金16亿元，支持吉林、黑龙江、辽宁和内蒙古完成全年4 000万亩的实施任

务。《行动计划》要求省级政府和市、县政府成立负责同志牵头的保护性耕作推进行动领导小组，建立政府主导的工作机制，标志着保护性耕作上升为政府行为。

（二）农机在抗击新冠肺炎、保障农业生产中发挥主力军作用

2020 年在抗击新冠肺炎疫情过程中，大量农机直接投入喷雾消毒、运送抗疫物资和运输农业生产资料等工作中，有力支持了广大农村的疫情防控；中央财政提前下达农机购置补贴资金，各省提早启动实施政策，全面开通农机购置补贴辅助管理系统，引导农民和农业生产经营组织购置春耕生产所需的机具，全国超过 2 200 万台（套）农机具投入农业生产，20 多万家农业服务组织开展生产托管服务，7 万多家农机合作社开展代耕代种，有利支撑了非常时期的农业生产；在全国支援湖北抗疫的过程中，河南、江苏等 7 个省份支援湖北“三夏”农机作业机具达 1.6 万台，助力湖北 3 000 多万亩粮油作物实现颗粒归仓。

（三）我国农作物耕种收综合机械化水平达到 71%，全面完成“十三五”规划目标

“十三五”以来，主要农作物作业全程机械化水平持续提高，薄弱环节机械化加快突破，农机作业水平创历史新高。据统计，2020 年我国小麦耕种收综合机械化率稳定在 95%以上，水稻、玉米耕种收综合机械化率分别超过 85%、90%，较 2019 年均提高 2 个百分点，全国农作物耕种收机械化率达到 71%，全面完成全国农业机械化发展第十三个五年规划里提出的 70%的目标任务。

（四）全国人大常委会开展《农业机械化促进法》执法检查，肯定了法律规定的主要制度得到有效实施

2020 年 6 月，全国人大常委会启动《农业机械化促进法》执法检查工作。检查组先后赴河南、江苏、重庆、四川、吉林 5 个省份开展实地检查，内蒙古、黑龙江、安徽、江西、山东、贵州、新疆 7 个省份按照要求开展了自查。检查报告认为，农业机械化发展有力提高了我国农业生产力水平，促进了城乡一体化发展，推进了中国现代化的进程。

（五）“无人农场”建设起步，各地积极探索“无人化”未来新农业

2020 年我国多地开展无人驾驶、无人农场试验，探索未来农业发展新路径。8 月 30 日，中国工程院院士、华南农业大学教授罗锡文及团队在广东华农水稻无人农场产出的首批大米，是完全由无人驾驶的农机进行耕、种、管、收作业，这在国内尚属首次；

10月11日，北大荒农垦集团有限公司建三江分公司与碧桂园农业联合举办农机无人驾驶作业现场演示会，计划用2年时间建设完成6个“全程无人作业示范农场”；11月7日，罗锡文院士在央视《开讲啦》以“无人农场助你颗粒归仓”为题展开演讲，备受关注。这些标志着我国“无人化”未来新农业的探索开始起步。

（六）2020年全国农业十大引领性技术发布，农机化技术超半数

2020年7月，农业农村部发布了2020年的十大引领性技术，玉米籽粒低破碎机械化收获技术、蔬菜规模化生产人机智能协作技术、北斗导航支持下的智慧麦作技术、水稻机插缓混一次施肥技术、棉花采摘及残膜回收机械化技术、“集装箱＋生态池塘”集约养殖与尾水高效处理技术等机械化技术入选，农机在农业生产技术中的重要作用凸显。

（七）畜牧业、水产养殖、设施种植机械化发展意见颁布实施，我国全面机械化发展加快推进

2020年，农业农村部陆续发布关于加快推进畜牧业机械化、设施种植机械化、水产养殖机械化发展的意见，各地认真贯彻落实使用中央财政农机购置补贴资金4.3亿元，支持14.4万农户购置畜牧机械、水产养殖机械、设施农业设备29万台（套），资金投入数、受益农户数和购置机具数分别是2019年全年的2.4倍、1.6倍和1.2倍，农业机械化进入全面发展的快车道。

（八）农机报废更新补贴全面实施

2020年2月19日，农业农村部办公厅、财政部办公厅、商务部办公厅印发《农业机械报废更新补贴实施指导意见》（农办机〔2020〕2号），替代2012年制定的《农机报废更新补贴试点工作实施指导意见》（农办财〔2012〕133号），在实施区域、补贴机具种类、报废补贴条件、补贴标准、回收拆解企业确定、报废总量平衡、风险防控等方面都有重大调整和变化。新《意见》的出台，标志着报废更新补贴工作由试点进入了全面实施的新阶段，开启了我国农业机械报废更新工作的新篇章。

（九）农机工业强劲复苏，主要农机产品实现产销逆势增长

农机工业在经历了2016年以来的低迷后，2020年实现逆势增长。上半年，农机生产企业抓紧复工复产，规模以上农机企业产销主要指标在5月转为正增长，下半年继续保持良好增长势头，利润总额同比增长18.45%，实现大幅增长。主要农机产品产量全面回升，大马力拖拉机、小麦收获机、玉米收获机和插秧机等产销量均实现较大增长，畜牧机械、丘陵山区林果机械产销量迅速上升。

（十）中国国际农业机械展览会一枝独秀，成为2020年全球疫情影响下唯一召开的国际性农机行业大展

2020年11月13—15日，2020中国国际农业机械展览会在山东青岛举办，主题为“农业机械化·乡村振兴·脱贫攻坚”。本次展会展览面积近20万米^2，中外展商近1 800家，专业观众达12万人次。这次展览会是2020年全球唯一举办的国际性农机大展。

来源：《中国农机化导报》

2021年2月25日

二、农机化历程回顾

总结经验　坚定信心　推动农机化事业再上新台阶

第十二届全国人大常委会副委员长　张宝文

各位同志：

大家好！

由中国农业机械化协会主办的，庆祝中华人民共和国成立 70 周年农机化发展成就座谈会，很有意义。作为农机化事业进程的亲历者，我更是感慨万千。

70 年来，中国的农业，包括农机化，取得了举世瞩目的伟大成就。这些成就来之不易，既体现了中国共产党带领中国人民勇于尝试、坚定探索的革命精神，也体现了全体农机人勇于创新、扎实奋进的事业担当。这些都是我们的宝贵精神财富，值得好好总结。在庆祝新中国成立 70 周年的时刻，回顾农机化发展历史，梳理农机化发展成就，总结成功经验，有着重要的历史和现实意义。

2018 年，中国农机化协会组织开展了庆祝农机化改革开放 40 周年征文活动，取得了很好的效果，现已将这些文章结集出版，今天将在这里首发，向他们表示祝贺！也是农机化行业向新中国成立 70 周年的献礼。

实现农业农村现代化，关键在于农业机械化。经历了战乱动荡的旧中国，一穷二白，不仅农机具数量极度匮乏，新式、高端农机具更是空白。1949 年中华人民共和国成立之初，落后的封建土地制度虽被打破，但农业落后的局面没有改变。当时，我国人口有四五亿，但粮食产量却仅有 2 亿多吨，农民温饱问题都不能解决。提高粮食产量，提升劳动生产率，仅仅依靠人畜力不是长久之计，必须要走适合中国国情的农业机械化发展道路。自 1949 年以来，以毛泽东主席为代表的老一辈领导人，亲力亲为，不断加大财政投入，开始进行积极探索推动。1959 年 4 月 29 日，毛泽东同志在《党内通讯》中提出了著名的“农业的根本出路在于机械化”的论断，这一论断在我国农业和农业机械化工作中起着重大指导作用。一代代农机人肩负着使命，不懈奋斗，如今我国已一跃成为农机生产和制造大国。经过30年的艰难探索，我国农业机械化事业逐步建立起了比较完整的管理、制造、流通、教育、应用等体系。

中国共产党十一届三中全会以后，我国农业机械化进入改革开放、加快发展的新时期，逐步由计划经济体制向市场经济体制转换，活力得到了极大的释放，农机化事业开始快速发展。最为典型的就是，20世纪90年代中期后，以联合收割机跨区机收为代表的农机社会化服务，取得了良好的经济效益和社会效益，探索出一条适合中国国情的农业机械化实现途径，也推动了农机工业产业布局优化、产品结构调整的进程。

2004年11月1日，《中华人民共和国农业机械化促进法》颁布实施，标志着农业机械化进入依法促进的阶段。农机具购置补贴政策的出台，引导我国农业机械化进入了快速发展的黄金期。

经过70年的发展，特别是近40年的突飞猛进，我国已成为农机制造和使用大国，农业机械化事业取得了令人瞩目的历史性成就，并向着“全程、全面、高质、高效”方向发展，成为农业现代化进程中的一个亮点。

我国的农机装备总量持续快速增长，2018年全国农机总动力已稳定在10亿千瓦左右；全国主要农作物耕种收综合机械化率超过67%，小麦生产基本实现全程机械化，水稻、玉米生产综合机械化率超过80%，我国农业生产方式由人畜力为主成功转入机械作业为主的历史新阶段；农机社会化服务成为农业生产性服务业的主力军且持续不断发展，在推进小农户与现代农业发展有机衔接中发挥着重要桥梁作用；农机工业持续快速壮大，我国已成为农机制造大国。这些成就的取得都离不开中国共产党的坚强领导和全体农机人的辛勤付出。

党的十八大以来，以习近平同志为核心的党中央坚持把解决好“三农”问题作为全党工作重中之重，贯彻新发展理念，勇于推动“三农”工作理论创新、实践创新、制度创新，农业农村发展取得了历史性成就、发生了历史性变革，为党和国家事业全面开创新局面提供了有力支撑。

在党中央的全面部署下，我国农业的供给侧结构性改革日益推进，成果日益丰富。在确保国家粮食安全的基础上，促进了农业由过度依赖资源消耗向追求绿色生态可持续转变，走出了一条产出高效、产品安全、资源节约、环境友好的现代农业发展之路，也给农机化提出了崭新的课题。

从目前看，农业的发展大概可以分为4个时代：一是以人力和畜力为主要生产手段的传统农业阶段；二是以广泛应用杂交种，大量使用化肥、农药，大幅提高农业生产水平的生物—化学农业时代；三是以农业机械为生产手段工具的机械化农业时代；四是以信息知识为生产要素，互联网、物联网、大数据、云计算、自动化、智能装备应用为特征的智慧农业时代。

以习近平同志为核心的党中央着眼党和国家事业全局，顺应亿万农民对美好生活的向往，提出并实施乡村振兴战略，对农机化发展提出了更高的要求。在步入新时代后，习近平总书记多次强调发展现代农机装备，加快提高农业物质技术装备水平。国务院于2018年12月印发了《关于加快推进农业机械化和农机装备产业转型升级的指导意见》，对切实加强农机人才培养、推进主要农作物生产全程机械化、持续改善农机作业基础条件、加快推动农机装备产业高质量发展提出指导性意见，成为今后一段时间指导农机化工作的纲领性文件，为进一步加快农机化改革开放指明了方向。

今年是中华人民共和国成立70周年，是“两个一百年”目标的决胜之年，也是开启新一轮全面改革开放浪潮和第二轮供给侧结构性改革的关键之年。希望同志们不忘初心，牢记使命，深刻学习领悟习近平总书记“大力推进农业机械化、智能化”重要论述的丰富内涵，不断更新理念，扎实工作，进一步推进农机化改革开放，推进我国农业机械化发展，助力乡村振兴战略！

同志们，再有8天时间，我们将迎来中华人民共和国成立70周年的伟大时刻。在这激动人心的历史时刻，我谨代表我个人，祝福各位身体健康，工作顺利。让我们共同祝福，伟大的祖国繁荣昌盛，早日实现中国梦。

谢谢！

来源：中国农机化协会公众号

2019年9月23日

毛泽东主席“农业的根本出路在于机械化”著名论断发表60周年感想

原农业部副部长、中央纪委驻农业部纪检组组长　宋树有

今天上午，落实习近平总书记“大力推进农业机械化、智能化”重要论述暨纪念毛泽东主席“农业的根本出路在于机械化”著名论断发表60周年报告会在江苏大学顺利召开，能够出席本次活动，我感到十分荣幸。

感谢我的老领导——成果部长（原农业部常务副部长刘成果——编者注）陪我参加图书捐赠活动。感谢中国农业机械化协会刘宪会长、江苏大学陈红副校长对本次活动的高度重视，方方面面考虑得很细致、周到。

60年前的今天，1959年4月29日，毛泽东主席在《党内通讯》中提出了“农业的根本出路在于机械化”，这是毛泽东主席关于农业机械化问题最为著名的科学论断。

今天，我们隆重纪念毛泽东主席作出“农业的根本出路在于机械化”（以下简称“根本出路”）科学论断60周年，追思毛泽东主席关于发展农业机械化的光辉思想，回顾我国农业机械化发展的光荣历程，展望农业机械化未来的光明前景。我作为一个曾经在农业机械化战线上工作多年的老兵，最近，重新学习了“根本出路”和毛泽东关于农业机械化的思想，结合自己从事农业机械化管理工作多年的实践，做了一些思考，谈一点不成熟的体会和看法，以此对“根本出路”发表60年作个纪念。

“根本出路”鲜明体现了马克思主义的世界观和方法论，是引领我国农业和农业机械化发展的光辉旗帜

“根本出路”是毛泽东运用辩证唯物主义和历史唯物主义世界观和方法论，对农业和

农业机械化问题做出的准确判断和科学结论，反映了农业发展乃至我国社会经济发展的一般规律。

（一）“根本出路”揭示了产业技术发展与社会进步的共同规律

人类社会劳动生产中使用机械并且不断提高机械化水平，是社会进步的基本标志。

马克思指出，“劳动资料不仅是人类劳动力发展的测量器，而且是劳动借以进行的社会关系的指示器。在劳动资料中，机械性的劳动资料更能显示一个社会生产时代的具有决定意义的特征”“各种经济时代的区别，不在于生产什么，而在于怎样生产，用什么劳动资料生产”。在劳动生产中，由于机械的应用和机械化水平的提高，人类增强了征服自然、改造自然的能力，提高了劳动生产率，改善了生产条件。实现农业机械化，是人类深刻的技术革命之一，是实现现代化农业的必由之路。

世界共同的经验表明，在农业生产中用先进的机械化工具代替人畜力生产工具是一种历史趋势，也是国家工业化的必然结果。没有农业机械化，也就没有现代化的农业。

（二）“根本出路”集中反映了毛泽东发展农业机械化一贯的思想

毛泽东对实现农业机械化高度重视，有很多重要论述和指示。

著述于1937年的《矛盾论》中，毛泽东指出：“不同质的矛盾只有用不同质的方法才能解决……在社会主义社会中工人阶级和农民阶级的矛盾，用农业集体化和农业机械化的方法去解决。”

1955年，毛泽东在《关于农业合作化问题》中指出：“中国只有在社会经济制度方面彻底完成社会主义改造，又在技术方面，在一切能够使用机器操作的部门和地方，统统使用机器操作，才能使社会经济面貌全部改观。”

1958年3月，中央召开的成都会议，提出的《关于农业机械化问题的意见》中指出“会议完全同意毛主席关于农具改革运动的指示……经过这个运动逐步过渡到半机械化和机械化。”

1959年10月31日，毛泽东在《河北省吴桥县谦寺人民公社养猪经验》一文，给新华社的批语中说“用机械装备农业，是农林牧三结合大发展的决定性条件”。

从这些论述中不难看出，毛泽东对农业机械化问题有着深入系统的思考：一是从生产力发展是社会发展决定性因素的角度看，体现了只有通过技术改造才能从根本上推动农业问题的发展，反映了科学技术是第一生产力的马克思主义基本观点；二是从生产力发展与生产关系矛盾统一的角度看，只有农业集体化而没有农业机械化，集体化就发挥不出优势，也难以巩固和持久。“我们党在农业问题的根本路线是，第一步实现农业集体化，第二步是在农业集体化的基础上实现农业机械化和电气化”；三是从社会发展的角度看，只有用集体化和机械化的方法来解决工农之间的矛盾，才能建立新的工农关系、城乡关系，实现社会的全面稳定和谐发展。从这样的高度来认识和重视机械化，是毛泽东的远见卓识，意义深刻而伟大。

（三）“根本出路”科学论断深深植根于我国农业发展的土壤之中

我国农业机械化的发展既要遵循人类生产技术进步的共同规律，也要反映农业发展的内在要求。

毛泽东对中华人民共和国成立初期农业的落后面貌有着深刻的体验和了解。中华人民共和国建立后，我们虽然打破了封建土地制度，但并没有从根本上改变农业极其落后的局面。当时农业发展的突出问题是农业生产工具严重不足，农业机械几乎空白，农业生产方式落后，有的地方还处于原始状态。实现农业机械化是亿万农民的梦想。

因此，作为党和国家领导人，毛泽东主席理所当然地对农业机械化充满了热切的希望。1949年后第一个农机具展览，就是在我国政治腹地中南海举办的。当时，展览的展品也仅仅是几十件人畜力驱动的农机具。但这次展览规格很高，不仅毛泽东亲自观看，中央高层大多数领导也前往观看。展后不久全国就掀起了以推广双轮双铧犁为主的农具的改革运动。

毛泽东提出“根本出路”，符合我国的国情，承载了亿万农民的光荣梦想。在“根本出路”的指引下，我国农业机械化取得了长足发展，为解决农业问题做出了突出贡献。

60年来，“根本出路”一直引领着农业机械化前进的方向，取得了巨大成就

中华人民共和国成立初期，我国农机制造业是个空白，一些规模很小的农具制造厂只能生产简陋手工工具和人畜力机具。

如今，我国农业机械化在世界上有3个方面位居第一：农机产量第一，农机保有量第一，农机装备水平第一，形成了比较完整的农机工业体系。主要粮食作物生产全过程的农业机械可以基本自给，农业生产对农机品种和数量的需求大多数可以满足。全国农机总动力已经超过10亿千瓦，万亩耕地装备水平领先世界，主要农作物耕种收综合机械化水平超过67%，小麦、水稻基本实现了机械化，农业生产全面进入以机械化作业为主的阶段。

60年来，我国改变了农业生产技术装备水平和综合生产能力低的局面，从根本上改变了农业落后面貌。农业机械化功不可没，主要表现在以下方面。

农业综合生产能力明显增强。多年来，虽然我国耕地面积不断减少，但农作物产出水平稳中有增。粮食产量稳定在12 000亿斤，可以基本满足国内需求，粮食供给安全性得到保障。与此同时，畜牧产品、水产品产量也不断增长，农产品市场供给充足。

抗御自然灾害能力明显增强。农田灌溉水利机械作用突出，保证了几亿亩农田旱涝保收。农业机械在农田基本建设中发挥了骨干作用。农业机械化的发展，打破了农时界限，反季节农产品非常普遍，供应充足。

转移农业劳动力贡献突出。目前，我国已经稳定地转移出一亿多劳动力，投入到城市或者乡镇企业。

抢收抢种能力明显增强。农业劳动生产率大幅度提升。农机高效率作业，缩短了农时，不少地方因此改变了农事耕作制度。

强化农业生产技术服务体系。农机服务是农业服务的主要组成部分，遍布全国各地。近年来，农机合作社迅猛发展，有望成为农业生产经营的新型主体。

造就大量农业专业人才。在发展农业机械化的过程中，培养了数以千万计的农机人才、高素质农民，他们已经成为农业生产的主力军。

经过60年的探索，我们正在走出一条中国特色农业机械化发展道路

对“根本出路”的认识，理论界和实际工作者之间曾有过分歧，在农业机械化发展过程中也出现过偏差。应当承认，“根本出路”是科学的、正确的论断。这个论断从本质上反映了我国农业发展的一般规律，指明了农业发展的必然趋势和必由之路。

在推进农业机械化的过程中，我们的确出现过忽视经济社会条件约束，对实现农业机械化目标要求有过高、过急的错误；在农村改革初期，由于思想准备不足，应对措施不力，农业机械化出现过短暂的倒退。

正是因为我们有丰富的实践、成功的经验和遭受挫折的教训，才使得我们对农业机械化的认识更为客观和全面。我们正在走出一条符合我国农业发展实际的机械化发展道路。可以归纳为以下4个方面。

（一）立足国情，因地制宜

我国是耕地和自然资源禀赋不够丰厚的国家，地域广阔，自然资源条件差异很大，由此导致农作物品种繁多，农艺技术比较复杂，因此我国农业机械化必须走差异化发展道路。如果不从国情出发，不从不同地区的不同条件出发，推进农业机械化就必然是盲目的，不符合实际的。

立足国情，因地制宜，是我们60多年发展农业机械化最为宝贵的基本经验，它构成了我国特色农业机械化发展道路的核心内容。

（二）有先有后，循序渐进

毛泽东主席提出的“在一切能够使用机器操作的部门和地方，统统使用机器操作”是

个非常高的要求。我国农业生产门类很多，除了种植业，还有畜牧业、水产业、农产品加工业等。就是种植业本身也有粮棉油、麻丝茶、糖菜烟、果药杂之分。

过去，我们主攻粮食作物机械化生产，今后的重点还要放在经济作物、畜牧业、水产业上。在发展重点和先后顺序上，要遵循经济规律，不同地区要有所侧重。

现在我们提出全面全程机械化的目标。对这个全面和全程要有具体分析，有个总体部署，要分门别类，重点推进，循序而行。不能一说全面就是无所不包，一说全程就是从头到尾。这样的机械化，不要说我们做不到，就是经济发达的国家也不一定能够做到。

（三）注重质量，合作共用

农业机械化的发展，要以中小型为主，注重质量，走合作共用道路。

我国发展农业机械化还有一个突出问题，就是家家购置农机，生产规模很小，农机社会化合作共用不足，农机的利用率低，存在着很大的浪费。

目前，我国农机装备水平按耕地平均动力比欧美国家都高，但农机使用率却远远低于他们，不发展农机合作共用就没有出路。否则，实现农业机械化的投入太高，代价太大，用高投入生产的农产品就不会有竞争力，也会影响农民增收。

（四）技术创新，不断进步

农机技术创新，既包括农业机械自身提高适用性、可靠性、经济型、安全性，也包括提高农机制造质量和使用的技术水平，还包括农机技术与农艺技术的相互融合。农机领域必须扩大吸收和借鉴，加强国际交流与合作。

农机与农艺技术的融合也是一个必然的趋势。过去我们曾经长期纠结于农机优先还是农艺优先，实际上并不存在谁为主、谁为辅的问题，它们是一个整体，谁也离不开谁。农业机械是农艺技术的载体，农业机械的设计和使用，必须以农艺要求为依据，农艺制度也要向方便农机作业调整，这种融合是农业机械化发展的必然趋势。

沿着“根本出路”指引的方向奋勇前进，实现农业机械化百年梦想

接到参加本次活动的邀请后，我反复思考了这样一个问题，60年来，“根本出路”引领我国农业机械化发展，取得了辉煌的成就。今后如何发展？是值得探讨的问题。

当前，以信息化为核心的技术革命正在兴起，对未来的农业机械化和农业现代化必然产生至关重要的影响。我们要按照既定的农业机械化发展目标，坚定不移地向前推进，这是历史赋予我们的艰巨任务。

实现农业机械化和农业现代化，不断提高农业的现代化水平，不仅仅是技术问题，更

是社会问题。没有农业机械化，就没有农业现代化；没有乡村振兴，没有农民的小康生活，也就没有中华民族的伟大复兴。我国的农村还比较落后，农业还不够发达，农民还不是很富裕，“三农”问题还比较突出。作为农业机械化工作者，我们一定要像毛泽东主席那样对农业高度重视，对农民满怀深情，增强责任感，履行职责，躬耕事业，造福人民。

60年来，我国农业机械化总体上步伐不够快，现实水平也不够高，加快发展农业机械化的愿望会更为迫切。越是在这样的情况下，越是要保持头脑的清醒和冷静。在什么时间实现机械化，与其准备得短些，不如准备的时间长些，速度宁可慢些，步子也要稳些。

我认为，全面实现农业机械化可能会与中国的百年梦想相契合。也就是说，到21世纪中叶，中华人民共和国成立100周年的时候，全程农业机械化可能成为现实。从现在算起，还有30年，时不我待，我们要抓紧。我们要立足当下做好工作。在农业机械化已经有了长足发展的今天，发展的环境和条件有了很大的改善，但是我们所面临的问题并不比过去简单。

2018年年底，国务院印发了《关于加快推进农业机械化和农机装备产业转型升级的指导意见》，为今后一个时期发展农业机械化做出了全面部署。国务院“指导意见”是指导我们工作的行动纲领，必须全面贯彻落实。

我坚信，在“根本出路”的引导带领下，有以习近平总书记为核心的党中央的高度重视和坚强领导，有各级农业、农机和相关部门的共同奋斗，有亿万农民的努力，机械化农业的百年梦想就一定能够实现。

以上看法不一定对，请领导、专家们批评指正！

谢谢大家！

来源：中国农机化协会公众号

2019年4月29日

我国农业机械化为农业现代化奠定牢固物质基础

——在庆祝新中国成立七十周年农机化发展成就座谈会上的发言

原农业部党组成员、中央纪委驻农业部纪检组组长　宋树有

在新中国成立前夕，毛泽东主席向世界宣告“中国的命运一经操在人民自己的手里，中国就将如太阳升起在东方那样，以自己光辉的光焰普照大地……建设起一个崭新的、强盛的、名副其实的人民共和国”。在中国共产党的领导下，我们国家在风风雨雨中走过了70年。这70年是不平凡的70年，我们的党、国家和人民战胜了无数的艰难险阻，经受了锻炼和考验，国家发生了翻天覆地的变化，在政治、经济、文化和生态建设等方面取得了辉煌成就，综合国力大大增强，国际地位显著提高，我们伟大的祖国屹立在世界的东方。

新中国成立70年来，我国农业实现了历史性的跨越，农业生产持续发展，农村经济全面繁荣，农民生活显著改善，社会和谐稳定，为建设中国特色社会主义做出了巨大贡献。

新中国成立70年来，我国农业机械化事业也有了长足发展，改革开放纠正了发展农业机械化急于求成的错误，确立了从实际出发、分类指导、重点突破，有选择地发展农业机械化的方针；确立了农民办农业机械化的主体地位，完善了农业机械化的法规建设，使我国农业机械化走上了快速健康发展道路，为发展农村经济、增加农民收入、推进乡村振兴、实现农业现代化，做出了很大贡献。

新中国成立初期，我国的农机制造业是个空白，一些规模很小的农具制造厂只能生产简陋的手工工具和人畜力机具。如今，我国农业机械化在世界上有3个方面位居第一：农机产量第一，农机保有量第一，农机装备水平第一，形成了比较完整的农机工业体系。主要粮食作物生产全过程的农业机械可以基本自给，农业生产对农机品种和数量的需求大多

数可以满足，农业机械出口量不断增加。全国农机总动力已经超过 10 亿千瓦，万亩耕地装备水平领先世界，农业生产综合机械化水平接近 70%，主要粮食作物生产基本实现了机械化，农业生产已经全面进入以机械化作业为主的新阶段，农业机械化改变了我国农业生产技术装备水平和综合生产能力低的局面，从根本上改变了农业落后面貌，农业机械化功不可没。

经过 70 年的实践和探索，我们正在走出一条中国特色农业机械化发展道路。可以归纳为以下 4 个方面。

一是立足国情，因地制宜。我国是耕地和自然资源禀赋不够丰厚的国家，地域广阔，自然资源条件差异很大，由此导致农作物品种繁多，农艺技术比较复杂。因此，我国农业机械化必须走差异化发展道路。如果不从国情出发，不从不同地区的不同条件出发，推进农业机械化就必然是盲目的，不符合实际的。立足国情，因地制宜是我们 70 多年发展农业机械化最为宝贵的基本经验，它构成了中国特色农业机械化发展道路的核心内容。

二是有先有后，循序渐进。毛泽东主席提出的“在一切能够使用机器操作的部门和地方，统统使用机器操作”，是一个非常高的要求。我国农业生产门类很多，除了种植业，还有畜牧业、水产业、农产品加工业等。就是种植业本身，也有粮棉油、麻丝茶、糖菜烟、果药杂之分。过去，我们主攻粮食作物机械化生产，今后的重点还要放在经济作物、畜牧、水产等各业上。在发展重点和先后顺序上，要遵循经济规律，不同地区要有所侧重。现在我们提出全面全程机械化的目标，对这个全面和全程要有具体分析，有个总体部署，要分门别类，重点推进，循序而行。不能一说全面就是无所不包，一说全程就是从头到尾。这样的机械化，不要说我们做不到，就是经济发达的国家也不一定能够做到。

三是注重质量，合作共用。农业机械化的发展，要以中小型为主，注重质量，走合作共用道路。我国发展农业机械化还有一个突出问题，就是家家购置农机，生产规模很小，农机社会化合作共用不足，农机的利用率低，存在着很大的浪费。目前，我国农机装备水平按耕地平均动力比欧美国家都高，但农机使用率却远远低于他们，不发展农机合作共用就没有出路。否则，实现农业机械化的投入太高，代价太大，用高投入生产的农产品就不会有竞争力，也会影响经济效益。

四是技术创新，不断进步。农机的技术创新，既包括农业机械自身提高适用性、可靠性、经济性、安全性，也包括提高农机制造质量和使用的技术水平，还包括农机技术与农艺技术的相互融合。农机领域必须扩大吸收和借鉴，加强国际交流与合作。农机与农艺技术的融合是一个必然的趋势。农业机械是农艺技术的载体，农业机械的设计和使用，必须以农艺要求为依据，农艺制度也要向方便农机作业调整，这种融合是农业机械化发展的必然趋势。

实现农业机械化和农业现代化，不断提高农业的现代化水平，不仅仅是技术问题，更是社会问题。没有农业机械化，就没有农业现代化；没有乡村的振兴，没有农民的小康生活，也就没有中华民族的伟大复兴。

新中国成立70年来，我国农业机械化总体上步伐不够快，现实水平也不够高，加快发展农业机械化的愿望会更为迫切。越是在这样的情况下，越是要保持头脑的清醒和冷静。在什么时间实现机械化，与其准备得短些，不如准备得长些，速度宁可慢些，步子也要稳些。我认为，全面实现农业机械化可能会与中国的百年梦想相契合，也就是说，到21世纪中叶，中华人民共和国成立100周年的时候，全程农业机械化可能成为现实。从现在算起，还有30年，时不我待，我们要抓紧。

我国农业机械化事业是伟大的事业，实现农业机械化是亿万农民的愿望，时代的要求，历史的必然。我们要充分认识实现农业机械化的长期性、艰巨性和复杂性，既要坚定信心，更要有求真务实的科学精神。2018年年底，国务院印发了《关于加快推进农业机械化和农机装备产业转型升级的指导意见》，为今后一个时期发展农业机械化做出了全面部署。国务院“指导意见”是指导我们工作的行动纲领，必须全面贯彻落实。在以习近平总书记为核心的党中央的高度重视和坚强领导下，坚定信心，沿着中国特色农业机械化道路稳步前进，不断探索，亿万农民的百年梦想一定能够实现！

来源：中国农机化协会公众号

2019年9月22日

回望成就　在新的历史起点上加快推进农业机械化
——在庆祝新中国成立70周年农机化发展成就座谈会上的讲话

农业农村部农业机械化管理司　李安宁

习近平总书记指出，只有回看走过的路、比较别人的路、远眺前行的路，弄清楚我们从哪儿来、往哪儿走，很多问题才能看得深、把得准。回望新中国成立以来70年农业机械化发展历程，党中央国务院始终高度重视农业机械化发展，把农业机械化作为发展农业生产、推进农业农村现代化的重要内容、重要支撑和重要标志，持续不断推进。早在1959年，毛泽东主席就作出了“农业的根本出路在于机械化”的著名论断。中央在不同时期及时明确农业机械化发展的指导方针、目标任务和政策措施，广大农民和农机化行业的干部职工敢于实践、勇于创造，推动农业机械化在探索中不断前进，在实践中不断发展，走出了一条中国特色的农业机械化发展道路！农机装备从几乎没有到服务农业各个行业，农业机械化从基本零起步到全程全面推进，农业生产方式从千百年来的以人畜力劳作为主转为以机械化作业为主，取得了举世瞩目的历史性成就。主要表现在以下4个方面。

一是农机装备总量持续快速增长，我国成为农机生产使用大国。我国农机装备制造已基本涵盖各个门类，能够生产14大类50个小类4 000多种农机产品，逐步成长为世界农机生产大国。2018年，全国农机总动力达到10.04亿千瓦，亩均动力超过美国、日本等发达国家。农业机械原值近万亿元，农村农业机械总量近2亿台（套），其中拖拉机保有量2 240万台，联合收割机206万台。高性能、大功率的田间作业机械和其他各领域新型机具不断增长，农机装备结构持续改善，作业质量加速提升。目前机耕、机播、机收、机电灌溉、机械植保5项作业面积达到每年66.7亿亩次，我国农机拥有量、使用量均已位居世界前列。

二是农机作业水平持续快速提高，农业生产方式实现历史性转变。2018年，全国农作物耕种收综合机械化率超过 69%，农业生产已从主要依靠人力畜力转向主要依靠机械动力，进入了机械化为主导的新阶段。机耕率、机播（栽植）率、机收率分别达到 84.03%、56.93%和 61.39%。其中，小麦、水稻、玉米等主要粮食作物耕种收综合机械化率分别达到 95.89%、81.91%、88.31%，生产已基本实现机械化，完全改变了农忙季节“工人放假、学生停课、干部下乡”抢收抢种的局面。棉油糖饲等大宗经济作物、畜禽水产养殖、果茶菜、设施农业、农产品初加工等领域的机械化生产也取得了长足的进步。农业机械化大幅提升了农业劳动生产率、土地产出率和资源利用率，为农业转变“靠天吃饭”的局面，让农民从“面朝黄土背朝天”的繁重体力劳动中解放出来，共享现代社会物质文明成果提供了有力支持。

三是农机社会化服务持续发展，成为农业生产服务的主力军。2018 年，全国农机户总数达到 4 080 万个，农机化作业服务组织 19.2 万个，其中农机合作社 7.26 万个；乡村农机从业人员 4 758.6 万人。农机服务总收入 4 700 多亿元，其中作业服务收入 3 530 亿元。农机大户、农机合作社、农机专业协会、农机作业公司等新型社会化服务组织不断发展壮大，订单服务、生产托管、承包服务和跨区作业等农机社会化服务方兴未艾，农机作业服务领域逐步拓展到农业产业各个领域。农机跨区作业面积 3.11 亿亩，农机合作社作业服务面积 7.76 亿亩。农机社会化服务成为农民增收的一个重要渠道和农业生产服务的主力军，在推进小农户与现代农业发展有机衔接中发挥着重要桥梁作用。

四是农机化管理服务水平持续提升，法规政策体系基本建立。全国人大 2004 年公布实施《农业机械化促进法》。国务院 2009 年颁布《农业机械安全监督管理条例》，2010 年、2018 年两次出台指导促进农机装备产业和农业机械化发展的指导意见。2003—2018 年农业农村部先后发布了《拖拉机和联合收割机登记规定》等 8 个部门规章，累计发布农机化行业标准规范 342 项。29 个省（自治区、直辖市）制定了 36 部地方性法规及 26 部政府规章。目前，农业机械化管理服务工作基本有法可依，形成了比较完整的管理服务体系，涵盖了农机培训、鉴定、推广、监理、作业、维修、质量等各个方面。以《农业机械化促进法》和中央出台农机购置补贴政策为引领，国家围绕支持农机生产、流通、购置和作业服务等，形成了财政补助、税费减免、设施用地、信贷担保、融资租赁、跨区作业、贷款保险、人才培养等方面的系列扶持措施，有关部门和各地在不同时期还设立重点农机科研和农机化技术示范推广项目，支持重点农机装备研发和农机化技术推广，不断完善扶持农业机械化发展的政策体系，为农业机械化的发展提供了有力保障。

70 年来农业机械化取得的成就，是党中央国务院和地方各级党委政府重视支持发展农业机械化的结果，是各级农机化主管部门和有关部门共同努力、专家科学指导、农民群众辛勤劳动的结果，是我们农机化各条战线的工作者用勤劳、智慧、勇气干出来的结果。回顾总结 70 年来农业机械化发展历程和成就，我们不断深化对农业机械化发展规律的认识，积累了宝贵的经验。归结起来，主要是以下 5 个方面。

一是要始终坚持服务大局、主动入位，从“三农”全局出发谋划农业机械化发展，积极作为，不断巩固拓展农业机械化的领域作用。

二是要始终坚持遵循规律、循序渐进，根据不同区域的自然禀赋、种养制度和经济条件，采取相应的技术路线和政策措施，因地制宜推进农机、农艺、农田、农业经营方式协调发展，不断开辟农业机械化发展新局面。

三是要始终坚持市场引导、政府扶持，持续完善农业机械化扶持政策，推进管理制度改革，不断激发市场主体活力，有效调动企业研发生产机具和农民购机用机积极性。

四是要始终坚持创新驱动、开放搞活，持续推进农业机械化科技与协同攻关机制创新、农机服务组织形式与农机社会化服务机制创新，积极引进国外先进技术与管理经验，推动国内农机走出去，不断提高农机研发能力、制造水平和推广应用效率效益。

五是要始终坚持依法促进、合力推进，自觉运用法治思维、法治方式推动发展，积极争取有关部门的支持配合，发挥行业协会等社会组织的作用，上下联动，久久为功，形成推进农业机械化发展的强大合力。

这些经验，来之不易、弥足珍贵，我们必须长期坚持并不断完善。

同志们，回望是为了更好地出发，眺望能够锚定好前行的方向。当前，中国特色社会主义进入了新时代，实施乡村振兴战略、实现农业农村现代化，对农业机械化的发展提出了新的更高的要求。习近平总书记指出，要大力推进农业机械化、智能化，给农业现代化插上科技的翅膀。国务院 2018 年年底出台《关于加快推进农业机械化和农机装备产业转型升级的指导意见》，2019 年年初召开了推进农业机械化转型升级工作会议，对新时代推进农业机械化发展作出了全面部署，明确指出，农业生产已进入了以机械化为主导的新阶段，没有农业机械化，就没有农业农村现代化，要以习近平新时代中国特色社会主义思想为指导，牢固树立和贯彻落实新发展理念，以服务乡村振兴战略，满足亿万农民对机械化生产的需要为目标，着力科技创新、机制创新、政策创新，加快补齐农机科技创新能力不强、部分农机装备有效供给不足、农机农艺结合不够紧密、农机作业基础设施建设滞后等方面的短板，推动农机装备产业向高质量发展转型，推进农业机械化向全程、全面、高质、高效升级发展，为实施乡村振兴战略、推进农业农村现代化提供强有力支撑。站在新的历史起点上，农机化行业使命光荣，任务艰巨。农机化管理部门要积极配合工信、发改、市场监管等部门加快推动农机装备产业高质量发展转型；要密切与农业农村部门内各方面的协作配合，合力推进农业机械化转型升级。当前和今后一段时期，各级农机化管理部门要主动入位，履职担当，重点做好以下 8 个方面的工作。

一是着力推进农机农艺融合。将适应机械化作为农作物品种审定、耕作制度变革、产后加工工艺改进等工作的重要目标，加快构建农机农艺融合的部门工作体系，建立健全产学研推用协同、多学科联动的攻关机制，加强农机化科技创新体系建设，推动品种、栽培、养殖和产后加工宜机化并与装备集成配套，构建区域化、标准化的种植养殖机械化生产模式并加快推广。

二是着力推进机械化信息化融合。加快物联网、大数据、移动互联网、智能控制、卫星通讯等信息技术在农机装备、农机作业和监管服务上的应用，支持引导研发制造智能农业装备，推进智能农机与智慧农业融合发展，积极发展“互联网＋农机作业服务”，加快农机化管理和公共服务信息化步伐，推进农机化信息系统互联互通和大数据开发应用。

三是着力推进农机服务规模与农业适度规模经营相适应。大力培育新型农机服务主体，积极推动农机作业服务模式创新，加快“全程机械化＋综合农事”服务中心等新业态发展，支持引导农机服务主体开展跨区作业、订单服务、生产托管、土地流转，向农业生产全过程、全产业延伸。

四是着力推进机械化生产与农田建设相适应。将适应机械化作为农田基本建设的重要目标，加快制定完善高标准农田建设和丘陵山区农田、果菜茶园及设施种养基地等建设改造的宜机化标准规范，推动各级财政投入、社会资本参与农田宜机化建设，落实好设施农用地、新型农业经营主体建设用地等相关政策，切实改善农机存放维修保养等生产条件，为全程机械化作业、规模化生产创造条件。

五是着力推进主要农作物生产全程机械化。以“补短板、促集成、提水平”为目标导向，深入开展主要农作物全程机械化推进行动，加强典型示范引导，加快提升水稻机插、玉米机收、甘蔗机收、棉花机收等薄弱环节机械化作业水平，推进高效植保、产地烘干、秸秆处理等环节与耕种收环节机械化集成，促使良种、良法、良机配套，构建协同高效的主要作物全程机械化生产体系。

六是着力推进农业生产机械化全面发展。强化规划引领，加快编制畜牧水产养殖、设施农业和农产品初加工等产业机械化发展蓝图。强化需求引导，通过制定发布技术装备需求目录、主推技术以及遴选实施重大科技创新项目等方式，引导科研单位和企业开展技术创新，加快攻克制约农业机械化全程全面高质高效发展的技术难题。加快农机新产品新装备试验鉴定和示范推广，推动薄弱环节机械化技术创新研究与应用，充分发挥农机购置补贴政策的导向作用，加快绿色高效农机装备技术推广应用，支持丘陵山区和特色产业适用农机装备发展，推进农机报废更新换代。

七是着力推进农业机械化人才队伍建设。推动高等院校加强农业工程学科建设，实施产教融合、校企合作，培养创新型、应用型、复合型农业机械化人才。大力开展农机化管理、技术推广、试验鉴定、安全监理等系统的干部和技术人员培训和再教育，提升素质能力。加快建设农机实用人才队伍，遴选和培养一批农机生产及使用“土专家”。支持农机企业、合作社培养农机生产、作业操作、维修等技能服务型人才。加大高素质农民培育工程对农机大户、农机合作社带头人和返乡农机从业人员的扶持力度，培育一批既懂生产又善管理的新型农机职业经理人才。

八是着力推进农业机械化管理“放管服”改革。深入推进农机鉴定、推广、监理、维修、管理等领域改革创新，转变管理方式，为市场创造更多发展空间。加快完善农业机械化相关技术、管理标准和规范，建立健全统计、评价指标体系，大力发掘推介典型，加强行业发展监测和信息引导，不断提升公共服务能力，调动各类市场主体发展农业机械化的积极性、主动性和创造性。

同志们，继往开来，在新的历史起点上加快推进农业机械化向全程全面高质高效转型升级发展，是时代赋予我们的光荣使命。让我们紧密团结在以习近平同志为核心的党中央周围，不忘初心，牢记使命，开拓进取，快干实干，为农业机械化事业迈上新的台阶，有力支撑乡村振兴和农业农村现代化做出新的更大的贡献！

来源：农业农村部网站

2019 年 9 月 22 日

继往开来　砥砺前行　续写农机化事业新篇章庆祝新中国成立 70 周年农机化发展成就座谈会在北京召开

中国农业机械化协会　李雪玲

2019 年 9 月 22 日，中国农业机械化协会举办的庆祝新中国成立 70 周年中国农业机械化发展成就座谈会在北京成功举办。会议广邀高朋，聚行业精英，为祖国庆生，为盛典献礼。

原农业部副部长、中央纪委驻农业部纪检组组长宋树有，农业农村部机关服务局局长刘敏，农业农村部农业机械化管理司副司长李安宁，农业农村部农业机械化试验鉴定总站、农业机械化技术开发推广总站站长刘恒新，中国农业出版社总编辑胡乐鸣，农业机械化试验鉴定总站原站长张金魁，原农业部农业机械试验鉴定总站站长焦刚，原农业部农业机械试验鉴定总站副站长贺祖年，中国农业机械工业协会执行副会长洪暹国，中国农业机械流通协会副会长游凌，中国优质农产品开发服务协会《优质农产品》杂志总编辑宋毅，山西省农业机械发展中心主任王进仁，广西壮族自治区农业农村厅党组成员、广西壮族自

治区农业机械化服务中心主任韦周凡，新疆维吾尔自治区农机局总工程师裴新民研究员，安徽省农机协会荣誉会长郭子超，国机集团科学技术研究院副总经理赵剡水，中国农业大学李民赞教授、李洪文教授，甘肃省机械科学研究院有限责任公司正高工韩少平董事长，爱科（中国）投资有限公司总经理王吉，约翰·迪尔（中国）投资有限公司大客户经理王庆宏，雷沃阿波斯集团副总经理、营销公司常务副总经理孙波等，以及来自农业农村部农机化管理司、农机试验鉴定总站、农机推广总站的领导，行业组织、科研、教学单位的领导和专家，各省、自治区、直辖市农机化主管部门代表，中国农机化协会理事及协会分支机构代表，农机安全互助保险领域代表，企业及合作社代表，先农智库专家和作者代表，媒体代表等共计150余人出席会议。

农业农村部机关服务局局长刘敏在会议上宣读了第十二届全国人大常委会副委员长张宝文为座谈会精心准备的讲话稿。张副委员长在讲话中指出，70年来，中国的农业，包括农机化，取得了举世瞩目的伟大成就。这些成就来之不易，既体现了中国共产党带领中国人民勇于尝试、坚定探索的革命精神，也体现了全体农机人勇于创新、扎实奋进的事业担当。这些都是我们的宝贵精神财富，值得好好总结。在庆祝中华人民共和国成立70周年的时刻，回顾农机化发展的历史，梳理农机化发展成就，总结成功经验，有着重要的历史和现实意义。张副委员长在讲话中指出，在党中央的全面部署下，我国农业的供给侧结构性改革日益推进，成果日益丰富。在确保国家粮食安全的基础上，促进了农业由过度依赖资源消耗向追求绿色生态可持续转变，走出了一条产出高效、产品安全、资源节约、环境友好的现代农业发展之路，也给农机化提出了崭新的课题。他特别强调，2019年是中华人民共和国成立70周年，是“两个一百年”目标的决胜之年，也是全面开启新一轮全面改革开放浪潮和第二轮供给侧结构性改革的关键之年。希望同志们不忘初心，牢记使命，深刻学习领悟习近平总书记“大力推进农业机械化、智能化”重要论述的丰富内涵，不断更新理念，扎实工作，进一步推进农机化改革开放，推进我国农业机械化发展，助力乡村振兴战略！

农业农村部农业机械化管理司副司长李安宁发表题为《回望成就　在新的历史起点上加快推进农业机械化》的演讲

原农业部党组成员、中央纪委驻农业部纪检组组长宋树有

会议座谈

在会议的座谈环节，原农业部副部长、中央纪委驻农业部纪检组组长宋树有，农业农村部农业机械化试验鉴定总站、农业机械化技术开发推广总站站长刘恒新、党委书记刘旭，中国农业出版社总编辑胡乐明，山西省农业机械发展中心主任王进仁，广西农业农村厅党组成员、广西农业机械化服务中心主任韦周凡等领导，围绕“回顾发展成就，展望美好未来”主题，进行了深入交流座谈。

中国农业机械化协会刘宪会长对会议成果进行总结

会议还举行了《40 年，我们这样走过：纪念农机化改革开放 40 周年征文优秀作品集》《农业机械化研究文选（2018）》、一批团体标准等一系列智库产品的发布；对在扶贫攻坚工作中表现突出的“农机公益先进单位”“农机公益先进个人”进行了表彰；举行了中国农业机械化协会农机安全互助保险工作委员会揭牌仪式；召开了中国农业机械化协会保护性耕作专业委员会筹备会。

中国农业机械化协会领导及工作人员

《40 年，我们这样走过：纪念农机化改革开放 40 周年征文优秀作品集》
《农业机械化研究文选（2018）》揭幕

智库产品发布

中国优质农产品开发服务协会《优质农产品》杂志总编辑宋毅发表讲话

团体标准发布

互助保险工作委员会揭牌

扶贫爱心企业和爱心个人表彰

来源：中国农机化协会公众号

2019 年 9 月 23 日

毛泽东与新中国农业机械化事业

学习时报　李萌萌

农业机械化是推进农业农村现代化、实现乡村振兴的重要内容。新中国成立后，毛泽东一直对农业机械化事业给予高度关注，进行了深入思考和不懈探索。在他的推动下，我国农业机械化事业得到长足发展，为改革开放后农业的稳步发展奠定了重要基础。

（一）“农业的根本出路在于机械化”

毛泽东出生在湖南农村，父亲种着20多亩地，身为农家子弟，他深知农民的不易与艰辛。新中国成立时，我国仍是一个人口多、底子薄的落后农业大国。为了促进农业生产力的发展，摆脱完全依靠人力劳作的束缚和艰辛，毛泽东殚精竭虑，积极谋划。

在社会主义改造时期，毛泽东认为，集体化加机械化是中国农业发展的一个方向。

1953年10月，在中共中央政治局会议上，毛泽东指出：“农民的基本出路是社会主义，由互助合作到大合作社（不一定叫集体农庄）。”水利、农具、肥料、耕作法，这些可以靠互助合作来发展，但是，“将来进一步搞社会主义，就要靠机器（拖拉机）。”这就是说，畜力农具或可满足互助合作的小规模经营，而集体劳作的大规模生产，则需要大型农业机械的支持。

而且，毛泽东还认为，“中国只有在社会经济制度方面彻底地完成社会主义改造，又在技术方面，在一切能够使用机器操作的部门和地方，统统使用机器操作，才能使社会经济面貌全部改观”。社会主义制度的建立与机械化大生产的实现，成为毛泽东构想整个国家和社会“脱胎换骨”的条件与基础。

在随后的社会主义建设过程中，高度重视农业问题的毛泽东总结概括出农作物八项增产措施，即著名的“八字宪法”：土（深耕，改良土壤）、肥（增加肥料和合理施肥）、水

（兴修水利和合理用水）、种（培育和推广良种）、密（合理密植）、保（防治病虫害）、工（工具改革）、管（田间管理）。

“八字宪法”要求深耕细作。1958 年 11 月，在河南新乡视察时，毛泽东补充说：“深耕细作，可能这是一条出路，加上机械化。”即农业“八字宪法”必须要和机械化结合起来，才能更好地提高生产效率、减轻农民劳作负担。为此，1959 年 4 月，毛泽东在给省、地、县、社、队、小队六级干部所写的党内通信中强调指出：“农业的根本出路在于机械化。”这一指示，为新中国农业发展提出了明确方向。

（二）改造个体小农，巩固工农联盟

1949 年前，绝大多数农村在农具、技术等方面长期沿用传统生产要素，维持着小规模、简单再生产的小农经济。

1945 年 4 月在党的七大上，毛泽东强调，“要把一切党外农民，提高到无产阶级的水平”“将来我们要搞机械化，要搞集体化，那就是提高他们”。也就是说，将来要把农民组织起来，用机器武装，以此克服农民的分散、小生产的局限和不足，使其逐渐“工人化”。

新中国土地改革结束之后，随着社会主义改造的展开，毛泽东的这一想法得到进一步发展。

为解决“有计划地大量增产的要求和小农经济分散私有的性质以及农业技术的落后性质之间的矛盾”，毛泽东提出：第一个方针是社会革命，即农业合作化；第二个方针是技术革命，即在农业中逐步使用机器和实行其他技术改革。农业集体化和机械化成为一套改造个体小农的措施。集体化从组织结构入手，推动农民朝着社会主义方向前进，而机械化从技术角度切入，促使农业从传统转向现代。通过集体化、机械化两个互为整体的发展步骤，完成对个体小农的社会主义与现代化的双重改造。

与此同时，毛泽东还将农业机械化的发展放到巩固社会主义道路的高度来认识。

他早在 1937 年《矛盾论》中就指出：“在社会主义社会中工人阶级和农民阶级的矛盾，用农业集体化和农业机械化的方法去解决。”1959 年 12 月，毛泽东在实践的基础上又分析指出，“我们的工农联盟，已经经过了两个阶段：第一阶段是建立在土地改革的基础上；第二阶段是建立在合作化的基础上”“而没有机械化，工农联盟还是不能巩固的”。农业机器依托工业生产，用于农业发展，在毛泽东看来，它已成为联系工农之间的纽带，通过发展机械化，可以逐步缩小工农差距，从而团结最可靠的同盟军，建立牢固的为社会主义现代化建设的经济联盟。这一思想很有启发意义。

（三）“必须先有合作化，然后才能使用大机器”

苏联农业发展的路径和经验，是先推行机械化再实行农业集体化。毛泽东认为，这一

经验和做法并不适合中国。早在1943年，毛泽东就指出，在生产工具没有变化的情况下，如果把劳动力都集中到集体互助的劳动组织之中，进行生产关系上的改革，生产力也会有大的发展。

新中国成立初期，我国工业化基础十分薄弱，农业机械化也基本零起步。在这种背景下，农业机械化的实现还需要一个长时间段的发展。

针对这一实际情况，毛泽东指出："靠在农业中实行大规模的机械化是工业发展以后的远景，在最近几年之内必须依靠大力发展农业合作化，在合作化的基础上适当地进行各种可能的技术改革。"在我国的条件下，"则必须先有合作化，然后才能使用大机器"，拖拉机等其他农业机器，"只有在农业已经形成了合作化的大规模经营的基础上才有使用的可能，或者才能大量地使用"。

在毛泽东看来，集体化摆脱了个体分散无力的状况，可以集中力量办大事，也能为机械化的推行奠定人力和财力等方面的基础。这是他基于新中国成立后农业发展的实际情况而作出的新探索，是一条与苏联农业发展不同的路径。

（四）农业机械化需要搞好配套和协作

农业机械化是一个由低级到高级的发展过程，不能好高骛远，脱离中国农业发展的实际。

1958年3月在成都会议上，毛泽东提醒要注意"现代化机械与改良农具的对立统一"，指出改良农具是技术革命的萌芽，由此可进一步机械化。为更好地开展农具改良，毛泽东多次强调要加强研究工作，建议各省（自治区、直辖市）设立农具研究所，专门负责研究各种改良农具和中小型机械农具，要同农具制造厂密切联系，研究好了就交付制造。按照这一要求，全国上下从省到县相继成立了农机研究机构，为农业机械化的推广发展提供了坚实力量。

与此同时，为搞好多部门协作，共同促进并领导好全国农业机械化事业，毛泽东亲自提议设立农业机械部，甚至自己可以来兼任部长。他说："要把农业机械分出来，搞一个小组，由总理专管，总理管不了我来管。把农业机械和其他机械放到一起，就把农业机械挤掉了。"

他表示，可以"成立第三机械工业部，来管农业机械，搞农业机械设计院"。在毛泽东的督促和关怀下，1959年8月，中共中央工作会议通过了成立中华人民共和国农业机械部的决定，陈正人被任命为部长。毛泽东高兴地指出："今年已经成立了农业机械部，农业机械化的实现，看来为期不远了。"农业机械部的设立，使我国农业机械化事业进入了一个新阶段。

来源：《学习时报》

2020年9月25日

写在“农业的根本出路在于机械化”著名论断问世60周年之际（上）

中国农业机械化协会　权文格　李雪玲

2019年4月29日，是毛泽东主席提出“农业的根本出路在于机械化”这一著名论断整整60年。60年来这个论断一直被广大农机人奉为圭臬。4月28日，笔者采访了中国农业机械化协会刘宪研究员。

笔者：刘会长您好，作为中国农业机械化协会的会长，您一定比较了解60年前毛主席做出的“农业的根本出路在于机械化”的著名论断，能否介绍一下您所知道的有关情况？

刘宪：谢谢你的提问，你的问题对于中国农业机械化协会，对我这个农机老兵来说都有非同寻常的意义。我尽力回答你的问题。1970年上山下乡时我第一次接触拖拉机，1973年到县农机厂当工人时，工厂大门的照壁上白底红字就写着毛主席的这句名言。多年来我的学习工作没有离开农机，岁月流失，但这句话已经深深印刻在我的脑海里。据我了解，毛主席的这个论断多年来也为一代代农机人所熟知和认同。档案显示这个论断源于1959年4月29日的毛主席的一篇手稿《党内通信：致六级干部的公开信》，公开信的原件现收藏在国家档案馆（中央档案馆）。毛主席用铅笔亲手写于白纸之上，洋洋洒洒的1 500余字。行文风格和公开发表的毛主席若干手迹完全一致。信中，毛主席和省、地、县、社、队、小队六级干部谈论了关于农业的六个问题。包括包产问题、密植问题、节约粮食问题、播种面积要多少的问题、机械化问题以及讲真话问题。其中，机械化问题的第一句话就是“农业的根本出路在于机械化”。原稿中先是写了“农业的根本出路在于实现机械化”，后修改圈去了“实现”二字，即为后来公开发表的“农业的根本出路在于机械化”。我觉得这样更加简明、精辟。毛主席在信中不仅有精辟论断，他还写道：今年、明年、后年、大后年这四年内，主要依靠改良农具，半机械化农具。每省、每地、每县都要设一个农具研究所，集中一批科技人员和农村有经验的铁匠、木匠，搜集全省、全地、全县各种比较进步的农具，加以比较，加以试验，加以改进，试制新式农具。试制成功，在田里试验，确实有效，然后才能成批制造，加以推广。60 年过去了，在我看来这些话内涵依然充满活力，令人难忘。

笔者： 刘会长，我很理解您的感受。我的下一个问题是中国农机化协会作为与农机化事业有着密切关系的社会组织，在这一论断发表 60 周年之际，是否会开展相关的活动？

刘宪： 当然有。今年 4 月初，中国农机化协会党支部配合农业农村部农机化司、部机关服务局、部农机鉴定总站、部农机推广总站等单位共同组织到中央档案馆开展学习教育活动，参观了“不忘初心，牢记使命”专题展览，深入了解中国共产党建立以来，为中国人民谋幸福的奋斗历程和丰功伟绩，深受鼓舞，也有幸亲眼看到了毛主席等党和国家领导人在不同历史时期的手迹原件，其中包括毛泽东主席的“农业的根本出路在于机械化”公开信手迹的原件，满足了多年的心愿。作为农机人大家深受教育。这次活动既是革命传统教育，也是一次很好的纪念活动。

除了参观学习活动，为深入贯彻落实习近平总书记“大力推进农业机械化、智能化，给农业现代化插上科技的翅膀”重要论述和国务院《关于加快推进农业机械化和农机装备产业转型升级的指导意见》（国发〔2018〕42 号），纪念毛泽东主席“农业的根本出路在于机械化”著名论断发表 60 周年，服务乡村振兴战略，推动农业机械化向全程全面高质高效升级，推进我国农业农村现代化，中国农业机械化协会与中国农业机械学会、中国农业机械工业协会、中国农业工程学会和中国农业机械流通协会将联合召开“落实习近平总书记“大力推进农业机械化、智能化”重要论述暨纪念毛泽东主席“农业的根本出路在于机械化”著名论断发表 60 周年报告会”和“加快推进农业机械化和农机装备产业转型升级专题论坛”，并出版纪念文集和画册，开展“中国农业机械化发展 60 周年杰出人物评选表彰”，举办专题纪念图片展等各种形式的系列活动。中国农机化协会及所属各分会、专业工作委员将支持和积极参与上述各项活动。

笔者： 看来有关的活动内容非常丰富，举办一系列活动有何考量？

刘宪： 你问的很关键，我们的目的是把习近平总书记在党的十九大报告中提出的，在全党范围内开展“不忘初心、牢记使命”主题教育活动的要求落到实处。在举办各类活动的同时，我们还会按照主管部门要求，扎扎实实做好促进农机化健康发展的各项工作。中国农机化协会将继续坚持全面深入学习贯彻习近平新时代中国特色社会主义思想，从三个方面入手，贯彻国务院《关于加快推进农业机械化和农机装备产业转型升级的指导意见》要求，一是加强行业自律，发挥行业组织的作用，规范行规行约，促进行业健康有序发展；二是加强信息交流，通过对历史经验和先进理念的挖掘，策划更多高效活动，以此破解当前行业面临的各类问题，实现转型升级；三是研究行业需求，提供教育培训服务，以“先农智库”为依托，发挥协会“策源智慧”的作用，更好地服务行业发展。2019年协会还将通过开展农机化扶贫、农机新技术新装备展演示、绿色农机化技术推广、团体标准和智库建设等系列活动，服务乡村振兴战略、服务农机化和农机装备制造业行业转型升级，为推进农业机械化向全程全面高质高效发展做出积极贡献。

在这里，也特别感谢你的采访。

笔者：您给我们提供了许多新信息，谢谢。

来源：中国农机化协会公众号

2019年4月28日

写在“农业的根本出路在于机械化”著名论断问世60周年之际（下）

中国农业机械化协会　权文格　李雪玲

2019年4月28日我们推出了对中国农业机械化协会先农智库刘宪研究员的专访，引起了一些关注，就相关问题我们再次采访了他。

笔者：我想延续上次的话题再次采访您。我的第一个问题是：请您对今年开展的纪念活动做一个简要评价。

刘宪：这个题目有点难，因为纪念活动还在继续，后面还会有更精彩的内容，可以说点儿个人体会。60年前，在我国农业的物质基础十分薄弱的情况下，毛主席提出“农业的根本出路在于机械化”，今天看来是非常英明、富有远见的。实践检验表明这一论断基本符合中国实际，是真理。所以不仅过去正确，今后若干年仍然具有指导作用。2019年4月29日是这一著名论断问世60年，中国农机学会、农业工程学会和行业三大协会联袂举办的一系列纪念活动，形式多样、内容丰富，充分表达了农机人的深厚感情和对中国农机化运动发展的理性思考，对于贯彻落实习总书记关于发展农机化的重要论述，促进农机化发展有积极推动的作用。中国农机化协会也是积极的组织者和参与者。好的方面大家有目共睹，我就不多谈了。借着这个话题重点说说对农机化的认识问题，围绕这个问题60年来尽管有许多讨论，但总觉得不够深入全面，甚至还有些片面的认识存在。大家都在说发展农机化，实际说的涵义并不完全是一回事。什么是农机化，怎样促进农机化，有不同的理解和做法。许多认识上的问题还有待商榷，特别是重“机”轻“化”的问题值得我们关注。

笔者：您所说的认识片面或者差异，主要表现在对“机”和“化”问题的认识上是吧？您能否详细解释一下？

刘宪：几十年的从业经历给我的感觉，一说起农机化话题似乎主要集中在农机产品的研发制造方面（包括所说的科技创新也是如此）。对“机”关注度很高。具体表现是：开发机器的热情很高，资金、技术投入也多。其他的似乎不怎么上心，投入也偏少。当然“机”是前提，是基本条件，必须要有。但农机化的内涵很丰富，不仅仅是机器，不是有了机器一切都不成问题。中华人民共和国建立初期我国农机具制造水平很低，新式农业机械稀缺，新式农具和马拉农具的展示甚至进了北京的中南海，史无前例。即便如此毛泽东主席也没有说农业的根本出路在于农机工业。毛泽东主席关于农机化的论述很多，是毛泽东思想的组成部分，内容很丰富，不仅仅是“根本出路”一个论断，我们应该全面系统地研究整理，学习领会全部内涵。这是对“农业的根本出路在于机械化”著名论断问世60周年最好的纪念。农机化是一个复合体，包括机器和使用技术，缺一不可。2004年颁布的《中华人民共和国农业机械化促进法》表述得更为严谨：“本法所称农业机械化，是指运用先进适用的农业机械装备农业，改善农业生产经营条件，不断提高农业的生产技术水平和经济效益、生态效益的过程。”。我理解法定概念农机化包含了采用机械设备及配套技术（农艺、生物及管理技术）等要素，是一个运动过程。因此，研究农机化不是仅仅研究机器，更要下功夫研究如何运用，研究各要素之间的逻辑关系和运作程序。在这方面我们有很艰巨的工作要做，有很长的路要走。

笔者：您刚才说“农机化内涵很丰富，不是有了机器一切都不成问题”，请您进一步阐述一下这个观点。

刘宪：实践证明：许多情况下即使有了机器也是不行的。例如适用机械化作业的作物品种的选育、土地整理、合作组织的建立等，这些问题不解决，就不具备使用机器的基本条件。机器再好也只能躺在那里睡大觉，我在西藏等地就看到过这种情况。我们在实际生产中存在着许多问题长期得不到解决的情况。例如，过去农作物新品种选育主要考虑品质、产量、抗逆性等，不考虑是否适合机械栽培、收获，推广面积上不去，使得一些从事农业研究的院士和专家技术人员转而关注农机；高标准农田建设地块整理、田间道路规划主要考虑农田的排灌、防护林等，没有考虑适合农机具作业和转移，不得不补课；随着农机作业服务市场化水平的提高，大型的农机合作社都很在意大面积机械化耕作选择什么技术路线省油省时间、效率高，也就是作业路径的规划如何科学；不同种植模式、茬口、耕耙播收各种机具的配置应该有怎样合理的比例，既不浪费也要够用。显然，要解决这些问题都不仅要有“机”，还要有应用机器的理论、技术、组织和人才。这些方面的研究也比较薄弱，与实际需要很不适应。既要保持我国农业精耕细作的优良传统，还要改变主要建立在手工劳动基础上的育种和栽培技术模式。我念大学时学校有农机运用教研室，农机化专业开设有农学和农机运用学的专业课，现在好像也淡化了。

笔者：您的意思是重“机”和轻“化”的现象不在少数，也不都在非主流层面是吗？

刘宪：是的。重“机”轻“化”的问题表现在许多方面。我们国家设立了许多冠名“农机化”的科研、教育机构。资料显示：过去几十年，这些单位主要研究的是“机”而不是“化”，发布的成果也是“机”多“化”少。不仅专门从事“化”研究的人才少，投资少，工作环境也不优越。搞农机化的人受重视程度也不够。许多评选奖励、荣誉授予活动中容易被忽略。过去的不说，今年举办的中国农机化发展60年杰出人物评选，那些从事“化”的杰出人物没有得到应有的关注，就是件美中不足的事情。“机”多“化”少现象的普遍存在说明了一些认识方面的问题仍然没有解决。长此以往，今后又有哪些青年才俊愿意搞“化”呢?！令人高兴的是：这几年一些大学本科生、研究生毕业后回到家乡，从事农机合作社的事业，为机械化事业的发展增添了新的动力。我们协会为此成立了专门的工作委员会，支持这些年轻人的工作。

我国已经成为农机制造和使用大国，我认为主要说的是数量方面，质量和技术水平方面与世界强国相比还有差距。建设现代化农业只有先进的农业机械是不够的，还必须有其他的条件配合，我们国家在农机使用方面技术水平很低，问题突出，距离“强国”的水平差距巨大。例如：亩均动力超配，与美国、日本等发达国家比较，我们的亩均动力是人家的若干倍，购买机器花了许多不必要花的钱；然而农机利用率却低，在实际生产过程中经常会出现辅助作业时间比例大，像田间掉头多，种箱、肥箱和药箱容量与作业的地块面积不匹配、机器耕作幅宽和作业地块不匹配等问题，作业效率上不去。农艺方面也有许多问题，最简单的是行距问题。例如，玉米的行距就有十几种，给机械化播种、收获带来许多麻烦；油菜株型大、分枝多、角果易开裂、成熟期不一致等，在机械化收获的过程中损失率高；棉花吐絮期长，给机械化采摘带来很大困难；还有施肥施药过量等。总之，农机与农艺在种植模式，技术路线，品种选育等若干方面，要研究解决的问题很多，还没有全面突破。

科技创新是农机化发展的源头，对农机化问题的认识，不仅需要有感情和直觉，更需要多一些理性的思考，这方面的研究大有文章可做。期待改变重“机”轻“化”的观念，多研究一些关于“化”的问题，借转型升级的东风，开拓以“化”带“机”的新局面。农机制造和使用技术并举，相辅相成，才是促进农机化发展的最佳选择，我们才能获得高质量的发展。

笔者：“制造”为“使用”服务，农机与农艺相辅相成，齐头并进，不知道我这样理解对不对？这样的状态，我们有没有？您能不能举个例子说明一下？

刘宪：小麦跨区机收就是一个成功的范例。大家都知道，小麦跨区机收在20世纪90年代初期开始起步，到90年代末期发展成为我国每年规模最大的农事活动，是机器换人最典型的事件，不仅把人们从每年一度紧张艰苦的麦收劳作中解脱出来，也促进了农机制造业和维修行业的发展，同时催生出了一大批农机大户、农机跨区作业协会、农机合作社，推动了农机服务的产业化，也促进了我国农业机械化向前发展。

小麦跨区机收的成功，要从“机”和“化”两个方面来说。首先，在“机”的方面，当时我国自主研发的联合收割机开始量产，性能稳定，成本降低，农民在机具上投入的资金大幅下降，促进了购买欲望；其次，在“化”的方面，为了适应联合收割机收获作业，选择成熟度一致性好、抗倒伏性强、易脱粒的小麦品种进行推广，解决品种适应小麦机收的问题；小麦大面积条播种植，和其他作物套种方式逐年减少，解决种植模式不适应快速机收的问题；对小地块和田间道路进行宜机化改造，解决农田不适应大面积收获作业的问题；对参加跨区机收的联合收割机开展质量跟踪调查，给生产企业提出改进建议，解决机具长距离转移，运动部件故障频发，售后服务跟不上的问题。同时，先后出台《联合收割机及驾驶人安全监理规定》《联合收割机跨区作业管理办法》等相关规定，加强联合收割机跨区作业管理和通行、供油等方面的服务，规范跨区作业市场秩序。农机制造研发、农机推广使用、农机农艺融合以公安、交通管理等多个部门的配合参与，造就了适应我国国情及农机化发展的小麦跨区机收，这就是一个“机”和“化”相互促进、农机农艺相互融合非常成功的一个实例。

笔者：嗯，看来我们还应该全面总结一下跨区作业模式的经验。

刘宪：是的。我们过去从农机作业市场化的角度讨论的比较充分，今天从另一个角度讨论，结论是：以“化”带“机”大有可为。正如恩格斯所说的那样“社会上一旦有技术上的需要，则这种需要会比十所大学更能把科学推向前进”。

笔者：我同意您的说法。我国是农业大国，目前也已经是世界第一农机生产与使用大国，但还并不是农业强国，我国的农机制造已经接近国际先进水平，那么在您看来，从“大”到“强”的差距，“化”这一方面的问题是不是更多些呢？

刘宪：是的。我国的农机装备研发制造已经接近或者某些方面达到了国际先进水平，可是“化”方面还很弱，也与农业技术发展有关。从整体上看，我国的农业技术发展远远滞后于国际先进水平。大家都知道荷兰农业很强，荷兰领土面积只有中国的0.417%左右，纬度跟我国的漠河差不多。虽然受大西洋暖流的影响，气候比漠河温和，但是同样有漫长难熬的冬天。就这样一个地理气候看起来不太适宜发展农业的国家，却是世界当之无愧的第一农业强国。荷兰农业为什么强呢？就是荷兰非常重视农业技术的发展，并不局限于某些专门的技术，而是综合的、全面的农业技术，包括人工环境控制技术，人工生态圈，精准农业，节水技术，育种技术，病虫害预防技术，动物疾病预防技术……，等等。荷兰有一所在世界上排名第一的农业技术大学瓦格宁根（Wageningen）大学，这所大学就是紧密结合农业生产企业，直接参与生产，大学的很大一部分研究经费也来自与产业界的合作。这样，生产企业能不断提升技术，大学也能不断发现研究课题，获得新的灵感。而我国在农业技术方面的研发还远远不够，与生产实际结合的不够紧密，很大程度上制约了我们的农业机械化发展。

笔者：我们过去几十年发展农机化，比较重视“机”的问题，投入了许多人力、物力、财力，但在“化”的方面，特别是在农机与农艺技术同步研发上有所欠缺，现在需要补短板，“机”和“化”并重，对吗？您认为应该怎么做呢？

刘宪：是的，至少要做到“机”和“化”并重，搞“化”的事更依赖于实际，需要从国情出发，从不同地域的情况出发，分类指导。我参加工作时农业部农机化局就专门设有处室组织开展农机化区划研究工作，发布区划意见，选择不同气候、地形的地区和作物品种建立试点，进行验证，当时还是计划经济。后来开放了，情形又不一样，虽然不再是国家直接出面搞，但还是有人做。这方面基层县乡农机推广站的人，农机合作社的社员，亿万农机手是主力军，是农业机械化实现的有生力量。我们应该关注他们的所做所为，倾听他们的声音。近年来，一些优秀的农机制造企业建立实验农场，通过实地作业测试机器的适应性、可靠性；有的与用户建立固定联系收集机器使用中的问题，企业技术人员到地里和农民一起商量如何选择和运用合适的机组，提高作业效率，降低作业成本，获取较高收益的问题，应该提倡和鼓励。中国农业机械化协会计划选择一些农机企业和农机合作社，计划从2020年开始围绕这个题目组织一些活动。

笔者：看来补短板，实现“机”和“化”并重，需要各方面的配合，共同努力才能达到目的。

刘宪：是的。经过若干次机构改革，国家层面依然保留农机化行政主管专业司局，我认为这个决策是符合国情的，农机化需要政府协调各方联手推进。最近农业农村部农业机械试验鉴定总站和农业机械化技术开发推广总站合署办公，鉴定与推广更加紧密地结合，优势互补，提升能力，对推进农机化发展必将发挥更积极的作用。在社团方面有农机化协会，还有农机工业协会、农机流通协会，从长远看，如果能合并为一个协会，更有利于农机化工作的开展。部门机构划分得太细，把一个有机整体割裂了，也是“机”和“化”不能统筹的一个原因。即使在农业系统内部也存在部门分割、农机农艺融合难的问题。我在农机化司工作时和种植业司、畜牧业司在一个楼层办公，大家天天见面，但很少讨论机械化的问题，并不是没有问题要研究商量，而是大家有各自的职责分工，习惯各行其是，各念各的经不相往来。国务院 42 号文件出台后，在协调机制建立方面有重大进展，值得关注。呼吁业内人士特别是高层管理者、学者、专家更加关注“化”的问题，加强对“化”的研究、投入和指导，改变现状。中国农机化协会一直致力于这方面的工作，但由于获得国家支持的经费很少，工作力度小，但为了履行协会的天职使命，我们自筹资金做了一些工作。协会的智库每年都要整理一些有关的文字资料出版，组织一些这方面的活动，开展农机化发展研究，总结发展经验，宣传农机化人物事迹，为农机化发展鼓与呼。我们的力量是微不足道的，需要大家支持，共同努力。

笔者：您刚才谈到了改革开放以来国家进行过若干次机构改革，2018年开始又进行了新一轮的机构改革，各地农机化系统的机构改革也陆续进行，有人觉得这次机构改革对于农机化方面的工作有所弱化，您怎么看待这个问题？

刘宪：我个人认为，从整体角度来说，利多于弊，是对整个行业系统的一次优化。不管是鉴定总站和推广总站的合署办公也好，还是地方农机局并入农业农村厅也好，都会更有力地促进各部门之间工作的配合。农机化工作是要为整个“三农”工作服务的，需要配合各方，也需要各方配合。

弱化的概念是什么呢？是轻视和忽视。国务院在2018年12月21日出台了《关于加快推进农业机械化和农机装备产业转型升级的指导意见》，明确新时期推动农业机械化的发展目标思路、6个方面的政策举措和18项具体任务和责任分工，部署加快农业机械化和农机装备产业发展，习近平总书记视察黑龙江时指出：“大力推进农业机械化、智能化，给农业现代化插上科技的翅膀”。从大的方面看农机化工作并没有被弱化，只是我们对于突来的岗位变化感情上不太适应，心里有落差，我认为应该从历史看问题，这次机构改革后农机化的发展大环境是趋于优化的。

笔者：是的，农业机械化是“三农”工作中重要的一环，特别是在实施乡村振兴战略中将发挥更重要的作用。目前，智慧农业已经成为新的发展趋势，物联网、“北斗＋农机”、无人机飞防植保等，您对学习习总书记的指示，农机智能化的发展有什么看法？

刘宪：你说得好！乡村振兴是党在新时期促进国民经济发展的重要战略之一。实施乡村振兴战略农机化大有可为。今后农机化发展既要服务于农业生产，又要服务于农村治理，服务于农民对幸福生活的追求，在乡村振兴伟大事业中实现自身价值。要重视扶持农业生产和乡村建设兼用的技术和装备。加大对农业废弃物的资源化利用、乡村环境治理和优化类技术的研究和推广；加大农村道路、生活设施建设机械技术扶持推广力度；加大对农机场库棚规划和建设的扶持力度；推动畜牧养殖机械化，加大对设施农业、果蔬等经济作物生产机械化技术的研发推广力度，关注电动农机具开发试制进程；加强农机流通和售后服务等区域性专业化市场相关调研和政策指导。

农机装备的智能化是农业机械化的发展趋势，我国农业机械化正在向全程全面高质高效的方向发展，农机装备总量持续快速增长，装备结构不断改善，也迎来了农业机械智能化的新时代。农机装备智能化可以降低人力成本和时间成本，提高农业作业效率，可以解决农机化发展的许多老大难问题。例如，作业路径的优化，机具作业的合理配置，作业时间合理衔接等。过去搞农机化有许多条件不具备，随着农机装备智能化的发展，相信这些问题都能够顺利解决。但是农机智能化的发展也带来了一些问题，第一，农机智能化想要大规模进入应用，要有成熟的技术支撑；第二，智能农机离不开操作，由什么人来操作，如何做好操作人员的培训需要思考解决；第三，如何保证智能农机的可靠性和安全性，如何规范智能农机的操作和使用，这些都是目前我们所面临的问题，都需要逐步解决完善。

笔者：随着农机智能化发展，无论是对农机的使用也好，管理也好，维修也好，都对具体的操作人员提出了更高的要求，在您看来，我们目前的操作人员能不能满足新的要求？

刘宪：这是一个很重要的问题。农机教育培训是农机化工作很重要的一部分内容，然而到现在为止，我们在这方面的工作其实还远远滞后于农机化的发展。为什么这么说呢，首先，农机化的教育培训机构不完善。目前的农业大学，对于农机化方面的教学力量单薄，精干力量更注重科研课题研究，针对“化”的教学课时少，内容陈旧。其次，专门针对农机化的教材和学习资料匮乏。农机化发展几十年了，能跟上发展步伐、系统专业的正规教材很少见，例如国四发动机使用维修教材，绿色农机化技术的使用教材等。再次，由于专门的培训机构和教材缺乏，对农机的使用、管理、维修大多依赖民间机构，师资力量不足，培训水平参差不齐。培训手段单一。多数培训还停留在专家讲授、发放学习资料、观看 PPT 等“静态”培训上，现场教学、实践操作偏少，不能解决实际工作中的问题。高端农业机械的不断涌现，给农业机械化培训工作增加了难度，如何应对新的形势，适应市场变化的需求，是广大农机教育培训工作者需要思考解决的新课题。

笔者：农机化涉及的问题真不少，感谢刘会长解答了我的很多疑问，我们今天谈论的话题颇有新意，我想大家也会感兴趣。今天的采访内容计划将于国庆节前推出，您看可以吗？

刘宪：非常感谢您的采访和安排。今年是非常具有历史纪念意义的一年，各行各业都在以实际行动歌颂和纪念伟大祖国壮丽的 70 年，中国农机化协会也将于国庆节前在北京召开庆祝新中国成立 70 周年农机化发展成就座谈会，回顾我们农机化 70 年的发展和成就。70 年来我们国家的农业机械化从无到有、到强，经过了许多挫折与磨难，取得的成就也是巨大的。目前，我国的农业机械化从过去单一的服务于种植业向服务于畜牧养殖、水产养殖和农产品初加工多个方向发展，从追求数量到追求高质量发展，步入加快推进转型升级关键时期，我们还有很长的路要走。我坚信，在以习近平总书记为核心的党中央的领导下，我们农业机械化发展之路必然会越走越好。

来源：中国农机化协会公众号
2019 年 4 月 28 日

全国人民代表大会常务委员会执法检查组关于检查《中华人民共和国农业机械化促进法》实施情况的报告

——2020年8月10日在第十三届全国人民代表大会常务委员会第二十一次会议上

全国人大常委会副委员长　吉炳轩

全国人民代表大会常务委员会：

农业机械化是现代农业的重要标志，是实施乡村振兴战略的重要支撑。习近平总书记指出，要用现代物质装备武装农业，大力推进农业机械化、智能化，给农业现代化插上科技的翅膀。为了贯彻落实以习近平同志为核心的党中央实施乡村振兴战略，推进农业农村现代化的决策部署，为推动我国农业机械化全程全面高质高效发展提供强有力的法治保障，全国人大常委会对《农业机械化促进法》贯彻实施情况开展了执法检查。此次执法检查是自2004年《农业机械化促进法》颁布实施以来开展的首次检查。执法检查组由全国人大常委会副委员长吉炳轩、白玛赤林、武维华担任组长，全国人大农业与农村委员会主任委员陈锡文任副组长，成员由全国人大常委会委员、农业农村委和民委组成人员、全国人大代表共16人组成。6月1日，执法检查组召开第一次全体会议，部署检查工作，听取农业农村部、国家发展改革委、科技部、工业和信息化部、财政部关于贯彻实施《农业机械化促进法》有关情况的汇报，交通运输部、国家市场监督管理总局、中国银行保险监督管理委员会等部门提供书面汇报材料。6—7月，3个执法检查小组分别赴吉林、江苏、河南、重庆、四川5省（直辖市）开展检查。同时，委托内蒙古、黑龙江、安徽、江西、山东、贵州、新疆7省（自治区）人大常委会对本行政区域内《农业机械化促进法》实施情况进行检查。7月27日，执法检查组召开第二次全体会议，总结工作、讨论报告。为确保执法检查取得实效，农业农村部成立专门工作组，制定工作方案，配合全国人大开展执法检查。在执法检查过程中，检查组深入33个市（县、区），实地检查7家农业机械科研教学机构、8家农机制造和销售企业、19个农机专业合作社、5个农机安全监理及试验推广机构，广泛听取农机科研人员、农机企业和合作社、农机户、基层监督执法人员等对贯彻实施《农业机械化促进法》的意见和建议。现将这次执法检查的主要情况报告如下。

《农业机械化促进法》贯彻实施的基本情况

法律颁布实施以来，国务院及地方各级政府全面贯彻《农业机械化促进法》，坚持政府扶持与市场引导相结合，推动农机装备数量快速增长、农机作业面积不断扩大、农机化水平稳步提升，我国农业生产方式实现了由人力畜力为主向机械作业为主的历史性跨越。2019年，我国农业机械装备保有量2.01亿台（套），农机总动力达到10.3亿千瓦，总动力比2004年增长60%；全国农作物耕种收综合机械化率达到70%，比2004年提高近36个百分点，其中小麦、稻谷、玉米耕种收综合机械化率分别达到96%、84%、89%，基本实现机械化生产；农作物机耕、机播、机收作业面积达到48.2亿亩次，比2004年增加27.4亿亩次。农业机械化发展有力提高了我国农业生产力水平，促进了城乡一体化发展，推进了中国现代化的进程。

（一）政策扶持力度持续加大

落实《农业机械化促进法》第6条规定，国务院于2010年和2018年两次印发促进农业机械化发展的指导意见，16个部门联合建立了国家农业机械化发展协调机制，合力推进农机化快速健康发展。落实《农业机械化促进法》第3条规定，各级政府依法将农机化发展纳入国民经济和社会发展计划，河南省在制定乡村振兴战略规划时提出实施全程机械化整省推进行动；江苏省将农机化任务列入政府重点工作督查考核，省财政每年投入25亿元支持农机化发展。落实《农业机械化促进法》第27条规定，中央财政累计安排农机购置补贴资金2 392亿元，支持3 500多万农户购置机具4 500多万台（套），目前补贴范围覆盖15大类42个小类153个品目；2019年中央财政投入报废更新补贴资金6.62亿元，受益农户1.49万户，今年在全国全面实施报废更新补贴政策；四川省开展购置补贴综合奖补试点，对购机贷款给予贴息，加大新产品补贴力度。国务院有关部门制定实施了农机作业维修所得税减免，农机批发零售及机耕排灌等服务增值税免征，联合收割机、插秧机跨区作业通行费减免等优惠扶持政策。2018年以来，全国发展各类农机保险产品60多个，累计为74.85万台农业机械提供风险保障1 449.7亿元，支付保险赔款5.22亿元。

（二）科研创新能力稳步提升

落实《农业机械化促进法》第7条规定，我国建立了农机领域4家国家工程技术研究中心、2 家国家重点实验室以及 1 个现代农业装备学科群，在国家重大科技计划中投入 16 亿元实施 59 个农机科研项目，自主研发了 700 多种高性能、智能化农机装备新产品。落实《农业机械化促进法》第 8 条规定，成立国家农机装备产业技术创新战略联盟，制定实施现代农机关键技术产业化实施方案，2015 年以来安排中央预算投资 7 亿元推动产学研推用融合发展，贵州省积极推动丘陵山地农机设备研制，有力促进了山区农机化发展。落实《农业机械化促进法》第 9 条规定，农机制造企业加强农机研发，形成了 65 大类、4 200 多个机型品种的农机系列产品，自主品牌国内市场占有率超过 90%。2019 年，国内规模以上农机制造企业 1 730 家，主营业务收入 2 306 亿元，目前山东省农机装备制造业规模居全国首位，约占全国 1/4。落实《农业机械化促进法》第 10 条规定，国务院有关部门将农业机械纳入鼓励外商投资产业目录，积极推动国际先进农机装备引进和再创新。

（三）先进适用农机广泛应用

落实《农业机械化促进法》第 16 条规定，全国农业农村部门制定发布现行有效的推广鉴定大纲 232 项、专项鉴定大纲 56 项，共向 3 000 多家农机制造企业颁发部级推广鉴定证书 1.86 万张，内蒙古自治区不断强化农机试验鉴定能力建设，累计完成 2 296 项推广鉴定项目，有效保障先进适用农机推广应用。落实《农业机械化促进法》第 17 条、第 23 条规定，全国共创建 453 个农业机械化示范县，围绕粮棉油糖等 9 大作物积极开展全程机械化推进行动，安徽省 2016 年以来投入 2 520 万元支持示范县集成示范推广先进农机技术。落实《农业机械化促进法》第 19 条、第 29 条规定，国务院有关部门将丘陵山区宜机化改造、机耕道建设纳入高标准农田建设范围，要求各地在工程实施中充分考虑农机化要求。重庆市近年来投入资金 2.13 亿元，吸引社会资金投入 5 亿元，农田宜机化改造面积 58 万亩，同时从丘陵山区立地条件出发，积极引进果园茶园适用机具，推动标准化种植，提升农机使用效率。

（四）农机作业服务快速发展

落实《农业机械化促进法》第 22 条规定，全国共培育各类农机作业服务组织 19.2 万个，其中专业合作社 7.44 万个，服务面积 7.94 亿亩。各地积极发展“农机＋土地合作社”“全程机械化＋综合农事服务”、土地托管等作业服务模式，全国托管作业服务面积 9 582 万亩。黑龙江省自 2008 年以来投入补贴资金 86.1 亿元，支持组建 1 141 个农机专业合作社，合作社单项或全程代耕面积 2 309 万亩，服务对象 76.7 万农户，其中小农户占 82%，2019 年农作物耕种收综合机械化率 97%，居全国首位；吉林省自 2016 年以来投入 8.8 亿元，支持建设 662 家全程机械化新型经营主体，基本实现农机强社乡镇全覆盖；江西省累计投入 6 000 万元建设 359 个农机维修服务中心，投入 2 000 万元支持农机合作社建设13万米^{2}机库机棚，推动解决农机维修难、存放难问题。落实《农业机械化促进法》第28条规定，中央财政自2017年起每年安排20亿元对农机深松整地作业给予补贴；今年预算安排16亿元支持开展东北黑土地保护性耕作，对秸秆覆盖还田免耕播种作业给予补贴；预算安排4.05亿元支持西南地区糖料蔗良法技术推广，对甘蔗机收作业给予补助。落实《农业机械化促进法》第21条规定，国务院有关部门统一印制并免费发放农机跨区作业证，2019年全国农机跨区作业面积3.07亿亩。

（五）管理服务能力不断增强

落实《农业机械化促进法》第11条规定，国务院有关部门制（修）订农机国家标准428项，其中强制性国家标准31项、推荐性国家标准397项。落实《农业机械化促进法》第12条规定，全国各级市场监管部门近两年依法对3 187家农机制造企业生产的3 571批次产品进行了质量抽查，抽检不合格率7.4%；省部两级农业农村部门累计对8.9万农户的在用农业机械开展产品质量调查，满意度稳步提升。落实《农业机械化促进法》第15条规定，对植保机械、轮式拖拉机产品实施强制性产品认证，目前认证机构共向449家企业颁发768张有效证书，同时积极开展农机自愿性产品认证结果采信试点。落实《农业机械化促进法》第13条、第14条、第24条规定，畅通农机质量投诉渠道，督促农机生产者、销售者、维修者履行质量安全责任，2013年以来新疆维吾尔自治区116个质量投诉监督机构共受理投诉778件，为农民挽回直接经济损失3 322万元。落实《农业机械化促进法》第20条规定，各级农业农村部门及农机安全监理机构依法履行安全监管职责，2019年全国农机事故起数、死亡人数、直接经济损失分别比2004年下降87%、85%、71%。总体来看，《农业机械化促进法》自颁布实施以来，法律规定的主要制度和责任得到了有效实施和压实，法律贯彻实施的实践也充分证明，《农业机械化促进法》是一部符合我国国情农情、兴机强农、受到广大农民群众拥护的良法善法。

实施《农业机械化促进法》存在的主要问题

对标新时期实现乡村全面振兴和加快推进农业农村现代化的目标要求，当前我国农业机械化发展不平衡、不充分、不协调矛盾依然突出，主要表现为粮食与特色作物之间、农林牧渔各业之间、平原与丘陵山区之间的农机化发展还不平衡；传统农机产能过剩与先进适用农机缺门断档问题并存，高品质、智能化、复合型农机装备有效供给还不充分；作物品种、种养方式和农机化结合不紧密，农田作业条件与农机化生产还不协调等，贯彻实施《农业机械化促进法》还面临以下问题。

一是科技创新能力不强是突出短板。农机行业整体研发能力较弱，核心技术有待突破，关键零部件依靠进口，基础材料和配套机具质量不过关，成为影响农机化高质量发展的最大制约。贯彻《农业机械化促进法》第5条、第7条，培养农机化专业人才，加强农机基础性研究仍需持续推进，目前在世界排名前20名的农业装备学科高等院校中无一所是中国高校，我国465个国家一流学科中仅有2个农业工程学科入选，2019年全国有28所高校院所招收农机装备硕士生，总数不足700人，农机专业研究生与本科生招生人数比仅为0.1%，预计到2025年人才缺口将达44万人，行业内既掌握机电液一体化技术，又懂信息化智能化的复合型人才非常匮乏。落实《农业机械化促进法》第9条、第26条规定，支持农机制造企业产品研发力度仍有待加强，执法检查组在江苏省镇江市某农机制造企业检查时了解到，2007年以来该企业先后承担了12项农机科技创新项目，各级财政科技资金支持仅占9%，无法体现企业的创新主体地位；山东省在检查时发现，部分农机制造企业科研开发和制造税收优惠措施没有得到落实。此外，农业机械技术难突破、易模仿，农机知识产权保护制度不健全、科研成果转化渠道不畅通影响到企业的创新积极性，有的农机制造企业停留在低档次仿制和重复生产，急于将产品上市拿补贴、收回成本。

二是先进适用农机供需仍不匹配。农机装备供不适需问题依然存在，一方面适用不同立地条件、不同生产领域的新机具有效供给不足；另一方面高耗能、低效率农机仍普遍使用。我国农机田间作业亩均动力配置是发达国家的5～6倍，传统农机领域小马力、中低端产品扎推，动力机械行业表现尤为突出，拖拉机与配套农具不匹配，目前黑龙江省拖拉机保有量161.5万台，其中30马力以下的拖拉机占比达64.2%。贯彻《农业机械化促进法》第16条农机适用性、安全性和可靠性检测的规定，仍面临试验能力不足、协调性不强的问题。目前我国农机产品主要集中在动力机械、粮食生产机具等传统产品，特色经济作物、养殖业、农产品初加工、设施农业机械的研发和生产能力相对较弱，农机制造企业多而不强，核心竞争力需要提升，传统农机产品过度竞争、产能过剩、效益下降，产业集中度较低。目前全国农机制造企业超过8 000多家，规模以上企业不到1/4，总规模仅相当于美国约翰·迪尔1家，河南省仅6家农机制造企业入选中国农机工业50强，山东省2 000多家农机制造企业中有80%为中小企业。《农业机械化促进法》第18条规定的推广目录制度自2015年后停止实施，如何发挥推广目录制度对优化农机装备结构，推动先进适用农机使用的导向作用需要进一步研究。

三是农机作业服务扶持力度仍待加强。对推动农机作业服务体系建设、提升作业水平的政策扶持仍有待加强，农机农艺融合、农机化信息化融合发展不够，影响农机作业效益和农机使用效率。落实《农业机械化促进法》第22条扶持农机服务组织发展的规定仍需发力，目前各地小规模自用型农机户较多，从事专业化服务的农机大户、农机合作社占比不高，安徽省农机合作社发展不均衡，规模较大、效益较好的示范社仅占20%，大多数合作社机具较少，作业面积不足，发展质量需要进一步提升。《农业机械化促进法》第28

条规定对农机作业燃油给予补贴，目前的燃油补贴纳入耕地地力保护补贴，按土地承包面积补给农民，虽然程序简单、运行成本低，但从事作业服务的农机专业户和合作社难以直接受益。落实《农业机械化促进法》第19条、第29条规定，推动农机作业服务与适度规模经营相适应，满足农机化基础设施建设需求仍有差距。西南丘陵山区农机作业基础条件亟待改善，受山岭林地分隔，丘陵山区地块零散，“巴掌大”“插花田”随处可见，地块不规则且坡陡坎高，开展集中连片农机作业存在较大困难。作物品种、栽培方式与农机装备不配套、农机作业信息化管理手段不足、机耕道路建设滞后、农机机库机棚用地政策难落实是各地各部门的普遍反映。

四是农机购置补贴政策还需完善。从检查情况看，一些地方反映当前农机购置补贴资金逐年减少，与农民的实际购机需求相比出现一定缺口；一些地方则反映目前传统农机已趋于饱和、产出效益下降，农民购机意愿在降低，这反映出当前补贴机具机型供给还不能完全满足现代农业发展和农民生产的实际需求，落实《农业机械化促进法》第27条农机购置补贴政策的精准度仍有待提升。在补贴范围上，对购置复合高效农机、适用新型机具的支持不够，一些绿色智能农机需求旺盛，但能够纳入补贴范围的机型不多，当前全国丘陵山区机具补贴资金占比由2012年的48%下降到30%，新疆维吾尔自治区林果业面积2 200余万亩，大部分已进入盛果期，但部分果树修剪、果实采收、果品初加工等机械不在补贴范围，出现农民“想用补不了”的情况。在补贴程序上，购置补贴需要20天公示期，再加上农业农村部门审核、财政部门兑付的时间，从购机申请到资金兑付周期较长，影响购机者资金回流。在补贴实际操作中，农民购买农机为先买后补，感到资金压力较大，有的生产企业和经销商为促进销售替购机者垫付资金。《农业机械化促进法》第3条对金融扶持农机化发展的规定较为原则，缺乏可操作的制度性安排，目前银行信贷对农机融资需求支持不够，农机保险保费补贴标准较低，保险覆盖面不广，保障水平有待提升。《农业机械化促进法》第34条对购置补贴违法违规行为的责任规定还需细化，对一些违规企业的处罚依据不充分，打击力度偏弱。

五是农机监管服务水平尚待提升。面对农业农村各个领域农业机械装备的广泛使用，政府相关职能部门的管理服务水平还需进一步提升，质量监督管理、安全生产监管责任需要严格落实。发挥《农业机械化促进法》第11条标准体系建设对农机化高质量发展的促进作用仍显不足，信息化、自动化、智能化应用标准较少。《农业机械化促进法》第12条规定的市场监管和农业农村部门的质量监督责任还需进一步厘清，监管工作要加强协调配合，监管信息要实现互通共享。督促农机生产者、销售者、维修者履行《农业机械化促进法》第13条、第14条、第24条规定的质量主体责任有待强化，从全国农机质量投诉情况看，农机作业可靠性较低是突出问题，国内农机产品平均故障时间为300小时，远低于国外500小时的平均水平。贵州省开展水稻插秧机质量调查显示，机具可靠性得分最低。

农机维修事后监管力度需要加强，目前全国二级以下农机维修网点占 95.2%，一些维修点没有资质，维修质量难以保证。《农业机械化促进法》第 20 条规定的农机安全生产监管责任需要压实，安全生产形势依然严峻，全国拖拉机年检率仅为 27%，联合收割机年检率仅为 23%，超期服役现象较为普遍，存在一定安全隐患。河南、江苏、江西、内蒙古等多地反映，2018 年国家实施农业综合行政执法改革后，基层农机安全监管体制还需理顺，职责需要明确，对基层监管力量不足、经费保障困难等问题要引起高度重视，“最后一公里”监管责任需要进一步强化落实。

贯彻实施《农业机械化促进法》的意见和建议

进一步贯彻实施《农业机械化促进法》要坚持以习近平新时代中国特色社会主义思想为指导，牢固树立和贯彻落实新发展理念，聚焦当前农机化发展不平衡不充分不协调的突出问题，通过落实法律责任，完善治理体系，提升治理效能，推动以良法促进发展、保证善治。

（一）进一步强化农机科技创新驱动

贯彻落实好《农业机械化促进法》第 5 条、第 7 至 9 条、第 26 条关于培养农机人才、加强农机科研、促进产学研推用结合等法律规定，坚持创新驱动发展，不断夯实农机科技创新基础。一是从国家战略高度统一谋划农机科技创新布局。发挥新型举国体制优势和国务院有关部门农机化发展协调机制作用，系统梳理农机核心技术、基础材料和关键零部件“卡脖子”难题，明确重点方向和任务，制定系统性路线图，整合现有科技资源，加强创新平台基地建设，开展联合集中攻关。加强国内农机专业院校和学科建设，鼓励涉农院校保留或重设农机相关专业，增加农业工程国家一流学科和农机类国家一流专业数量，单列并增加农机装备学科博士、硕士招生指标，培养高端农机创新人才。二是强化农机制造企业的科技创新主体地位。加大各级财政资金对农机技术创新、新装备试验示范和推广应用的支持，创新科研资金投入管理机制，支持有条件的农机制造企业承担国家科技计划项目，以财政资金引导产业基金、社会资金等要素汇集，通过提升创新能力增强企业核心竞争力，提高产业集中度，培育有国际影响力的民族农机制造企业，推动解决科研创新、企业制造、基层推广各自为阵、协调不足的问题。三是优化农机科技创新引导鼓励政策。加大国家科技成果转化引导基金对农机科技成果转化应用的支持力度，支持科研机构和院所建立专业化技术转移机构和面向企业的技术服务网络，通过开展技术转让、科技服务、作价投资，建立利益紧密结合的开放式农机科研创新机制，推动创新成果向企业转移转化。强化农机知识产权法律保护，积极实施“首台套”重大农机装备研发及应用转化扶持政策，引导企业加大技术创新力度。

（二）进一步推广应用先进适用农机

贯彻落实好《农业机械化促进法》第16条至第18条、第23条关于开展农机试验鉴定、建设农机化示范基地、提高农机使用率和作业效率等法律规定，推动农机化全程全面发展。一是加大绿色高效农机研发推广力度。加快制（修）订农业机械试验鉴定大纲，充分发挥试验鉴定的引领作用，调整优化农机试验鉴定结构，重点提升特色作物、养殖业、加工业、设施农业机械和高效智能、绿色环保农机新产品试验鉴定能力，加快淘汰高耗能、低效率、重污染农机。发挥专项鉴定的灵活优势，扩大农机自愿性产品认证结果采信试点范围，积极采信有资质检验检测机构出具的检测数据，解决新产品鉴定能力不足问题，畅通产业急需、农民急用的新型农机装备试验渠道。二是加快薄弱环节和地区适用农机推广应用。推动粮食作物机械化由耕种收环节向植保、烘干、秸秆处理全过程发展，研发推广先进适用的中小型农业机械、适合特色种养业发展的专精特新农机具，着力提升生猪等畜产品、油料、糖料生产机械化水平，加大农机推广应用经费保障力度。三是探索新时期农机推广目录实施机制。坚持推广目录制度对先进适用农机推广应用的引导性定位，拓展新时期推广目录制度内涵，改进目录实施方式，将立足点放在体现方向性、引导性和满足技术要求方面，而不具体到农机生产企业和具体型号产品，更好地发挥目录对促进农业产业结构调整、优化农机装备结构、保护农业生态环境的引领作用。

（三）进一步加大作业服务支持力度

贯彻落实好《农业机械化促进法》第19条、第22条、第28条、第29条关于建设农机化服务体系、扶持农机化作业服务发展等法律规定，推动农机服务与适度规模经营相适应，促进农机与农艺、农机化与信息化融合发展。一是培育农机作业服务组织。因地制宜培育农机专业户、农机合作社、农机作业公司等农机作业服务主体，发展农机＋土地合作社、土地托管、综合农事服务等农机作业服务模式，将扶持农机服务主体的重点放在推动农机化和农业产业融合发展上。引导农机服务组织与农户建立利益联结紧密、互利共赢的生产联合体，推动农机化服务与适度规模经营协调发展。二是加强农机实用人才培养。加大农机职业技能培训力度，将农机专业知识和应用能力作为高素质农民培育的重要内容，提升从业人员作业服务、农机维修、信息服务能力，提高农机从业人员素质和在农业从业人员中的比重，培育一批懂技术、善经营、会管理的农机服务组织带头人。三是完善农机作业服务燃油补贴政策。选择有条件的地方探索开展农机作业燃油直补试点，逐步加大对秸秆综合利用、农机深松整地、免耕播种、高效植保等农机作业环节和社会化服务的补贴力度。四是强化农机化基础设施建设。加大对丘陵山区农田宜机化改造的资金支持，完善高标准农田建设中机耕道路、田块长宽及平整度等宜机化要求，推动农田灌溉排水、防护林网、输电线路等设施建设与农机化作业要求相适应，鼓励地方制定符合当地实际的果菜茶园、设施农业、种养基地宜机化建设标准，推动机地相适。将农机机库机棚纳入农机化基础设施建设范围，落实机库机棚、烘干、保鲜冷链设施使用农业设施用地政策，支持合作社改善作业配套设施条件。五是推动农机农艺、农机化信息化融合发展。加快选育适合机械化作业的作物品种，推广间作套种等农艺措施，支持地方建立农机农艺融合发展示范基地，推动良种良法良田良机良制集成配套。积极推进智能农机装备、农业传感器、农业物联网管控系统等研发，加快农机信息网络建设，整合研发、生产、管理、使用各环节农机信息资源，建立全国管理服务调度平台，增强信息获取、高效调度、远程运维管理能力。

（四）进一步完善农机购置补贴政策

贯彻落实好《农业机械化促进法》第 27 条、第 34 条关于农机购置补贴的法律规定，最大限度发挥补贴政策效益，切实提高农民获得感，增强政策满意度。一是稳定实施农机购置补贴政策。加快制定新一轮农机购置补贴实施指导意见，稳定农机企业和购机农民的政策预期，确保粮棉油糖等主要农作物生产全程机械化所需重点机具补贴到位，保障国家粮食安全和重要农产品有效供给。根据各地农业发展实际和地区差异性，在补贴范围、补贴资质、分档定补、新产品补贴等方面赋予省级更大自主权，鼓励支持省级财政增加补贴资金投入。二是提升农机购置补贴政策精准性。围绕推动乡村全面振兴和国家农业战略需求确定农机购置补贴范围，将丘陵山区等薄弱地区，农产品初加工、设施农业等薄弱环节，畜牧水产养殖等薄弱领域，以及与农业绿色生态发展相关的农机具优先纳入补贴范围。实施差别化补贴，适当降低饱和农机具补贴上限额度，对优先补贴农机具按 30%的最高额给予补贴，实现“优品优补”。探索将保护性耕作、深松整地、秸秆还田、畜禽粪污资源化利用等与提升耕地质量、保护农业环境相关的农机装备购置补贴纳入“绿箱”政策支持，研究制定促进电动化和智能化农机装备使用的支持政策。三是完善购置补贴方式和管理方法。合理确定农机购置审核、信息公示、资金兑付时间，督促地方限时办结、及时兑付，加大补贴资金审计力度，确保政策廉洁高效实施。积极探索购机贷款贴息支持，推动开展农机金融租赁业务。完善农业机械装备登记管理办法，推动农机装备确权登记，引导金融机构开展大型农机抵押融资贷款业务。将农机保险纳入保费补贴范围，落实好农机保险保费补贴政策，提高保险覆盖面和保障水平。细化完善农机购置补贴违法违规行为法律责任规定，明确对生产销售补贴产品的企业套取、骗取补贴资金行为的处罚措施，加大惩戒力度。

（五）进一步增强农机监管服务能力

贯彻落实好《农业机械化促进法》第 11 条至第 14 条、第 20 条、第 24 条关于推动农机化标准体系建设、保障农机质量安全、加强农机安全监理等法律规定，不断提升监管服务水平，维护农机使用者合法权益。一是健全完善农机化标准体系。重点推进薄弱环节机械化和先进适用新机具标准体系建设，充实标准类型，优化标准构成，严格标准执行，为提升农机产品质量和推动转型升级提供支撑。二是加强农机质量监管。推动市场监管和农业农村部门执法联动、信息共享，发挥好农机产品质量抽检和在用产品质量调查两方面作用，提升执法专业化水平，综合运用两部门的处罚处理措施，形成监管合力。督促农机制造企业严格按标准组织生产，实现质量安全前置，通过严格执行维修质量标准、规范维修行为、强化投诉监督，加大农机维修事后监管力度。三是强化农机安全监管。修改完善农机安全监管法规，明确执法主体和具体处罚措施，建立完善农机安全监管分工协作机制，加强农机安全生产全过程、各环节监管。深化农业综合执法改革，确保农机安全生产责任落实、基层农机安全监理队伍不散、工作不断、监管不松，防止因职能交接出现监管空档。将设立乡镇农机安全监理员、村级农机安全协管员作为“平安农机”创建的重要标准，推动执法力量向基层延伸下沉。探索采取政府购买服务方式由第三方提供农机安全检验服务，解决农机检验率不高、农机超期服役等问题，减少安全生产隐患。此外，建议国务院相关部门结合实施乡村振兴战略和农机化发展形势需要，针对执法检查发现的问题，加强对农机推广目录制度、农机作业燃油补贴、农业机械范围界定、农机报废更新补贴、农机金融保险服务等方面，以及《农业机械化促进法》与相关领域法律关系的研究，为进一步修改完善《农业机械化促进法》及相关法律做好准备，同时对照法律规定加快制（修）订相关配套法规规章，持续推进农机领域法制化建设。《农业机械化促进法》是推动我国农业机械化发展的基本制度遵循，我们要以此次执法检查为契机，通过加强对法律实施情况的监督，将法律制度转化为治理效能，推动我国农业机械化加快实现全程全面、高质高效发展。

以上报告，请审议。

来源：中国人大网
2020 年 8 月 10 日

历史的瞬间

——纪念中国农业机械化70年

中国农业机械化协会　权文格

值此中华人民共和国成立70周年之际，中国农业机械化事业也一同走过了70载。站在历史与未来的交汇之处，笔者心怀敬意，学习并尝试梳理了中国农业机械化70年走过的道路，求教于方家，谨以此来寻找“初心”。

起步阶段

（一）特殊的活动

1950年5月，在北京中南海游泳池院内举行了一场特殊的活动——新式农具展览会。

这场持续了50多天的新式农具展览会，是毛泽东主席访问苏联回国途径沈阳参观东北农具和优良农产品展览会后提议举办的，共展出东北改良农具14件、苏联马拉农具18件、华北马拉农具21件。中央、政务、政协及所属各单位的主要领导干部共千余人先后前往参观。

“我们请求政务院对新式农具参展之重要性，以及马拉农具之发展之必然性，似应做具体之指示，使各级干部对这项新的工作提高到原则上来认识，这样，在今后新农具发展上树立了极有利的条件。”

——《农业部关于中南海新式农具展览初步报告》

1950年7月1日

（二）历史的命题

中华人民共和国建立之初，在全国大部分农村完成土地改革任务之后，中央人民政府即把恢复和发展社会经济工作，特别是农业生产工作放在了重要位置。土改为农民解决的是耕地问题，接下来亟待解决的是生产工具问题，而中华人民共和国面对的现实情况不容乐观。

“中国人民的财富，十之八九依靠着农业，而农具又为农业生产的重要手段之一，但是几千年来中国的农民就一直被落后的生产工具束缚着，在很多偏僻地方尚在使用极其落后的农具……农具缺乏已成为今日农村中亟待解决的问题，据估计全国旧农具尚较战前缺乏20%以上。加以土地改革后农民生产情绪提高，耕地面积扩大，因此，在组织起来，提高技术和增加单位面积产量的号召下，改进和补充农具就成为当前发展生产的重要环节之一。”

——《李书城在全国农具工作会议上的开幕词》

1951年1月18日

中央在领导农村开展土地改革的同时，也开展了农具改良工作。农具改良与土地改革和互助合作运动紧密结合，成为当时农村工作的主要任务。

（三）新旧并行的起步阶段

在发展农业生产工具的起步阶段，中央的总体思路经历了1950年的新式农具推广到1951年的旧式农具增补，再到确立1952年“迅速地增补旧农具，稳步地发展新农具”的认知变化。工作思路上，主要依靠各级政府行政手段（建立农具管理机构和农具推广站），开展宣传、兴办工厂（铁匠铺、农具社、农机工厂）、推行贷款（政府层面由国家贷款解决一部分，同时号召各级政府充分利用群众手中的资本）等诸多方法；区域选择上，优先考虑东北、华北和西北地区等。

初期，由于基础条件不具备，加之工作方法欠缺，虽然“基本上是有成绩的”，在“极生疏的状态下”找到了门路，认识到新式农具设计要结合农村实际和农民需求，实现“新式农具中国化”；制造商逐步由粗制滥造过渡到用正规方法制造，解决了一些技术问题。但也存在诸多问题，具体表现为农具合格率不高，质量较差；生产盲目，缺乏计划性；价格太高，影响推贷；宣传不够，未让农民认可新式农具优点。

这一阶段全国发放农具贷款1万亿元（旧币），增补农具5 900万件。同时着手在各地建立新式农具推广站。持续到1957年，全国共设立新式农具推广站591处，推广新式畜力农具511万部。

1957年各类农具保有量

单位：万部

机具类型	各式犁	圆盘耙	钉齿耙	播种机	镇压器	收割机	脱粒机
保有数量	367	8.5	3.7	6.4	4.3	1.8	45.4

（四）国营农场＋拖拉机站＋农机工业

1949 年筹备，1950 年开始创办国营机械化农场，到 1956 年，全国建立了国营机械化农场 730 处，耕地 1 274 万公顷，拥有拖拉机 4 500 台，拖拉机动力 10.8 万千瓦，联合收割机 1 400 台，农用汽车 1 300 辆，机引农具 1.1 万台。

国营机械化农场使用各种较大型农业机械，除完成农场本身的农田作业外，还为附近农民代耕代种，对中国农业机械化的发展起到了很好的启蒙和示范作用。国营机械化农场培养了大量的农机人才，在农业机械化生产计划、机具的选型配套、农作物的机械栽培技术、机器的作业定额、维护保养等方面提供了经验。

1950 年 2 月，我国的第一个拖拉机站在沈阳市西郊成立。同年秋，全国农业工作会议决定试办国营拖拉机站。1953 年共投资 230 亿元（旧币），以苏联农业机器拖拉机站为模式，建站 11 个，拥有拖拉机 68 台，联合收割机 4 台，卡车 3 辆及各种犁、圆盘耙、钉齿耙和播种机等配套农具，为 5 个集体农庄、96 个农业生产合作社、39 个互助组、11 个农场进行了机耕服务。1957 年年底，全国国营拖拉机站达到 352 个，拥有拖拉机 1.2 万标准台，当年完成机耕面积 174.6 万公顷。

1949—1957 年，国家对农机工业投资 3.24 亿元，建立了一批农机制造企业，从生产旧式农具、仿制国外新式农具开始，发展很快。1957 年，全国农机制造企业发展到 276 家，职工 12.3 万人，固定资产总值 2.8 亿元，已经能够生产五铧犁、圆盘耙、播种机、谷物联合收割机等 15 种农机具，并开始生产拖拉机。“一五”期间，农机工业总产值平均每年增长 44.5%。

起步阶段虽然存在各类条件限制、技术制造落后和工作方法欠缺的问题，但从客观数据上看，一定程度上解决了农业生产工具严重缺乏的问题；从机构与体系上看，初步建立了管理、推广和科研机构，建立了一定数量的生产、维修单位，为农机工业的起步进行了初步的分工和布局；从思想认识上看，无论是中央还是地方再或是工人、农民，都直观地了解了新式农机具给农业生产带来的重要变革。这几点也是在起步阶段积累的最宝贵经验。

（五）互助合作社带来的“理论希望”

为了应对战后生产、流通和生活的困难情况，扩大城乡交通，尽快恢复和发展生产，1950 年 7 月，中华全国合作社联合总社成立（1954 年 7 月更名为中华全国供销合作总社），负责对供销合作工作予以组织、指导和推广。1951 年全国合作社农产品收购总值较 1949 年增加了 19 倍。通过国家资金投入配合农民群众自愿集资入股的模式，加之在解决农业生产具体问题过程中所取得的一定效果，供销合作社受到基层群众的接受。

经过各级政府提倡和扶助，到 1952 年第二季度，全国农村供销合作社共发展到 31 953 个，社员达 9 546 万人。多地供销合作社内设信用部，农村信用合作社由此发展，到 1952 年年底，全国已建立 2 271 个农村信用合作社，另有 1 000 多个供销合作社附设信用部，还有数以万计的信用互助小组，在一定程度上集中了农村闲散资金，帮助农民解决了生产生活资料特别是农资和农机具资金不足的问题。

在互助组织持续发展的同时，也有部分地区出现了涣散、半解体甚至解体的现象。全国较早开展农业互助合作的山西省，随着农业生产的发展，出现一些富裕农民开始把互助合作看作是“拉帮穷人”，认为退组单干才能发财。针对这一情况，山西省委进行研究讨论，提出必须加强领导，提高互助组织，引导其走向更高一级的形式。

1951 年 4 月 17 日，山西省委向中央和华北局提交《把老区的互助组织提高一步》的报告。

（六）机械化和合作化的“矛”与“盾”

没有拖拉机，没有化肥，不要急于搞农业生产合作社；农业社会化要依靠工业；企图阻止和避免农民的自发势力和阶级分化，“把农业生产互助组提高到农业生产合作社，以此作为新因素去‘战胜农民的自发因素’。这是一种错误的、危险的、空想的农业社会主义思想。”

1951 年 7 月 3 日刘少奇对山西省委《把老区的互助组织提高一步》的报告作出批示。批语指出，目前把农业生产互助组提高到农业生产合作社，“以此作为新因素，去‘战胜农民的自发因素’”，“这是一种错误的、危险的、空想的农业社会主义思想。”毛泽东看到山西省委和华北局的报告后，不同意上述这样的看法。他在同刘少奇和华北局负责人薄一波、刘澜涛的谈话中，明确表示支持山西省委的意见，批评了互助组不能生长为农业生产合作社的观点，以及现阶段不能动摇私有基础的观点。刘少奇等人接受了毛泽东的意见。党内在引导农业互助组织走向较高级形式的问题上统一了认识。

1951 年 9 月 20—30 日，中央召开了全国第一次农业互助合作会议，研究制定了《中共中央关于农业生产互助合作的决议（草案）》。中央在引导农业互助组织走向较高级形式的问题上统一了认识。

生产的积极性表现在两个方面：一方面是个体经济的积极性，另一方面是劳动互助的积极性……采用农业机械和其他新技术，使国家得到更多的粮食和工业原料，必须提倡“组织起来”，发挥农民劳动互助的积极性。这种劳动互助是建立在个体经济（农民私有财产）的基础上的，其发展前途就是农业集体化……国营农场应该推广，每县至少有一至两个国营农场，一方面用改进农业技术和使用新式农具这种现代化大农场的优越性的范例，教育全体农民，另一方面，按照可能的条件，给农业互助组和农业生产合作社以技术上的援助和指导。在农民完全同意并有机器条件的地方，可试办少数社会主义性质的集体农庄（后称高级农业生产合作社）。

——《中共中央关于农业生产互助合作的决议》

1953 年 2 月 15 日

（七）农业机械化发展的“新节奏”

1955 年，毛泽东在《关于农业合作化问题》中指出：“中国只有在社会经济制度方面彻底地完成社会主义改革，又在技术方面，在一切能够使用机器操作的部门和地方，统统使用机器操作，才能使社会经济面貌全部改观”。

在社会主义建设总路线、“大跃进”和人民公社化运动的历史节点前后，从 1957 年冬季开始，全国开展了轰轰烈烈的农具改革运动，一直延续到 1961 年，参加人数以亿计。截至 1959 年 8 月，全国创制与改制的各种农具超过 2.1 亿件。农具改革运动促进了县、社工业，特别是农机具修造业的发展。当时全国公社农机具制造修理厂共有 8.6 万个，县级厂有 2 000 多个。

为了解决国营拖拉机站在生产组织、经营管理上与农民集体经济之间的矛盾，1958 年，国家决定改变国营拖拉机站的经营体制，采取社有社营、国有社营、联社经营与国社合营等不同形式，将国营拖拉机站下放。到 1958 年年底，全国各地的拖拉机站，已将其 71.2%的拖拉机和农机具下放给 2 200 多个人民公社。到 1960 年，各地的人民公社普遍有了自己经营管理的拖拉机站。

但是，由于许多人民公社经济基础薄弱，缺乏管理大生产的经验，管理人员文化和技术素质低，维修服务体系不健全，拖拉机和农机具损坏相当严重。1961 年，“趴窝”“带病”和完好的几乎各占 1/3，机具利用效率很低，多数机站发生亏损。

1962 年，国家决定将拖拉机站重新收归国营。1962 年年底，全国拖拉机站系统的拖拉机只有 4.9%实行社营。1965 年，国营拖拉机站已发展到 1 629 个，拥有大中型拖拉机 45 885 台，手扶拖拉机 539 台，机耕面积达到 1 558 万公顷。

1958—1965 年，国家对农机工业的投资达到 21.73 亿元，比 1949—1957 年的投资额提高了 5.7 倍。国家有计划地新建和改、扩建农机制造企业，组织县、社铁木业生产合作社联营成为规模较小的农具制造厂，第一拖拉机制造厂、天津拖拉机制造厂、江西拖拉机制造厂、鞍山红旗拖拉机厂等一批农机制造骨干企业陆续投产，农机工业蓬勃发展。1960 年，全国农机制造企业达到 2 624 家，职工 77.5 万人，为本阶段的最高峰。

由于农机工业发展与当时农业农村经济发展不协调，1961—1963 年，国家采取关、停、并、转等方式，对农机工业进行调整。1963 年，全国农机制造企业缩减到1 301 个，职工人数减少到 32.5 万人，分别比 1960 年减少了 50.42%和 53.1%。在“二五”期间，农机工业总产值平均每年以 22.8%的速度增长，农机工业总产值平均年增长速度回落到 10.6%。

（八）目标与现实的“蒙太奇”

1959 年 4 月 29 日，毛泽东在《党内通讯》上发表《党内通信：致六级干部的公开信》谈到农业和机械化问题，其中最著名的一句，便是“农业的根本出路在于机械化”。

1966 年，中央提出“1980 年基本上实现农业机械化”的奋斗目标，包括农、林、牧、副、渔主要作业的机械化水平达到 70%以上，全国农用拖拉机达到 80 万台左右，手扶拖拉机达到 150 万台左右，排灌机械总动力达到 4 444 万千瓦，平均每公顷耕地化肥施用量达到 600 千克左右。

1966 年 4 月、1971 年 8 月、1978 年 1 月先后召开 3 次全国农业机械化工作会议，采取一系列行政手段，动员全党全国人民为 1980 年基本上实现农业机械化而奋斗，形成了全国性的农机化运动。

1980 年前后，这一系列目标最终的完成情况为：机械化水平仅达到 20%，全国农用大中型拖拉机达到 4.5 万台左右，小型和手扶拖拉机达到 187.4 万台左右，其中个人经营的拖拉机仅有 3.8 万台左右，占比不到 2%；排灌机械总动力达到 5 490 万千瓦，平均每公顷耕地化肥施用量达到 127.8 千克左右。

1966—1979 年，国家投入农机事业费 20 亿元，平均每年 1.5 亿元；国家对全民所有制农机化事业单位的财政拨款由 1953—1965 年的 24.4 亿元增加到 1966—1980 年的 41.52 亿元；为鼓励农村集体购置农业机械，从 1966 年开始，国家将“支援农村人民公社投资”主要用于农业机械，1975 年以后，比例超过 50%，每年有 6 亿～7 亿元；将农业贷款中的生产设备贷款，主要用于社队购置农业机械和小水电设备，平均每年约 9 亿元；发放农业机械专项长期无息贷款，1978—1980 年实际发放 8 亿元。同时，为了减轻农村集体发展农业机械化的负担，国家还采取了降低农机产品价格、修理价格、油料价格，并对农机生产、维修企业实行价格补贴的措施。1966—1973 年，农机产品降价 5 次，农用柴油降价 3 次。

改革开放

（一）计划与市场的“角力”

1980 年，全国农机生产企业达到 1 829 家，职工 70.76 万人，实现工业总产值 103.7 亿元，固定资产原值达到 85.26 亿元，形成了年产农用拖拉机 13.85 万台、手扶拖拉机 35 万台、联合收割机 6 000 台的能力。我国农业生产中需要的各种农业机械，基本上可以自己制造。1980 年 4 月，农业机械部部长杨立功向新闻界宣布不再提“1980 年基本实现农业机械化”的口号。这不仅是对 20 多年中国农业机械化发展历程进行深刻反思的结果，更是中国政府启动农业机械化改革，启动新的农业机械化运作机制的重大信号，寓义深刻。随着改革开放的步伐和家庭联产承包责任制的确立，以及全民所有制改革的启动，国家用于农业机械化的直接投入逐步减少，市场经济在农业机械化发展中的作用逐渐增强，对农机工业的计划和限制日益放松。1980 年秋，安徽省霍邱县 6 户农民集资购买 2 台江淮 50 拖拉机和配套农具，办起了第一个农民自主经营的拖拉机站，冲破了生产资料不允许个人经营的禁区，在当时引起了社会的巨大反响。1982 年 1 月 1 日，中共中央转批《全国农村工作会议纪要》，肯定包产到户等各种生产责任制都是社会主义集体经济的生产责任制。调整了农机化政策，提出了有步骤、有选择地发展农业机械化的方针，提出在今后相当长的时期内，必须实行机械化、半机械化、手工工具并举，人力、畜力、机电动力并用，工程措施和生物措施相结合。各地应根据自己的情况推广适用技术和集约经营。要着重抓好水利、农机、化肥等项投资的利用效益，改善农业生产条件。同时对农机化发展提出了相应政策：允许农民个人或联户购买、经营农业机械；允许农业机械作为商品进入市场；农机化必须为发展农村经济、农业生产和农民富裕服务；因地制宜，有步骤、有选择地发展农业机械化；分类指导，重点突破；以经济效益为中心，充分尊重和遵循商品经济规律，让农机化主要在市场的支配下运行；国家对农机生产和使用实行优惠；农机服务组织通过扩大经营增强自身的发展活力。1983 年，中央 1 号文件《当前农村经济政策的若干问题》明确：“农民个人或联户购置农副产品加工机具、小型拖拉机和小型机动船，从事生产和运输，对于发展农村商品生产，活跃农村经济是有利的，应当允许；大中型拖拉机和汽车，在现阶段原则上也不必禁止私人购置。”由此农民获得了自主购买、经营使用农业机械的权利，国家、集体、农民个人和联合经营、合作经营等多种形式经营农业机械的局面开始出现。随着经济体制改革的深化，国家对农机工业和农机市场的指令性计划管理逐步弱化，优惠政策逐步取消，农机产品作为商品进入市场，经销商自主采购，农民自主选择、自主投资、自主经营。与此同时，国家并没有完全放弃计划经济体制下的一些行政、财政、金融支持政策，继续对农业机械产品实行价格干预，采取价外补贴、产销倒挂补贴、减免税收（1987 年农机工业平均利税率 9.8%，比机械行业低 3.1 个百分点，比全国工业各部门平均低 12.1 个百分点）、调拨平价物资等手段，弥补农业机械企业的政策性亏损，实行鼓励使用农业机械的优惠政策。在生产与市场需求方面，国家开始鼓励农民购置小型农业机械，发展以小型农业机械为主的农业机械化，形成了以小型农业机械为主的格局。1980—1994 年，大中型拖拉机下降了 7.2%，而小型拖拉机增长了 336.5%。农机生产企业面向市场需要，开发适合小生产规模、适合农村购买力、适合国情的农机产品，在联合收割机、农用运输机械、水稻移栽技术、移动式节水灌溉机械、化肥深施技术等方面取得进展，出现了一大批有中国特色的农机产品，深受农民欢迎，其中最典型的代表产品便是新疆-2中型自走式联合收割机。1986年开始研制、1993年投产的新疆-2中型自走式联合收割机（简称“新疆-2”）是我国第一台拥有自主知识产权的联合收割机，其割幅2～3米，喂入量每秒2～3千克，采用轴流横向双脱粒滚筒结构，积木式部件设计，转弯半径3米，脱粒性能优于国外产品，特别适宜我国单产高、作物收获时比较潮湿、难脱粒的状况。既可在大面积地块收割，也可在几分地的小地块中作业，非常适合作业频繁转移、频繁卸粮的特点，而价格不到国外产品的1/3，投入市场后特别抢手。1998年新疆-2产量达到13 000台，社会保有量突破5万台，约占全国联合收割机总量的1/3，中型自走式联合收割机成为联合收割机市场上的主打产品。正是新疆-2这类顺应和满足市场需求的农机产品，为后来全国各地大规模的“跨区作业”埋下了伏笔。“新疆-2”一度占据参与“跨区作业”收割机的2/3以上。

（二）市场为王的时代

1994年，在1 435.8亿元农业机械原值中，农民拥有1 134.6亿元，比重超过79%。全国农民个体拥有大中型拖拉机48.7万台，小型拖拉机793.7万台，农用载重汽车58.7万辆，农用排灌动力机械769.6万台，机动脱粒机519.4万台，农用水泵667万台，分别占其总量的70.5%、97%、80.6%、77.7%、86.9%和77.8%。农村劳动力开始出现大量转移趋势，农村季节性劳力短缺的趋势不断显现。在面对这一现状过程中出现的小麦“跨区机收服务”，联合收割机利用率和经营效益大幅度提高，探索出了解决小农户生产与农机规模化作业之间矛盾的有效途径，高效率的大中型农机具开始恢复性增长，小型农机具的增幅放缓，联合收割机异军突起，一度成为农机工业发展的支柱产业。从20世纪80年代中期开始，部分省份陆续出现农民自发组织的“跨区联合机收”，初期由于社会环境制约及相应机具不适，转场和作业过程中经常遇到诸如收费、拦机、机具损坏等严重问题，“跨区联合机收”并未形成规模。1990年前后，以河北、山西、陕西为代表的“跨区作业”引起各地政府部门的关注，通过与作业地点协调，机具修理、物资供应、交通等方面获得了诸多便利，作业规模有了较大的提升。到1992年，仅河北藁城当地已有小麦联合收割机225台，主要机型包括北京-2.5、佳联-3、东风-5。1993年新疆-2中型自走式联合收割机正式投产，这一符合市场需求的机型通过前期的现场演示和组织机手入厂培训，很快受到了农民的欢迎，并一跃成为“跨区作业”的主力机型。到1994年，仅藁城当地参与“跨区作业”的联合收割机就达到了500台左右，作业范围辐射河南辉县、山西太谷等地，作业模式引起全国各地的广泛关注。到1997年，实行“跨区作业”的有11个省、5万台联合收割机，1998年扩大到19个省、7万台联合收割机。联合收割机跨区收获小麦的成功实践，产生了良好的示范效应，带动了机耕、机播以及水稻收获等其他作物和生产环节的“跨区作业”在部分地区开始起步。山东、陕西、山西等省出现了较大规模的跨区机耕、机播活动，而江苏、安徽、海南等省的农民则开着自己的联合收割机，开始跨区收获水稻等。在全国范围内，市场化、社会化的农机服务新模式迅速发展。不少农机人在谈到“跨区作业”时常常表示：“这是真正意义上第一次实现农业机械化作业。”姑且不论这一表述是否客观准确，从这一主观的看法也足以看出“跨区作业”一事在行业的影响之深远。

法治化驱动

（一）黄金十年的“含金量”

2004年2月8日，中共中央、国务院印发《关于促进农民增收若干政策的意见》提出：提高农业机械化水平，对农民个人、农场职工、农业机械专业户和直接从事农业生产的农业机械服务组织购置和更新大型农业机械给予一定的补贴。3月26日，农业部在北京召开农机购置补贴项目部署动员会，正式启动购机补贴项目，首年中央财政资金安排7 000万元。

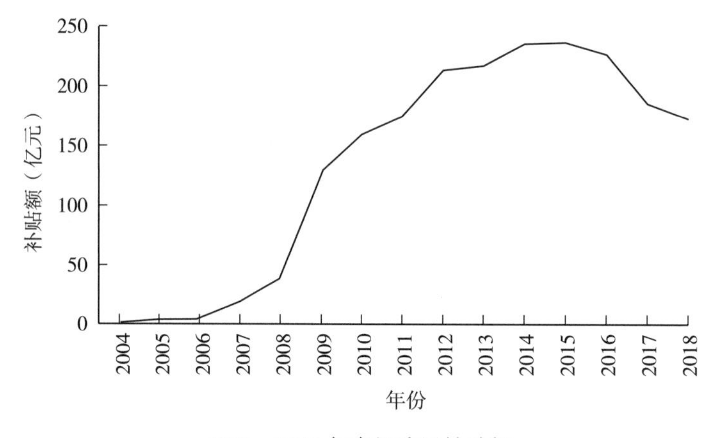

2004—2018年农机购置补贴额

购机补贴政策对农业机械化发展和农机工业产生了强有力的刺激，促进了我国农机装备总量持续快速增长、农机社会化服务深入发展，农机工业产品向技术含量高、综合性能强的大型化方向发展，一批具有地域特色的产业集群初具雏形，产业集中度进一步提高。2004年以来，耕种收综合机械化水平年均提高2.7个百分点，农机工业产值年均增长20.5%，我国农业机械化进入了历史上最好的发展时期。2007年我国耕种收综合机械化水平超过40%，农业劳动力占全社会从业人员的比重已降至38%，这标志着我国农业机械化发展由初级阶段跨入了中级阶段，农业生产方式发生了重大变革，机械化生产方式已基本占据主导地位。

（二）体系与框架的“解构与重构”

2004年6月25日，《中华人民共和国农业机械化促进法》经十届全国人大常委会十次会议审议通过，包括总则、科研开发、质量保障、推广使用、社会化服务、扶持措施、法律责任和附则共8章35条，时任国家主席胡锦涛签署主席令并予以公布。这是我国第一部关于农业机械化的国家法律。2006年10月31日，《中华人民共和国农民专业合作社法》发布，首个农机合作社成立，到2019年，全国各类农机作业服务组织总数超过18万个，总人数超过213万人。农机服务组织将成为未来农机市场的主要需求者。2006年，《装备制造业振兴计划》首次列入发展新型、大功率拖拉机等政策。2009年2月4日，时任国务院总理温家宝主持召开国务院常务会议，审议并原则通过《装备制造业调整和振兴规划》。规划提出要大力发展大功率拖拉机及配套农机具、节能环保中型拖拉机等耕作机械，通用型谷物联合收割机、新型半喂入式水稻联合收割机、高效玉米联合收割机、自走式采棉机等收获机械，免耕播种机、节水型喷灌设备等。适应新农村建设、农业现代化的需要，重点发展农产品精深加工成套设备、灌溉和排涝设备、沼气除料设备、农村安全饮水净化设备等。加强宏观调控，确保国内市场对装备产品的需求，有效拉动我国装备制造业发展。要求重大工程项目优先采购国内生产设备，国内采购率原则上不低于70%；粮食主产省份农机采购时优先采购国产农机，采购比例原则上不低于80%。这一举推动了我国大型拖拉机的研发速度及生产销售。2008年10月12日，中国共产党第十七届中央委员会第三次全体会议通过《中共中央关于推进农村改革发展若干重大问题的决定》。《决定》提出了发展大农业和大农机的概念，为农机行业的发展指明了方向，带来了良好的机遇；明确提出允许农民在自愿有偿的基础上以多种形式流转土地承包权，这有利于土地实施规模化经营，为大型高性能联合作业机具提供了用武之地，促进了重型农业装备的升级；《决定》提出的加强农业基础设施建设，使得农用工程机械有了很大的市场需求，为其发展提供了良好的契机。

（三）历史与变革的交汇处

2014年，我国农机总动力增长至10.8亿千瓦，“黄金十年”增幅达68.5%，增长速度由8.1%放缓到4.0%。农机装备品种、技术、附加值和组成结构不断优化，农机作业向市场化、社会化发展，农机作业领域由粮食作物向经济作物、设施农业、养殖业和农产品加工业发展。2018年9月25日，习近平总书记在东北三省考察并主持召开深入推进东北振兴座谈会。在考察调研北大荒建三江国家农业科技园区时习近平总书记指出：中国现代化离不开农业现代化，农业现代化关键在科技、在人才。要把发展农业科技放在更加突出的位置，大力推进农业机械化、智能化，给农业现代化插上科技的翅膀。2018年12月

21 日，国务院发布《关于加快推进农业机械化和农机装备产业转型升级的指导意见》。《意见》围绕装备结构、综合水平、薄弱环节、薄弱区域、相关产业机械化，提出 5 类 16 项量化指标，并综合考虑了与《全国农业现代化规划（2016—2020 年）》《农机装备发展行动方案（2016—2025 年）》《全国农业机械化第十三个五年规划》的衔接。其中，2025 年发展目标，不仅突出了种植业薄弱环节机械化指标，还首次提出了设施农业、畜牧养殖、水产养殖、农产品初加工及丘陵山区（县）机械化的量化指标，为今后一个时期农业机械化发展指明了方向。

来源：中国农机化协会公众号

2019 年 8 月 23 日

三、全程全面高质高效发展

张桃林副部长在东北倒伏玉米机械化抢收工作布置会暨东北黑土地保护性耕作行动计划现场推进会上的讲话

编者按： 2020年9月23日，农业农村部召开东北倒伏玉米机械化抢收工作布置会暨东北黑土地保护性耕作行动计划现场推进会，研究部署倒伏玉米机械化抢收工作，扎实有序推进黑土地保护性耕作行动计划实施。会议要求四省（自治区）切实加强组织领导，强化责任担当，扎实做好机械化抢收倒伏作物和下一阶段行动计划实施各项工作，打好秋收保卫战和黑土地保卫战，努力夯实国家粮食安全基础，实现农业可持续发展。现将张桃林副部长的讲话予以刊发，请各地认真贯彻落实。

同志们：

今天，我们召开这次会议，主要任务是深入贯彻落实习近平总书记近期关于东北地区玉米倒伏问题的重要批示要求和今年7月在吉林梨树考察东北黑土地保护利用时的重要讲话精神，研究部署倒伏玉米机收减损工作，扎实有序推进黑土地保护性耕作行动计划。上午，我们参观了保护性耕作示范基地、农机合作社，观摩了玉米收获、秸秆处理、免（少）耕播种作业现场。下午我们观摩了倒伏玉米机收作业现场。刚才，四省（自治区）农业农村部门负责同志分别介绍了本省行动计划实施情况和倒伏玉米机收减损措施，两位基层政府负责同志和两位服务主体代表作了典型发言，讲得都很好。下面，我分别就东北倒伏玉米机收和黑土地保护性耕作这两项工作，谈几点意见。

关于东北倒伏玉米机械化抢收工作

今年全国夏粮已获丰收，秋粮生产总体进展顺利、丰收在望，大规模秋粮收获即将全面展开，但是近一段时间东北地区连续遭遇罕见的台风和强降雨，一些地方玉米、水稻出现不同程度倒伏，对秋粮收获造成很大困难，如果不能及时安排抢收，确保颗粒归仓，丰产就不能转变为丰收，农民利益就要受损，对完成全年粮食生产目标就会产生影响。东北各省份务必充分认识倒伏玉米、水稻抢收工作的重要性、紧迫性，坚持“抢”字当头，以最坚决的态度、最充分的准备、最有力的措施，最快的速度、最小的损失将倒伏粮食收获归仓。

一是加强对抢收工作的组织领导。各省厅以及各受灾市（县）要立即成立秋粮抢收工作专班，统筹做好行政动员、组织部署以及政策、技术、机具、人员的准备工作。迅速组织力量，摸清各县各乡各村的受灾面积、地块分布、倒伏程度、作业条件、适收时间窗口、收获机械缺口等情况。要精心制定抢收工作方案，抢收方案要覆盖所有倒伏地块，要做到目标任务明确、工作措施明确、责任主体明确、完成时限明确。各省厅要加强督导调度、情况会商，从现在开始到10月底，每周上报两次抢收准备工作进展、收获进度、急需解决的困难问题等情况。要畅通省际、省内各市（县）之间的沟通联络渠道，及时通报相关情况，统筹抢收资源、协调机具调配，做好跨区域协同配合、相互支援。

二是尽快制定落实抢收减损支持政策。与正常收获相比，倒伏玉米机收单机收获效率低，作业难度和成本成倍增加，对机具性能提出了特殊要求。各地针对作物倒伏带来的新情况新问题，要做好以下几项工作：一要统筹用好农业生产救灾资金、农机购置补贴资金和农业社会化服务补助等相关资金，立刻研究、及早公布、迅速落实政策措施，有效调动农户开展生产自救和各方面市场主体开展抢收服务的积极性。二要积极推动安排收获机械改装补助资金，重点对现有联合收割机加装扶禾装置和辅助喂入装置进行补助，为倒伏作物收获减损提供装备支撑。三要对抢收作业进行适当补贴，努力减少受灾农户收获成本，确保“可收尽收”。四要加大农机购置补贴政策的支持力度，对于农民购置适于收获倒伏作物的联合收割机和青贮收获机实行敞开补贴、应补尽补，鼓励有条件的地方进行累加补贴。五要加快补贴办理进度，开通“绿色通道”，实行“特事特办、急事急办”，迅速做好新机具交付调试、牌证发放、补贴兑付等工作。

三是加快倒伏作物收获机械改装进度。要指导受灾市（县）根据倒伏面积、收获窗口期倒推机具改装工作安排，研究确定改多少、谁来改、什么时候改完。这些工作要做细做实，精准地落实到主体和机具，并能够及时跟踪调度，真正做到心中有数、胸有成竹。要参考部里专家组发布的《东北地区收获倒伏玉米机具改装方案》，在论证试验的基础上，因地制宜提出本区域具体改装技术方案。要组织农机产销企业、维修网点、农机能手、基层农机推广机构等力量，与有改装需求的农机服务主体精准对接，落实改装项目和完成时限。在确保机具使用安全的情况下，围绕提高机具收获倒伏玉米的性能，以加装扶禾装置和辅助喂入装置等改装内容为重点，加快改装进度并做好试运转，确保按时高质量完成改装任务。

四是强化机收服务技术指导。要针对倒伏作物收获机械的特殊操作要求，抓紧组织开展农机手特别是操作改装机具的人员培训。动员技术推广机构和农机企业组派技术服务队，开展多层级现场培训和观摩，通过微信短视频等新媒体手段，加快在村镇干部、农机合作社、种粮大户等群体中的推广传播，利用好信息化技术手段，生动地进行宣传培训，普及最新的驾驶操作技术，提高收获倒伏玉米的操作技能。要提前做好机收服务供需对接，确保全部倒伏作物地块都能落实提供机收服务的主体、机具和具体作业时间。收获期间要组织农机技术力量下乡巡回服务，指导机手科学调整机具状态，规范操作，排除故障，提高机收服务效率和质量。要发挥农机合作社在农业生产救灾中的生力军作用，充分挖掘装备优势和服务潜力，力争做到“歇人不歇机”，全力以赴加快收获进度。针对收获机械装备上长期存在的一些短板问题和易导致损失增加的薄弱环节，要支持引导农机研发制造主体加强装备改进和技术供给，重点在提高机具的先进性、适用性、稳定性、精准性、高效性上下功夫，集中优势力量攻克技术装备难关，促进农机农艺融合，力争进一步将粮食收获损失降下来。

关于东北黑土地保护性耕作行动计划

习近平总书记高度重视东北黑土地保护，多次强调要对黑土地实行战略性保护。今年7月22日在吉林梨树考察时，提出一定要采取有效措施，保护好黑土地这一“耕地中的大熊猫”。为落实好总书记要求，今年年初，经国务院同意，农业农村部、财政部联合印发《东北黑土地保护性耕作行动计划（2020—2025年）》，部署在东北适宜区域全面推广应用保护性耕作，促进东北黑土地保护和农业可持续发展。

今年是行动计划实施的第一年，从刚才四省（自治区）和整体推进县发言交流的情况来看，四省（自治区）各级政府和广大干部群众，认真学习贯彻习近平总书记关于加强黑土地保护的重要指示精神，按照行动计划要求，迅速行动，积极采取措施，全面推进各项工作落实落地，并且取得了良好进展，实现了良好开局。从实施面积上看，超额完成了4 000万亩年度任务目标，建设了38个整体推进县，打造了82个县级、282个乡级高标准应用基地，整个东北适宜地区已经启动202个保护性耕作实施县。从实施效果上看，今年实施保护性耕作的地块成功抵御了春寒、夏旱、台风等不利天气因素影响，整体上苗情、长势及产量都要好于传统耕作地块。面对近期东北地区的台风强降雨，规范实施保护性耕作地块的玉米抗倒伏效果明显。事实证明，保护性耕作不仅有利于黑土地保护、有利于粮食增产，而且还有利于防灾和抗灾。当前，东北地区将陆续进入玉米收获作业高峰，也是实施好下一年度保护性耕作的关键准备期。为了切实实施好行动计划，我再强调5点要求。

第一，要狠抓组织推动。一是要提高认识。保护性耕作行动计划，是对东北黑土地实施有效保护的战略行动，是东北地区耕作制度的一场革命，既关系当前，也影响长远。东北四省（自治区）农业农村部门和农机化系统，一定要有深刻的认识，不能把行动计划当成一般性的、普通的财政项目，更不能把保护性耕作仅仅作为一般的农业技术工作来对待。而是要提高政治站位，把实施行动计划摆上重要工作日程，建立务实管用的工作机制，确保行动计划组织有力、落实到位。二是要用好整县推进机制。组织整县推进是稳步扩大保护性耕作实施面积的重要措施。行动计划要求整体推进县3年内适宜区域保护性耕作实施面积要达到50%以上。所以四省（自治区）人民政府要在稳定粮食生产的前提下，从现有工作基础等实际情况出发，在继续巩固好今年确定的38个整体推进县实施面积和质量的基础上，进一步在今年启动行动计划的202个县（市）中遴选新增一批整体推进县，持续扩面提质。在整体推进县内要努力形成技术能到位、运行可持续的长效机制，鼓励整体推进县组织整乡整村推进。三是要加强督导调度。抓住重点农时，特别是抓住秋收秸秆处理、春季免耕播种的重要时点、关键环节，及时调度进展情况，注重实施质量，加强督导检查，确保实施效果。在秋收之前就要有计划有步骤地将年度任务分解落实到项目实施县，明确到具体地块和实施主体。要及时收集实施过程中出现的新情况新问题，对进展缓慢、任务完成困难的县（市）进行重点指导。我们也希望在县级层面，要加快年度资金兑付进度，确保年内如期足额兑付，避免机手因兑付不及时带来资金周转困难，影响实施保护性耕作的进度和积极性。

第二，要狠抓观念转变。保护性耕作从20世纪30年代提出到成为北美、南美地区的主流耕作技术，经历了几十年的时间，涉及观念、技术、机具等一系列问题，并不是轻轻松松就能实现的。从交流情况来看，大家都认为观念转变是非常关键的问题和前提，只有我们观念认识到位，行动才能够跟上而且行之有效。虽然目前我国东北地区技术模式总体定型，关键机具质量基本过关，但要大面积推广依然面临不少难题，其中最大一个难题是观念落后、观念跟不上的问题，有的农民认为保护性耕作不整地、不灭茬、不打垄，是“懒汉种地”，种不出好庄稼；有的机手认为实施保护性耕作减少了作业次数和作业量，影响了作业收入；有的基层干部对秸秆覆盖还田有抵触情绪，习惯于动员农户抢抓窗口期对秸秆“一烧了事”，或者不能因地制宜、简单选择秸秆深翻还田让其“一埋了事”。只有解决好这些观念问题，同时做好技术、政策和装备等各项措施配套，才能顺利、高效、高质量完成行动计划确定的目标任务。一是要通过实施高质量的保护性耕作，让农民看到防灾减损、稳产丰产、节本增收的一举多得的实际效果，加快转变传统观念。二是要通过加快扩大保护性耕作连片实施面积，加强作业环节的政策扶持引导，让机手从实施保护性耕作作业中获得更高收益，从根本上消除这些机手的抵触情绪。三是要通过加强对基层干部的宣传培训，使其认识到行动计划是国家交给四省（自治区）各级政府的重大政治任务，认识到保护性耕作既是持续解决秸秆焚烧问题又是从根本上保护黑土地的有效措施，这样基层干部才能有积极性去推动这件事。

第三，要狠抓实施质量。从国内外实践经验看，实施质量直接决定了保护性耕作的生命力。保护性耕作的核心要求是“多覆盖、少动土”，秸秆覆盖和免（少）耕播种作业必须要互相配套，从今年的实施情况看，有的地方出现了技术泛化、跑偏的现象。有的实施地块只有免耕播种没有秸秆覆盖，秸秆被焚烧或全部离田，失去了生态保护的作用；有的实施地块虽有秸秆覆盖，但过多地扰动土壤，特别是种床及周边区域，横向动土过宽、纵向动土过深、土壤过于细碎化，同样起不到保护黑土地的效果。行动计划明确提出，到2025年保护性耕作实施面积要达到1.4亿亩。这就意味着，从明年开始的5年内，每年的实施面积增量都将在2 000万亩左右。四省（自治区）农业农村部门要坚持质量优先原则，既要确保实施面积稳步提升，又要确保实施质量不降低、实施标准不缩水。一是要明确标准。坚持能少动土就少动土，能多覆盖就多覆盖。至少要坚持春季播种后秸秆覆盖率30％以上、动土量不高于50％的底线，这是专家组结合实际反复研究提出的技术指标。对于秸秆全量覆盖的地块要减少动土比例，尽量避免旋耕；对于秸秆部分覆盖的地块要尽量做到零动土。二是要因地制宜。实践证明，风沙干旱区实施效果最好，农民接受程度最高，要坚持和推广秸秆全量还田免耕播种的技术模式，使之成为当地群众的行动自觉。玉米高产区由于秸秆量大，为营造好种床环境，播种前可对秸秆进行必要的处理，但不能动土过宽、过深。冷凉区域、黏重土区，要首先立足于点上示范，着力打造样板地块，形成成熟可推广的模式后再逐步扩大面积。三是要坚持示范引领。切实加强技术指导，支持建设县乡两级高标准应用基地，尽快固化定型本区域最优技术模式，打造实施样板，发挥示范引领作用。四是要加强配套技术研究。与传统耕作方式相比，实施保护性耕作可能会带来土壤营养和病虫草害等方面的新情况。比如实施保护性耕作导致土壤微生物变化，碳氮菌数量增加，因此要增加氮肥补充。要组织开展农机农艺方面的专家联合攻关，针对出现的问题困难，拿出切实可行的办法，为行动计划保驾护航。五是要加强实施质量检查。对于实施保护性耕作的地块，要进行效果评估，适时组织质量验收，并进行持续性质量跟踪，确保项目取得应有的效果。

第四，要狠抓机具保障。工欲善其事，必先利其器。专用农业机械特别是免耕播种机是实施保护性耕作的关键装备基础。要完成1.4亿亩的行动计划目标，今后5年实施面积都将保持较大幅度增长，无论是从数量上还是质量上，都对保护性耕作机具保障提出了更高要求。目前，国内免耕播种机生产厂家不少，但真正能实现秸秆全覆盖条件下高质量免耕播种的产品不多。有的厂家为了结合农民的传统耕作习惯，开发了多种类型的“条耕机”，但大多是在旋耕机的基础上改进的，不是真正意义上符合“少动土”要求的机具。构建完善的保护性耕作技术装备体系，任务依然艰巨。我们要坚持问题导向、需求导向，采取有力措施，增加先进适用保护性耕作机具的有效供给。一是要加大农机购置补贴政策对保护性耕作专用机具的支持力度，抓紧优化补贴分类分档，做到应补尽补、优机优补，调动农户购置先进适用机具的积极性。二是要支持科研单位和农机企业加强保护性耕作机具研发，特别是要加快研制高性能的免耕播种机、符合保护性耕作技术要求的牵引式少耕机械及秸秆整理、苗期深松施肥等配套机具，加快技术装备更新迭代、提档升级，以先进的机具装备支撑保护性耕作健康发展。三是要加强机具质量管控，修订完善相关机具产品和作业质量标准，严把试验鉴定关口，组织开展在用机具质量调查和获证产品监督检查，促进产品质量提升。要充分利用信息化手段提高监管效率，力争在2022年内基本实现保护性耕作补助作业地块远程监测全覆盖，切实提高监管效率，防范虚报面积、降低标准等不规范行为。

第五，要狠抓政策协同。围绕黑土地保护，目前国家主要有黑土地保护利用、秸秆综合利用和保护性耕作这三项政策。从政策支持内容看，这些政策都涉及秸秆处理，前两项政策相对综合，允许地方在一定范围内自主选择补助环节和技术类型，保护性耕作则突出强调秸秆覆盖地表免（少）耕播种。今年实施过程中，在保护性耕作适宜地区甚至是整体推进县，一些地方由于秸秆禁烧的压力，仍习惯于将黑土地保护利用和秸秆综合利用补助资金主要用于支持秸秆翻埋、打捆离田，很多地块地表完全缺乏秸秆覆盖，这与行动计划提出的使保护性耕作成为东北适宜地区主流耕作技术的方向是不协调的，应予重视、改革、完善。保护黑土地是一项重要而紧迫的长期任务，各相关政策要围绕科学处理秸秆、更好发挥秸秆覆盖对土壤保护的效果，相互衔接、同向用力，提高政策集聚效应。在区域实施重点上，风沙干旱严重的地方，应主推秸秆覆盖还田，尽量减少秸秆翻埋、碎混还田和打捆离田，防止加剧土壤风蚀水蚀。在政策衔接配合上，保护性耕作适宜区域实施黑土地综合利用、秸秆综合利用项目时，应对秸秆打捆离田提出留高茬、保留地表部分秸秆的要求，确需开展土壤深翻的地块，也应加大时间间隔，减少土壤扰动的频次和强度，同时引导合理轮作休耕，为保护性耕作技术的全面推广创造条件。支持地方将深松整地作业补助向保护性耕作实施地块倾斜，各地可根据实际情况将苗期深松作业纳入补助范围，巩固提高保护性耕作稳产丰产效果。

以上五个方面，是对下一步实施好东北黑土地保护性耕作的基本要求。东北四省（自治区）要着眼于提高实施质量，解决好今年实施过程中反映出来的突出问题，及早研究制定2021年度的实施方案，做到既明确任务面积，又明确组织实施方法；既明确实施地块和实施主体，又明确技术模式和支持政策，扎实做好下一阶段的工作。

同志们，今天会议研究部署的两项工作，事关国家粮食安全，事关农业可持续发展。我们要切实增强责任感、使命感，立足当前，着眼长远，以抓铁有痕、踏石留印的工作态度，奋发有为、开拓创新的工作作风，将各项工作措施落实落地，打好秋收保卫战和黑土地保卫战这两场硬仗，为全面实现今年农业农村发展目标任务、加快农业农村现代化步伐作出更大贡献！

来源：农业农村部网站

2020年9月23日

农业农村部农机化司司长张兴旺对行业发展的三点思考

农业农村部农业机械化管理司　张兴旺

1月12日，2020年中国农业大学中国农业机械化发展研究中心学术年会暨中国农业机械化展望大会在北京召开，农业农村部农业机械化管理司司长张兴旺出席会议并致辞，他从乡村振兴伟大实践中各产业对机械化的需求、农机装备产业深度调整过程中农机产品技术的供给和农机购置补贴政策实施三个视角梳理了当前及今后一段时期我国农机化发展的基本面。

从乡村振兴伟大实践中各产业对机械化的需求看：如火如荼、如饥似渴

新中国成立后，历史上国务院召开过三次全国农业机械化工作会议，分别是1966年、1971年和1978年，当时提出1980年基本实现农业机械化的目标是机械化水平达到70%。在时隔40年以后，国务院召开的全国春季农业生产暨农业机械化转型升级工作会议于2019年3月16日召开，而且和第一次一样也是在湖北。

2019年全国农作物耕种收综合机械化率预计超过70%，将提前一年实现“十三五”目标，其中小麦、稻谷和玉米三大主粮生产基本实现机械化。韩长赋部长在2019年3月16日国务院全国春季农业生产暨农业机械化转型升级工作会议的发言、张桃林副部长在3月17日召开的农业农村部全国农业机械化工作会议上的讲话都特别指出，加快推进机械化由耕种收环节向植保、烘干、秸秆处理全过程发展，要由种植业向畜牧业、渔业、设施农业、农产品初加工业延伸，由平原地区向丘陵山区扩展，这是当前和今后一个时期农机化转型升级的方向、全程全面发展的目标、为乡村振兴提供机械化支持的着力点。

在2019年的农机化领域出现了若干第一次，其中包括农业农村部第一次发布了《丘陵山区农田宜机化改造工作指引（试行）》《主要农作物品种选育宜机化指引》《全国优势

特色农产品机械化生产技术装备需求目录（2019）》，第一次召开了全国畜牧机械化现场会，第一次建立了国家农业机械化发展协调推进机制等。全程全面的愿景、转型升级的要求正一一转化为落实落地的具体行动，农机化发展格局正在加速调整，而这一切都是紧盯农业各产业对机械化紧迫需求的回应。

从农机装备产业深度调整过程中农机产品技术的供给看：左突右攻、主动求变

2019 年，农业农村部农机化司分别在 7 月、12 月两次召开的形势分析会上，绝大部分业界同仁都表示，应注意研究这几年农机工业水深火热背后的大背景、大逻辑、大方向。

一是从农机化供给侧结构性改革的角度。我国农机大路货差不多了，但高精尖、特色的农机产品还严重不足，这方面特色产业、丘陵山区的需求尤其强劲，肯于在研发上增加投入、打持久战的企业太少了，想赚快钱的企业太多了，“一直在模仿，从来没超越”。农机化发展离不开农机工业，但所谓“黄金十年”的日子已经渐行渐远了。

二是从全国机械制造业布局变化的角度。农机工业在制造业中是个“小兄弟”。2019 年12 月 15 日召开的形势分析会上，中国农机工业协会提供了一些数据和情况值得注意，2019 年 1—10 月农机工业业务收入同比增长 0.11%，而汽车行业下滑 3.15%。农机三大协会在研判形势上用的比较多的词汇是：深度调整期、加速洗牌期、传统市场陷入低谷、新兴市场异军突起、东方不亮西方亮等。

三是从整个国家经济发展大格局的角度。毫无疑问，农机企业同质化竞争正愈演愈烈。2008 年世界金融危机后，出现了很多试图避免重蹈覆辙反思类的文章和作品，包括美国的《大而不倒》，中国 2010 年前后的纪录片《公司的力量》《金融的秘密》《黄金时代》等。看一看美国近 100 年来五次大的并购潮，看一看同质化竞争遇到了资本的力量会发生什么，或者我们就能够研判 2020 年乃至今后一个时期农机工业领域群雄逐鹿的场景和结果。美国 1897—1904 年的第一次并购潮主要是横向并购，美国钢铁公司诞生了；1916—1929 年的第二次并购潮主要是纵向并购，通用汽车出现了。尤其是在这样一个背景下，在交通高速发达的年代，再加上美国整个投资银行业、金融业的崛起，注入产业以后，加速了这种产业的集聚、竞争和演化。因此看到今天中国的变化，看到整个农机工业乃至工业领域的变化，再加上中国金融业正在发生的变化，有很多问题历史不会完全重复，但历史有的时候会在同样一个节点上有类似的表现。

农机装备企业应该看到，唯有紧盯新的形势，紧盯新的需求，更好地服务于乡村振兴条件下对机械化的需求，这才是真正的生存之道。企业家的梦想和民族工业的发展，都有赖于对大的形势判断和对于坚持客户导向的基本坚守。20 多年前大众熟知的柯达、富士

两个胶片制造商为什么今天都不复存在？在技术不断进步的新形势下，如何确定企业的发展战略，如何与时代同行，如何更加服从和服务于社会的需要，是值得深思的。

从农机购置补贴政策看：稳定实施、与时俱进

国际上农业发达国家和地区在实现农业机械化之前，普遍采用了直接补贴措施支持农民购机，有的目前仍在实施，有的逐步转化为机具购置贷款贴息、保险补助等措施。从国内看，我国要实现全程全面机械化的发展目标还有很长的路要走，农机购置政策在实践中已经成为我国农机化发展的政策核心和基石，深受农民群众欢迎。因此，《国务院关于加快推进农业机械化和农机装备产业转型升级的指导意见》（国发〔2018〕42 号）部署今后一个时期农机化工作时特别强调，要“稳定实施”农机购置补贴政策，这 4 个字重若千钧，因此对稳定实施这一政策的态度应该是坚定不移的，需要讨论的不是要不要这一政策，而是如何实施好这一政策。

在我国农业生产从主要依靠人力畜力转向主要依靠机械动力、进入机械化主导的新阶段，农机购置补贴政策发挥了根本性的作用。近年来，农机购置补贴政策在实施过程中也出现了一些新情况和趋势。一是从种植业看，拖拉机、联合收割机等传统大宗机具补贴资金使用占比稳中趋降，马铃薯、花生、油菜种植和收获机械以及棉花、甘蔗收获机械等特色产业、薄弱环节机具需求快速增长。二是目前畜牧业、渔业、农产品初加工业机具补贴资金占比虽然较小，但增长势头明显。其中农产品初加工机具补贴资金用量近 3 年翻了一番。三是从区域分布看，平原地区机具补贴资金占比由 2012 年的 52%提高到 2018 年的 70%，而丘陵山区占比则由 48%下降到 30%。这表明丘陵山区农机“不能用、不好用”的问题还比较突出。因此，丘陵山区农田宜机化改造已经提上重要议程。四是从机具类型看，大型、高效、绿色化趋势明显。如深松整地、免耕播种、畜禽粪污资源化利用等机具需求快速增长。在这样的一个过程当中，怎么样把大的政策落实到现实当中非常重要。这要求我们必须关注新情况新趋势，顺应形势需要，围着大形势走，跟着中心任务转，进行优化完善，进一步在政策实施的有效性、便利性、开放性、安全性上下功夫。

三点决定一个平面。从需要看，农业各产业对机械化的需求如火如荼、如饥似渴；从供给看，农机装备企业面对新形势左突右攻、主动求变；从政策看，农机购置补贴要稳定实施、与时俱进。这三个视角都共同指向了国务院 42 号文件所部署的农机化全程全面发展这样一个主旋律，而这就是为实施乡村振兴战略提供有力的机械化支撑，这就是当前和今后一个时期农机化发展的基本面。

来源：《中国农机化导报》
2020 年 1 月 12 日

提高能力　聚集合力
开创农机试验鉴定和技术推广工作新局面

农业农村部农业机械试验鉴定总站、农业农村部农业机械化技术开发推广总站　刘恒新

这次会议的主要任务是深入学习贯彻2020年中央1号文件和2018年《国务院关于加快推进农业机械化和农机装备产业转型升级的指导意见》（国发〔2018〕42号）精神，总结2019年以来农机试验鉴定和技术推广工作，进一步分析当前面临的新形势、新要求，研究部署今后一段时期的重点工作，切实强化能力建设，不断提高农机鉴定、推广工作水平，为农机化发展提供技术支撑和服务保障。

2019年以来，全国农机鉴定和推广机构，认真贯彻落实党中央、国务院及农业农村部党组决策部署，以落实《关于加快推进农业机械化和农机装备产业转型升级的指导意见》为主线，认真履职尽责，积极推动试验鉴定、技术推广等各项工作创新发展，为推进农业机械化转型升级提供了有力技术支撑和服务保障。主要完成了以下几个方面的工作。

认真贯彻落实新修订的《农业机械试验鉴定办法》

一年多来，总站和各省农机鉴定机构认真贯彻“放管服”改革精神，细化措施，主动作为，积极落实新办法，推动农机试验鉴定改革见成效。一是农机试验鉴定改革配套制度不断完善。新修订的《农业机械试验鉴定办法》发布实施后，总站及时出台了《农业机械试验鉴定工作规范》和《国家支持的农业机械推广鉴定实施细则》等一系列配套制度，为新办法落实落地提供工作指导和遵循。安徽等20个省份结合本地特点出台了配套制度和规定，江苏等省份还出台了新产品专项鉴定的指导意见。与此同时，部省两级还加大新办

法培训和宣传贯彻力度，加快了改革各项措施的有序落实。二是农机试验鉴定技术体系建设不断加强。通过制（修）订推广鉴定大纲，实现农机购置补贴机具品目和补贴试点期满新产品鉴定需求全覆盖。各省积极备案制定专项鉴定大纲，有效畅通农机创新产品鉴定渠道。农机化行业标准、团体标准和地方标准数量稳步增加，2019 年至今已发布农机化农业行业标准 44 项，国家标准 1 项。标准编写培训和宣传贯彻持续加强，农机化标准体系建设日趋完善。三是农机试验鉴定资质能力不断提升。各鉴定机构加大投资，完善试验设备设施，培养技术人员，开展练兵检测和相关技术培训，加快生猪生产以及其他生产急需机具鉴定能力扩项，着力拓展农机鉴定的能力和范围。截至目前，已有 9 个鉴定机构完成了共 58 项次的国推鉴定能力的确认。各地不断探索应用信息化、智能化等新技术的农机产品鉴定工作，开展植保无人飞机、农机作业监测装置、农机辅助驾驶装置等多个产品鉴定检测。有的鉴定机构用信息化技术改造检测手段，提高检测准确性和工作效率。如江苏省已经在拖拉机、联合收割机检测信息化上进行试点，推进“互联网＋鉴定”。有的鉴定机构积极探索合作鉴定工作机制，采取合作制定鉴定大纲、共用鉴定人员和设施设备、任务委托、区域结果互认等多种形式，促进资源整合共享。京津冀三站签署了协同发展合作协议，推动统一鉴定标准和鉴定数据互认。有的还探索利用社会检测资源服务于鉴定工作，目前已有 11 个鉴定机构依据新办法对检验结果进行采信。据统计，2019 年，国推鉴定项目完成 1 778 项，比 2018 年增长 28.1％，其中，撒肥机、喂料机等畜禽废弃物资源化利用和生猪养殖等设备的鉴定量达 10％左右，鉴定以种植业机械为主的局面正在逐步被打破。2019 年，各省实施的推广鉴定项目完成 5 063 项，比 2018 年增长 16.2％。此外，有10 个省份已开展 10 大类 32 种农机新产品的专项鉴定业务，完成并发证 75 项。四是农机鉴定管理信息化水平不断提高。2019 年，全国农业机械试验鉴定管理服务信息化平台完成升级改造，实现了鉴定全流程网上办理和鉴定信息全面公开，让数据多跑路，让企业少跑腿，让鉴定结果全社会共享。目前，已有 28 个省份建成省级鉴定信息化服务平台，全国鉴定信息化管理水平和服务质量显著提升。2020 年以来，鉴定系统疫情防控和鉴定工作“两手抓”，充分发挥平台作用，无接触式接收鉴定申请取得显著成效，其中总站接收国推鉴定申请 2 100 余个，与往年同期基本持平。五是农机质量认证工作不断推进。实现了农机购置补贴机具资质采信农机质量认证结果，公布了符合农机购置补贴机具资质采信条件的认证机构，组织开展相关政策制度宣传贯彻与培训，推动政策落地实施。发布 100 马力以下的轮式拖拉机、甘蔗收获机、旋耕机、微耕机自愿性产品认证特则，为自愿性认证采信实施提供了技术依据。开发了认证结果信息公开系统，截至 6 月底，系统已上传 410 张认证证书、2 269 个产品型号认证结果信息，实现与补贴投档平台互通互联，为购机补贴投档工作提供技术数据支撑。

扎实开展农机质量监督工作

全系统进一步健全农机质量监督机构，完善制度，畅通渠道，规范开展农机质量监督工作，维护农民合法利益。

一方面，各地不断完善农机质量投诉监督工作制度，加强质量投诉工作培训和体系建设。全国农机质量投诉管理系统进一步优化，实现投诉资料网上提交，目前已有 1 777 家投诉机构注册使用，有效提升了工作规范化水平。据不完全统计，2019 年全国农机化系统各级质量投诉监督机构 2 977 个，共接收各类农机质量投诉 327 件，受理 297 件，受理率 90.8%；办结 286 件，办结率 96.3%，为用户挽回直接经济损失 2 059 万元。新冠肺炎疫情期间，总站组织开展了线上“农机 3·15”活动，部省联动，30 个省份的 2 300 多个市（县）参与，是 2019 年的 2.4 倍，形成了工作合力，为保障春耕生产顺利进行和依法维护农机用户权益营造了良好氛围。

另一方面，认真做好农机质量调查工作。总站联合 9 个省（自治区）完成了 500 台 6 行水稻插秧机的质量调查；17 个省份开展了省级质量调查共计 29 项，涵盖了 15 种农机产品，涉及 290 多家企业生产的 3 300 多台产品，调查了 3 180 多个用户。农机质量调查工作趋于常态化，更加注重结果应用，着力推动生产企业质量主体责任的落实和产品质量、服务质量的提升。

积极推动农机社会化服务

各地结合实际，积极推动农机社会化服务发展，在促进小农户与现代化农业有机衔接上发挥了积极作用。一是协助部司做好“三夏”农机化生产工作。加强值班，搞好调度，做好统计宣传，确保“三夏”农机化生产安全有序进行。二是继续做好农机职业鉴定工作，推进农机社会化服务人才队伍建设。注重农机师资和职业技能鉴定考评员培训，规范职业技能鉴定工作程序。2019 年培训鉴定农机技能人才 10 029 人。2020 年以来，面对疫情，线上线下相结合，共开展农机职业技能鉴定 11 个批次，核发职业资格证书 8 310 张。三是加强农机维修基础性工作。组织开展农机维修能力建设培训，提高从业人员技能。开展农业机械报废更新、维修监管、拖拉机驾驶培训等相关工作调研，推动相关政策出台，加快高耗能、高安全风险机械报废。四是积极推进农机服务机制创新。组织举办“全程机械化+综合农事”中心建设培训、农机合作社辅导员和理事长培训班，打造一支引领农机社会化服务提档升级发展的生力军。江苏出台了加快推进“全程机械化+综合农事”服务中心建设的指导意见，制定了省级建设指引，从建设主体、基础设施、装备配置、服务能力、制度建设 5 个方面进行指导和规范。总站协助农业农村部农机化司组织遴选并发布"全程机械化+综合农事"服务中心典型案例 70 个，不断扩大示范效应，推动农机社会化服务和业态创新，以农机服务社会化、产业化促进农业现代化。

为农机化政策实施提供支撑保障

加强农机化政策实施研究，积极为农机化中心工作提供技术支撑和服务保障。一是为农机购置补贴等政策实施提供技术支撑。部省两级鉴定推广机构及时了解分析农民需求和技术发展趋势，提出优化补贴机具种类等对策建议；开展分类分档调查研究，提出部分产品分类分档参数修改建议，推动新产品补贴试点，促进农机化发展急需的农机装备应用。各地特别是县、乡（镇）工作人员承担了大量的农机购置补贴、作业补助等政策咨询，以及人员培训、核机查验、面积核对、信息统计、监督考核等工作，为农机化政策的落地提供了重要技术支撑和人力保障，得到了各方面的高度肯定。二是为农机化发展提供信息化支撑。各地认真做好行业网站的运维工作，通过网站、公众号、杂志宣传党和国家的新政策，报道农机化工作的新进展新成效，推广农机化新装备新技术，推出农机化发展新模式新典型，为农机化发展营造良好氛围。有的地方承担农机化信息管理系统运维任务，积极推动北斗终端应用，为精准测算作业面积、支付作业补贴提供了重要数据支撑。三是为农机化政策研究提供支撑。各地发挥人才优势和技术优势，承担了工作调研、农机化发展问题研究等工作，为制定规划、出台政策提供支撑。与此同时，各地按照要求，还着力做好产业扶贫和脱贫攻坚各项工作，积极做好农机化国际交流与合作等工作。

一年多来，全系统克服了许多困难，做了大量卓有成效的工作，进行了许多具有开创性的探索，特别是今年以来，面对新冠肺炎疫情，统筹防疫和业务发展，创新方式方法，展现了农机鉴定、农机推广人推动农机化转型升级的精神风貌。同时，大家对总站工作给予了支持。借此机会，介绍一下总站合署办公及内设机构改革的有关情况。

2019 年对于总站而言，是意义重大、影响深远的一年，农业农村部于 6 月 26 日宣布了两站合署办公。张桃林副部长当时指出，推进两站合署办公是深化事业单位改革的重要举措，是新形势下推进农机化转型升级的现实需要，也是整合职能力量、提高工作效能的有效途径。总站设置了 19 个内设机构，职能涵盖农机试验鉴定、技术推广、安全监理、社会化服务四大体系的政策研究、行业技术指导，农机化标准、质量监测、试验鉴定、质量认证等业务的组织指导，相关产业农业机械试验鉴定和机械化技术推广以及政务党务、人事劳资、计划财务、基本建设、信息宣传、后勤保障等。今年 4 月总站新的机构正式运行，运行 5 个多月来，基本实现了从"物理变化"到"化学反应"的转变，"职责明确、支撑有力、协同高效、服务到位"的职能体系已初步建立，合署办公完成了平稳过渡，技术支撑、服务保障和公益服务水平的能力提升将会逐步显现。

在总结与肯定成绩的同时，也要清醒地认识到，面对加快推进农业农村现代化和实施乡村振兴战略的新形势，对标对表农机化发展转型升级这个总目标，还存在不足和短板，农机试验鉴定能力相对供给不足，鉴定机构的工作协同性不强、省际发展不平衡，农机化技术推广方式方法创新不够，一些基层机构的能动性不足，新技术推广与生产需要和群众期盼仍有差距。

今后一段时期，要认真贯彻落实张部长（张桃林副部长）讲话要求，对新时期农机试验鉴定、农机化技术推广工作的功能定位进行再认识，对其内涵和要求进行再丰富，加强能力建设，创新方式方法，推动试验鉴定和技术推广各项工作有机衔接、协同推进，发挥好农机鉴定、农机化技术推广在推动农机化全程全面高质高效发展中的支撑保障作用。重点做好以下几方面工作。

（一）提升试验鉴定能力，促进安全适用可靠农机产品供给

要坚定农机试验鉴定工作的公益性属性，持续落实好新的试验鉴定办法，紧紧围绕产业发展、生产需要、农民期待，服务购置补贴政策实施，提升试验鉴定能力，引导推动企业生产为农民提供满意的装备和服务。一要拓宽鉴定范围。以制（修）订农机鉴定大纲为抓手，推动鉴定技术和服务向农民生活、农村生态延伸，全面服务农机购置补贴政策的实施。要高质量完成《2020年农业机械推广鉴定大纲制定计划》，实现农机购置补贴机具品目、新产品试点三年期满产品两个方面全覆盖，不留空白点。要组织好专项鉴定的实施，畅通新产品获得补贴资格的渠道。二要提升试验鉴定资质能力。要争取支持，增添检测仪器设备设施；要加强人员培训，提高检测技能；要持续改进质量管理体系，完善制度，防控风险；要加强协调，加快检测项目资质扩项认可；要优先开展生猪生产和畜禽养殖废弃物资源化利用领域设备的鉴定，促进鉴定能力由传统产品向果菜茶、养殖业、加工业和设施农业以及智能复式多功能产品拓展。三要协调推进省际试验鉴定工作。要以发布鉴定产品种类指南为手段，以满足本省农机化发展需要为责任，统筹发挥好各鉴定机构的优势、发挥各省财政支持的基础和特点，注重协作合作，共同努力满足农机企业的鉴定申请。要研究全国农机鉴定能力布局，统筹考虑企业生产布局、使用需求特点、工作基础和财政支持能力，引导各地用好有限的资源，发挥农机鉴定系统的整体作用。四要加强鉴定方式方法研究。要继续加强农机评价与应用标准的基础研究，反映生产需要、突出鉴定特点、防范技术风险。要开放大纲制（修）订工作，用好社会各方力量，加快鉴定大纲制（修）订进度。要应用信息化技术、利用社会资源、利用系统力量，提升试验鉴定的工作效率。五要加强证后监督。随着“放管服”改革的深入，鉴定工作简化了流程，便利了企业，需要鉴定机构加强事中事后监管力度，维护鉴定的权威性和公信力。要增强证后监督抽查的针

对性，对违规行为零容忍，通过撤销、注销证书等严格结果处理，加大企业违规成本，有效发挥监管的威慑力。六要发挥好农机产品认证的作用。农机产品认证是农机推广鉴定工作有益补充，也是实施购机补贴的技术支撑。要紧紧抓住农机购置补贴机具资质采信农机质量认证结果的契机，支持认证机构扩大范围、增加认证产品数量，做好认证信息与农机补贴机具投档、牌证管理等信息互联互通。

（二）提升农业机械化质量和标准工作能力，助力农机化高质量发展

开展投诉监督、农机质量调查、农机化标准工作是《农业机械化促进法》明确农机化主管部门的法定职责，鉴定推广机构要积极做好服务支撑。一要认真做好投诉监督。完善农机质量投诉信息报送工作考核机制，推广应用全国农机质量投诉管理系统，继续开展“农机3·15”消费者权益日活动，持续打造农机质量服务品牌，维护农民群众和农机企业合法权益。二要扎实做好农机质量调查。要开展抽样方法等质量调查方法研究，把握好样本数量、样本区域和代表性关系，提升调查结果的科学性。要发挥部省联动系统到县的优势，统筹各地力量、聚焦重点产品、用好部省财政资金，发挥促进产品质量与服务持续改进的作用。今年总站与黑龙江、吉林、辽宁和内蒙古站，要实施好玉米免耕播种机质量调查，为东北黑土地保护性耕作行动计划实施提供支撑。三要着力加强农机化标准化体系建设。加快健全和完善农机化标准体系，以编制农业机械化标准体系建设规划为引领，用好各方力量，协调多种资源，重点推进主要粮食作物全程机械化生产和薄弱环节机械化生产技术规范标准的制（修）订，加强信息化、自动化、智能化新机具新技术应用标准、农机作业基础条件标准、农机社会化服务标准的制（修）订工作，切实提高标准的科技含量和成果转化效果。

（三）提升培育服务新型农机经营主体能力，持续促进农机社会化服务发展

以建设现代农业经营体系为目标，大力发展农机社会化服务，带动实现现代农业与小农户的有机衔接，以服务社会化弥补经营方式细碎化，促进农业现代化。一要持续做好新型农机经营主体培育工作。开展全国农机合作社建设和服务能力培训，提升合作社建设和“带头人”的经营管理能力，推动合作社规范化建设。通过推动组织培训、项目支持、购机补贴、作业补贴等政策倾斜方式，扶持农机大户、农机合作社发展。着力构建起结构合理、水平较高、能力较强、行为规范、覆盖各产业链的农机社会化服务组织体系。二要加强农机职业技能鉴定体系建设与实用人才培养。继续组织开展农机操作人员技能培训，组织好“2020年第三届全国农业行业职业技能大赛农机修理工技能竞赛”，通过“以赛促训”“以训提能”，大力培养农机操作、维修等实用技能型人才，弘扬工匠精神。充分调动农机手的兴趣。加强农机维修师资队伍能力建设，提高考评员队伍数量与质量。开展农机

职业技能鉴定行业发展情况调研和工作交流，研究制定农机职业资格鉴定和技能等级认定衔接的制度规范，推进农机使用维修与技能学习平台及手机 App 的应用。三要继续推进农机服务机制创新。遴选农机社会化服务典型，推广代耕代种代收、托管作业、订单作业和“全程机械化+综合农事服务中心”等多种服务模式，继续推动农机服务业态创新，为农户提供高效便捷的农机作业服务以及农资统购、农业废弃物资源化利用、技术培训、信息咨询、农产品销售对接等“一站式”综合服务，提升农业生产效率和经营效益，推动农机社会化服务持续健康发展。

（四）提升技术支撑服务保障能力，促进农机化政策落实见效

农机鉴定推广机构要围绕中心工作积极为主管部门提供有力的技术支撑和服务保障，要在政策研究、技术供给、宣传落实、信息化支撑等方面有所作为。一要积极参与农机化政策和项目实施调查研究。农机化重大政策和项目是体现国家农业机械化发展战略目标、集成科技资源、实现重点领域跨越发展的主要抓手和重要引擎，服务大局，才能获得重视。当前，要按照主管部门要求，积极参与做好保护性耕作补助、深松作业补助、秸秆机械化还田作业补助、农机具报废更新补贴、农机监测项目实施、农机化扶贫等工作，掌握工作进展，总结基层成效，提出工作建议，推动措施落实。二要主动为农机购置补贴政策实施提供支撑。要加强调查研究，及时掌握农民购机动向和基层需求，平衡好生产急需与技术成熟之间的关系，及时提出科学合理的补贴范围建议、机具分类分档建议，协助做好补贴实施绩效考核、违规处理、信息公开等工作。三要在改善农机作业基础条件方面积极作为。积极开展农田宜机化改造、农机具场库棚建设等技术标准研究和指导，挖掘典型，以点带面，助力补齐丘陵山区农机化发展短板，为实施农业设施用地政策提供依据。四要以信息化手段服务农机化管理。承担农机化行业信息网运维的鉴定推广机构，要建立完善信息收集发布机制，完善网站功能，提高网站的权威性、信息的时效性和服务大众的针对性。总站要与全系统一起办好“两网两刊”（即中国农机化信息网、中国农机推广监理网，《农机质量监督》《农机科技推广》），反映系统工作动态，展示各地工作成效、交流工作经验。各省（自治区、直辖市）农机鉴定、推广系统要充分利用“两网两刊”搞好工作交流与宣传，为农机管理部门、基层鉴定推广人员，以及农机企业和农民提供更好的服务。总站将按照政务信息整合要求，建立“一点登录，全网通办”的农机化生产信息服务平台，将受理审查、成果共享、研讨培训、试验示范、申领办补等工作改为“一站式”线上服务，提升管理服务水平。

（五）提升人员素质能力，建设“一懂两爱”的队伍

运转高效的体系和高素质的队伍是做好农机试验鉴定和农机化技术推广工作的重要保

障。各鉴定推广机构要把人员素质提升摆在重要位置，工作有安排、资源有保障、成效有评估。一要建立和完善人员知识更新和技术培训常态化机制。单位组织培训与个人自学相结合，专业知识培训与政策法规知识培训相结合，送出去与请进来相结合，使技术人员掌握技术发展状况、具备岗位资格，满足工作履职要求。二要打造专家队伍。在工作中培养，在克难攻坚中锻炼，推出一批基本功扎实、工作敬业钻研、有建树有影响的各领域专家，提高鉴定系统、推广系统人员在农业领域的影响力。三要加强作风建设。要厚植干部职工的“三农”情怀，懂农业、爱农民、爱农村，爱岗敬业，乐于奉献。要引导干部职工勇于担责、善于履责、全力尽责，做实事、重实效。四要持续做好廉洁自律。要完善程序，规范工作行为，注重权力制约，公开工作要求，接受社会监督，织牢织密防腐网。要持续加强理想信念教育、党纪法规学习，打牢廉洁自律的思想基础。

来源：《农机质量与监督》
2020年第10期

凝心聚力　提质增效
加快推进养殖机械化鉴定与推广工作

农业农村部农业机械试验鉴定总站、农业机械化技术开发推广总站　仪坤秀

编者按　本文是农业农村部农业机械试验鉴定总站、农业机械化技术开发推广总站总工程师仪坤秀在广东省云浮市7月29日召开的“2020年养殖机械化技术研讨会”上的主题报告，本刊全文刊登如下，供参考。

这次在广东省云浮市召开的养殖机械化技术研讨会，主要任务是深入贯彻落实《国务院办公厅关于稳定生猪生产促进转型升级的意见》（国办发〔2019〕44号）、《农业农村部关于加快畜牧业机械化发展的意见》（农机发〔2019〕6号）和《关于加快推进水产养殖业绿色发展的若干意见》（农渔发〔2019〕1号）精神，总结交流养殖机械化试验鉴定和推广工作取得的成效和经验，研究部署下一阶段养殖机械化工作。下面，我讲三点意见。

高度重视加快发展养殖机械化的重要意义

（一）养殖业是我国农业生产的重要组成部分

畜牧业是畜禽产品的主要来源，其产值约占农林牧渔业总产值的1/3，且呈逐年增加态势。2018年畜牧业产值达2.87万亿元，占农林牧渔业总产值的25.3%，带动上下游产业产值约3万亿元。2018年渔业产值达1.21万亿元，占农林牧渔业总产值的10.7%。畜牧业和渔业已经成为农业农村经济的重要支柱产业、实施乡村振兴战略的基础产业、农业现代化的先导产业。畜牧业和渔业是广大人民群众优质动物蛋白的重要源泉，肉鱼蛋奶已成为老百姓日常生活不可或缺的“口粮”。随着居民生活水平的不断提高，他们对肉鱼蛋

奶的需求数量越来越大，质量要求越来越高。从国外畜牧业和渔业发展趋势来看，机械化既是提升产品产量的必要举措，同时也是保证产品质量安全的必然措施。

（二）养殖机械是保障畜牧业和渔业发展的重要基石

畜牧业和渔业的发展离不开机械化支撑和保障。目前，我国畜禽养殖业快速向规模化、标准化发展，畜禽养殖规模化率达到60.5%，其中，生猪规模化率（年出栏500头以上）为49.1%，蛋鸡规模化率（年存栏2 000只以上）为76.2%，肉鸡规模化率（年出栏10 000只以上）为80.7%，肉羊规模化率（年出栏100头以上）为38%，肉牛规模化率（年出栏50头以上）为26.0%，奶牛规模化率（年存栏100头以上）为61.4%。水产养殖规模化、标准化和机械化程度也在不断提升，主要养殖区域典型示范效应明显，政策扶持效果显著。规模化成就与机械化应用密不可分，二者相辅相成。养殖机械化水平的不断提高，不仅解决了人力成本问题，同时也促进了规模化养殖比重的提升、养殖环境的改善、生产效率的提高、产业发展和产品质量安全，在某些领域甚至起到了决定性作用。

（三）养殖机械化是实现产业发展升级的关键环节

国发42号文件提出，农业机械化要向全程全面高质高效转型升级，由种植业机械化向畜牧业、渔业机械化延伸。现阶段，养殖机械化是其中的薄弱环节，其已成为全面机械化转型升级的重要内容。我国畜牧业和渔业正在经历由传统型、散户养殖向规模化、现代化养殖的转型发展，必将推进养殖机械向自动化、集成化和智能化升级。在发展过程中，随着产业规模越来越大、领域划分越来越细以及养殖模式与工艺越来越科学，必将引领养殖机械产品种类越来越丰富，以及高端智能化装备不断涌现。从国外发达国家发展历程和经验来看，养殖工艺与机械装备实现无缝对接是产业发展的必然结果，只有将养殖机械与产业发展紧密融合，才能最终实现畜牧业与渔业现代化，走上资源节约、环境友好的可持续发展道路。

充分肯定养殖机械化发展取得的成绩

（一）养殖机械的保有量稳定增加，产品种类不断丰富

据2019年数据，畜禽养殖机械保有量达到789.4万台（套），中央财政农机购置补贴用于畜牧养殖机械和畜禽废弃物资源化利用设备的资金近2亿元，新增各类机械近8万台（套），其中，新增饲料（草）加工机械设备7万多台（套）、饲养机械4 000多台（套）、畜产品采集加工机械设备300多台（套）、畜禽废弃物资源化利用设备3 000多台（套）。我国水产机械总量达到468.97万台，其中，增氧机、投饲机分别达到326.12万台和

105.75 万台，补贴资金 3 507 万元，主要养殖模式的重点环节装备基本实现有机可用。

目前，正在修订的农业机械分类标准中，畜禽养殖机械包含饲料（草）收获加工搬运机械、养殖设施、消杀防疫机械、环境调节机械、孵化（出雏）设备、饲养设备、畜禽养殖监控设备、畜产品采集设备、畜产品运输设备、畜禽粪污处理利用设备、畜禽尸体处理设备等主要环节的产品。相关产品性能、特性已经能够满足生猪、肉鸡、蛋鸡、奶牛、肉牛、肉羊等主要畜禽品种的养殖环节和工艺要求。渔业机械包括 3 个中类 15 个小类 62 个品目，比 2015 版 2 小类 10 个品目增加了 6 倍，为下一步制定扶持政策提供了依据。目前，养殖机械已基本解决了“无机可用”的突出矛盾，在一些环节，产品的科技含量、制造工艺水平在国际上处于领先地位。

（二）规模养殖机械化率不断提升

目前，我国规模养殖机械化水平进一步提升。规模养猪总体达到 45%以上，其中，饲料投喂、环境控制等环节达到 60%。规模养鸡场超过 40%，其中，饲料加工、饲料投喂、粪污清理和环境控制等关键环节接近 70%，在产品收集环节，大型蛋鸡企业自动集蛋装备应用比例达 70%。奶牛养殖总体超过 60%，规模牧场 100%实现了机械化挤奶、90%配备全混合日粮制备机，主要环节基本实现机械化；奶牛养殖机械化在畜禽养殖机械化领域中呈现引领态势，处于从传统机械化向自动化、信息化、智能化升级的过程中。猪鸡规模养殖机械化装备标准化、成套化特点显著，智能化环控设备、高效消洗设备的行业需求量迅速提升，高效低耗型产品逐步替代传统产品。畜禽养殖废弃物处理方面，在粪污收集环节，规模奶牛养殖中粪污收集机械化率超过 40%。在粪污处理环节，规模化养殖场内处理设施与装备基本实现机械化替代人工。2018 年全国畜禽粪污综合利用机械化率超过 90%，规模养鸡机械化率超过 70%，规模养猪粪污处理设施装备配套率均达到 74%，大型规模养殖场粪污处理设施装备配套率达到 86%，病死畜禽无害化处理体系不断健全，畜禽养殖废弃物资源化利用取得积极成效。

随着渔业生产效益不断提高，水产养殖机械需求旺盛，作业范围不断拓宽。投入使用的机械从排灌、增氧发展到投喂、卫生防疫、起捕等环节。目前，我国水产养殖装备机械化水平约为 28.85%，其中，工厂化养殖的机械化水平为 56.03%，池塘养殖的机械化水平为 30.73%，筏式吊笼与底播养殖模式的机械化水平为 24.78%，网箱养殖的机械化水平为 15.7%。

（三）养殖机械化试验鉴定与技术推广体系不断完善

畜牧养殖机械推广鉴定大纲覆盖范围不断扩大。2019 年，农业农村部发布两批次共 45 项畜禽养殖机械推广鉴定大纲，2020 年又新增加 9 种急需产品推广鉴定大纲；各省

（自治区、直辖市）发布21项畜禽养殖机械产品专项鉴定大纲。目前，部省两级大纲基本实现畜禽养殖主要机械装备的全覆盖。

全面加强畜牧养殖机械试验鉴定能力建设。目前，相关省级鉴定机构已具备10项关键养殖废弃物资源化利用装备鉴定能力，生猪养殖设施装备重点省和部鉴定总站已经具备5项生猪主要生产装备鉴定能力。2019年将8个品目的粪污资源化利用装备列入国家和省级支持的推广鉴定产品种类指南，3个品目的生猪生产设施装备被纳入省级鉴定产品种类指南。2019年全国鉴定机构共承担养殖废弃物资源化利用装备以及生猪生产装备鉴定项目172项，截至2020年7月，接收国推鉴定申请1 723项，农机鉴定需求保持了旺盛势头，其中受理1 031项，畜牧机械117项，占比11.4%。从受理产品种类看，撒肥机占比38.9%，喂料机、畜禽粪便发酵处理机分列第二、第三位，占比分别为32.2%和22.0%。2020年上半年发放国推鉴定证书325张，其中，畜牧机械11张。各省份发放推广鉴定证书1 504张，其中，畜牧机械126张。甘肃、湖南、江苏等7个省份发放专项鉴定证书29张，其中，畜牧机械8张。全国16个省（自治区、直辖市）和农垦农机鉴定机构具备了增氧机、投饵机、网箱养殖设备、水体净化设备、绞纲机、船用油污水分离装置、清淤机、水泵等水产养殖机械品目的试验鉴定能力，增氧机械、投饲机、水下清淤机械、渔业船舶舱底油污水分离设备、渔业船舶绞纲机、水产养殖水质监控设备6个推广鉴定大纲相继发布，相关产品陆续纳入各省鉴定指南并开展鉴定，全国主要养殖区域重点机具试验鉴定布局初步建立。

畜禽养殖机械化技术推广工作有序开展。制定发布了《全国优势特色农产品机械化生产技术装备需求目录（2019）》，明确当前畜牧业养殖中的饲养、畜禽产品采集加工、饲料加工环节机具缺口情况。各级农机化技术推广机构结合本地域产业发展，重点推广高效青饲料收获技术、粪污资源化利用技术。部分省份相继开展了畜牧养殖机械试验示范，不断加大对基层农机化人员的理论实践培训，营造良好推广氛围。各地根据当地水产养殖特点，通过典型示范引领，积极开展水产养殖机械化技术推广和服务，以天津、上海和江苏为代表，机械化水平分别达到64.82%、61.27%和57.26%，近年来大力推广水产养殖技术和装备，初步形成淡水鱼池塘生态循环水养殖、虾蟹池塘养殖等主要品种、主要养殖模式、主要环节的机械化技术规范。在水质处理和监测设备、水草收割机、智能投饵装备、尾水处理设备、捕捞分级加工等方面，加快了绿色智能装备的推广应用。

畜禽养殖机械化关系畜牧业高质量发展，直接影响畜禽产品安全生产。大力发展畜牧养殖机械化，促进畜牧业转型升级和绿色发展，是新机遇也是新挑战。我国畜牧养殖机械化严重不平衡，在不同地区、畜种、养殖规模和生产环节，机械化水平差别较大。目前，畜牧养殖和水产养殖机械化率分别为34.21%和29.87%，与主要农作物72.02%的机械化率有很大差距。

从畜牧养殖机械化看，主要表现为“四高四低”：地区之间发展不平衡，部分地区养殖机械化水平较高，部分地区刚起步；主要畜牧品种相对较高，特种养殖仍较低；一些超大规模养殖场基本实现了机械化，但大多数中小养殖户依旧较低；饲草料生产相对较高，畜牧养殖仍较低。非洲猪瘟等疫病对我国畜牧养殖产业的影响持续存在，养殖机械产品“同质化、低端化”现象仍然存在。从水产养殖机械化情况看，在农机购置补贴政策引导下，水产养殖业与养殖机械制造业呈两旺态势，但水产养殖装备制造企业规模都不大，水产养殖机械装备技术水平总体偏低，适用的智能化信息化绿色装备多处于研发阶段，实际应用较少。此外，农机部门服务能力相对薄弱，体系尚不健全，区域和省之间发展不平衡，相关扶持政策力度不足，必须切实增强紧迫感、责任感、使命感，推动养殖机械化向全程全面高质高效转型升级。

切实推进养殖机械化科学发展，加快提升养殖机械化水平

《国务院关于加快推进农业机械化和农机装备产业转型升级的指导意见》（国发〔2018〕42 号）等文件均提出，“十四五”期间要加快升级养殖设施和装备。农业农村部在《关于加快畜牧业机械化发展的意见》中提出，到 2025 年，力争畜牧业机械化率总体达到 50%以上，主要畜禽养殖全程机械化取得显著成效。其中，奶牛规模化养殖机械化率达到 80%以上，生猪、蛋鸡、肉鸡规模化养殖机械化率达到 70%以上，肉牛、肉羊规模化养殖达到 50%以上，大规模养殖场基本实现全程机械化。标准化规模养殖与机械化协调并进的畜牧业发展新格局基本形成，有条件的地区主要畜种规模化养殖率先基本实现全程机械化。农业农村部等 10 部委在《关于加快推进水产养殖业绿色发展的若干意见》（农渔发〔2019〕1 号）文件中提出，加速水产养殖业机械化，推进水产养殖业绿色发展，促进渔业转型升级。据了解，农业农村部《关于加快水产养殖业机械化发展的意见》正处于征求意见阶段。面对新形势、新任务、新要求，农机试验鉴定系统、推广系统要系统规划、科学统筹、逐层推进养殖机械化发展。

（一）立足主要畜种规模养殖与关键环节，加快提升养殖机械化总体水平

一是立足主要畜禽品种规模养殖。当前标准化规模养殖与机械化协调并进的畜牧业发展新格局基本形成，有条件的地区主要畜种规模化养殖率先基本实现全程机械化。要紧紧围绕“保供给”使命与责任，以生猪、蛋鸡、肉鸡、奶牛、肉牛、肉羊 6 个关键畜种为今后发展畜牧养殖机械的重点关注对象，切实发挥出机械化对保障人民群众“肉案子、奶瓶子、蛋篮子”有效供给的支撑作用，围绕 6 个关键畜种规模养殖全程机械化进行谋篇布局。

二是聚焦重点生产环节。畜禽养殖机械化主要环节包括饲料（草）生产与加工、饲料（草）投喂、消杀防疫、环境控制、粪污收集、畜产品采集、粪污处理与利用等，围绕“补短板、强弱项”目标，在高效青饲料收获、精准化饲喂、信息化养殖环境监控、粪污资源化利用成套装备、畜产品高效高质收集与储运、疫病消杀防控等关键环节补齐试验鉴定短板，拓宽畜禽养殖机械示范推广的新模式、新思路。

三是突出养殖工艺与装备配套融合。要加快养殖机械装备与畜禽品种、养殖工艺的融合，组织鉴定和推广系统尽快制定发布不同畜种、不同规模化养殖设施装备配套技术规范，加快推进畜种、养殖工艺、设施装备集成配套，加强养殖全过程机械化技术指导，构建区域化、规模化、标准化、信息化的畜牧养殖全程机械化生产模式，大力推进主要畜种养殖全程机械化。

（二）树立农牧配套、种养结合的生态循环发展理念，推动畜禽养殖机械化科学发展

畜牧业机械化与传统大田机械化相比，具有明显的特殊性。在畜禽养殖机械使用环节，上游连接饲草料种植与收获，下游连接粪污有机肥消纳。因此，要充分考虑畜牧业与种植业“农牧配套、种养结合”问题，立体化谋划畜禽养殖机械化发展。加快先进饲草料收获及加工机械的推广应用，落实振兴奶业苜蓿发展行动，深入推进粮改饲，扩大优质苜蓿基地和粮改饲规模。加快粪肥资源化利用和施用装备、病死畜禽无害化处理装备的研发和推广，规范病死畜禽无害化处理，推进畜禽粪污还田利用。同时，解决好畜牧业发展资源受环境制约的突出矛盾。要始终坚持农牧配套、种养结合的农牧循环绿色发展方向，总结推广生态化畜禽养殖机械化典型模式，引导养殖场（户）和社会化服务组织利用机械化手段，促进种养业的有机衔接。

（三）科学统筹鉴定与推广业务主体职能，推进养殖机械化工作有序开展

在试验鉴定中，要充分考虑养殖机械产品的新特点，加快制定养殖机械产品推广鉴定大纲、专项鉴定大纲；不断提升实验室鉴定能力水平，发布养殖机械产品推广鉴定种类指南，不断完善构建养殖机械产品推广鉴定服务体系，充分发挥农机试验鉴定的技术支撑与保障作用。加快组织遴选先进适用畜禽养殖机械装备，面向行业公开推介，优先列入农业农村部规模化养殖设施装备配套技术规范，广泛宣传。在技术推广中，要利用好现有全国农机化技术推广体系，创新推广模式、推广方法，围绕“按地域、有特色、出亮点”要求，加快开展养殖机械化示范与推广。创新养殖新装备新技术体验式、参与式推广方式，充分调动养殖业设施装备生产企业、养殖场（户）和科研院校、社会团体等参与技术推广的积极性，加快养殖业机械化新技术的推广应用。积极组织推荐养殖机械化典型案例，树

立示范标杆。探索建立养殖机械化试验示范案例库和培训点，组织行业专家开展长期联系指导、跟踪研究，总结可复制的模式经验，持续进行示范推广。

（四）加快推动信息化、智能化产品应用，促进养殖机械发展转型升级

科技是第一生产力，创新是引领发展的第一动力。在畜禽养殖机械化发展过程中，随着现代生物技术、信息技术、自动控制技术的不断应用，推动了畜禽养殖机械向高端化发展，促使畜禽养殖紧跟科技进步。畜禽生产全过程管理更加精细化、个性化，实现“电脑代替人脑”，成为智能化畜牧业的标签，鉴定系统和推广系统要紧跟畜禽养殖机械发展潮流，加快畜禽养殖机械化鉴定与推广工作。推进“互联网＋”畜禽养殖机械化，支持在畜禽养殖各环节重点装备上应用实时信息采集和智能管控系统，支持鼓励养殖企业进行物联化、智能化设施与装备升级改造，促进畜牧设施装备使用、管理与信息化技术深度融合。鼓励、支持和引导畜禽养殖和装备骨干企业建立畜禽养殖机械化信息化融合示范场，应用畜产品全程可追溯系统。支持有条件的地方建设自动化信息化养殖示范基地，推进智能机械装备与智慧牧场建设融合发展。推动畜牧业机械化大数据开发应用，为养殖机械试验鉴定、示范推广和社会化服务提供支持。

（五）加快水产养殖绿色高效新技术、新装备、新模式的应用推广

优化渔业机械标准体系，制定水产养殖场设施改造宜机化标准，推进标准化、机械化生产作业。优化集成一批“功能布局合理、基础条件完备、生态环境优良、机械化水平高”的样板模式，加快示范推广。制定发布水产养殖机械化技术和装备需求目录、主推技术，遴选和推广普及绿色高效新技术、新装备、新模式，加快淘汰高能耗、高污染、安全性能差的老旧水产养殖机械，促进装备更新换代。以池塘养殖、网箱养殖、筏式养殖等主要养殖方式为对象，示范推广一批新技术新装备，总结推出一批全程机械化解决方案，制定发布规模化配套机械装备技术规范，加强全过程机械化技术指导，大力推进水产养殖主要生产方式全程机械化建设。

来源：《农机质量与监督》

2020 年第 8 期

行业大腕谈如何创新协作推进农机化转型升级

农业农村部农机化总站　朱礼好

12月15—16日，在农业农村部农业机械试验鉴定总站、农业农村部农业机械化技术开发推广总站（下称“总站”）组织召开的推进主要农作物生产全程机械化生产专家指导组工作推进会期间，同期举办了“创新协作·共推农机化转型升级”报告会。报告会由总站副站长徐振兴主持，中国农业机械化协会会长刘宪致辞。中国工程院院士、华南农业大学教授罗锡文，总站站长刘恒新，中国农业机械工业协会会长陈志，中国农业机械流通协会副会长陈涛，雷沃重工战略总监田大永在会上做了报告。

无人农场是智慧农业的方式与途径

在报告会上，罗锡文院士做了题为《无人农场的关键技术与实践》的报告。他把目前的农业分为4个阶段：“农业1.0”是以人力与畜力为主的传统农业，是农业社会的产物；

“农业 2.0”是指机械化农业时代，是工业社会的产物；“农业 3.0”是指自动化农业时代，是信息社会的产物；“农业 4.0”是以无人化为特征的智能农业时代，是智能社会的产物。

而无人农场是智慧农业的一种生产方式，是实现智慧农业的一种途径。罗锡文院士进一步指出，无人农场应实现耕种管收生产环节全覆盖、机库田间转移作业全自动、自动避障异况停车保安全、作物生产过程实时全监控、智能决策精准作业全无人这 5 个功能，并依托生物技术、智能农机和信息技术的支持。对于智能农机，应具有智能感知、自动导航、精准作业、智能管理的功能。同时，他指出，推广无人农场应有较好的基础条件，地块较大，机耕道和灌排设施较好，卫星信号和网络信号好。

农机化转型升级成效初显

报告会上，总站站长刘恒新做了题为《农机鉴定推广服务农机化转型升级》主题报告。“十三五”末期，全国农机总动力超过 10 亿千瓦，农业机械总量达到 2 亿台（套），农机装备持续快速增长，我国成为农机第一生产使用大国；农作物耕种收综合机械化率超过 70%，三大主粮基本实现了机械化，农业生产方式实现历史性转变；促进农机化发展的法规体系不断健全、政策扶持体系不断完善、社会化服务体系蓬勃发展、鉴定推广体系改革创新、管理服务水平持续提升，推动农业机械化转型升级初显成效，主要农作物生产全程机械化加速推进、农机化发展不平衡问题逐步改观、大型复式智能农机装备加快应用、绿色环保农机化技术加速推广、农机社会化服务带动作用更加凸显、农机安全生产形势持续稳定向好。

刘恒新站长指出，从“十四五”发展任务看，“十四五”时期是农业机械化加快转型升级的关键期，完成国发 42 号文件提出的 2025 年农机化发展目标，任务还很重。因此，“十四五”农机鉴定推广监理机构要积极作为，以提高农业质量效益和竞争力为目标、以促进农机化转型升级为主线、以技术创新机制创新为动力、以加强能力建设为抓手，充分发挥农业机械集成技术、节本增效和推动规模经营的重要作用，全力服务推进农业机械化转型升级。

农机行业创新能力不断提升

中国农机工业协会会长陈志在报告会上指出，目前国内农机工业企业总数近万家，规模以上企业 1 600 余家，可生产 4 200 多种农机产品，主要产品年产 500 万台（套）。2019 年 2 900 多家企业的 200 余万台（套）产品获得中央财政农机购置补贴，形成了与我国国民经济和农业发展水平基本适应的农机技术和产品体系。

在陈志会长看来，目前国内农机行业创新能力不断提升，如300马力级拖拉机产业化开发，400马力CVT拖拉机样机，无人电动拖拉机、智能农机定制芯片、氢燃料电动拖拉机等开始探索，信息获取、传感控制、定位导航等技术进入实用阶段，10千克/秒喂入量及以上谷物联合收割机、甘蔗收获机、6行采棉机等与国际先进水平的差距逐步缩小，畜禽养殖机械化智能化水平大大提升。

陈志建议，要加强顶层设计，贯通技术创新链。政府主导，针对“突出短板”和技术瓶颈，以用带研、研用直接对接，吸纳和整合创新资源；打通上游，促进全产业链协同探索，构建成本共担、利益共享的整机—零部件新型共生平等关系，鼓励基础零部件企业向专业化分工、细分市场、特色明显的方向发展；工艺与装备并重，提升制造水平，针对农机特点，在使用先进制造装备时，研究工艺的适用性和科学性，培养专业人才，推动整体制造水平提升；以点带面，发挥示范引领作用，发挥财政扶持资金作用，重点扶持一批目前在国内充分领先的优势拳头产品和行业内有引领作用的龙头企业。

农机市场呈现稳健增长走势

中国农机流通协会副会长兼秘书长陈涛在会上介绍了今年中国国际农机展的相关情况，作为今年全球唯一的农机大展，尽管受新冠肺炎疫情影响，中国国际农机展仍然受到了农机行业人士的高度青睐。另据他介绍，从中国农机流通协会市场监控看，今年前11个月，农机市场呈现稳健增长的发展走势，从月度同比看，走势曲线均在2019年、2018年的上方运行，4—11月的8个月中，有4个月处于景气区间。

陈涛副会长分析，今年市场增长的原因涉及多个方面。一是更新需求拉动，大中拖、收获机、种植机械等多种传统市场进入更新高峰期，加之我国大田作物机械社会保有量巨大，更新资源丰富。二是疫情限制了部分跨区作业，撬动了潜在客户需求，同时因疫情而回流的部分农民工投资农机，成为新用户。市场调查显示，今年回流农民工购机比例达15％～30％。三是政策助力，包括今年农机购置补贴政策实施启动早、推进快，中央和地方对大型高端拖拉机和农机具进行专项补贴促进、部分区域的叠加补贴政策，以及保护性耕作政策推动等。四是活跃的二手农机市场和报废拆解业务的兴起，推动了农机市场的增长。五是区域市场拉动，黑龙江、新疆、内蒙古等传统主流市场在沉寂数年后，今年重新发力。六是市场竞争推动，二三线品牌的低价倾销以及一线品牌的快速跟进，直接导致价格战，拉低了农机价格，迎合了低价客户的需求，对市场增长起到了推波助澜的作用。七是市场周期性变化，在经历了过去几年的低迷之后今年市场进入快速复苏的繁荣期。

数字农业的普及是大势所趋

雷沃重工战略总监田大永在主题为“智慧农业探索与实践”的报告中认为，粮食品质不均一、优质粮供应不足、居民食物消费升级并不断提升，吃好、吃得安全成为强需求。通过数字施肥、播种、灌溉等科学管理技术节本增效、提高产量，可为粮食安全和土地可持续发展提供巨大空间和潜力，推进农业高质量发展。同时，数字施肥、土壤、播种管理技术对农业生产效能的贡献率高，未来集成农机、农资、农业技术和环境数据的智慧精准农业技术将是大势所趋。

据他介绍，随着农业规模化经营推进，农业机械化、智能化和信息化同步发展。雷沃重工开发的 iFarming 智慧农业解决方案通过智能农机与车联网、云计算、大数据技术的有效结合，为农业生产全生命周期提供科学生产、有效管理和业务决策方案，并通过简化操作流程，提高生产效率，减少成本支出。该方案具有简洁易操控的用户界面和用户体验，全时链接远程信息处理平台，无缝联接整个作物生产周期，开放的标准数据系统。iFarming 智慧农业解决方案架构规划，以智能终端的运营为基础，开发运营智慧农业平台，实现了耕种管收农业生产全程智能化，全程无人驾驶，全程作业质量监控。截至 2020 年 11 月 5 日，实现农机远程监控 10 万套，自动导航 3 000 多台，活跃用户 2 万多人，生成 10 万多台农机的数据。

携手创新　共推农机化转型升级

中国农业机械化协会会长刘宪在报告会上表示，2020年，是“十三五”的收官之年，全面建设小康社会胜利在望，第一个百年奋斗目标即将实现，我们要向第二个百年奋斗目标前进，全面建设社会主义现代化国家将开启新的征程。我国已转向高质量发展阶段，新一轮科技革命和产业变革深入发展，农业发展面临着新的机遇和挑战。由于新冠肺炎疫情，粮食价格上涨，粮食安全上升到国家战略高度。“十四五”时期，我国传统农业向现代农业转变的步伐将大大加快，农机化转型升级也将进入关键时期。这次论坛以“创新协作 共推农机化转型升级”为主题，实现农业机械化转型升级，必须在完善扶持政策的同时，加大科技投入，依靠创新驱动发展，不断满足现代化农业快速发展对机械化生产技术与装备的新要求。要着力优先围绕加快推进农业农村现代化的发展目标和重点，深入推进农业供给侧结构性改革，加快培育农业农村发展新动能与补齐农业农村发展短板短腿，提升科技创新能力支撑，要从发展智慧农业做起。

中国农业机械化协会秉持“市场导向、服务当家”理念，以“全心全意做好农机使用者的代言人”为宗旨，致力于为广大农机使用者提供有价值的服务、解决实际问题，搭建农机使用者与农机管理部门、农机生产厂商之间沟通的桥梁，以此推动农机化事业的发展。目前，协会已设立了农机科技分会、农机鉴定检测分会、农机专业服务组织分会、农用航空分会、设施农业分会、信息化分会、畜牧分会、技术推广分会、大学生从业合作社理事长工作委员会、农机维修分会、农机安全互助保险工作委员会、保护性耕作专业委员会等分支机构以及一个先农智库。中国农业机械化协会将发动各分支机构和会员单位的作用，统筹资源，发挥行业协会优势，特别是发挥好农机合作社、大学生理事长的作用，配合做好创新工作，围绕全程机械化的薄弱环节，农机化发展的短板，做好相关工作。

来源：《农机质量与监督》

2020年第12期

“学习贯彻国发 42 号文件大家谈”
刘宪：充分发挥行业协会作用　服务引导行业转型升级

中国农业机械化协会　刘　宪

《国务院关于加快推进农业机械化和农机装备产业转型升级的指导意见》要求（以下简称《意见》），“充分发挥行业协会在行业自律、信息交流、教育培训等方面的作用，服务引导行业转型升级”，体现了党和政府对农机行业协会的重视，明确了发挥行业协会作用，促进农机化转型升级的具体途径。

行业协会是政府与企业沟通的桥梁和纽带，在促进政府与市场良性互动方面有着得天独厚的优势。行业协会能够深刻而敏锐地察觉到所处行业的生存状态、存在问题、潜在危险和发展前景，在深入推进农机装备产业和农业机械化管理领域“放管服”改革的大背景下，更需要行业协会发挥更大作用。

近年来，农机行业的三大协会（中国农业机械化协会、中国农机工业协会、中国农机流通协会）密切协作，根据市场需求，联合或单独举办各类农机展会、论坛以及研讨会、演示会、观摩会等活动，编制发布相关团体标准（规范），建立行规行约，规范企业和各类市场主体行为，为促进行业自律和资源优化配置发挥了重要作用。

中国农业机械化协会将认真贯彻《意见》，努力提升工作的质量和影响力，助力农机化和农机装备产业转型升级。

一是进一步加强行业自律，特别是在全行业贯彻落实好修订后的《知识产权保护法》，加强创新能力建设，避免低水平竞争，促进农机产品质量和性能的改善，提升国际形象和农机化发展质量。发起成立农机具设计创新工作委员会，探索在行业内部建立协同创新机制，加快成果转化，营造支持鼓励创新、尊重知识产权的良好风气；同时，建立起信用评价机制和信息通报机制，抑制简单抄袭现象，协助有关部门打击侵权行为。

二是进一步加强信息交流，特别是加强对行业历史资源及先进经验、理念的研究，策划组织更多高效活动载体。重点加强国际合作，围绕引进来和走出去开展工作，引导行业破解市场低迷、国四升级、成本上涨等问题。发起组织庆祝新中国成立70周年等主题活动，特别注重通过移动互联网、专业社群等渠道，提升活动参与度，使活动深入且有持续性，并不断听取各界反馈意见，激发深层动力，促进市场与政府的良性互动。

三是进一步加强教育培训，特别是充分发挥“先农智库”的作用，利用好资源和成果，为广大会员提供公益性的教育活动。利用协会公众号、网站等渠道，结合智库专题成果等，开展常态化教育培训。

来源：中国农机化协会公众号

2019年2月1日

“十四五”期间丘陵山区农田宜机化改造若干重大问题与举措

农业农村部南京农业机械化研究所　张宗毅

引言

农业机械化是转变农业发展方式、提高农业生产力的重要物质基础，是实施乡村振兴战略的重要支撑。然而 2018 年中国 1 429 个丘陵山区县农作物耕种收综合机械化水平仅为 46.87%，比全国平均水平低 21.92 个百分点。假如中国平原县农作物耕种收综合机械化水平达到 100%，而丘陵山区县停步不前，则全国农作物耕种收综合机械化水平最高只能达到 81.41%。丘陵山区农业机械化水平的落后，严重制约了全国农业农村现代化的整体推进。

对于如何发展丘陵山区农业机械化，中国通过不断探索实践，路径已逐渐明晰。从发展小农机适应细碎坡地的“以机适地”思路，转变为对地块进行改造使其适宜机械作业的“以地适机”思路，通过以“地块小并大、短并长、弯变直、坡改平，将地块条带状分布”为主要内容的农田宜机化改造，为农业机械作业创造了条件，进而促进农业机械化发展。然而，目前“丘陵山区农田宜机化改造”关键词虽然已经在中央 1 号文件和国务院的行业指导意见中多次出现，农业农村部也成立了专门的专家组，但支持力度仍然十分有限，社会上也还有一些争议。因此很有必要系统分析丘陵山区农田宜机化改造的内在逻辑，深入探讨“十四五”期间丘陵山区农田宜机化改造的对象范围、投资估算、体制机制、技术标准等具体操作层面的系列问题。

丘陵山区农田宜机化改造的内在逻辑

（一）丘陵山区人口与耕地资源禀赋在中国具有不可忽略的地位

中国丘陵山区县耕地面积 4 668.60 万公顷，占全国的 34.62%，播种面积5 673.10 万公顷，占全国的34.20%。其中，茶园面积占全国的93.39%，果园面积占全国的62.28%。马铃薯播种面积占全国的78.58%，甘蔗播种面积占全国的62.78%，油菜籽播种面积占全国的57.53%，水稻播种面积占全国的39.60%，蔬菜播种面积占全国的37.29%（农业农村部农机化司丘陵山区摸底调查数据）。在人地关系极为紧张、农产品贸易逆差高达718.7亿美元且逐年扩大（农业农村部农业贸易促进中心，2020）、国际贸易摩擦日益频繁的大背景下，丘陵山区对中国保障农产品供给安全具有重要意义。

2018年，中国丘陵山区县常住农村人口29 810万人，占全国农村人口的52.85%。如果农地细碎化、农业生产以人畜力为主的传统农业生产模式现状不改变，则全国过半农村人口难以融入现代农业，丘陵山区的农业产业也难以发展壮大，扶贫攻坚和全面小康等战略目标也难以实现。

（二）城镇化背景下丘陵山区农机化发展滞后阻碍了国家相关战略目标的实现

随着城镇化的推进，目前丘陵山区农业劳动力老龄化情况非常严重，而农业机械化发展滞后使得农业生产后继无人、地块抛荒、农业产业凋敝的情况出现。Wang等（2019）的研究表明：2011—2018年，中国西南丘陵山区的农作物正在从劳动密集型向机械密集型转变，免费出租地块比例从60%增加到80%，土地抛荒率从21.6%增加到27.2%。而土地大量撂荒的原因，李升发、李秀彬（2018）认为主要是由于城镇化的推进使得农业劳动力机会成本快速攀升，平原地区可以通过机械化来替代劳动力，而丘陵山区因地形缘故无法通过农业机械化替代劳动力，进而导致丘陵山区的地块失去经济价值。据黄季焜、靳少泽（2015）推算，预计2020年父母为农户的成年农二代“务农”或“务农+务工”的比例只有2.6%。随着城镇化的推进，预计未来20年内，丘陵山区农业劳动力将会继续大幅度减少。如果仍然不考虑土地宜机化的问题，继续让地块保持细碎化等不适宜机械化作业的现状，那么老龄化的农户退出农业生产后，丘陵山区农业生产将后继无人，丘陵山区农业综合生产能力将大幅度下降，进而威胁到中国农产品供给安全问题。同时，随着土地的大量抛荒，这些地区相关的一二三产业也将逐渐凋敝，留守农民的收入将受到严重影响，进而威胁全面小康、乡村振兴等国家战略目标的实现。

来自国内外的实践案例

（一）日本和韩国经验

日本是典型的丘陵山区国家，丘陵山区面积占国土面积的80%左右。但日本在20世纪70年代末期就已经基本实现水稻的全程机械化生产，目前蔬菜的移栽、收获等环节也基本实现机械化，其中最重要的一条经验就是对土地进行宜机化改造。1949年日本出台

《土地改良法》，其中重要内容就是对地块进行条块化、规格化平整，并配套路、电、水等基础设施。日本长达70年的土地改良，对日本农业机械化、农业农村现代化起到了巨大的推动作用（Odagiri，2000）。

韩国也是典型的丘陵山区国家，66.67%左右的国土面积为丘陵山地。1961年，韩国政府颁布《土地改良法》，依法成立了土地改良协会和土地改良协会联合会，推进灌溉排水设施、机耕道路、农田平整等区划整理，推进开垦、重建农田和设施，交换和整合土地，以及用水相关权利等土地改良事业。韩国通过长达60年的土地改良和整理为农业机械化提供了必要的作业条件，快速推进了韩国农业机械化，目前其主要农作物生产已实现全程机械化。

（二）中国重庆和台湾地区经验

重庆属于典型的丘陵山区，地形复杂、山高坡陡，全市耕地普遍存在地块小、坡度大、零星分散、基础设施不配套等问题。2015年开始，重庆农委推进以“地块小并大、短并长、坡变平、弯变直和互联互通，将地块条带状分布”为主要内容的丘陵山区农田宜机化改造工作。截至2019年年底，重庆市政府累计投入资金1.13亿元，带动规模经营主体投资4.4亿元，累计改造面积3.4万公顷。重庆市推进农田宜机化改造后，出现大量年轻经营主体带着资本和技术投身农业生产管理的案例。这些业主把已经抛荒的荒山荒地进行了改造，规模化生产特色优势农产品，并积极申报“三品一标”和对农产品进行加工销售。这些年轻经营主体的加入，推动了当地特色优势农产品规模化、标准化、品牌化发展，带动了当地一二三产业融合以及传统小农与现代农业的融合，原本已经走向衰败的乡村产业开始出现振兴势头。

中国台湾地区也是以丘陵山区地貌为主。台湾从1958年开始实施农地重划工作，对细碎地块进行交换合并，然后平整成标准化田块，并重新配置农路和沟渠。农地重划极大地方便了农业机械作业，台湾在2000年左右也基本实现了农业机械化。

“改地适机”的国内外案例表明：如同高铁需要开山架桥一样，现代化的农业机械也有自己的作业条件，需要宜机化的地块要素来匹配。丘陵山区农田宜机化改造符合现代农业高效、规模化发展方向，符合市场化发展规律，是解决丘陵山区农业机械化问题的根本路径。

几个操作层面的关键问题

（一）高标准农田建设与宜机化关系

虽然土地平整在国标《高标准农田建设通则》（GB/T 30600—2014）中列出的6项主

要建设内容里排第一，但目前在高标准农田建设实践操作中并没有很好体现。长期以来，由于高标准农田项目投入标准偏低（2014 年以后达 22 500 元/公顷），只够修建项目区简易主干道、沟渠、蓄水池等工程，而土地平整工程也即宜机化工程被省略。这使得丘陵山区很多高标准农田项目变成了“镶金边工程”，建成后仍然无法农机作业。重庆市摸底调查数据表明：已完成的高标准农田中大约只有 30%能够满足宜机化要求。也就是，高标准农田包含宜机化内容，但没有真正做到所谓的高标准。今后应逐步提高投入标准，将宜机化作为高标准农田建设的主要内容。

（二）改造对象范围

全国农业机械化薄弱区域主要在云、贵、川、渝等西南丘陵山区，陕、甘、宁、晋、青等西北黄土高原的丘陵山区，桂、粤、湘、鄂、赣、闽、浙等东南丘陵山区。从具体坡度来看，丘陵山区县农业机械化的重点地形应在坡度为 15°以下的耕地。如果丘陵山区县坡度 6°以下的耕地完全实现农业机械化，坡度 6°～15°耕地一半实现农业机械化，坡度 15°以上耕地不再统计进入耕地范围，则丘陵山区农业机械化水平将达到 77.27%，全国农业机械化水平将达到 93%以上。

从具体地块来看，改造与否应以预期改造后地块能带来的土地价值提升量与投入的改造成本比较结果来判断。采用土地价值收益还原法，用预期小区域地块改造后能新增的地租租金除以当前 5 年期银行定期存款利率 2.75%来表示改造后地块价值。如改造前是荒地改造后每公顷每年可以获得 6 000 元的新增租金，则地块的新增价值为 6 000/2.75%≈218 182 元/公顷，若改造成本高于 218 182 元/公顷，则地块没有任何改造价值。总之，在地块宜机化改造工程实施前，需要进行经济效益评估，合理选定项目实施区域。

（三）改造与补贴资金测算

重庆、山西的实践表明，宜机化改造成本在每公顷 15 000～60 000 元，按照土地经济价值收益还原法来测算，只要是改造后每年每公顷能比改造前节本增效 412.5～1 650 元，的地块就值得改造。而从重庆的改造经验来看，大部分地块改造后至少每年每公顷能带来 4 500 元左右的节本增值效应，具有巨大的经济效益。此外，宜机化改造后，由于地块坡改平，蓄水能力增强、直接的冲刷大幅度下降，使得水土流失大幅度减少，生态效益也十分明显。

全国丘陵山区耕地面积中适宜改造的面积主要集中在坡度为 15°以下的 3 282.49 万公顷土地，其中坡度 2°以下耕地面积为 849.22 万公顷，坡度 2°～6°耕地面积为 941.19 万公顷，坡度 6°～15°耕地面积为1 492.08 万公顷。按照坡度 2°以下耕地改造成本 30 000 元/公顷、坡度 2°～6°耕地改造成本45 000 元/公顷、坡度 6°～15°耕地改造成本 60 000 元/公顷计算，则全覆盖改造总资金需要 1.57 万亿元。如果对全国丘陵山区耕地全部进行宜机化改造并进行补贴，考虑社会投资回报周期和农民投资回报周期差异，财政补贴资金额度为 6 292 亿～7 865 亿元是合适的。

（四）改造工作机制

与高标准农田建设相比，目前丘陵山区农田宜机化改造工作机制有诸多不同。

第一是改造主体不同。高标准农田建设的实施主体是县级农业农村主管部门，而宜机化改造的主体是家庭农场、农民合作社、农村集体经济组织、农业企业等各类直接从事农业生产的规模农业新型经营主体。由于各类新型经营主体是改造后农田的使用者，他们全程参与设计、施工、监督检查、验收和后期管护，能有效提高项目执行效果和效率。

第二是工作流程不同。高标准农田建设需要勘测设计、可行性研究报告编制、项目申报与审批、政府采购招投标、项目施工、工程监理、资金和项目公示、竣工验收等复杂流程，导致非工程建设和其他费用占比高达 10%～20%，工期延长 1 倍以上。这种严格流程导致的成本，是由于地方政府部门作为中央政府部门的乙方同时又是项目的甲方，存在委托代理导致的道德风险问题，是为了规避可能产生的廉政风险所必须支付的成本。而宜机化改造由新型经营主体作为项目的建设实施主体、建设实施主体和最终受益主体，则不存在这种道德风险，没必要支付这项成本，完全可以简化程序并达到控制成本和保证工程质量的效果。

第三是资金拨付方式不同。高标准农田建设项目资金先拨付到位后才进行施工，而目前重庆、山西的宜机化改造采取“先建后补、定额补助、差额自筹”的资金拨付方式。这种方式有效带动了社会投资，促进了农田建设的资金来源多元化。

第四是改造内容不同。高标准农田建设主要涉及土地平整、土壤改良与培肥、灌溉与排水、田间道路、农田防护与生态环境保持、农田配送电六项工程，但实际执行中由于资金不足，仅能满足道路和渠系修建之需；而宜机化改造在实践中的主要内容是地块小并大、坡改平、短变长和修建简易的田间道路，有效为农业机械作业创造条件。

（五）改造技术标准

目前中国没有全国性的农田宜机化标准。虽然国标《高标准农田建设通则》规定了土地平整、土壤改良、灌溉排水、田间道路、农田防护、农田配电等内容，但对土地平整只有坡式梯田和水平梯田两种技术模式且内容相对粗略，未考虑地区差异（如南北降水量差异较大，南方地块应里高外低以便于排水，北方地块应里低外高以便于蓄水等）。重庆、山西出台了地方标准，在实践中都发挥了较大作用，但仍相对粗略，一些参数的提出没有给出科学依据，需进一步补充完善。

“十四五”对策与建议

基于前述分析，提出以下“十四五”期间丘陵山区农田宜机化对策与建议。

一是从县级层面合并农田建设和农业机械化职能。职能合并后，农田和农机两方面的力量可以形成合力，从农田、农机融合角度共同推进丘陵山区农业机械化发展。

二是丘陵山区应将宜机化作为高标准农田建设验收考核主要指标。到 2022 年全国要建成高标准农田 6 667 万公顷，重点难点在丘陵地区，如果将丘陵山区宜机化作为高标准农田在丘陵山区实施项目的主要考核内容，同时改变中央资金使用用途，那么丘陵山区农田宜机化工作将快速推进。

三是丘陵山区高标准农田建设应简化程序，让家庭农场、合作社、农业公司、村集体经济组织等新型农业规模经营主体同时作为项目实施主体和项目后期使用主体，并采用“先建后补、定额补助、差额自筹”的机制，此机制有利于项目简化程序、节约资金、科学设计施工和得到更好的后期维护管理。应在丘陵山区高标准农田建设项目中全面铺开实施该机制。

四是用足城乡建设用地增减挂钩政策，增加宜机化资金投入来源。根据实践经验，宜机化改造之后土地面积一般会增加 10%左右，应允许丘陵山区所在地的地方政府将宜机化多出来的耕地面积作为占用耕地指标，通过增减挂钩政策进行交易，从而增加宜机化改造资金来源。

五是加强标准体系构建。目前的宜机化标准体系还有待加强和完善，应在各地实践摸索的同时加强国际标准转化。

来源：《中国农村经济》
2020 年第 11 期

推动保护性耕作高质量发展

——农业农村部、财政部有关负责同志就《东北黑土地保护性耕作行动计划2020—2025年》答记者问

农业农村部、财政部近日联合印发《东北黑土地保护性耕作行动计划（2020—2025年）》（以下简称《行动计划》）。针对《行动计划》的出台背景、目标任务、主要内容、政策支持等问题，农业农村部、财政部有关负责同志回答了记者提问。

问：《行动计划》出台的背景和意义是什么？

答：党中央、国务院高度重视东北黑土地保护工作。2017年，农业部会同国家发展改革委等6部门联合印发的《东北黑土地保护规划纲要（2017—2030年）》提出，开展保护性耕作技术创新与集成示范。2018年，国务院印发的《关于加快推进农业机械化和农机装备产业转型升级的指导意见》提出，要大力支持保护性耕作等绿色高效技术的示范推广。

黑土是极为珍贵的自然资源。我国东北地区作为北半球仅有的三大黑土区之一，是我国重要的粮食生产优势区、最大的商品粮生产基地。多年来，受不合理耕作方式等因素影响，导致东北部分地区黑土地长期裸露、土壤结构退化、风蚀水蚀加剧，对东北农业可持续发展和保障我国粮食安全形成严峻挑战。国内外研究和生产实践证明，保护性耕作是一项生态效益和经济效益同步、当前与长远利益兼顾、利国利民的革命性耕作措施。从国家层面制定行动计划，将东北地区推行保护性耕作上升为国家行动，加强政策引导、改变传统耕作制度，对遏制黑土地退化、恢复提升耕地地力、夯实国家粮食安全基础，是非常必要而且切实可行的。

问：保护性耕作有哪些特点和作用？

答：保护性耕作是一项能够实现作物稳产高产与生态环境保护双赢的可持续发展农业技术，它的核心要求是在不翻耕土壤、地表有秸秆覆盖的情况下进行少免耕播种，具有防

治农田扬尘和水土流失、蓄水保墒、培肥地力、节本增效、减少秸秆焚烧和温室气体排放等作用。

中国科学院东北地理与农业生态研究所监测，连续实施保护性耕作5年后，表层20厘米土壤有机质含量增加10%，10年后增加21%，15年后增加52%，有机质含量从28.28克/千克提升至43.02克/千克。东北地区监测显示，保护性耕作可减少农田扬尘35%以上，减少地表径流40%～80%，每亩可节省作业成本50元以上。

问：《行动计划》的具体目标是什么？

答：将东北地区（辽宁省、吉林省、黑龙江省和内蒙古自治区的赤峰市、通辽市、兴安盟、呼伦贝尔市）玉米生产作为保护性耕作推广应用的重点，在现有基础上，力争到2025年，保护性耕作实施面积达到1.4亿亩，占东北地区适宜区域耕地总面积的70%左右，形成较为完善的保护性耕作政策支持体系、技术装备体系和推广应用体系。经过持续努力，保护性耕作成为东北地区适宜区域农业主流耕作技术，耕地质量和农业综合生产能力稳定提升，生态、经济和社会效益明显增强。

问：《行动计划》包括哪些主要内容？

答：《行动计划》包括4项主要内容。

一是组织整县推进。优先选择已有较好应用基础的县（市、区），分批开展整县推进，用3年左右时间，在县域内形成技术能到位、运行可持续的长效机制。同时，打造高标准长期应用样板和新装备新技术集成优化展示基地，推动保护性耕作高质量发展。

二是强化技术支撑。农业农村部组织成立东北黑土地保护性耕作专家组，为实施行动计划提供决策服务和技术支撑。东北四省（自治区）农业农村部门分别成立省级专家组，研究制定主推技术模式和技术标准，开展技术培训与交流。开展保护性耕作监测试验，促进技术模式优化和机具装备升级，支持科研院所、大专院校与骨干企业、新型农业经营主体、推广服务机构合作共建保护性耕作科研平台。

三是提升装备能力。开展高性能免耕播种机核心部件研发攻关，提高国产机具制造水平。根据不同区域、作物特点，优化保护性耕作装备整体配置方案，制（修）订一批相关标准规范和操作规程。鼓励免耕播种机等关键机具制造企业加快技术改造，扩大中高端产品生产能力。发挥农机购置补贴政策导向作用，引导农民购置保护性耕作机具。

四是壮大实施主体。支持有条件的农机合作社等农业社会化服务组织承担保护性耕作补贴作业任务。鼓励农业社会化服务组织与农户建立稳固的合作关系，支持采用订单作业、生产托管等方式，积极发展“全程机械化+综合农事”服务，实现机具共享、互利共赢。利用高素质农民培育工程等项目，培养一批熟练掌握保护性耕作技术的生产经营能手、农机作业能手。

问：《行动计划》有什么支持政策？

答： 中央财政通过农业资源及生态保护补助资金支持东北地区保护性耕作发展，对关键技术应用给予适当补贴。重点支持农机合作社等新型经营主体和农户开展秸秆覆盖还田免（少）耕播种作业，优先选择条件比较适宜、相对集中连片的区域实施，支持整村整乡推进。补贴发放按照"先作业后补助、先公示后兑现"的原则，在春播结束后，由县级农业农村、财政部门组织力量，对各乡镇完成的作业面积和质量进行验收。公示无异议后，直补到作业服务提供者或用户。同时，充分发挥农机购置补贴政策引导作用，对保护性耕作机具实行优先补贴。深松整地作业补助安排向保护性耕作实施区域倾斜，

问：《行动计划》提出的目标任务如何得到有效落实？

答： 为贯彻落实好行动计划，将重点做好以下工作。

一是加强组织领导。明确省级政府和市（县）政府责任，成立负责同志牵头的保护性耕作推进行动领导小组，建立政府主导、上下联动、各相关部门齐抓共管的工作机制，组织制定行动方案，明确重点实施区域、主推技术模式、实施进度和保障措施，做好相关资金保障和工作力量统筹。农业农村部负责统筹协调和组织调度，适时组织开展第三方评估，会同财政部等部门研究解决在保护性耕作推广应用工作中的重大问题。

二是加强政策扶持。明确在乡村振兴、粮食安全、自然资源、农田水利、生态环境保护等工作中，国家有关部门和东北四省（自治区）要统筹考虑在东北地区适宜区域全面推行保护性耕作的需要，做到措施要求有机衔接。地方政府要因地制宜完善保护性耕作发展政策体系，将秸秆覆盖还田、免（少）耕等绿色生产方式推广应用作为优先支持方向，尽量做到实施区域、受益主体、实施地块"三聚焦"。

三是加强监督考评。明确东北四省（自治区）要将推进保护性耕作列入年度工作重点，细化分解目标任务，合理安排工作进度，制定验收标准，健全责任体系，确保按时保质完成各项任务。鼓励各地积极采用信息化手段提高监管工作效率，建立健全耕地质量监测评价机制。

四是加强宣传引导。要求各有关方面充分利用广播、电视、报刊和新媒体，广泛宣传推广应用保护性耕作的重要意义、技术路线和政策措施，及时总结成效经验，推介典型案例，凝聚社会共识，营造良好的社会环境和舆论氛围。下一步，农业农村部、财政部还将制定具体指导意见，确保高质量完成《行动计划》确定的目标任务。

来源：农业农村部网站

2020年3月23日

从现状到未来　我国马铃薯生产机械化该走怎样的发展之路?

农业农村部农业机械化管理司　林　立

马铃薯是我国第四大农作物，总种植面积达 8 600 多万亩，总产量 1 亿多吨，均居全球第一。马铃薯种植 60%集中在干旱、半干旱地区，主要划分为北方一季作区、西南一二季混作区、中原二季作区和南方冬作区四大生产区域。

国外马铃薯生产机械化发展起步早、机具效率高

国外马铃薯生产机械化起步早、发展快、技术水平高。20 世纪 40 年代初，苏联、美国开始研制推广马铃薯收获机；到 50 年代末，苏联、美国全面实现了生产机械化；70—80 年代，德国、英国、法国、意大利、瑞士、波兰、匈牙利、日本和韩国也相继实现了马铃薯生产机械化。其中，德国、美国等国家以大中型马铃薯种植、收获机械为主，意大利、日本、韩国等国家以中小型马铃薯种植、收获机械为主。

目前，国外马铃薯机具质量好、效率高，种类齐全，技术先进，但价格偏高。国外马铃薯机械生产企业主要集中在美国、德国，如美国的 Double L 公司、Carry 公司、洛甘农机公司、US Small Farm Equipment 公司、帕梅公司（PARMA COMPANY），德国的格瑞莫公司等。

国内马铃薯生产机械化正向高水平迈进

与小麦、水稻、玉米等其他农作物相比，我国马铃薯生产全程机械化水平还比较低。据 2018 年统计年报数据显示，马铃薯耕种收综合机械化率为 42.61%，其中，机耕率

68.99％，机播率25.07％，机收率24.99％。

机具研发上，我国对收获机械较早开展研究，20世纪80年代中期，中国农业机械化科学研究院就成功研制了马铃薯收获机械。对于播种机械，我国研究起步较晚，但进步较快。整体而言，目前我国马铃薯生产机械正从低水平、分散研发，向高水平、重点研发迈进。特别是在马铃薯播种（含播前准备）和收获机械这两个主要环节，走上了“生产一代，研发一代，预研一代”良性循环的发展道路。在国家“十三五”计划支持下，将自动化、智能化技术融入马铃薯精量播种、高效收获、防损伤等环节，基础理论、关键结构和整机研发等已接近国际同行业先进水平，一批具有自主知识产权的核心技术正逐渐形成。2019年，国内先后有多家科研单位和企业研制了低损马铃薯收获机械，实现了收获过程的柔性输送，并对地面进行了镇压，挖掘分选后的马铃薯更容易捡拾装袋。

现阶段，国内马铃薯机械生产厂家越来越多，国内品牌所占比重越来越大，如中机美诺科技股份有限公司、黑龙江德沃科技开发有限公司、青岛洪珠农业机械有限公司、乐陵、海山等厂家生产的机具品质持续提升，中、低端机型在成熟度、适用性、实用性、与拖拉机的配套性和可靠性等方面，已具备了国外同类机型水平。机具设计生产更加注重农机农艺融合，如四川根据自身种植土壤密植与收获防伤皮要求，开发出了高厢起垄双行播种、挖掘铺放分段收获机具；部分厂商根据南方丘陵山地条件，努力改进小型机具。同时，联合收获机的研制推广越来越得到认同和重视，相关产品研发不再局限于播种、收获两个环节，已经延伸到马铃薯田间转运、分级和仓储等方面。

我国马铃薯生产机械化仍面临不少发展瓶颈

当前，我国马铃薯生产全程机械化主要体现在两个方面。一方面，种植区域发展不均衡。北方一季作区已具备产业化基础，形成了相对标准化的机械化种植模式，耕种收综合机械化水平在60％左右，有的区域如黑龙江加格达奇、内蒙古乌兰察布、新疆昭苏、河北张家口等地区，机械化程度可达80％以上；西南一二季混作区机械化发展严重滞后，大多还停留在人工作业状态。主要表现为地块细碎、高山及陡坡种植面积占比高，机械化立地条件差，适合在南方作业的小型机械缺乏且作业效率较低，社会化生产服务和机械维修服务不到位。

另一方面，关键环节发展不平衡。机械化播种、收获仍是最薄弱环节，西南混作区和南方冬作区机播、机收率仅为5％左右。机械化播种方面，我国与国外播种方式不同，主要以细切芽块拌种播种为主，不标准的催芽、不一致的手切芽块，使得不能为高速、精量播种提供规范的切块种薯，给播种机具带来了单块播种技术难题。机械化收获方面，我国绝大部分产区马铃薯收获以分段式收获为主，属于半机械化状态，即先采用打秧机灭秧，再采用分段收获机（挖掘机）完成薯块的挖掘、分离、铺放集条作业，最后人工捡拾装袋。由于马铃薯绝大多数是收获后贮藏再逆季节销售，收获过程中容易导致马铃薯破损霉变进而影响销售，这就使得大多数现有马铃薯收获机因碰撞伤过高，导致农民不愿使用。

此外，规模化生产企业较少。尽管当前我国马铃薯机械生产企业数量并不少，但整体而言还处于小、散、弱的状态，没有形成规模，品牌企业不多，高端机具技术上较之国外先进水平还存在一定差距，这与我国马铃薯种植大国的地位是不相符的。

应将智能化等先进技术融入播种、收获机械

试验证明，马铃薯机械化播种每亩可以省种 10 千克，机收每亩可减少漏收损失 30 千克，每亩减少伤损 20 千克。与人工作业相比，马铃薯机播可提高工效 3 倍，机械收获生产效率可提高 4 倍，机械收获每亩比人工收获平均节约成本 25 元左右。由此可见，推行马铃薯生产全程机械化对于发展国内马铃薯产业、增加农民收入有着至关重要的作用。

当前，提高马铃薯耕种收综合机械化水平的重点还是在于播种和收获两个环节，在高速、精量播种研究的基础上，需进一步将自动化、智能化、新材料、新工艺融入到马铃薯播种、收获机械中。

播种环节。主要是持续加大高速精量播种机和马铃薯切块机的研发、设计、制造，针对种薯人工切块不均匀、效率低、严重影响高速精量播种作业等问题，开展种薯切割运动学与动力学、不规则形状种薯分级与整列、种薯定位切割等核心技术研究及原理性试验，为高速、精量播种机具提供规范的切块种薯。针对北方规模化种植区，主要研究方向是以信息化智能化技术提高机器作业效率、减少播种漏播重播和穴距一致性；针对西北干沟壑区，需要解决地膜覆盖、膜上点播种与玉米倒茬、一膜两用垄侧点播种植等方面存在的机械问题；针对西南丘陵山地，需要解决小型动力与播种机配套问题以及种植、繁育、播种等方面的机械化难题。

收获环节。需要将减少漏薯率、伤薯率作为后续研发的重点，开展高效低损伤收获技术研究，将仿生技术、机器视觉、人工智能等技术，应用于马铃薯联合收获机的挖掘、升运以及土、秧、薯分离过程，实现高效低损伤收获。针对北方规模种植，仍需重点解决提高挖掘铺放机械作业效率及作业可靠性问题，发展捡拾收获装箱（袋）机械，结合品种发展联合收获机械，提升分段与联合收获机械化设备的智能化水平；针对南方种植区域，主要解决收获过程中损伤问题和适应田间套作配套机械化设备与农艺融合等问题。

来源：中国农网

2020 年 6 月 18 日

全国农机化形势分析会在北京召开

2020 亮点纷呈 2021 趋稳向好

中国农机安全报社 刘 卓 杨 杰 陈 斯

12 月 12 日，冬日的北京寒风瑟瑟，在中国农业大学金码大厦的会议室内却是“春意盎然”。一年一度的全国农机化形势分析会在这里召开，农业农村部农业机械化管理司（以下简称“农机化司”）领导与来自农机管理部门、行业协会、农机企业、高校科研机构的领导专家围坐在一起，共同交流 2020 年农机化发展形势，分析探讨“十四五”发展趋势、面临问题和意见建议。

“2020 年，农机科技创新在补短板、攻核心和强智能方面取得了重要进展，特别是罗锡文院士及其团队打造的‘无人农场’能够实现精准定位和自动作业，突破了复杂农田环境下农机自动导航作业高精度定位和姿态检测技术难题，定位精度小于 2 厘米。农业农村部南京农业机械化研究所成功研制了棉花智能打顶机，攻克了棉花全程机械化最后一个堡垒，可完全替代人工，大量节约棉花生产中的人工成本，有效促进棉花生产节本增效。”南京农业机械化研究所（以下简称“南京农机化所”）陈巧敏建议，对于“十四五”农机化科技创新，要按照“补短板、攻核心、强智能”的总体布局，设立农机化重大科研项目，优先解决农业机械化薄弱环节，补齐短板，以自动化和智能化为重点，实现“从无到有、从有到全、从全到好、从好到强”的变化。

2020 年对于农机企业，经历了从惊吓到惊喜。年初突如其来的新冠肺炎疫情，让众多农机企业措手不及，供应链无法保供，工人不能按时返岗，用户无法外出购机。国家全面有效的防控措施和地方的复工复产扶持政策使农机企业快速恢复生产，超出预期。中国农机工业协会发布的农机工业景气指数在10月达到33，是5年来首次由负转正。中国农机工业协会执行副会长宁学贵介绍了2020年农机工业运行情况，全年主要产品产量大幅增长，截至10月，大中拖同比增长37.54%，小麦机增长19.36%，玉米机增长3.17%，插秧机增长21.54%；行业利润大涨18.45%。这些可喜的变化主要得益于购机补贴政策给力、企业积极应对有为、新技术新产品有所突破、国家重视粮食安全。对于2021年的农机工业运行态势，结合前不久在广西玉林召开的中国农机企业家峰会和中国农机工业景气指数，对2021年的农机市场持谨慎的乐观态度，用户需求将会稳中有升，但部分产品市场将会下降。受粮价波动等因素影响，2021年的市场存在很大的不确定性，但在不确定中，也不排除植保无人机、经济作物机械、畜牧机械等会大幅增长。

作为国内农机领军企业的中国一拖、雷沃重工、江苏沃得，2020年的业绩也实现了大幅增长，1—10月，中国一拖大中拖产量5.3万台，同比增长29.3%；雷沃重工轮式谷物收获机销售10 200台，同比增长超过30%，自走式玉米机销量6 100台，同比增长四成以上；江苏沃得主销产品实现了大幅增长，履带式联合收割机同比增长20%，拖拉机实现了翻番，高速插秧机增长40%。对于“十四五”农机行业发展趋势，与会的农机企业认为，行业将加快向高端智能装备迈进，以大型、高端、智能、成套的农机装备为载体，应用互联网、物联网、5G、大数据、云计算等信息技术，推动农田作业精准化、农机农艺融合。同时，市场将向个性化、专业化、多元化发展，行业将呈现需求结构调整、产品功率提升、提质减量等特点。行业格局或将面临重新洗牌，地方国企资源的整合重组，以及工程机械、动力机械等行业与农机行业在技术、市场、资本、管理等方面的整合，也会进一步加深农机行业的重组。

2020年，各地农机化发展也呈现亮点纷呈，江西省农业农村厅周欢胜处长对江西省2020年及“十三五”农机化发展情况进行了盘点，“十三五”期间当地薄弱环节机具快速增长，特别是谷物烘干机和植保无人机，分别增加了10 436台和1 751架，较“十二五”末分别增长了4.3倍和134.7倍；水稻、水果、茶叶等特色产业机具稳步增长；设施农业设备、畜牧机具、绿色高效机具迸发出新活力，2020年简易保鲜储藏设备、连栋温室大棚、病死畜禽无害化处理设备等机具的新增数量超过前4年的总和。黑龙江省在遭遇3次台风叠加和强降雨的灾情后，农机系统立即行动，采取了加长扶禾装置、加装强制喂入装置、改装内部功能结构等措施，提高收获倒伏农作物能力，全省共改装收获机29 708台，确保了减损丰收。山东、湖南、福建、四川、新疆也在会上分析了当地农机化发展所取得的成绩和下一步发展趋势。

围绕全面机械化，2020年专门邀请了农业农村部农机试验鉴定总站、推广总站（以下简称“鉴定总站、推广总站”）和中国农业机械化协会、中国水产科学研究院渔业机械仪器研究所、农业农村部规划设计研究院设施农业研究所和农产品加工工程研究所分别对主要农作物、畜牧业、渔业、设施农业、农产品加工机械化发展形势进行了分析。

听了大家的发言后，农机化司司长冀名峰对会议做了总结。他表示，2020年是我国经济社会发展极不平凡的一年，面对国内外复杂严峻的形势，农机化各个方面齐心协力、攻坚克难，农机化全程全面和高质量发展进一步推进，在多灾之年有力支撑保障了粮食再夺丰收和重要农产品生产供给。各方面工作稳中向好、稳中有进，亮点纷呈，但不平衡、不充分的矛盾依然存在，推进农机化向全程全面高质高效转型升级的任务十分艰巨，需要解决的矛盾问题仍然不少。从2020年的情况看，面对保障粮食等主要农产品供应、应对风险挑战对农机化提出的新要求，必须加快解决主要农作物薄弱环节机械化、丘陵山区农机化发展滞后、先进农机装备和农机抗灾救灾能力偏弱等突出问题。

冀名峰司长指出，要深入贯彻党的十九届五中全会精神，认真谋划农机化发展，深刻认识新阶段农机化发展新目标新任务，深入思考新发展格局下农机化工作的新格局，深入研究在推动农机化全程全面高质高效发展中如何更好践行新发展理念，充分认识机械化在保障粮食等主要农产品供给安全方面的重要性。应当看到，农业机械化是农业现代化的基础工程，不论是农艺农作措施的创新推广、新品种的创制推广，还是农田建设，只要不宜机都无法转化成为生产力。同时，农业机械化是农业产业安全的重要保障，如果在某种情况下，机械化不能发挥作用，那么农业产业也是不安全的。

面向“十四五”，立足于确保粮食等重要农产品的有效供给，着眼于推动农业农村现代化，要更快补齐主要农作物全程机械化和丘陵山区农机化发展短板，充分认识丘陵山区农机化发展的至关重要性，保证丘陵山区农机化不掉队。同时，要更好引导全面机械化发展，围绕贯彻落实畜牧养殖、水产养殖、设施种植机械化发展意见，进一步推动各项举措落实落地，加快农产品初加工机械化研究，推动各产业机械化水平提速发展。要加强农机化发展政策研究和创设，推动各项扶持政策落实落地，充分发挥政策实施的导向作用，解决好农民群众和农机企业等各类主体关心的问题，要大力支持薄弱环节、绿色高效机械装备以及智能农机与信息化装备等的推广应用；大力支持先进、高端、智能农机产品和丘陵山区急需农机具的推广应用。要更加注重农机化抗灾救灾能力建设，各地要针对台风、洪涝、干旱、冰雹等极端天气，加强风险研判，制定应急预案，引导农机专业合作社等生产性服务组织配备一定数量救灾防灾需要的履带式拖拉机、排灌机械、烘干机塔等机具和设备。

本次会议由中国农业大学农机化发展研究中心组织安排，农机化司一级巡视员李安宁和副司长王甲云也参加了本次会议。来自农机化司，鉴定总站、推广总站，南京农机化所，规划设计研究院，中国水产科学研究院及中国农机安全报社等部属单位，中国农业机械化协会、中国农业机械工业协会、中国农业机械流通协会等行业协会，黑龙江、福建、江西、山东、四川、湖南和新疆等省（自治区）农机化主管部门，中国农业机械化科学研究院、国家农业信息化工程技术研究中心及广东省现代农业装备研究所等科研单位，以及国内 11 家农机生产制造企业的专家学者共计 60 余人参加会议，31 位代表应邀发言。

来源：《中国农机化导报》

2020 年 12 月 19 日

畜牧业该如何加快推进机械化进程？

农民日报　颜　旭

当前畜禽产品需求不断增长，小型养殖散户快速退出和劳动力资源日益紧缺等多重压力的凸显，倒逼我国畜牧业加速向机械化、规模化和标准化方向转型升级。然而这一转型之路却面临诸多困境：缺乏行业标准及规范；畜牧装备成本高、产出效率低；装备作业水平低，能耗大；小规模养殖场基础设施薄弱、整体抗风险能力较差等。

需求：喂料、环境控制、产品收集、粪污处理诸环节尤为迫切

当前，我国畜禽养殖规模程度迅速提高，但仍以中小规模养殖场（户）为主体，从而影响了畜牧业机械化的总体水平。畜牧业全行业机械化率仅为33%，远低于主要农作物67%的机械化水平。其中，生猪养殖机械化水平约为30%，蛋鸡和肉鸡养殖机械化水平约为40%，奶牛机械化水平60%以上，肉牛、水禽养殖机械化水平等普遍低于30%，中国畜牧业协会畜牧工程分会会长、中国农业大学教授李保明摆出了一组数据。“当前畜牧业正在加快向规模化、标准化养殖升级，劳动力资源短缺问题日渐突出，环保压力不断增大，疾病防控形势日益严峻，对畜牧业机械化的需求迫切，发展潜力巨大。”

具体来说，由于畜牧养殖业劳动强度大、作业环境差，用工难、用工贵等问题越来越凸显，劳动力资源的短缺使规模化养殖场对畜牧机械的需求越来越迫切，并对自动化和信息化水平的要求不断提高。目前养殖场用人多的环节主要是注射免疫、粪污收集运输与处理、畜禽舍的清洗消毒等。适度规模养殖场（户）机械化的发展需求更为迫切，在喂料、环境控制、产品收集、粪污收集处理等方面均处于薄弱环节。“因此需要培育畜牧业机械化服务的组织体系和培养专业的服务队伍。”李保明说。

为了加快畜牧业绿色高质量发展，需要大力推进畜禽养殖废弃物资源化利用，推广种养结合的循环农业模式，目前亟须补齐粪污收集处理、粪肥贮存设施与施用设备、种养循环等方面的机械化短板，源头减量尤其依赖于饮水设备的改造升级。此次疫情应该让我们认识到，要建立生物安全工程防控体系，减少人工使用和人畜接触，为动物健康生长创造良好环境。李保明指出，“保障肉蛋奶安全生产和稳定供给，需要加快发展自动化饲喂、畜禽体征巡检、消毒灭菌、畜产品采集等技术装备，普及机械化、自动化养殖装备的应用。”

现状：实现全程自有自控还要依靠外国机械设备

虽然面临诸多难题，但一些企业根据自身情况做了不少探索与努力。山东银香伟业集团旗下牧场，有着来自世界上十几个国家的先进设备，在饲养、挤奶、运输、粪污处理等环节上都配置了良好的硬件设施，致力于实现全程自有自控。

饲料的营养和安全直接决定生鲜奶的质量，标准化、专业化的饲料车间是整个现代化牧场得以运行的基础。“我们的奶牛有营养配餐中心，饲料车间集存储、加工、撒喂功能于一体。我们将奶牛分类、分圈饲养，每一个类群都有专门的饲料配方，以保证不同阶段奶牛的不同营养需求。”银香伟业董事长王银香介绍说，牧场饲料加工车间从意大利引进了自走式 TMR 饲喂车，该设备配有先进的称重系统，还可以实现自动取料、搅拌、撒料，每一个饲料配方的营养比例都可以得到精确控制，以便每个圈群的牛都能吃得营养、科学、健康。

与传统的挤奶方式大大不同，银香百澳国际牧场里的利拉伐转盘挤奶设备，让所有的奶牛聚拢成一个圆形，一头牛一个卡位。“在整个旋转挤奶的过程中，奶牛不受任何外部干扰，更加放松，从而可以有效减少挤奶过程中奶牛的应激反应，保证产奶数量和质量。”牧场经理于峰告诉记者，每一头奶牛都佩戴计步器，实时将产奶量、活动量等信息录入数据库，实时检测奶牛情况。此外，利用该设备还可以有效节省人工，降低人力成本。

“为了符合绿色环保、循环节约的原则，我们还建设了废弃物处理中心。”王银香告诉记者，在粪污处理环节，牛舍内的粪污由智能刮粪板收集到输送管渠，然后输送至综合处理区进行处理。粪污经固液分离设备处理后，把固体进行堆肥发酵、干燥，可以生产牛床垫料或制成有机肥；分离出的液体经过发酵，产生的沼气可用作生产生活能源。剩余的沼液经处理后，作为优质液肥还田，从而形成了循环的生态产业链。“我们引进的多台‘卧床垫料一体机’设备，可在 24 小时内完成粪污的分离、发酵等过程，产出固体可以直接作为牛的卧床垫料。一方面大大节省了时间成本和发酵空间，另一方面能够提高牛的舒适度，减少患病率，有利于牧场的健康运行。”王银香说。

期待：贴地气的技术研发和更精准的政策扶持

科学技术是第一生产力。要想实现畜牧业机械化的快速发展，李保明认为，首先就要加强科技引领和技术装备的推广应用。“要根据我国国情研发福利化及智慧养殖装备，形成不同区域特色的、适度规模的畜牧养殖机械化技术体系。”还要加强工程工艺配套。具体来说，就是加强畜种、养殖工艺、机械装备和装配式畜禽舍设施的集成配套，以及养殖全过程的机械化技术配套。

“机械化要与信息化相融合。”李保明强调。要推进“互联网＋”畜牧业机械化，比如开展健康养殖、精准饲喂、智能环境控制、畜产品自动化收集、物联网平台等技术装备示范，推进智能农机与智慧牧场建设融合发展等。“在机制创新上，要推进畜牧业机械社会化服务。”他指出，可以探索建立“龙头企业＋养殖合作社＋养殖场（户）”的畜牧装备租赁体系，提高畜牧装备的利用效率。鼓励中小规模养殖场（户）集中区域，以龙头企业或社会力量为主体，建设畜禽废弃物集中收集、无害化处理和资源化利用中心，促进畜牧装备的共享共用。

在政策扶持上，记者了解到，各级农机化主管部门充分发挥财政资金的引导作用，采取了多种措施支持畜牧业机械化的发展。在农机购置补贴政策上，《全国农机购置补贴机具种类范围》已将饲料（草）生产加工机械设备、饲养机械、畜产品采集加工、畜禽粪污资源化利用4个种类的装备列为重点内容，涵盖了畜牧养殖过程的31个品目产品。

购机补贴政策，能够调动养殖户发展设施养殖的积极性，也能够在资金上解决他们的燃眉之急。但目前大部分牛场对畜牧机械补贴政策了解不足，未享受过任何补贴的牛场占30％以上。牛场机械设备获得补贴的数量也有限，一般为1～2台，且设备品种单一，仅限于挤奶设备、TMR搅拌车以及拖拉机。针对这一现状，国家奶牛产业技术体系岗位科学家、中国农业大学教授施正香说：“应该加大对畜牧机械购置补贴的宣传力度，让更多的养殖户切实了解政策。同时，要对薄弱环节机械补贴有所倾斜，以提高补贴的精准性。”

对于畜牧设备国产化程度低的问题，施正香表示，国内生产企业要加快对该类设备的研发和生产，科研院所与企业要联动起来，加快科研成果的转化。“目前，与国产设备相比，进口设备种类齐全，可靠性高，但是其售后维修不便，而且价格相对较高。这就更需要国内的农机装备企业开足马力，以缓解畜牧业机械‘无机可用’‘无机好用’的尴尬局面。”施正香说。

来源：《农民日报》

2020年4月12日

设施农业用地政策解析及完善建议

农业农村部农村经济研究中心　谭智心

设施农业是我国从传统农业向现代农业转型的产物，是农业现代化的重要发展方向。近年来，随着农业现代化进程的加快推进，农村土地承包经营权流转进程加快，农业生产经营规模不断扩大。同时，农业设施不断增加，对设施农业用地的需求也越来越多，设施农业用地问题逐渐凸显。

设施农业用地政策溯源

为适应现代农业发展需要，促进设施农业健康有序发展，完善其用地管理，相关部门先后印发了一系列政策文件，例如《国土资源部 农业部关于促进规模化畜禽养殖有关用地政策的通知》《国土资源部 农业部关于完善设施农用地管理有关问题通知》《国土资源部 农业部关于进一步支持设施农业健康发展的通知》《自然资源部 农业农村部关于设施农业用地管理有关问题的通知》等，明确了设施农用地的界定范围、分类管理、使用审核、监督管理等方面的具体问题，为现代设施农业发展提供了政策支持和制度保障。近年来，随着党的十九大提出实施乡村振兴战略，设施农业用地政策在《国家乡村振兴战略规划（2018—2022年）》、中央1号文件等相关文件中均有涉及，并随着实践发展而不断完善。

从我国现行的土地管理法律法规及政策导向看，均是以土地用途管制为核心，突出建设用地的利用管理和农业用地的利用保护。随着工业化、信息化、城镇化、农业现代化的同步推进，农业用地结构在需求层面上发生了较大变化，农业产业化、规模化经营使得设施农业用地成为紧迫需求，而此类型用地政策曾一度落后于实践发展，成为农业现代化的发展瓶颈。为解决上述问题，原国土资源部和原农业部相继出台了国土资发［2007］220号文件、国土资发［2010］155号文件、国土资发［2014］127号文件，自然资源部和农业农村部联合出台了自然资规［2019］4号文件，这些文件具有时间上的连续性，同时也分别针对不同时期的突出问题进行了局部调整。

总体来看，上述关于设施农业用地的政策文件细化和完善了相关规定，回应了实践中普遍反映的突出问题和热点关切，提高了设施农用地管理的可操作性，为发展设施农业用地项目提供了政策支持和切实保障。

当前设施农业用地政策解读

2019年12月，自然资源部和农业农村部联合出台了《关于设施农业用地管理有关问题的通知》（以下简称《通知》），成为当前及未来5年我国设施农业用地管理的指导性文件。该文件在坚持土地用途管制的前提下，适应农业农村发展对设施农业用地的现实需求，进一步完善了设施农业用地管理办法。

一是设施农业用地类型不再做统一分类与区分。与国土资发［2014］127号文件相比，《通知》没有对设施农业用地类型做详细分类，而是列举了农业种植与畜禽水产养殖中的典型用地类型，并将设施农业用地纳入农业内部结构调整范围。文件最大的突破在于允许设施农业使用一般耕地，且不用落实占补平衡，也不需办理建设用地审批手续。这一政策为今后设施农业经营主体提供了较大的自主权，应视为发展设施农业的重大利好。

二是对占用永久基本农田提出限制性使用要求。《通知》规定，设施农业用地也可以使用永久基本农田，但是在农业设施是否破坏耕作层方面提出使用要求：如果不破坏农田耕作层，不需要落实占补平衡；如果破坏耕作层，则需进行补划。养殖设施原则上不得使用永久基本农田，涉及少量永久基本农田确实难以避让的，允许使用但必须补划。这一政策有条件地放宽了永久基本农田上的设施农业建设要求，在保障永久基本农田不减少的前提下，为设施农业建设提供了便利。

三是下放了设施农业用地规模和建设标准制定权限。《通知》考虑到全国各地、各类设施农业用地的地区差异，国家层面不再对各类设施农业用地规模和建设标准作出统一规定，而是将权限下放给地方，规定由各省（自治区、直辖市）自然资源主管部门会同农业农村主管部门根据生产规模和建设标准合理确定设施农业用地规模，体现各地差别化政策。同时，为了巩固2019年年初开展的“大棚房”问题专项清理整治成果，保持政策衔接，《通知》明确“看护房执行‘大棚房’问题专项清理整治整改标准”。

四是根据现代养殖需求允许养殖设施建设多层建筑。随着现代养殖业的快速发展，多层立体养殖模式已经出现在当前的农业生产实践中，而国土资发［2014］127号文件并未对其作出具体规定，导致有些地方无法对该类型用地进行认定。《通知》从节约资源、集约经营的角度出发，明确“养殖设施允许建设多层建筑”，作为对现实需求的具体回应，妥善解决了现代规模化养殖中的经营顾虑与供地难题。

五是简化农业经营主体对设施农业用地的取得程序。《通知》规定，设施农业用地不需要审批，设施农业经营者与农村集体经济组织就用地事宜协商一致后即可动工建设，由农村集体经济组织或经营者向乡镇政府备案，乡镇政府定期汇总情况后汇交至县级自然资源主管部门。但是，涉及使用并补划永久基本农田的，须事先经县级自然资源主管部门同意后方可动工建设，确保始终坚持严格的永久基本农田保护制度。这一政策简化了设施农业用地取得程序，对于设施农业生产者来说，也属重要利好。

从《通知》内容可知，当前的设施农业用地政策是在原有支持政策基础上适应现代农业发展新需求，对设施农业用地使用和管理的改进与完善。现有政策赋予了设施农业用地主体以及地方土地管理部门更多的自主权利，同时在用地程序上也进行了简化，更加有利于农业生产经营。总的来说，新的设施农业用地政策有利于满足设施农业多样化的用地需求和调动各地发展设施农业的积极性，为新技术新装备的推广应用、促进产业转型升级、提升设施农业产业整体竞争力提供了有力支撑。

设施农业用地政策存在的不足

加强设施农用地的管理，是加强农用地节约集约利用、促进农业发展方式转变的有效抓手。但是，从我国设施农业用地政策的执行和操作来看，还存在着一些亟待解决的矛盾和问题。

一是现有设施农业用地政策内容有待完善。《通知》提出“设施农业用地不再使用的，必须恢复原用途”，也就是占用耕地后如不再使用农业设施，必须进行复耕复垦，但是文件中对复耕复垦的方式和标准没有进行明确。据了解，首先，在《通知》出台前的设施农业用地项目操作中，地方政府在审批设施农业用地项目时，多采用由项目执行单位出具复耕复垦承诺书的方式来进行操作，没有进一步保障其执行的措施，导致这一承诺没有太大约束力。其次，《通知》中提出在种植业设施农业用地占用永久基本农田并破坏耕作层、养殖设施占用永久基本农田两种情况下，需要落实耕地占补平衡进行补划，但是补划标准没有明确，按照《通知》精神，该项内容下放给地方自行管理，但据了解，地方在落实耕地占补平衡时，补划的耕地质量往往达不到被占用耕地的标准，“占优补劣”的情况较为常见。

二是设施农业用地政策供给与现代农业发展需求的矛盾依然存在。《通知》中提出设施农业用地范围包括“与生产直接关联的烘干晾晒、分拣包装、保鲜存储等设施用地”，而在农产品规模化生产中，农业、工业、服务业高度融合，有的农产品生产经营主体进行加工生产、展示展销、交易物流的场地难以分开独立管理，必然造成管理上的难题。随着农业多功能性的深入开发，农村一二三产业融合态势凸显，农业、加工业、旅游业等产业用地也高度融合，如何适应新形势发展，实现设施农业用地与农村三产融合用地的合理有效管理，以回应现代农业实践中面临的突出矛盾，需要在现有设施农业用地政策基础上进行进一步的制度设计。

三是设施农业用地政策执行层面容易出现偏差。《通知》中第三、第四条款明确了设施农业用地管理部门为自然资源部和农业农村部，并明确了国家、省、市、县各级部门的职责，但是自然资源部门和农业农村部门各自的职责却没有明确。从现代农业实践和政策出台的时序看，政策总是在根据实践不断进行调整，如果调整过程中出现政策管理的真空地带，则容易出现管理不到位、发展失控等情况。另外，《通知》将制定设施农业用地管理的标准下放给地方，容易导致地方扩大政策适用范围的风险。例如，有的地方对农产品的工厂化加工、商贸物流等项目，也按设施农用地项目管理；有的地方发展休闲农业，对于农业旅游用地部分借助农业生产打"擦边球"，按照设施农业用地管理等，易对设施农业用地政策造成误解，相应地也会形成一些不必要的损失。

如何进一步完善设施农业用地政策

设施农业用地政策是现代农业发展的重要保障，根据现代农业发展要求制定和完善我国设施农业用地政策，加强设施农业项目的规范管理，科学引导和有效监管需同时发力。

一是加强设施农业用地管理法律法规建设。要根据农业现代化和乡村振兴发展需要，在统筹协调保耕地、促发展、保权益的前提下，积极稳妥推进设施农业用地管理政策的完善。有必要将设施农业用地政策上升到法律法规层面，健全相应的监督管理制度，加强对设施农用地的科学管理，保障农业现代化的顺利推进。

二是明确农业农村部门和自然资源部门的管理职责。要充分发挥农业农村部门的主导作用，农业农村部门应主动向社会公开行业发展政策与规划、设施类型和建设标准、农业环境保护、疫病防控等相关规定，积极引导设施农业有序发展。同时，对经营主体的设施农业建设和经营行为加强指导，确保符合行业发展有关规定。要充分发挥自然资源部门的职能作用，土地作为重要的保障要素，自然资源部门既要支持保障设施农业健康发展，又要确保设施农业用地规范使用。相关部门应主动公开设施农业用地分类与用地规模标准、相关土地利用总体规划、基本农田保护等有关规定要求，做好年度变更调查及台账管理等。

三是细化完善设施农业用地管理政策。《通知》将设施农业用地的管理细则下放给地方根据实际情况制定执行，各地在细化完善设施农业用地管理政策时，要明确以下几点：明确农业设施占用耕地的复耕复垦方式，建议经营主体上报项目时进行详细说明，相关部门以此作为依据加大管理力度；明确农业设施用地标准，各地要根据项目投资金额、畜禽和水产养殖的产出数量等，合理确定相应的用地面积标准，加强节约集约用地；建议按照是否破坏耕作层进行分类管理，对设施化种植等利用土壤培育功能、耕地上搭建简易大棚的予以鼓励，但对占用永久基本农田破坏耕作层的类型，要制定细则加大管理力度。

四是加强设施农业用地项目的监管。把设施农业用地项目纳入日常执法监管范围，对报少建多、改变用途等违法违规行为，及时进行制止和查处。在开展例行督察、审核督察等工作时，不仅检查新增建设用地项目审批情况，也要检查设施农业用地的备案和管理情况。特别是要加强对大型设施农业项目长期流转土地可能侵害农民权益问题的监督检查。同时，创新监管方式，畅通群众信访举报渠道，加强网络和媒体曝光线索的搜集整理，充分利用社会多方面力量，切实保障设施农业用地依法依规使用。

来源：《农村工作通讯》

2020 年 4 月 22 日

我国甘蔗机械化收获现状与发展路径选择

原洛阳辰汉农业装备科技有限公司总经理　朱卫江

我国甘蔗机械化收获现状

甘蔗不是一般的农作物，而是一种重要的国家战略物资，关系国计民生。2010 年中央 1 号文件首次将糖与粮、棉、油一起，视为国家大宗农产品。甘蔗的全球种植面积约 3 亿亩，巴西是种植面积最大的国家，其次是印度，中国位居第三位。我国甘蔗种植面积达 2 200 万亩，主要集中在广西、云南、广东、海南等地，其中广西 1 200 多万亩，占总面积的 60%以上。

我国是一个产糖大国，年产量近亿吨，但单位面积产量低，成本也高。我国的白糖在国际市场上基本无竞争力可言。甘蔗生产除品种改良、提高栽培水平、改进加工工艺外，最快捷最容易见效的办法就是提高机械化程度，特别是提高机械收获程度，是降低蔗糖生产成本的重要环节。

甘蔗收获是甘蔗生产中的重要环节，用工量约占整个甘蔗生产过程（整地、种、管、收）的 60%以上，是甘蔗生产过程中劳动强度最大、劳动量最多的环节。我国的糖蔗收割目前仍靠人工，由于受收割季节和制糖业需要连榨不存放的限制，收割工作时间紧凑、劳动强度大、生产效率低，因此，蔗农大都需要雇请外来劳动力才能完成收割，每到甘蔗收获季节，劳力紧张的问题就很突出。随着经济发展，劳务工价格提高，很多蔗农增产不增收。目前，国外一些产蔗大国，都曾积极发展收获机械化。发展甘蔗收获机械化，已成为我国甘蔗生产迫切重要解决的问题，对发展甘蔗生产和解放劳动力具有重要意义。

早在 20 世纪 60—70 年代澳大利亚、美国已完全实现甘蔗种、管、收全程机械化作业。日本、巴西、菲律宾、南非等国也在较大程度上实现了机械化。我国在相同时期开始大力推动和发展甘蔗生产机械化。但到目前为止，即使在甘蔗种植面积超过全国半数的广西，机耕的蔗田面积也仅仅达 60%。目前，我国大中型甘蔗收获机存量仅 600 多台，总体收获机械化率不足 10%，甘蔗收割机械的生产使用仍处于起步阶段。

甘蔗机械化收获是个复杂的系统工程

作为甘蔗生产机械化的最后一个环节，甘蔗机械化收获一直是甘蔗生产机械化中最难以突破的瓶颈。甘蔗机械化收获衔接上游的农业生产（甘蔗种植）和下游的工业生产（制糖），涉及蔗农、机收运营方、运输方和糖厂的切身利益。当前在机械化收获后，将会遇到以下几个方面的问题。

一是含杂率高。由于机械作业的特性及作业环境因素影响，机械收获的甘蔗含杂率比人工收获高是不可避免的。人工收获方式时，含杂率一般为 0.2%～3.0%；在机械化收获方式下，切段式甘蔗联合收获机作业质量的含杂率≤8%，主要因切割带起的泥土、砂石，高度不一造成的尾稍过长，夹杂在甘蔗中的杂草，输送和风机除杂过程中未能有效清除杂质等原因。

二是宿根破头率可能增多。宿根的破损会导致宿根坏死、不发芽，影响下一年的发芽率，进而影响产量。引起宿根破损的原因主要有蔗田的地面不平整、培土不到位、甘蔗种植行距与收割机轮距不合适造成碾压宿根、底刀切割高度波动造成甘蔗根茬高或者拔根、底刀切割转速不够或和前进速度不匹配造成宿根破裂或拔根、收割机作业不规范而碾压宿根等因素。

三是总损失率。总损失率直接影响蔗农当季产量和经济收入。造成总损失率的主要因素有：甘蔗倒伏未能扶起、喂入通道的漏拾甘蔗、输送辊组在输送过程中掉落甘蔗、甘蔗被切段后未能抛入料斗、蔗段被除杂风机抽走、蔗段从收割机卸料到田间转运车及运输车时掉落等。

四是公路运输车运量减少。由于切段式收获甘蔗与传统人工收获甘蔗的物料整体空隙率不同，以及装车技术水平不同，导致运输车辆在两种情况下的单次装载质量有差别。另外，现场管理作业水平导致运输车辆等待时间过长，运输车辆周转率低，也影响了运输方的收益。

五是天气影响因素。甘蔗联合收获机作业受天气影响巨大，雨天不能作业，降雨过后需要等待地面基本干燥之后才能作业。其原因是：第一，含杂率容易大幅增加；第二，田间土壤水分含量大的时候容易导致收割机下陷或是打滑；第三，潮湿的泥土在经过收割机碾压之后，板结得更加结实，对后续耕作造成更大的困难。

六是机收现场管理和砍运管理影响。目前机械化收获作业量受天气、地块大小、地块耕作情况和产量等因素影响较多，经常出现每日作业量不稳定的情况，机收现场管理需要沟通协调蔗主、糖厂、机手、运输车司机和收割机设备厂家5方之间的关系，并要协作砍运管理，避免造成糖厂每日入榨量和生产质量的波动。

七是收割机质量及维保响应。受天气、蔗田平整程度、地块大小、田埂、凹坑和砂石的影响，大量的田间障碍和较差的作业环境对收割机易造成损伤，而国内甘蔗联合收获机在设计、制造、质量稳定性方面尚与国外有较大差距，产品质量的稳定性及维保响应就显得极为重要。

八是机手技术水平参差不齐。机手的素质和技术水平直接影响到作业效率、运营消耗、收割机质量和使用寿命等，进而影响到机收作业的产值和效益。由于甘蔗机械化收获是一个新兴的行业，所以机手缺乏，且机手流失率高也是机收运营方面临的最大问题之一。

九是政策影响。农机购置补贴政策，大大提高了甘蔗生产机械化的发展速度，农机作业补贴政策使甘蔗生产机械化的速度进一步得到提高，农机购置补贴政策和农机作业补贴政策的稳定和延续，将会影响甘蔗生产机械化的发展进程。

通过以上分析，可以看到甘蔗机械化收获的发展引起了上下相关生产环节，甚至更深远的生产技术和管理变革需求，影响到了上游的地块规划、道路建设、水利、农机、农艺和下游的运输、储藏等。甘蔗生产机械化是一个复杂的系统工程，涉及政府、糖厂、蔗农和农业化服务组织协作管理，所以甘蔗生产机械化不完全是生产技术问题，而是一个协调管理问题。

围绕适度规模生产考虑甘蔗收获机械化发展之路

甘蔗生产机械化推行的关键是经济效益，只要有经济效益，农民才能接受。如前所述，甘蔗生产机械化需要走大规模的机械化道路，然而，我国基本还是以家庭承包责任制为主体的种植模式，这就存在着大规模生产与小规模经营的矛盾，虽有土地流转等一系列措施，但始终未能解决主要矛盾，这是甘蔗生产机械化发展缓慢，必须要更长时间试验示范的主要原因。

现在有一种较普遍的观点，认为甘蔗地必须大规模连片生产，适合大型机械化模式。这主要是借鉴了美国、加拿大、澳大利亚等大型机械化的典范，世界上发达的产糖国家，由于土地资源十分丰富，甘蔗连片种植面积大，田园平整，便于机械化作业。实际上，根据我国目前情况，甘蔗地适合大型机械化模式的面积只占10%左右，并且主要在国有农场和农垦系统，大部分甘蔗生产仍然以小农户小面积经营方式为主，与大规模生产方式还有很大差距，这都存在大规模生产与小规模经营的矛盾，国外甘蔗机械化收获技术发展和运营模式形成的社会和经济条件，以及地理条件、气候条件均与国内有较大差异。因此，如果完全照搬欧美大型机械化规模并不适合中国国情。

从 20 世纪 80 年代起，我国在广东农垦地区进行了大规模甘蔗生产机械化试验，3 次试验都证明，甘蔗种植是一个复杂的管理系统，基本上没有一次能完全达到大型机械化的作业标准。这样就提出一个问题，到底多大的规模才适合甘蔗机械化生产。

从机械运作上来看，一个 3 000 亩以上的区域才适合一个大机组运作；从管理上来看，要有 2～3 个大级大型机组才适合管理。所以，一个地方没有 0.6 万～1 万亩的连片土地是不适合开展大型机械化作业的。虽然有政府扶持，有土地流转托管等一系列措施，但是要达到大面积的流转并不是一件容易的事情。在 2017 年年底的甘蔗双高基地建设评估中，基地大片土地的 70%又回到了农户分散经营，集中经营只占了 30%左右，这就是甘蔗生产机械化推进缓慢的症结所在。

目前，我国适合甘蔗中型机械化的土地约占 40%，一个中型收割机，按现有水平一年也能收获 500～1 200 亩，甚至可以达到 1 500 亩。从走访的几个客户了解，连片万亩基本没有意义，对他们来说适合种植的最大面积应该在 2 000～3 000 亩，面积再增大边际效益就会递减。

根据目前情况，采取中小型农场模式和家庭农场模式，是由用户和家族或好友组成，经营规模在 20～200 亩，利于中型收割机作业，利于组织管理，比较适合中国甘蔗生产机械化。进一步补充的是大型农场，一般经营规模应在 2 000～3 000 亩较为稳妥，配套以大、中型甘蔗收获机为主。

由此看来，适度经营规模才是中国发展甘蔗生产机械化的必由之路。要做好适度经营规模，就要解决好以下几个方面的问题。

一是在收割机的市场定位上，要准确判断市场需求和发展趋势。蔗区多为丘陵坡地，户均种植面积小、地块零散、种植经营规模小、坡度大、种植行距窄且种植农艺技术传统，因此，当前适于甘蔗机械收获作业的主流机具应是中小型机具。以中小型机具解决蔗区零散小地块“无机可用”的问题，并起到广泛的示范推广作用。随着“双高”基地建设的推进，土地的流转整合，农机农艺融合和适度规模化经营的逐步发展，适于中小型机具正向中、大型机具发展过渡。

二是机械化收获需要经营者结合农艺技术和农机具实际情况，选择甘蔗品种，确定种植单元的规模大小、地面整治质量、种植行距、垄高、开行方向、种植深度、培土要求以及甘蔗生长高度控制等适于机械化收获作业的农艺技术，才能保证收获机具的作业条件、作业质量，充分发挥机具的作业效率，使得机械化收获盈利成为可能。

三是对于甘蔗种植生产环节的管理。蔗田的规划设计、水利灌溉道路设施的建设、种植技术的革新等都需要从原有的小规模生产管理向着适度（适宜机械化生产）的集约化规模化生产管理转变，经营模式可以有大户集中种植经营、多户种植统一管理等。

四是在生产流程上从原有单纯的劳动人员管理向“人员＋机械”管理转变，工作时间、工作环境、后勤补给、机具现场维修保养、作业质量控制以及运输车辆调配衔接等都需要新的管理技术。

五是对于糖厂的制糖系列工艺环节需要改造，以应对甘蔗机械化收获的发展。如需要建造翻板台利于卸蔗，设置中转站缩短甘蔗存储（地头存储、厂区料场存储）时间，改造输送机构，以利于切段式甘蔗的输送，增加甘蔗入榨前的除杂处理工序以应对含杂量的增加等。

六是培育市场环境和专业的社会化服务组织。甘蔗生产机械化是个复杂的系统工程，经营模式与技术模式相辅相成，必须由单纯的技术模式结合向经营模式培育转变。应以糖厂为主体，农户、合作社、农机作业服务公司采取多种方式联合成立生产组织，近几年蔗区大力探索推广“龙头企业＋合作组织＋农户”的经验值得推广。今后应根据各蔗区的实际情况，探索适合本地区的发展模式，使甘蔗收获机的规模化、组织化程度进一步提高，充分发挥机器效能，提高生产率，助力甘蔗全程机械化发展。

甘蔗机械化收获并不是一个孤立环节，而是一个全局性的系统工程。适度规模化经营，适宜本地的机械化收获解决技术方案和相应的农艺技术，适宜当前行业发展的技术标准和公平公正公开的评判手段，良好的市场环境和共赢的利益关系，高素质的专业化运营队伍，糖企的积极参与，政府的引导与监管，这些方面缺一不可。

我国甘蔗机械化收获目前尚处于起步阶段，需要政府、科研机构、机具厂家、种植户和糖企共同努力才能稳步向前发展。

来源：《农机质量与监督》

2020 年第 2 期

谈谈对“小农机”的再认识

陕西省农业机械鉴定推广总站　王若飞　杨海龙　毛　良

近一年以来，笔者在陕西省安康市岚皋县驻村联户扶贫，在驻村日常工作中，因为职业原因自然免不了关注山区农业机械化问题，对贫困山区农业机械化的需求有了更深刻的感受，“小农机”在山区农业生产和产业扶贫中发挥着不可或缺的作用，由此产生了对“小农机”存在价值的再认识。

引子

地理条件。岚皋县地处秦巴山脉，岭谷相间、坡陡沟深，最高海拔 2 600 余米，农户居住分散，除河流两岸有少量梯田外，其余耕地均零星分散于山坡上，30°以上的坡地占耕地总面积的 70%左右。按常规理解，农业机械在这山大沟深之地毫无“用武之地”。其实不然，笔者走访入户后发现，这里的农户家中常能看到饲料粉碎机、脱粒机之类的小型农机。

笔者所在的枫树村，就有这么一户非常典型的山区四口之家，户主右腿畸形是个残疾人，但身残志不残，妻子外出务工，两个孩子在外求学，平常家中就他一个人。俗话说“穷则思变”，困境面前，他利用“5321”脱贫贷、互助资金等发展种养业，勤劳质朴的他虽腿脚不便，仍在家养了 5 头牛、6 头猪、10 余只羊、50 余只鸡，地里种的玉米、红薯、土豆等大部分作为饲料，家中粉碎机、脱粒机等小农机一应俱全，而不起眼的“小农机”，恰恰成为他脱贫致富的“好帮手”。

人员条件。目前，随着城乡一体化的发展，农村许多青壮年劳力外出务工，背井离乡去了大城市，山村有许多空巢老人。平原地区条件好，可以通过流转实现全程机械化；丘陵山区基础差，本就零星分布的土地由谁来种呢？退耕还林是一种方式，但作为生态扶贫无法从根本上解决山区群众的吃饭问题；第二种是一部分社员易地搬迁到了集镇或县城，但自家的土地无人耕种，甚至撂荒；第三种比较特殊，许多农村存在着一类人群叫陪读者，因为想要子女享受更好的教育而离家前往县城，甚至省城，靠在城市里打零工维持生计并供养子女读书，其实，这类人群本可以成为一个村的致富带头人。长此以往，农村人口将会变得越来越少。

我国近 1/3 的土地是丘陵山地，由此带来的山区无人种地问题亦日趋严峻。笔者认为，提高农村教育水平，把人留住，是脱贫的最根本问题。对于这一认识上下是一致的，经过几轮撤乡合镇，许多乡村学校已撤销，师资力量仍相当匮乏，脱贫目标只是保障每个适龄学生不辍学，优质的基础教育和职业教育相对落后。人才是发展农村经济的基础，是乡村振兴之本，如果在家门口就能享受优质的教育资源，有公认的好学校入学，谁还会背井离乡去求学。因此，留住人才才是发展农村经济的根本途径。

小农机的特殊作用

山村土地零星分散，对于在脱贫攻坚中易地搬迁的农户来说，山上的旧宅已经拆除退耕，迫切任务是尽快把这些土地有效利用起来。一方面，以市场为引领，以项目资金整合为依托，以农业园区为切入点，积极、稳妥、有序地推进土地向主导产业集中，向市场主体流动，让这些土地由小变大，由分散变集中，因地制宜实现规模化经营，大力推广设施农业、山地果园化、养殖场等建设，为农机标准化作业提供平台，进一步发展现代农业。另一方面，推动宜机化改造，改善作业条件，推动农田地块小并大、短并长、陡变平、弯变直。目前，在安康和延安等地都开展了阶梯形缓坡地宜机化改造试点，为改善山区机械化作业条件提供了一定经验，只有积极引导丘陵山区土地宜机化改造，推进高标准农田建设，这样农机就有了“用武之地”。

随着乡村振兴的发展，丘陵山区农机化基础正在发生改变。脱贫攻坚的实施，农村的路、水、电等基础设施逐步完善；在产业扶贫引领下，丘陵山区优势特色产业获得加快发展；随着剩余劳动力的逐步减少，丘陵山区对机械化的依赖越来越高，需求越来越迫切，这种发展趋向和目前现状矛盾，对于丘陵山区多元化种植业、养殖业、林果业和农产品初加工来说，必须优先解决这些产业机械化水平不高的问题。

笔者认为，解决矛盾的关键在于发挥“小农机”的作用，或者说是农机小型化问题。第一，小型农机确实能够解决劳动力不足、地块零星分散、移动费时等问题，并且满足丘陵山区分散农户的需要。在丘陵山区，因地块小、道路不便，农机在地块之间的转移是个大问题，所以轻便的小农机更适合发展。第二，在丘陵山区推广设施农业、养殖场等，因山区平地有限，自动化较高的大型设备难以“重用”，缩小版的高性能设备更具有推广使用价值，如多功能微耕机、喷灌滴灌设备、卷帘机、饲草加工设备、饲料加工设备、自动喂料设备等，虽体态缩小但功能不减。第三，宜机化改造后，梯田将是今后丘陵山区农机化的常态，适宜幅宽小的水稻插秧机、种植机械、收获机械作业。第四，农产品初加工机械，从初级的米面加工机械，到具有复式功能的农产品初加工、包装等，为农产品进一步储存、运输、外销提供了更大便利。在丘陵山区建厂更经济实惠，如小型切片机、烘干机、茶叶生产线、食用菌生产线、木料加工线等都很适用。第五，土地流转后坡度较大或者无法改造的土地，一般被连片经营成了果树园区，滴灌喷灌设施、除草施肥设施、摘果、套袋、剪枝、果园运输等环节，更需要一些轻型机械化设备。由此可见，“小农机”因为小而精、轻而全，在丘陵山区农机化中发挥着不可替代的作用。

建议

综上所述，现阶段小农机在加快丘陵山区机械化，以至乡村振兴中都不可或缺，笔者认为，应从组织形式和补贴政策方面加大支持力度。

一方面，丘陵山区重视发展农机专业合作组织。脱贫攻坚、产业扶贫的发展，推动了农村集体经济合作社的发展，但农村劳动力成本飙升成为发展农业生产的瓶颈也是不争的事实，只有实现机械化才是根本出路。因此，应抓住时机因势利导，以土地流转和宜机化改造为着力点，以村集体经济合作社为依托，大力培育农机专业合作社、农机作业服务队和农机大户等农机作业服务组织，不断提高丘陵山地农机化水平。

另一方面，要创新丘陵山区农机购置补贴方式。“小农机”购置补贴政策力度要向丘陵山区倾斜，扩大丘陵山区适用机具补贴范围，探索特色产业所需的机具补贴途径，因地制宜实施补贴政策，刺激农机生产企业创新，开发研制更多适合丘陵山区的农业机械。

来源：《农机质量与监督》

2020 年第 6 期

广西因地制宜探索甘蔗生产全程机械化模式

农业农村部农业机械化管理司

近年来，广西农机化主管部门积极落实4部委《推进广西甘蔗生产全程机械化行动方案（2017—2020年）》相关措施要求，推进蔗区“双高”基地建设，注重强化农机农艺融合、农机服务模式与农业适度规模经营相适应，因地制宜探索甘蔗生产全程机械化模式，树立标杆，典型引路，加大示范推广力度，为提升全区甘蔗全程机械化水平夯实基础。目前，该区甘蔗生产机械化已初步形成了以下几种模式。

全程机械化作业托管模式，化解分散经营难题

针对部分农户不愿意流转土地的现状，自2018年起广西扶绥县农机化主管部门在深入调研的基础上，积极扶持当地农机合作社发展，加快提升全程机械化作业服务能力。经与农户沟通协调，将纳入“双高”基地规划片区蔗地的整地、种植、管理、收获4个主要生产环节委托给农机专业合作社进行统一机械化作业。来宾市支持驻村能人组建创办农机专业合作社，并与村里农户签订托管协议，将分散的蔗地集中起来统一管理。合作社提供“一条龙”式机械化作业服务，且作业费由合作社垫付，蔗农先期只需承担农药、肥料等相关费用，资金压力小。这样在不改变土地经营方式的情况下，不需要每个农户购置大中型机具，通过托管模式，也能做到全程机械化生产，真正实现小农户与现代化大机具的衔接。目前，来宾市托管模式已经推广应用3万亩以上，兴宾区凤凰镇黄安村采用该模式已建成核心区6 700亩。

“机收集运”一体化模式，破解“机等车”难关

受国内蔗糖生产体制影响，因糖料蔗进厂运输物流体系不适应等问题，甘蔗收获过程中大型收获机常常出现“停工待运”。如何提高运输效率让大型甘蔗联合收割机连续作业，充分发挥作业效率，已经成为制约甘蔗机收的一道难关。2017/2018榨季，在当地农机化主管部门指导下，扶绥县品信农机专业合作社购置相应的运输车辆，率先采用1台联合收割机配1台运输车辆，1台运输车辆配4个运输挂车的方式，探索形成了“机收集运”模式，可实现不间断往糖厂运输机收甘蔗。该模式主要是通过提高机收运输效率来提高收获机的作业量，使管理成本可以得到有效分摊，在降低收获机运营成本，确保经营效益的前提下，还可以进一步降低机收服务市场价格，降低甘蔗生产成本。目前，该县汇丰、品信、速锐、雷达等多个农机专业合作社已复制应用此模式。

“现代农场”经营管理模式，提升大型机具效率

广西目前用于甘蔗生产的大型机械保有量相对较少，主要原因是大型机械价格高投资回报周期长、农机农艺融合度不够、经营管理经验不足、机械作业效率难以真正发挥等。广西南宁东亚糖业集团通过借鉴国外先进机械化生产技术和管理经验，经过几年的探索，形成了“现代农场”经营管理模式。该模式以制糖企业为主导，在适合大型机具作业的片区建立“现代农场”，企业负责技术指导和资金扶持，种植大户负责经营。制糖企业通过设备预付、购机贴息、关键环节作业补贴等资金支持方式，扶持种植大户、农机作业服务队，在蔗区内组织开展高效机械作业。在甘蔗生产过程中，制糖企业聘请专家建立专业技术服务团队，开展质量跟踪和技术指导。甘蔗生产耕、种、管、收各作业环节均采用大型机械实现高效标准化作业，“现代农场”甘蔗产量稳定，其作业成本大幅降低。2018年，广西南宁东亚糖业集团通过“现代农场”模式在崇左市创建全程机械化高效甘蔗生产示范点6个，核心区示范面积达到25 000亩，辐射面积20万亩。核心区甘蔗产量平均达到6吨/亩以上，蔗农效益131元/吨以上，比传统种植增收45元/吨以上。

土地流转糖企转包经营模式，以规模化促机械化

近年来，甘蔗种植成本居高不下，且劳动力不足，种蔗收益下降，稳定种植面积难度

加大，为此，部分制糖企业向蔗区内蔗农租赁土地，再转包给第三方种植户（种植公司、合作社、种植大户、企业内部富余人员等）种甘蔗，想方设法稳定“第一车间”，并以规模化促进机械化。制糖企业、农户和第三方种植户均签订具体的意向书及协议，明确职责、权利及经营风险等。制糖企业主要负责投入资金，通过机耕补贴、购机补贴、垫付租金等形式，扶持种植户，鼓励开展机械化作业。第三方种植户对转包的蔗地组织生产经营管理，并承担一定经营风险。此模式使制糖企业获得了蔗地实际经营权，确保了蔗区面积稳定，蔗农租金收入风险减小。第三方种植户获得制糖企业一定的政策支持，资金压力减小。流转后的蔗地，由制糖企业或第三方种植户通过“双高”基地建设，将小块土地整合成面积较大的地块，实现适度规模经营，促进了甘蔗生产机械化。目前，此模式在广西应用面积约25万亩左右。

来源：《农机化情况》

2019年第23期

小众作物机械化需要时间浸润

天津市农业农村委员会　胡　伟

据中国网5月22日报道称，天津宝坻辣椒生产机械化实现重大突破，实现了“四个第一”。一是辣椒机械化移栽第一次在生产中应用，二是辣椒机械化移栽作业第一次享受政府补贴支持，三是辣椒移栽机第一次在农机购机补贴中实现补贴，四是机械化育苗作业也第一次成为辣椒育苗主要方式。

宝坻区是著名的“三辣”之乡，2020年受疫情不利影响，天津市农业农村委员会、财政局推出新的支持政策，在辣椒育苗和作业两个环节加大财政补贴，全力支持宝坻区振兴辣椒产业；宝坻区由区领导牵头，农机、种植业部门提供技术支撑，全方位联合推动开展工作，辣椒机械化生产实现重大突破，机械化发展成为主要生产模式，华北平原北部的初夏，辣椒机械化移栽成为一道亮丽风景线。预计2020年宝坻区辣椒生产面积将超过6 000亩，实现了疫情下的辣椒种植复苏。

据媒体报道，我国辣椒种植面积3 200万亩，其中，菜椒占比较大，用作调料的尖椒占比相对较少。从种植面积看辣椒不算小众，但与粮食作物比较算是大众里的小众。近年来，辣椒生产机械化被提上议事日程，包括院士、专家和广大种植户在内，都提出了实现机械化生产的迫切要求。

笔者认为，说起辣椒机械化生产，从移栽起步，收获是难题。

宝坻蔬菜移栽试验起步不晚，2000年，与中国农业大学封俊教授合作试验；2016年，与中国农业大学曾爱军和宋卫堂两位教授合作试验，但两次都没有最终结果。其中原因很多，比如整地质量不佳、育苗效果不好、移栽机质量差等，都是构成难以完成作业任务的因素。有一年笔者在现场看到，操作人员送苗速度跟不上机器移栽进度，据说一天下来大多数人都吃不消。2018年，宝坻区农机部门再次启动机械化移栽试验示范，有了前两次经验教训，如今算是修成正果。第一，移栽机器选型获得突破；第二，整地机、起垄机、覆膜机的应用，解决了耕整地问题；第三，机械化育苗成套设备的配套应用，解决了规模化、标准化育苗问题，以及其他各环节的问题。

辣椒机械化移栽看似迎刃而解了，其实并不尽然，现阶段的移栽机械化只能算是个1.0版，各环节都存在诸多改进空间。一台机器作业需要4人协同，一人送苗，一人把扶机器，2人为移栽后的钵苗培土。笔者想，如果有一套覆土装置，可以减少2个辅助人员，应用导航系统，可以再节省1个操作人员，再进一步装上智能喂苗系统，就是一台无人驾驶的智能装备。另外，辣椒怕潮，尤其是生长期的高温高湿季节，除了田间排水常规操作外，是不是可以开发无人机低空搅动功能，进行通风排湿作业。

经过多年试验，辣椒移栽机械化算是找到了一条技术路线，其实辣椒收获机械化才是最后的难关。2019年，宝坻花40多万元引进一台辣椒收获机，但作业现场掉辣椒现象相当严重，在20%左右，并且像采棉机一样还需要进行收获前的落叶处理，相当麻烦。今年，又计划引进一台新机器，据说售价达到89万元，能否解决问题还需拭目以待。

不积跬步，无以至千里。宝坻在发展辣椒生产机械化道路上，基本是在磕磕绊绊中探索前行，其中不乏收获一些努力带来的馈赠。笔者越发觉得，其他小众作物机械化也应是如此，在解决难题的道路上绝不会一蹴而就，既不能省略过程更需要时间的浸润。

来源：《农机质量与监督》

2020年第8期

新形势下设施农业及其机械化发展思考

农业农村部规划设计研究院
中国农机化协会设施农业分会
张跃峰

近30年来，设施农业一直占据农业热点地位。在消费升级和农业供给侧改革双重驱动下，设施农业规模快速发展，机械化稳步提升，高端技术、高端装备应用不断推进，总体步入“总体稳定、局部兴旺”的发展时期，迎来前所未有的发展机遇。但是，随着社会经济发展和技术进步日新月异，新时代设施农业的持续发展也需要新思考。

设施农业面临的新形势

（一）总量稳定质量优化

自20世纪90年代以来，我国设施农业规模快速扩大。从2008年起，实现了10%以上的年均增长速度，2015年出现拐点后，每年有微弱减少。据2019年统计数据，达到国家和行业相关标准的设施面积总量保持在185万公顷以上。而实际上，规模总量微弱减少的过程也是优化调整的过程，在这一期间，使用率、集约化水平得到提升，装备技术水平实现了优化，尤其是生产主业的再次回归，也被看作是设施农业自我完善和调整升级的行为。值得关注的是，这一优化进程是以设施装备提升为明显特征的。一是传统日光温室和塑料大棚，标准化水平进一步提升，结构形式与作业空间进一步优化，环境调控能力显著增强；二是现代化大型玻璃高效温室，近5年来新建量激增，推动了温室装备质量和水平快速提升。据不完全统计，自2017年以来我国新建大型玻璃温室近900公顷，在设施农业总量中占比虽然很小，但在技术体系和产业模式方面的探索意义重大。总量稳定和质量优化，将有力促进我国设施农业可持续发展。

（二）扶持政策更加精准

设施农业的扶持政策持续增多且越来越精准。2018 年，国务院《关于加快推进农业机械化和农机装备产业转型升级的指导意见》（国发〔2018〕42 号）明确提出，设施农业机械化水平到 2025 年提升到 50%的目标。2019 年，自然资源部、农业农村部发布了《关于设施农业用地管理有关问题的通知》（自然资规〔2019〕4 号）。2020 年 6 月，农业农村部发布了《关于加快推进设施种植机械化发展的意见》（农机发〔2020〕3 号），提出了设施种植业机械化水平总体目标、现阶段主要任务和保障措施，要加强农机购置补贴等政策向设施农业等新兴领域倾斜。

（三）发展条件推拉并存

基于社会经济发展，设施农业发展环境条件发生了重大变化。一方面，随着劳动力成本、用地成本和环境压力导致的生产成本上升，以及农产品产能增加导致销售价格下降，设施农业面临着投入产出方面的重大挑战，但同时也可能是促使设施农业实现良性发展的拉动力。另一方面，在数字技术和智能化技术不断成熟的大背景下，农业与休闲、旅游、文化、生态等业态相结合实现了产业功能拓展，设施农业作为可控农业的典范获得了前所未有的推力。

（四）产业升级分层态势显著

设施农业产业升级还在继续，沿着新细分产品结构这条主线，可以看见一套生产技术体系、工程装备体系和管理体系正在建立形成，并且出现了显著的分层态势，其背后的含义是设施农业的社会功能发生着深刻转变。总体上，设施农业的产业使命正逐步从保障供给向创造美好生活转变。保供给阶段，以产出大宗蔬菜满足人民基本生活需要为目标；创造美好生活阶段，不仅要继续产出满足基本供给，还需要提供更加多元化、更具健康生活、更有文化艺术内涵的商品和服务，满足人民对美好生活的需求。在这种趋势拉动下，将带动多层次设施形式和装备体系的发展应用，形成更为清晰的产业分层架构。

（五）技术创新基础扎实

我国设施农业科研创新可谓基础扎实，在设施园艺栽培技术、工程技术、装备技术等多个方向成果颇丰，在日光温室和塑料大棚为主的设施中得到广泛应用，为产业提质增效发挥了重要作用。但与此同时，受地域、品类、工程装备条件、管理水平等多因素影响，设施农业有其复杂性一面，基于特定品类、温室形式、特定地域的成套技术集成颇为不足，从而制约了创新技术的效能发挥，尤其是在推广应用中，创新技术成果常因未集成成套而凸显短板效应。

（六）国际融合快速深化

近5年来，随着国际贸易条件优化，伴随着国际化从业人员增多和企业群体多样化，尤其在高端温室领域，国际技术和装备应用迅速增加，融合尤为显著。客观评价目前的国际融合，好处是带来了更丰富的技术供给和借鉴经验，但也存在盲目照搬的风险，特别是对我国自主创新技术的应用空间，以及在高水平温室中的应用空间形成了一定程度的挤压效应。

（七）工程装备体系成熟

经过30多年发展，我国已建成以企业为主体的成熟工程装备供给体系，涵盖温室建造材料设备、温室工程建设承包商以及作业机具、耗材生产企业等，门类较为齐全，全国拥有技术队伍的设施工程企业800家以上，拥有生产设备的温室材料和设备企业近500家。其中，北京华农等一批创新型企业，为我国设施农业自主创新提供了制造支撑。但是，行业标准应用相对滞后、共享平台建设不足、企业自身优化较慢等问题依然存在，设施农业仍面临发展挑战。

（八）多重短板依然存在

我国设施农业大而不强是基本共识，存在着制约产业提档升级的多重短板。一是科技创新长期呈现点状布局，以结合品类主线、全程优化集成为目标的创新协作体系构建不足，导致科研成果百花齐放，但生产应用效果和显示度不足，特别是产业盈利能力提升效果不明显，商业推动滚动开发严重缺乏。二是在作业精准性要求高的关键环节自动化装备、设施农业适宜品种、高效工厂化设施农业集成设计等环节，5年间国外产品和技术占70%以上。三是设施农业工艺、工程、装备、生产技术的标准化程度、成套化水平不高，基于环境调控、工艺效率的优化理论成果较少，实践中经验主义流行，精准研判和设计能力欠缺。四是虽然具备门类较为齐全的工艺工程装备供应体系，但较为粗放；设施种植者的生态意识、管理水平、盈利和竞争能力均亟待提高。

发展建议

（一）细化落实支持政策

随着设施农业用地、农机购置补贴等利好政策陆续出台，设施农业将迈向更加良性发展的轨道。但是，全国各地资源丰裕水平、设施农业适宜技术、主导业态等因素存在很大差异，面对都市圈层、城镇圈层、乡村底层不同的发展目标和要求，政策细化落实有待进一步强化。以设施用地为例，自然资规〔2019〕4号文件发布以来，从2019年12月到2020年7月，已有11个省出台了相应设施农业用地管理政策，但在耕作层破坏如何定标定性、大型集群化设施项目的附属设施面积等关键问题上尚未细化；温室设施使用基本农田的划补要求将涉及更多经营主体，实施程序没有问题但实施主体间的协调将非常困难。

从购机补贴向设施农业倾斜执行角度看，在浙江、江西等试点省份，当前补贴重点都放在了温室大棚骨架上。在设施建造成本中，骨架占比随设施智能化、环境调控能力、高效生产能力的提高而降低，而环境调控设备、栽培设施设备、生产作业设备比重会随之同步提高；对连栋温室而言，钢骨架成本占比通常低于50%，对高性能玻璃温室而言，占比低至30%以内。需尽快制定更为全面的分类目录，使骨架以外的设备纳入补贴范围，形成越高效、补贴越高的良性引导。

（二）加强生态资源管控

设施农业生产造成的生态问题没有得到足够重视，地下水开采、地热利用、灌溉肥水排放、秸秆处理、基质废弃生产资料处理等方面管控较为薄弱。一方面，带来可持续发展隐患；另一方面，不利于生态绿色新型技术推广应用。因此，在重点发展区域，地方政府应结合生态环境相关法规，瞄准设施农业和大田农业差异，制定设施农业生态资源管理要求并通过实施加强控制。

例如，在无土栽培面积扩大的过程中，营养液广泛使用是必然趋势，废弃液体排放将给环境造成不利影响。目前我国尚未出台强制性管理办法，但欧盟在无土栽培技术应用初期就通过法规引导，普遍采用封闭式循环的营养液系统，既保护了耕地和生态环境，也大幅提高了水肥资源利用率。不仅如此，在基质使用、生产投入品使用上，均应制定更为严格的管理措施，鼓励环境友好型技术的应用发展。

（三）优化科研协作体系

30多年来，我国设施农业科研成果成功解决了以日光温室和塑料大棚为主的设施生产技术问题。但也必须看到，由于设施农业交叉性强，科研创新更容易陷入相互割裂、协作无力的境地。现代科技越来越注重精准针对性，设施农业领域基础研究、应用研究都与露地农业共用平台和团队，虽有一定侧重但研究精力聚焦不足，成果针对性弱，应用效果很难达到最佳，导致成果在国际竞争中处于弱势。应用研发方面，虽有大量创新型企业投入，但基于当前科研经费分配机制等现状因素，能够全程协作的较少。

设施农业技术的发展，需要实现高度精准技术衔接、全程技术高效配套和资源利用率最大化，对技术创新成果的成套性、涵盖生产链条长短，都有着越来越高的要求，亟待引导优化协作体系，培育细分设施种植品类、细分地域与设施类型，通过品种筛选、栽培技术、温室设施、生产装备协同，打造科研创新团队，建设研产推深化协作队伍，更好地发挥科研成果应用价值，体现效益和效果，增强我国设施农业科研成果呈现能力，提高国际化创新技术竞争能力和转化应用率。

节本增效是设施农业技术创新的根本目的，在不降品质的前提下提高单产是其中核心目标。除栽培技术和设施外，温室环境调控设备、生产作业设备等会通过遮光及调控因子耦合变化对长势和产量产生非预期影响。为此，建立以栽培技术为核心的研发协作体系更显重要性。

（四）加强前沿技术研发

劳动力成本上升等外因和工业等其他领域技术进步，构成拉动设施农业技术进步两大动力来源。从后者看，设施农业对节能技术、智能装备技术、信息感知技术、环境调控技术、水肥管理技术、设施专用品种选育技术等环节均有强烈的产业需求，需要跟踪这些环节的前沿技术。我国虽然积累了一定成果，但可靠性高的商品化成果少，应大力发挥创新联盟和各类创新机构的作用，加大与其他领域技术交流和引进力度，开展智能装备、水肥装备、节能装备、环境调控装备研发，加强设施环境精准设计理论依据研究和设计模型研发，注重成果熟化，确保我国自主创新技术获得持续生命力。

（五）注重建设前期策划

当前，集群化大棚、日光温室以及大型连栋温室都以项目方式建设，具有较好的管理条件。但在实践中，项目策划急而浅，导致大多数设施建设选址缺乏科学性，功能定位上盲目追求链条完整，温室设施建造推进层次混乱，设计照搬多，设施园艺产品和服务类产品趋于雷同，导致盈利艰难。例如，近 5 年来，新建大型玻璃温室多数采用成套荷兰栽培技术和温室装备体系，这类温室 80%以上的种植面积生产番茄，主要瞄准以串收小番茄为代表的细分市场。

笔者调研发现，在策划阶段，目标市场价格定为 14～45 元/千克，以最低14 元/千克计算，占荷兰和美国城市居民月均收入比重的两倍。发达国家产品分层已经成熟，价格基于理性消费而相对稳定，其收入占比可作为我国同等产品价格回归趋势的借鉴，如此则有可能出现，即使是分层后的高端串收番茄，在消费理性回归后价格也极有可能降低 50%，但此时工程装备投入后折旧和运行成本已经定型，这将严重影响收入和盈利预期，存在较高的运营风险。

对于日光温室和塑料大棚，前期策划不足则会导致产品滞销和巨大资源浪费。因此，应调整对设施建设工作的组织理念，不仅借鉴工厂化理念，实现集约化、流程化的生产组织，更要实现深入完整的前期策划，包括项目策划、可行性研究、工艺工程方案制定、工程设计等几个明确阶段，且不能前后倒置，避免常见的设计在前，策划和工艺方案在后的情况发生。

（六）扶持行业社会团体

我国现有设施农业行业协会和产业联盟，通常面临生存和发展压力，行业调研不够充分，基础数据积累单薄，无法满足行业发展对咨询服务、投资决策、科研结果、产品选择和定位等方面的需求。目前尚无涵盖设施农业生产全过程的社会团体，由于产业总体规模大，尤其是设施使用和生产环节，设施类型、面积、种植品类品种、产出量和周期、从业人员等数据庞大，且涉及的地域广、主体多，所以行业大数据建设意义重大，由于设施农业盈利能力相对弱，领域内企业自主投入大数据建设尚未出现。因此，急需扶持一批全国性和地方性的社会团体，为设施农业高质量发展提供数据共享服务支撑，建设更加有效的合作平台。

（七）建设多元支撑体系

设施农业专业性强，但目前在科技支撑、检测鉴定、市场信息等服务环节，仍交织在传统主导门类为主线的大行业中，如蔬菜、花卉、农机等领域，均同时存在大田和设施农业，导致设施农业支撑体系专业性不够强，技术、服务过于广谱性，支撑服务效率欠佳。另外，新的扶持政策也需要对靶设施农业。为此，应鼓励引导地方政府和企业力量，培育一批设施农业科研创新集聚区、研学产推协作集聚群；建设一批设施种植检测服务、设施工程材料和装备检测的专业性服务机构，构建多元化支撑体系。

（八）加强紧缺人才培养

设施农业人才，尤其是熟练技术工人尤为缺乏，建好设施用不好，优质产出卖不好。据估测，在设施农业 2 000 余万的从业者中，有近 20%的人有作业培训需求；具有 5 000 公顷以上的较高环境调控能力的连栋温室，需要新型设备和新兴技术使用能力的新型工人近 2 万人；各类新兴的设施种植企业，需要掌握现代精准生产理念、经营管理能力的运营人员近 3 000 人。

近两年，许多工商资本投入设施农业，人才缺乏尤其是团队建设成为普遍难题。特别是在当前新技术爆发式增长的背景下，经验主义和传统管理的问题越来越明显，对新型人才需求更为迫切。人才培养不可一蹴而就。中国农业机械化协会设施农业分会连续 4 年开展设施种植、温室建设、运营管理、行业标准等方面的培训，并取得了一定效果，但对行业发展远远不够，在全国层面和重点地区，加强培养机构和农业广播电视学校之间的合作，加大设施农业专项技术培训力度，引导鼓励社会团体和企业建设人才交流平台，方可满足行业对人才的需求。

（九）提升产业盈利能力

日光温室和塑料大棚是农民增收的重要方式。但众所周知的是，如果由企业经营则很难盈利，特别是功能拓展不充分时，种植业收入占比高。换句话说，在占设施农业绝大部分比重的板块中，设施农业投资收益能力很低，投入产出不具有常规经济逻辑。近年来，许多地方推进种植业结构调整，转粮为菜，转露地种菜为设施种植，但仍没有从根本上改变这种局面。这种情况带来多方面隐患：一是吸引投资能力弱，二是吸引劳动力能力弱，三是创新成果转化应用动力弱，甚至就连栋温室来说，经营主体多为企业，盈利能力同样欠佳。以上问题的根源是多方面的，但可以通过缜密的前期谋划、科学的运营管理予以解决。

产业展望

在乡村振兴战略实施的大背景下，设施农业将持续成为社会关注的焦点，成为现代农业领域的热点。在新兴技术推动下，设施农业在生产端和供应链方面正在酝酿一场深刻变革。

（一）装备智能化快速发展

当前我国设施农业机械化率仅为 38.31%，且分布不均衡，连栋温室机械化率较高，日光温室和塑料大棚机械化率较低，智能化是设施农业发展的大趋势，尤其在劳动力等生产要素成本持续上升、生产过程精准化可控要求持续提高的情况下，设施农业智能装备技术将得到快速应用。但就现状看，由于机械化水平较低，智能化技术支撑在短期内无法全面实现，或将呈现“局部环节智能化、生产全程数字化”的阶段化推进局面。在连栋温室领域，智能化装备技术应用比重将持续高于日光温室和塑料大棚；在集群化的日光温室、塑料大棚以及连栋温室上，生产全程数字化技术有望全面推进；在人工光利用型植物工厂、全封闭大型温室等部分领域，有望在近阶段实现全程智能化。

（二）机艺融合将更为广泛

农业农村部在《关于加快推进设施种植机械化发展的意见》中提出，要积极推进农机农艺融合、机械化信息化融合。在当前和未来相当长的时期，设施农业将立足更为复杂的边缘技术特征，不仅是农机农艺融合，还将注重农机、农艺、工程三方面融合，拓展融合的广度和深度。三方融合，不仅体现在温室设施的宜机化，还将在光、温等环境因子调控耦合作用上有更为精细的体现。例如，在工程设计和装备配置中更精准地计算光环境指标，就是工艺、工程、装备更精准化的表现。另外，随着生产经营水平的提升，农艺作业将渗透到各种设施类型流程中，传统农艺或将转变为工厂化的农业工艺，对温室大棚设施的认识将转变为环境可控的农业车间，工艺、工程、装备将深度融合互为纽带，三者之间相互影响的作用将大幅增强。

（三）栽培技术进步推动整体提升

在借鉴和引进其他领域技术中，设施农业的多样性需要谨慎对待。在环境调控水平高的连栋温室实践中，较为普遍的情况是，建好温室后，请来一位或一批国内外种植老手，即使选定熟悉的品种，使用熟悉的温室设施，却无法达到以前的产量，这便是典型的多样性问题体现。设施农业生产面对多品类、多设施类型、多种气候、多类水土条件，还存在不同技术人员、不同生产工艺、不同水肥配方，在多重因素之间，构成了设施农业栽培技术的高度复杂性。即使生产条件存在微弱差异，逐级放大后都有可能产生较大单产或品质变化。如果要考虑产品销售环节的竞争力，还要考虑消费者口味和习惯，把产品变成不同阶段、不同形态的商品，这样就需要进一步增强栽培技术多样化。栽培技术多样化趋势，意味着不可复制，必须因地制宜。

与之相应的是以栽培技术为支撑的栽培管理，装备智能化、环境调控精准化都服务于栽培管理。在设施农业机械化水平评价中，将生产过程管理分为耕、种、收、环控、施肥5个主要环节，每个环节都是栽培管理的构成部分。栽培管理需要的精准化程度，决定了机械化升级过程中的精准化水平，过高或过低都将使栽培管理无法适应，或者说，都将造成浪费。因此，未来设施农业将越来越深刻地体现：栽培技术决定装备高度，栽培管理目标或将决定装备配置水平。

来源：《农机质量与监督》
2020年第8期

国内外无人化农业发展状况

农业农村部农业机械化管理司　王国占　车　宇

农业农村部农机化司与农机鉴定总站　侯方安

近年来，数字化、自动化、智能化技术在农业领域应用步伐加快，机械化生产与信息化技术深度融合，初步形成了无人化农业概念，引发社会广泛关注。无人化农业系统包括生产信息采集设施、生产作业装备和生产管理平台三大组成部分，以全过程智能化管理、精准化作业为核心，通过大数据指导生产运行，能够实现节本、高效、精准、绿色，形成类似于无人工厂的农业生产方式，是现代农业的一个重要发展方向。总体上看，发达国家无人化农业研发起步早，在一些领域和环节虽有推广，但应用还不广泛。我国在这方面起步较晚，发展速度较快。

无人化大田种植

大田种植作业工况条件复杂，实现无人化作业难度较大。北美、西欧具备基础但需求不紧迫，日韩处于萌芽阶段，我国正逐步兴起。

北美、西欧、澳洲等地发达国家已经开始应用自动化装备开展农业生产，具备了较为广泛的技术和装备基础，但对发展无人化农业还没有明显需求。美国大中型农场都应用自动导航驾驶系统来实现拖拉机、联合收割机等自动化作业，预计2019年美国农机自动导航驾驶系统普及率将达到90%。在产品创新方面，约翰·迪尔、凯斯纽荷兰在2016年分别都推出了无人化概念拖拉机及配套农具，这种拖拉机配备全方位感应和探测装置，能够侦测并避开障碍物，具备远程配置、监测及操作功能，在生产平台的管理和调度下可实现全天候无人作业，不过目前并未商业化应用。

日本、韩国等生产规模较小的国家和地区，农业生产受劳动力因素制约，刚开始推广应用自动化农机产品，无人化农机装备尚处萌芽阶段。日本主要农机企业基于“1个机手、2台机器”的设想，推出了带有高精度卫星定位导航功能和遥控功能的自动化农机产品。自2018年6月以来，久保田公司先后上市了带有自动驾驶功能的水稻收获机、拖拉机，以减轻机手长时间作业体力负担，提高农机作业精度。井关、洋马等企业也在计划上市类似产品，扩大相关技术推广应用规模。

我国大田种植自动化农机装备在技术创新、制造水平和产品可靠性等方面与发达国家有一定的差距，在装备质量、机具种类、智能化水平上发展升级趋势加快。总体来看，我国农机自动导航驾驶系统已经在大田种植中开始规模化推广应用，装配方式由购买后自行加装向出厂前标配发展，受技术成熟度、决策模型精度、机具质量和使用成本等方面制约，我国自动化农机正处于单机自动化作业向多机协同智能化作业发展的阶段，无人化农机应用逐渐兴起。

近两年，我国无人化农机创新产品相继面市。“东方红”“欧豹”无人驾驶拖拉机、“谷神”无人驾驶联合收割机已开展试验和作业示范，还实现了收割机与运粮车的主从导航无人驾驶；“丰疆”高速无人驾驶插秧机实现了水田原地掉头对行、秧盘自动提升等功能，已在多地投入水稻插秧生产实践。黑龙江、新疆、江苏、山东等多个粮棉主产省份相继开展了全过程无人化农业生产试验。以新疆生产建设兵团为例，其数字农业试点建设项目已经形成了棉花耕、种、管、收全程数字化生产管理模式，应用农机自动驾驶装备和无人化农机取得了显著效果，降低了农机作业驾驶难度和劳动强度，提升了作业效率，即使是新手驾驶员也能和老机手一样作业又快又好。当地棉花种植全部使用卫星导航自动驾驶技术，在夜间或能见度较差的天气作业也可做到准确对行，整个作业季每台机具较手动驾驶平均多播种1 000亩，原先人工驾驶播种10行的地块采用自动驾驶可播种11行，土地利用率可提高0.5%～2.5%，棉花精准施肥能够节肥15%、单产增加5%左右。

值得注意的是，在无人化大田种植领域，我国植保无人飞机发展一枝独秀，受到世界关注。近年来，农用无人飞机应用普及较快，可搭载植保、影像获取、播种等多种装置完成不同作业，主要应用在农业航空植保领域。国际上，美国、日本的航空植保技术较为发达。日本应用油动单旋翼机型较早，在作业管理、发动机技术等方面处于国际领先水平。美国农用飞机以有人驾驶固定翼飞机为主，能够实现高效作业，无人飞机方面研究也比较多，但受安全限制在农业植保中鲜有应用。

我国植保无人飞机在装备总量、作业面积上已经发展到全球第一，还在不断发展，飞控技术世界领先，但在喷施药装备和专用药剂的研究方面还需加强。目前全国植保无人飞机保有量超过4万台，2019年作业面积达1.3亿亩，大疆、极飞等品牌的电动多旋翼机型能够精准导航、主动避障、定量施药，已经能够相对稳定、安全地开展规模化作业服务。

无人化设施栽培

无人化设施栽培主要应用于果菜、花卉育苗管理、水肥一体化、病虫害防治、采收运输、加工包装等环节。欧美日处于世界领先水平，我国整体水平不高。

欧美日等一些发达国家在自动化、智能化生产技术研究与应用领域一直处于世界领先水平，已经实现了环境调控自动化、生产过程无人化、分级包装智能化。在设施栽培中农业生产机器人也应用广泛。日本在设施种植的育苗、嫁接、移栽、采摘、植保、施肥等环节有多种农业生产机器人。以色列、荷兰、德国、英国、澳大利亚、瑞士、法国等国家均有针对本国特色农业生产的机器人研发，采摘机器人均有小规模使用。近年来美国、欧盟、日本、韩国等制定国家战略将工业机器人加快应用于农业领域，农业机器人研发速度明显加快。

我国设施农业机械化率仅有30%左右。与发达国家相比，除环境调控系统外，设施栽培自动化、智能化装备整体水平不高，还存在一定的差距。我国具有自主知识产权的农业机器人大部分还停留在样机阶段，在精度、效率和可靠性方面和国外相比还存在一定的差距。以嫁接机器人为例，国内研发的产品还需要人机协同作业。

值得欣喜的是，我国以无土栽培、立体种植、自动化管理为特征的植物工厂研发和产品水平较为先进，已有具备自主知识产权的成套技术设备，并已打入国际市场。比如，上海浦东智能种苗工厂实现了全程智能化生产。智能化栽培物流系统贯穿整个种苗工厂，联结了种苗组培车间、种苗培育车间、种苗抑生控制车间和生产作业车间4个区域，形成种苗自动输送、定点作业的流水线生产模式。与传统集约化种苗基地相比，劳动生产率和单位面积产能分别提高了6倍以上。

无人化设施养殖

无人化设施养殖主要应用于环境控制、饲喂、挤奶、防疫、废弃物处理等作业环节。发达国家生猪、奶牛、蛋鸡养殖已有规模化应用，我国技术装备研发能力严重滞后。

欧美等发达国家设施养殖机械自动化程度不断提高，信息化、智能化技术应用于畜牧养殖的各个环节，已建成多种养殖环境自动监控系统平台，形成了适合不同饲养规模和区域特点的生产模式，特别是生猪、奶牛、蛋鸡养殖的少人化生产已有规模化应用。

我国相关研究基础薄弱，装备智能化程度不高，核心部件和高端产品依赖进口，但无人化设施养殖发展势头强劲。比如，重庆万州奇昌种猪场是现代化规模种猪场，集成应用自动喂料、自动饮水、自动清粪、自动环境控制技术，由管理系统统一控制。猪场无臭味、无污水排放，猪粪尿完全有机肥发酵后用于果园生产。种猪场常年存栏 600 头母猪，年出栏 1.5 万头断奶仔猪，除了接生和照顾哺乳期仔猪外，仅需 6 人即可保障日常正常运行。又比如，山东民和牧业的少人化肉鸡智能养殖场采用自动化笼养设备，包括自动化饮水系统、行车喂料系统、带式清粪系统、自动化肉鸡收集与输送系统、舍内环境控制系统以及场内智能化管理平台，日常管理仅需 30 人即可饲养肉鸡近 70 万只，有效提升了防疫水平、肉鸡品质和养殖效率。

从发展趋势看，无人化农业将主要应用在规模化种植、设施栽培、设施养殖领域，解决水田植保、育苗嫁接、病死畜禽无害化处理等作业环境差、劳动强度大、精准度要求高、安全风险防范难等问题，市场需求潜力很大。近年来，信息化、智能化技术和产业发展步伐加快，一些产品应用成本下降 90%，使无人化农业技术在生产中应用成为可能。

目前，我国无人化农业发展虽然具备了一定基础，但大部分还处于探索阶段，技术成熟度和经济性仍有许多欠缺，距离实现完全无人化农业还需要经历一个长期演进过程。各地在贯彻《国务院关于加快推进农业机械化和农机装备产业转型升级的指导意见》（国发〔2018〕42 号）的过程中，要对无人化农业技术与装备研发应用予以高度关注，在政策、科技、项目、标准等方面积极谋划，深入推进机械化、信息化融合，促进农业机械化高质量发展，努力为农业现代化提供新动能。

来源：《农业机械化情况》

2020 年第 14 期

农业机械专项鉴定有关问题研究

农业农村部农业机械试验鉴定总站　郝文录

《农业机械试验鉴定办法》（以下简称“办法”）发布实施已一年有余。目前，关于专项鉴定工作，部分省份边摸索边实践，研究制定了一批专项鉴定大纲并陆续开展鉴定工作。笔者曾于《农机质量与监督》2019 年第 10 期发表《对农业机械专项鉴定工作的几点思考》一文，就开展鉴定的鉴定机构资质、鉴定内容含义和实施、结果采信以及产品变更等问题进行了讨论。经过一段时间观察，笔者发现仍有一些新问题需要进一步梳理研究。

专项鉴定与推广鉴定关系问题

新办法对专项鉴定的内涵进行了较大调整。第二条规定，专项鉴定从原来的“考核、评定农业机械的专项性能”调整为“考核、评定农业机械创新产品的专项性能”。而推广鉴定的内涵比较稳定，一直是“全面考核农业机械性能，评定是否适于推广”。所以，从制度设置上比较两种鉴定的差异很明显。

从鉴定内容上比较，两种鉴定也完全不同。推广鉴定是安全性评价、适用性评价和可靠性评价；专项鉴定是创新性评价、安全性检查和适用地区性能试验。

从鉴定产品来说，《农业机械试验鉴定工作规范》第四条规定：尚无推广鉴定大纲或现行推广鉴定大纲不能涵盖其新增功能和结构特点的创新产品，制定专项鉴定大纲。从而进一步明确专项鉴定针对的是创新产品。而推广鉴定则是相对成熟产品。由此可见，在鉴定产品上两种鉴定是不会交叉的。

但是，经过一定时间发展，在条件成熟后并经过一定程序，专项鉴定产品可以转化推广鉴定。反过来，推广鉴定产品有了一定创新，增加了新功能，可以针对创新内容开展专项鉴定。当然，对于一些新产品，如果条件成熟，可以直接研制推广鉴定大纲，按照推广鉴定工作程序开展鉴定，不必再考虑开展专项鉴定。

笔者认为，把两种鉴定进行对比，推广鉴定是一种例行常态鉴定，专项鉴定是一种临时过渡性鉴定。推广鉴定针对相对成熟的产品，专项鉴定针对创新的、升级产品。因此，两者关系相互独立、且界限分明，甚至相互排斥，不能相互交叉。但两种鉴定并不是完全割裂的，在一定条件下专项鉴定可以转化为推广鉴定，其联系纽带就是鉴定大纲的制（修）订工作。

专项鉴定大纲中鉴定内容的确定问题

对于没有开展过推广鉴定的创新产品，在制定专项鉴定大纲时，按照办法规定要求，应根据产品特点，逐项明确创新性评价、安全性检查和适用地区性能试验内容。

对于在原来推广鉴定产品基础上再创新、具备了新功能、推广鉴定大纲不能再适用的产品，制定专项鉴定大纲时，在安全性检查和适用地区性能试验方面，应充分考虑与推广鉴定的协调问题。换句话说，原来在推广鉴定大纲中考核的安全性检查和性能试验内容，除了不适用项目外，在专项鉴定时均应纳入考核，避免造成只关注创新部分，忽视对原有作业的功能考核。对于原来已通过推广鉴定、增加新功能后开展专项鉴定的产品，原推广鉴定报告结果仍适用的部分可以继续采信，或者专项鉴定相应项目可以减免。但是，如果增加新功能将影响到整机其他作业性能的，原推广鉴定报告结果就不能引用，且专项鉴定考核项目也不能减免。

比如，轮式拖拉机作为推广鉴定产品，经过技术升级后，具备了辅助无人驾驶功能，原拖拉机推广鉴定大纲不适用于该新产品，在制定专项鉴定大纲时，安全性检查项目应把原推广鉴定大纲中的安全性要求全部搬过来，再加上辅助无人驾驶所要求的安全性要求。适用地区性能试验也要把原推广鉴定大纲中适用性评价中的性能试验部分全部引入，加上辅助无人驾驶所要考核的功能性和作业性能要求。实际鉴定时，对于在原通过推广鉴定产品基础上升级的无人驾驶拖拉机，原型号推广鉴定报告中适用的项目可以采信或减免。对于全新设计的辅助无人驾驶拖拉机，则应全项考核。

为了避免一个产品稍有改进便造成推广鉴定大纲的不适用，造成无鉴定依据的问题，建议制（修）订推广鉴定大纲时要尽量有一定前瞻性，产品结构等方面的限制要求也要全面合理，对于新技术、新功能的包容和涵盖尽可能符合实际一些。尽量减少对产品适用问题作出过度反应，不断起动专项鉴定大纲制（修）订程序，既浪费社会资源，又影响鉴定工作实施。

专项鉴定证书到期后如何处理问题

目前因专项鉴定证书刚刚颁发，还没有出现有效期满的情况，应该对未来问题有所预判。一种情况是，专项鉴定证书有效期满时，专项鉴定大纲仍然有效，按照办法第二十一条规定，证书有效期满，实行注册管理，工作程序按照《农业机械试验鉴定工作规范》要求执行。另一种情况是，证书有效期满时，专项鉴定大纲已废止或被其他大纲代替，按照办法第二十一条规定，不再符合鉴定大纲要求的，证书失效。因此，专项鉴定产品如果没有了适用的专项鉴定大纲，则证书保持到有效期满，到期失效。

从专项鉴定与推广鉴定关系来看，专项鉴定是为了解决新产品的出路问题而开展的，具有临时过渡性质，是作为推广鉴定补充的鉴定。一旦推广鉴定大纲经过修订完善，涵盖了专项鉴定新产品，或者专门针对某新产品制定了新的推广鉴定大纲，一经发布实施，相应的原专项鉴定大纲应当废止。不能出现一个产品既可以作推广鉴定，又可以做专项鉴定的情况。

专项鉴定与推广鉴定的相互转化问题

一般情况下，不存在推广鉴定产品转化为专项鉴定产品。因为，推广鉴定产品是相对成熟产品，某一产品经过升级具备了新的功能，可以对此产品开展专项鉴定，也只是那一个或一小小部分不适用于推广鉴定大纲的创新产品需要开展专项鉴定，其他大部分原开展推广鉴定的产品仍然存在，仍在继续开展推广鉴定。

创新产品专项鉴定后，经过市场验证，符合农业生产需要并具有一定推广价值的，可以纳入推广鉴定体系，经过推广鉴定大纲制（修）订程序，把新产品纳入推广鉴定大纲适用范围，可在制定年度推广鉴定大纲制（修）订计划时关注专项鉴定产品，分期分批考虑专项鉴定产品的转化问题。

经市场验证，专项鉴定产品不能满足农业生产需要，且不具备推广价值的，则不用转化为推广鉴定，专项鉴定大纲可以宣布废止。

专项鉴定结果的使用问题

农业农村部办公厅、财政部办公厅《关于做好 2018—2020 年农机新产品购置补贴试点工作的通知》（农办机〔2018〕5 号）规定："对于试点产品选定时的产品条件，应当农业机械属性明确，技术创新特征明显，能够弥补当地农业机械化发展短板，提升农业机械化水平。从先进性、安全性和适用性方面综合评价，切实排除假冒伪劣产品。先进性方面，至少拥有实用新型发明专利、整机发明专利以及省级以上科技成果鉴定或者评价证明之一；安全性方面，应当取得有资质的检验检测机构依据国家、行业或企业标准出具的产品出厂合格证明；适用性方面，应当通过省级农机化主管部门组织或委托县级以上农机鉴定、推广、科研单位开展的田（场）间实地试验验证。”综合来看，通知规定的以上内容与专项鉴定报告所包含的内容是一致的。

要想疏通新产品获取政策支持的途径，或者说解决开展专项鉴定产品补贴资质问题，就要把专项鉴定产品纳入全国农机购置补贴机具种类范围，这样就避免了每年定期的新产品和专项鉴定产品补贴资格的审查确定问题。要解决此问题，需要把专项鉴定产品与推广鉴定产品同等对待。实际上，办法第七条规定：通过农机鉴定的产品，可以依法纳入国家促进农业机械化技术推广的财政补贴、优惠信贷、政府采购等政策支持的范围。而办法所说的农机鉴定就包括推广鉴定和专项鉴定。

农业农村部办公厅、财政部办公厅《2018—2020年农机购置补贴实施指导意见》规定：“补贴机具必须是补贴范围内的产品，同时还应具备以下资质之一：（1）获得农业机械试验鉴定证书（农业机械推广鉴定证书）；（2）获得农机强制性产品认证证书；（3）列入农机自愿性认证采信试点范围，获得农机自愿性产品认证证书。”

笔者认为，只要明确专项鉴定产品的品目归属，明确了产品在补贴机具种类范围内就可以使专项鉴定产品与推广鉴定产品取得同样的资格权利。为了更加明确专项鉴定产品的资质，实施指导意见中的产品资质要求可以稍做调整，就能解决该问题，即修改其中第一条为：“（1）获得农业机械鉴定证书（与鉴定办法一致）”或者“（1）获得农业机械试验鉴定证书（农业机械推广鉴定证书或者农业机械专项鉴定证书）”。

总之，保持专项鉴定通道顺畅、程序合理和鉴定结果有效利用，才能推动农机新产品不断涌现，并鼓励现有产品不断创新，促进农机化事业高质量发展。

来源：《农机质量与监督》
2020年第8期

农机化团体标准工作进入良性发展轨道

中国农业机械化协会　权文格

《农机质量与监督》杂志　米格

5月20日，随着“中国农业机械化协会团体标准专家审查视频会议”的召开，又有8项农机化团体标准即将落地，标志着中国农业机械化团体标准工作又向前迈出一大步，其影响力不断得到加强和巩固。

这次审议的8项团体标准是，《农业机械作业载荷检测与试验验证技术规范 第2部分：谷物联合收割机》《农机作业远程监管系统平台数据交换技术规范》《农业机械作业载荷检测与试验验证技术规范第3部分：轮式拖拉机》《全喂入胡麻联合收割机》《玉米全膜双垄沟残膜回收机》《马铃薯挖掘与残膜回收一体机》《农机播种作业远程监测终端 技术要求》《改性脲醛树脂黏合基质块》。内容涵盖农业机械试验技术、远程监测技术以及各类农机具和设施农业相关技术等，完全对标“十四五”农机化发展的目标、重点和方向。

据中国农业机械化协会会长刘宪介绍，2017年2月10日，协会正式发布了第一个团体标准《农机深松作业远程监测系统技术要求》（T/CAMA 1—2017），为同期在黑龙江、内蒙古、河北、山东、安徽等地区启动的深松作业提供了技术支持，直接推动了信息技术第一次大规模应用于农机作业，加快了农机深松作业远程监测的推广应用，为营造统一开放、竞争有序的深松作业秩序发挥了重要作用，开创了农机化标准体系的新时代。

刘宪认为，农机化团体标准的重要意义在于创新和探索，也是国家标准体系的补充完善，立项选择以满足市场需求为目的，尽可能增加标准的有效供给。2019年9月22日，在庆祝新中国成立70周年农机发展成就座谈会上，中国农机化协会再次发布了21项团体标准，包括农用航空9项、设施农业4项、畜牧6项。截至目前，协会已正式发布团标29项；立项暂未发布的39项，分别处于编写、审查、征求意见等不同阶段，其中2020年有20项。

从国际上看，欧美国家的团体标准发展约有100年历史，负责组织编制标准的专业性社会团体组织较为健全，团体标准的监督、运用机制都相对成熟完善，所发布的团体标准是国家标准化体系的有效组成部分，有些团体标准可上升为国家标准，有些团体标准被公认为国际先进标准，为许多国家和地区所采用借鉴。以美国为例，标准构架以美国国家标准学会（ANSI）为协调中心，包括国家标准体系、联邦政府标准体系和各专业团体标准体系三部分，最大特色是突出了强制性、市场性和自愿性三原则。由此可见，多数发达国家都采取了国家管理标准体系与自愿性标准体系相结合的运行体制，这里的自愿性标准体系就是团体标准。

2015年，国务院在《深化标准化工作改革方案》中提出，国外自愿性标准基本对应团体标准，首次在中国标准体系中引入非政府标准类型，这是我国深化标准化改革的重大举措。刘宪介绍，2016年11月，中国农业机械化协会正式获准“中国农业机械化团体标准”相关资质，工作随之展开。制定发布了《中国农业机械化协会团体标准管理办法》；组织成立了协会技术委员会，由长期在一线从事农机化标准工作的技术人员组成；建立了立项申请、组织起草、征求意见、审核报批、公示发布等团体标准流程。

2016年以来，这一时期基本处于“十三五”农机化转型升级的关键时期，农机化团体标准建设的启动和实施，在农机化重大项目实施、行业自律活动、农机农艺融合和会员单位产品服务贸易等方面，发挥了技术支撑和信息平台的作用，表现出旺盛的生命力和广阔的应用前景。特别指出的是，作为现阶段农机行业国家标准和行业标准的有效补充和完善，农机化团体标准更多地借鉴了一些国际成熟的经验，在试验推广、维修保养、安全监督、国际贸易等农机化环节方面，增加了标准供给，如产品技术条件标准、试验方法标准、管理标准和服务标准；在农机化领域方面，更多偏重于设施农业、农用航空、农机合作组织、农机作业技术和农机化软科学等方面。

当前正处于“十四五”即将开局的关键时期，为满足我国农机化高质量发展的需要，团体标准建设已是大势所趋。刘宪表示，虽然团体标准立项不受指标限制，也不受经费约束，但协会组织开展团体标准工作，一定要结合农机化发展提出的需求，逐步解决现行农机标准化存在的问题，如标准立项难、更新周期长、社会参与程度不足、反映市场需求不够灵敏等，推动团体标准与国家标准和行业标准协同发展，建立我国新型农机化标准体系。

来源：《农机质量与监督》

2020年第6期

中国农机化协会隆重发布21项行业团体标准

中国农业机械化协会　权文格

2019年9月22日，中国农业机械化协会在北京召开庆祝新中国成立70周年农机发展成就座谈会。座谈会上，中国农业机械化协会副会长杨林代表协会发布了由协会组织制定的21项行业团体标准。

自2018年1月1日修订后的《中华人民共和国标准化法》(以下简称《标准化法》)实施以来，团体标准被明确赋予法律地位，强调社会团体尤其是学会、协会、技术组织充分发挥行业专业优势，依据市场需求，在已有国家、行业标准体系的基础框架下，组织团体成员制定本行业补充性的社团标准，随着社会经济的发展，将更好地促进行业内各环节规范有序的发展。

为贯彻《标准化法》，中国农业机械化协会于2018年年初，开始协调各分会（试验检测、农用航空、设施农业、畜牧、信息等10个分会及专业委员会），根据各自分会的行业标准化建设的现状、特点以及行业长远发展的需要，在国家、行业标准体系的框架下，按照规范自律、共促发展、技术进步、补充空缺的原则，密切结合大农业发展，特别是农机与农艺、信息技术紧密结合过程中的生产工艺、组织协作、专业服务等环节，组织了相关标准的制定工作，目前已经取得了初步的成效。

这次发布的21项标准，包括农用航空9项、设施农业4项、畜牧6项。这些标准都是协会组织行业内的优势企业协同制定的，涉及的具体规范和技术指标代表了行业较高水平。特别是植保无人机的9个标准，在充分考虑无人机应用的农业生产环境条件、使用人员（农民）的基本素质、空域管理、民用航空及无线电管理部门的要求，组织了分会部分成员单位（行业内领军企业）、部属科研院所分7次讨论共同制定的。

来源：《农机质量与监督》

2019年第9期

张华光：主流区域发展强劲　播种机市场增长成定局

中国工业报社　李芳蕾

近两年，适宜北方春玉米种植生产区域使用的免耕播种机，特别是重型免耕播种机和保护性耕作技术，以其突出彰显产量和经济收益的优势，受到用户欢迎，在低迷下行的农机市场中一直保持着上扬的走势。近日，中国农业机械流通协会行业信息部主任张华光在《农机市场现状与对策》的专题报告中，用大量翔实的数据分析了我国播种机市场发展情况，并对疫情形势下播种机市场的走势进行了预测。

品目表现冰火同炉　主流区域市场仍然强势

2020 年 1—9 月，我国播种机市场大幅度增长。市场调查显示，截至 9 月底，累计销售各种播种机 11.71 万台，同比增长 16.41%。目前，我国播种机械各品目市场表现冰火同炉。免耕、精量、旋耕、根茎作物、水稻直播播种机械大幅度增长；与此形成对比的是，除穴播机小幅下滑外，条播机、小粒种子、其他播种机械出现大幅度滑坡。播种机各个品目市场冷热不一，主要缘于政策引导。突出表现为两点：一是近年在国家和地方保护性耕种政策引导下，免耕播种机在不少区域享受叠加补贴，直接推动免耕播种机械市场大幅度增长；二是精量播种机因补贴额度高，备受用户青睐。从区域市场来看，前三季度，我国播种机械主流区域市场在前两年大幅度增长的基础上，百尺竿头更近一步，销量前十大区域市场除山东市场小幅下滑外，其他市场均呈现不同程度的增长。截至 9 月底，播种机械传统主流区域市场累计销售各种播种机械 10.51 万台，同比增长 16.65%，占比 89.75%，较之 2019 年同期小幅增长 0.19%。从十大主流区域市场的表现看，河南、新疆、内蒙古、河北、吉林和山西增幅达到两位数。

竞争呈现五大特点　行业格局尚未成型

张华光分析表示，目前，我国播种机械市场竞争呈现如下五大特点：第一，新企业不断涌入，播种机械家族扩容，形成“诸侯八百，小国三千”的竞争局面。2019 年，仅进入农机补贴的播种机械品牌就达到 324 个，较之 2018 年扩容 50 家。如果把年产台数分为 1 000 台以上、500～1 000 台、100～500 台、100 台及 100 台以下 4 个档次。其中，年产 1 000 台以上和 500～1 000 台的，仅分别为 22 家和 20 家，占比不过 6.79%和 6.17%。而 100～500 台和 100 台以下的品牌，则分别达到了 90 家和 192 家，占比高达 27.78%和 59.26%。由此可见，我国播种机市场小企业占了大多数。第二，市场份额集中度较高。年产销 500 台以上企业家数占比 12.96%，掌握着七成以上的市场销售份额。市场调查显示，年产 1 000 台以上的企业，累计销售 7.07 万台，同比大幅度增长 38.36%，占比高达 63.41%；年产 500～1 000 台企业，销售 1.45 万台，同比下降 20.77%，占比 13%，二者占比高达七成以上。而年产 500 台以下的企业占比仅三成多。第三，竞争激烈，集中度提高。因竞争品牌众多，加之多数品牌的产品无差异化，决定了播种机械市场的竞争停留在价格竞争的低层面，市场集中度分散。2019 年，销量前十大品牌，累计销售各种播种机械 5.63 万台，同比大幅攀升 41.81%；占比仅 50.09%，只比 2018 年提高 7.4 个百分点。第四，竞争格局尚未形成，目前，我国播种机械市场中的主流品牌包括河北农哈哈、任丘市双印、河北神禾、淮北市华丰、吉林省康达、驻马店市中农、新疆金天成、安徽灵扬、新疆天诚等品牌。其中，河北农哈哈集团一家独大领跑播种机械行业，市场调查显示，2019 年，河北农哈哈累计销售播种机械 2.19 万台，同比大幅度增长 28.07%；占比 19.48%，较之 2018 年同期上扬 1.1 个百分点，市场份额领先第二名高达 14.23 个百分点。其他品牌除任丘市双印占比 5.25%以外，其余均在 5%以下。第五，重型播种机械市场风生水起。近年来，在保护性耕作政策的推进下，重型播种机市场在东北实行叠加补贴，市场随之快速发展。吉林康达、德邦大为等生产重型播种机械的品牌顺势崛起，占据了东北、内蒙古的主流市场，成为播种机械市场不可小觑的一股新势力。

市场增长已成定局　行业发展迎来机遇

张华光认为，从前三季度播种机械市场走势不难看出，今年的播种机械市场大幅度增长已成定局。预计全年播种机械市场售量约为 14 万台左右，同比增长 20%上下，这种预测主要基于以下几个因素：第一，每年的春夏季是播种机械的主销旺季，前三季度的销量基本上代表了全年的走势。第二，今年利好因素强烈，无论是补贴政策，还是播种机械市场的内生动力，都为全年市场的大幅度增长提供了强大支撑；第三，从2014—2019年的近6年走势看，在经历了2014—2017年连续4年的下滑之后，进入2年增长，也符合播种机械市场周期性变化。张华光认为，农机市场正面临着良好的发展机遇。未来3～5年，疫情后遗症将推迟全球供应链重构，中国经济得益于疫情防控和社会治理优势，农机制造业产能利用率有内需支撑；其次，预计未来数年，全球疫情仍有反复，我国农机制造业凭借完备的产业链将强化在全球供应链体系中的优势，享受全球此轮大刺激红利。此外，“十四五”规划将继续助力供给侧改革，进一步推动全球竞争力提升，将驱动“中国制造”走向“中国智造”。对此，包括播种机械市场在内的中国农业机械市场发展前景看好。

来源：中国工业新闻网

2020年12月14日

四、机收减损

颗粒归仓为何难实现？我国粮食收割环节损失惊人

新华社 周 楠 王 建 宋晓东 董 峻

近日，粮食浪费成为公众关注热点。不过，相比司空见惯的“舌尖上的浪费”，我国粮食从生产到加工链条上的损失鲜为人知，但同样触目惊心。

来自国家粮食和物资储备局的数据显示，我国粮食在储藏、运输和加工环节，每年损失量达700亿斤。而四川省2019年的粮食产量为699亿多斤。

在“新华视点”记者近日的调查中，粮农、农业干部、农业专家普遍反映，粮食收割环节的损失非常突出，不要说颗粒归仓，有的机收损失率甚至高达10％。

收割机驶过的田地粮食损失令人心痛

小暑过后，洞庭湖平原上收割机轰鸣，拖拉机来往，粮农正在抢收早稻。

湖南省岳阳县诚信水稻种植专业合作社理事长喻忠勇望着眼前的农忙景象，却感到有些心痛——收割机驶过的田里，往往留下不少稻穗，稻谷更是四处撒落。他捡起一株饱满的稻穗，叹了一口气：“机械化确实提高了粮食收割效率，但作业还不够精细，导致损失不少粮食。”

记者在湖南、黑龙江、河南等多个粮食生产大省采访时，粮农普遍反映，收割环节的粮食损失问题还比较突出。

首先，收割时机械碰触造成一些损失。“收割机拨禾轮的滚动，容易造成稻穗末端稻谷的脱落，损失率在3％至5％不等。”湖南省的种粮大户向铁青告诉记者。

其次，脱粒不完全也会造成损失。记者曾在黑龙江省多处大豆收割现场采访，看到地里有一些遗落的大豆，抓起一把地上的豆荚，里面还夹杂着10多粒大豆，可见脱粒不彻底。黑龙江省饶河县小南河村村民毛志江说，过去手工收割，损失较少，现在收割进度快了，损失也大幅增加。

机收玉米的损失也比较明显。黑龙江省兰西县种粮大户刘国明种了 5 000 多亩玉米，他说，玉米粒比较干、脆，收割玉米棒时就容易掉下玉米粒，如果玉米倒伏，还会落下一些玉米棒子，损失进一步增加。

中国农业机械工业协会会长陈志认为，目前，我国农业收割机主要存在作物损失和损伤两大通用技术难题，部分玉米机收总损失率和总损伤率均高达 10%。中国农业大学武拉平等学者在调研中发现，水稻和小麦的机收环节损失率分别为 3.83%和 4.12%。

“实际操作中的损失率比理论上还要高。”中国农业大学农民问题研究所所长朱启臻认为，理论上是按照最佳收割条件计算损失率，但现实中很难完全达到最佳收割条件，比如粮食过度成熟导致更易脱落、下雨天导致谷粒黏附影响脱粒等。

还有因为成本考量造成的损失也不容忽略。湖南省沅江市种粮大户周波说：“接近成熟的水稻遇大风容易倒伏，倒伏严重的，收割机难以收割，人工收割成本高，往往就放弃了，损失率有时候高达百分之二三十。”

7 月 16 日，湖南省岳阳市一处大面积倒伏的稻田

（新华社记者　周楠/摄）

此外，田块不规整带来的机收难题也导致不少浪费。河南省濮阳县农民马文田家的地在黄河滩区，地块不规整，边角地狭小，无法机收。他说：“闲的时候自己用镰刀收一遍，如果太忙就不管了。”

收割机的精细化作业水平不高

周波等种粮大户反映，在收割环节造成粮食损失的主要原因中，收割机械的精细化作业水平不高比较突出。

陈志认为，当前的不少收割机难以对作物进行高效、优质处理，比如不能对玉米的籽粒、芯轴、秸秆、苞叶分别进行精准剥离；水稻收割机的清选工序，长期存在严重的黏附堵塞问题，籽粒不能及时分离；小麦收割机的割台高速碰撞穗头，产生严重的掉粒损失。

陈志告诉记者，摘穗、脱粒工序中的高速碰撞，均会造成严重的籽粒破碎。籽粒一旦破碎，尤其出现了裂纹，对后期的存储影响比较大，只要储存环境含水率稍高，就极易产生霉变，无法再作为口粮使用。

他说："收割机的损失率有国家标准，但碰撞造成的籽粒破碎，特别是裂纹很难测定，长期缺乏相关国家标准。"

多位粮农和农业专家反映，国产收割机精细化程度不够的问题比较突出。黑龙江省鹤岗市强盛农机专业合作社负责人夏兆友说，作为农机装备中重要的传动变速系统齿轮，国内一些产品磨齿精度相对较低，啮合紧密性较差，导致在换挡、变速、转弯的实际作业中容易发生卡死、操作延迟等问题，会影响作业质量和操作安全性。

陈志认为，国外收割机的设计制造具有扎实的理论基础和大量的田间试验支撑，部分机械性能相对更好。但也要看到，国外收割机面对的多是集约化程度高的田地，工作环境相对单一，可变因素较少，作业相对稳定。

他说："我国粮食品种、农艺、气候等存在多样性，形成天然的多变农业工况，导致收割机难以标准化应用，难以具有普适性。以玉米为例，我国种植行距在30～65厘米之间变动，各地不一，造成机械化摘穗漏摘率高，而部分农业发达国家的玉米种植行距统一，一种机械能够对各地玉米作业，损失率较低。"

加强农业机械科研攻关，加快高标准农田建设

"我国农业要加快转型升级，收割机性能提升、高标准农田建设、农机操作人员素质优化、抗倒伏粮食品种的研发等，还有较大的发展空间。"朱启臻告诉记者。

在河南省邓州市小杨营镇安众村，农机手操作大型收割机收获小麦。（新华社记者冯大鹏　摄）

——要积极整合科研力量，加强粮食收割环节基础性科学技术研究。陈志建议，要加快建设一批技术研发集成平台，充分利用农机农艺融合原理，设计制造能够适应农艺特征的收割机，提高机械结构和工况参数对作物力学的匹配。

——要突破一批关键性重大技术，交叉融合人工智能技术。陈志建议，要探明作物在不同机械作用下的黏附、断裂等规律，精准构建作物与机械互作模型，开发能够表征上述模型的新算法、新传感器，形成对多种作业工况的调控技术，实现作物收割降损、增效。

——要进一步加快高标准农田建设。中国社会科学院农村发展研究所研究员李国祥建议，要降低土地细碎程度，种植规模越大，田块越成系统，越有利于联合收割机的作业，有利于降低损失。

——加强专业技能培训，提高农机服务水平。李国祥建议，对农机作业人员要进行定期培训，增强其节粮意识，同时要完善机收社会化服务合同的内容，将损失率等纳入服务条款。

来源：新华网

2020年8月28日

稻黍飘香　颗粒归仓

人民日报社　常　钦

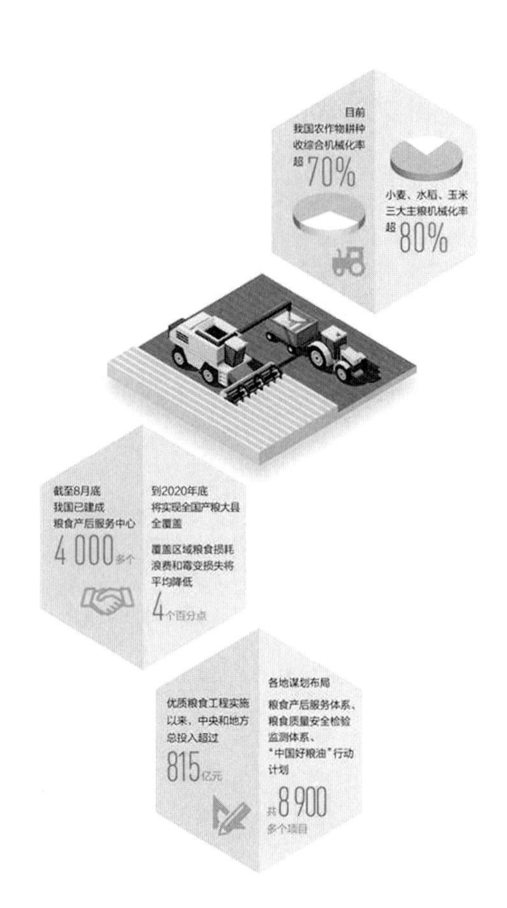

核心阅读

金秋时节，稻黍飘香，又到一年丰收时。保障国家粮食安全，在紧抓粮食生产的同时，还要减少粮食损失浪费。新型农机不断升级、现代化收储粮库投入使用、粮食产后服务体系加速构建……广大农民在全链条农业服务助力下推进节粮减损，确保秋粮颗粒归仓。

随着玉米、晚稻等次第进入成熟期，从南到北，各地农民迎来秋粮收获时节。秋粮是实现全年粮食丰收的关键。如何节粮减损？这就需要“产购储加销”全链条协同发力打牢基础——在收获环节，着力解决降水、干燥等突出问题；在储粮环节，正确使用科学储粮装具，粮食损失可降低至2%以下；在储运环节，推广绿色、安全储粮技术；在加工环节，推广适度加工技术。

农用机械设备不断升级迭代，收得快、丢损少

秦巴山区腹地的稻子黄了，农田里各类农用机械来回穿梭。“半天不到，全部收完!”四川通江县春在镇文笔村农民赵荣泽，指着行走式收割机说，“这要是以前，3亩水稻，人工收割得10多个人。”

机械化大大缩短了收割时间，避免因天气等原因造成的粮食浪费。“人手跟不上，夜间稻谷就可能被雨淋，影响收成。”赵荣泽说，现在不仅收得快，农机驾驶员还可以根据水稻高度、成熟度调整收割机的割台高度、收割速度。

“要想颗粒归仓，不仅要收得快，更要丢损少。”河南滑县焕永种植农民专业合作社董事长杜焕永说，“前些年，我们用的是籽粒收割机，玉米损失率较高。今年试用茎穗兼收机，一边收玉米穗，一边收秸秆，既保证粮食收获，又为养殖提供饲料。”杜焕永介绍，如今，合作社流转土地2 048亩，服务托管土地3.9万亩。

以前，每到丰收时节，人们会到割过稻谷的田里拾稻穗。如今，这一场景在很多地方已成为历史。我国农作物耕种收综合机械化率超过70%，小麦、水稻、玉米三大主粮的机械化率超过80%。

“新农机不断升级，提高了粮食生产的抗风险能力。”中国农业大学农民问题研究所所长朱启臻说，今年以来，在天气条件较差、病虫害偏重等不利因素影响下，仍实现粮食丰收，离不开农业基础装备的支撑。河南省玉米产业技术体系首席专家李玉玲建议，面对好形势，下一步要做好政策扶持，用好农机购置补贴，推动农业机械化转型升级。另外，投入科研力量，推进收割机等农用机械精细化、智能化，从源头减少浪费。

运粮储粮环节科学协同管理，防抛撒、保新鲜

在中央储备粮泰和直属库有限公司江西遂川分公司内，员工们忙着给收购回来的夏粮“盖被子、吹空调”。公司负责人罗兰鑫介绍，科技储粮是粮企的命根子，减少损耗，延缓陈化，才能确保每颗粮食的安全。

以前，这里的粮食分散在各乡镇收储粮库，粮库仓房绝大多数为砖混结构，降温、除

湿、防虫等设施落后，谷物容易受鼠害、虫害侵蚀。旧仓早稻收割整理入仓时，温度高达35～36℃，靠自然散热，容易变质，导致陈化。

“现代化粮仓、科技存储，通过维持适宜的温度和湿度，可以有效保持粮食新鲜度。”罗兰鑫指着10多米高的平房仓介绍，粮库严格把控温度这个关键因素，采取机械通风、空调控温及稻壳压盖保温隔热等技术，冬季均温在10℃以下，夏季均温不超过20℃。

今年江苏宿迁宿城区夏收小麦种植面积39.55万亩，平均亩产量为385.7千克。“粮食丰产，在各环节降低粮食损耗、减少粮食浪费，才能丰产又丰收。”随着车厢门缓缓打开，颗粒饱满的新麦粒倾泻到传输带上，再经过筛选、去杂后送进粮仓。看着最后一批小麦颗粒归仓，当地的粮食经纪人魏兴心里的石头落了地。

朱启臻说，运输过程中的抛撒遗漏、储粮设施落后、过度加工都是造成损失的原因。比如运输阶段，粮食从收购到加工如果反复打包拆包，易造成抛撒遗漏。“节粮减损就是增产增收，做好‘产购储加销’全链条管理，等于多了一块良田！”

李玉玲说，节粮减损是个系统工程，涉及多环节，需要从田间到餐桌全链条发力。目前河南省玉米产业技术体系依托平台优势，根据我国玉米品种类型、生产需求、产业发展趋势，围绕籽粒机收、全株青贮、鲜食玉米三大产业链条，形成政、产、学、研、推、用“六位一体”应用模式。

粮食产后服务体系加速构建，补短板、解难题

秋收时节，在山东广饶县乡间公路上、农村街道上几乎看不到晾晒的玉米，而来回穿梭运送玉米的农用车却络绎不绝。原来，县里在全县范围内建立了4家粮食产后服务中心，提供代清理、代干燥、代储存、代加工、代销售等“五代”服务，各家各户不用再在道路上晒粮了。

家住广饶县李鹊镇鲍家村的农民鲍中会经历了一个省心的秋收，14吨多鲜玉米棒直接运到产后服务中心。“这样收玉米，每亩多收入100多元，还减少了中途环节造成的浪费，一举多得。”

一大早，在广饶县盛凯商贸粮食产后服务中心玉米脱粒烘干区，农用车就排起了长队，3台大型玉米脱粒机同时开工，玉米粒经过烘干后，直接存入粮库。

“日处理能力在500吨左右，从鲜玉米棒到脱粒、烘干、入库等环节一条龙作业。”中心负责人贾立强说。作为当地最大的玉米产后服务中心，盛凯中心拥有3万吨标准粮食仓库，配套了粮食烘干塔、扫地机等设施，帮助农户解决晒粮难题。

截至8月底，我国已建成4 000多个粮食产后服务中心，帮助农户节粮增收，被农民称为“粮食银行”。“脱粒烘干一体作业实现粮不落地，减少了浪费，还避免了玉米因雨淋

等因素引起的霉变，能够保证粮食的品质。”广饶县农业机械服务中心主任韩立慧说。

“补齐粮食产后服务短板，不仅能减少浪费，还能帮农民解决粮食销售问题。及时烘干，及时销售，保障价格。”朱启臻说。

优质粮食工程实施以来，中央和地方总投入超过815亿元，各地谋划布局粮食产后服务体系、粮食质量安全检验监测体系、“中国好粮油”行动计划3个子项共8 900多个项目。到今年年底，粮食产后服务中心将实现全国产粮大县全覆盖，覆盖区域粮食损耗浪费和霉变损失将平均降低4个百分点。

来源：《人民日报》
2020年10月29日

打通机收损失的“命门”
——中国农业机械化协会会长刘宪专访

中国农业机械化协会　刘　宪

2020年秋收前夕，中国农业机械化协会在北京召开“主粮作物收获损失有关问题”座谈会，专题研讨网络上热议的机械收获损失问题，记者为此专访了中国农机化协会会长刘宪研究员。

刘宪，中国农业机械化协会会长，研究员，曾任农业部农机鉴定总站副站长、农业部农机化司副司长、农业部农机推广总站站长。

问：刘会长您好，最近一段时间，有媒体报道粮食机械收获损失率过高，受到了普遍关注，在行业内也引起了极大反响，众说纷纭，有许多不同的观点。对于机械收获过程中损失率高，造成极大浪费的说法，您是怎么看的?

刘宪：媒体的若干报道我看到了，也参与了网上的讨论。关于机械化收获损失可能有10%的报道，我的总体看法，报道的初衷是好的，意在引发对节约粮食的关注，但结论不够全面客观。对发展农机化不失为一个好话题，应该认真讨论。9月16日我们在北京召开“主粮作物收获损失有关问题”专题座谈会，与会的各方面人士认为，目前还没有大面积勘察和实地测产取得的数据来支撑损失率10%左右的结论。仅仅通过一些访谈和局部的数据就推论大面积机收损失率普遍高，难免以偏概全，言过其实。10%左右的损失率再乘上一个若干万亩的面积，数字的确很惊人。使大家误认为粮食机收浪费大是普遍现象，有违于事实。

问：那您认为事实上损失有多大?

刘宪：从我们多年来在一线的情况看：在正常条件下，小麦机收损失率2%左右，水稻3%左右，玉米籽粒收获损失率4%左右、摘穗收获5%左右，遗落的玉米棒通常农民都要捡回来。如果制造商生产损失率大于 8%的收获机械产品肯定没有市场。无论哪种作物 10%的损失农民肯定不接受，这次专题研讨会也是这个意见。

问：我理解您说的意思是农民可以有限度接受机器收获损失的对吗？怎么判断农民是否接受？

刘宪：可以这么理解。判断农民是否接受有两方面，一是机器收获要比人工收获损失少才行。过去人工分段收获一般损失大于机器一次性收获。例如小麦人工收获要割、捆、摞、运、碾、扬等，各工序环节都有损失，天气不好还容易霉变出芽；联合收割机一次完成，麦子直接装袋。更重要的是能够在最佳成熟期进行收获，质量好，总体损失低，农民普遍接受。过去夏收前农村集市有许多卖镰刀的，现在几乎看不见，机收完全取代人工了。二是看历年的投诉情况。资料显示中国消费者协会农机投诉分会接到的投诉中粮食机收损失投诉占比很少，说明农民对于联合收割机质量和收获作业损失是接受的。当然，接受不等于农民满意，我们农机工作还有差距。

问：刚才您说到投诉问题，我想起 20 年前农业部就组织开展过联合收割机质量跟踪调查，那时候是因为大规模跨区作业的小麦联合收割机质量投诉问题比较突出，您参与过跟踪调查工作，能谈谈有关情况吗？

刘宪：联合收割机质量跟踪调查自 1999 年开始，当时主要调查对象是进行跨区机收的联合收割机，主要目的是对联合收割机进行性能评价和作业效果评估，在 40 万亩作业现场共对 5 000 多台参加跨区作业的小麦收割机进行了历时 3 年的质量跟踪调查。1999 年共调查了 16 个机型，3 994 台联合收割机，其中重点跟踪了 356 台；2000 年共调查了 1 228 台联合收割机，重点针对反映最突出的可靠性问题对 3 个机型（共 9 台）进行了每台 100 小时的重点跟踪，获得了许多真实、可靠的调查数据。调查结论通过各种渠道向社会广泛发布，反馈给生产企业。明显提高了机具质量改进频次和速度，促进了企业改进产品质量和服务质量，联合收割机的平均无故障工作时间从 8.8 小时提高到 19.1 小时以上。3 年跟踪调查包括对机收损失率的调查，当时受机械制造水平的限制，损失率比之于现在还是略高的，但也没有达到 10%。随着这项工作的持续开展，大部分农业机械都列入了质量跟踪调查的范围内，调查结果每年都公布，农机产品质量逐年提升，针对收获损失的问题，机具也在不断进行优化和改进。我认为，目前国产主流的农业收获机械质量是完全能够达到相关标准的，技术指标与国外品牌水平差距不大。当然，收获损失率并不完全取决于机具本身的质量，还受到多方面因素的影响。

问：您的意思是即使有了好机器也不一定保证损失率小？

刘宪：是的。造成损失率高的因素有很多，归纳起来大致可以分几方面，一是自然因素，比如大风、暴雨、虫害造成的作物倒伏，田地积水等问题，机械作业困难；二是地理环境因素，比如土地不规整，大小不一，或者地块小，机具在田间作业需要频繁转弯掉头；三是农机和农艺不相适宜，如收获时作物的成熟度、含水率不同，早熟或者过熟收获，行距不统一，收获机型不适宜；四是使用操作方面，新机手没有经过充分培训，遇到需要调整操作的作业情况不能及时应对，机手过于追求效率降低作业质量造成不必要的损失。

问：您前面两次提到了在正常作业条件下，小麦、水稻、玉米收获机械的机收损失率是符合标准，农民也是接受的，那么还有一些非正常条件下的作业，比如今年东北地区台风造成的玉米倒伏，收获难度大，就属于一种异常原因，可能造成了损失率过高，您能对于这方面的问题谈一谈吗？

刘宪：2020年情况特殊些，连续3个台风影响，东北大部地区出现了强风雨天气，一些地区玉米大面积倒伏，如果没有专门应对倒伏作物进行收获的机具，收获难度大，损失就会增加。针对这种极端情况，农业农村部制定了应对措施，安排收获机械改装补助资金，围绕提高机具收获倒伏玉米的性能，以加装扶禾装置和辅助喂入装置等改装内容为重点，调动各方面力量积极加快倒伏作物收获机械改装进度。同时，农业农村部农机化司发布了《粮食作物机械化收获减损技术指导意见》，强化技术指导，组织培训农机手特别是操作改装机具人员，派出专家组到一线巡回检查指导，提高抢收工作效率和质量。从这一段秋收的进展看，效果是非常明显的。

问：您认为玉米的收获损失率高于小麦和水稻收获，是什么原因造成的？有没有好的应对方法呢？

刘宪：玉米收获损失率高于粮食作物，我认为首先还是农机农艺不相适宜问题。比如玉米的种植行距，玉米对行收获损失最小，但我国地域辽阔，各地玉米种植行距千变万化，行距不对是造成玉米收获果穗损失的主要原因。虽然各个厂家也都在不对行收获割台上做了很多投入，在黄淮海地区，收获较早的地方，效果还可以，但是在收获后期果穗下垂玉米、结穗低的玉米时损失较大；再比如在西北、内蒙古等地经常会有结穗低于35厘米的玉米品种，有的甚至低于30厘米，这些不适宜机收的品种也会造成收获损失加大。其次是要选择合适的收获方式。在吉林、甘肃、宁夏、内蒙古、陕西等地，玉米果穗收获期晚，籽粒含水率低，果穗下垂，不适宜果穗收获，却非常适合玉米籽粒收获。而且玉米下棒后在存储、脱粒、晾晒、清选环节都会有损失，籽粒收获减少收获环节，降低了损失。要解决这些问题，就需要各个部门协作努力，统一种植标准，推广玉米籽粒收获，减少收获工序。研发更为先进适用的谷物联合收割机，实现割台高度自适应调整，自动对行，柔性摘穗，摘穗板宽度自调整，割台收割角度驾驶室调整等先进功能，减少操作不当损失。

问：习近平总书记作出“厉行节约 反对浪费”的重要批示。保障国家粮食安全，降低粮食在收、运、储环节的损失浪费是贯彻习总书记批示的一项重要工作，对于目前存在的机收损失问题，有没有什么好的方法解决，或者说您个人有些什么建议呢？

刘宪： 我认为机收损失率，永远不会为零，但通过长期的努力，可以把它控制在越来越小的范围。我有 5 点建议：一是开发适合收获不同栽培方式和生长情况的作物，特别是收获倒伏作物的机具，开发收获损失智能报警系统。二是加强高标准农田建设，加强土地流转，降低土地细碎程度。三是强化农机手的培训，以老带新，推广优秀农机手作业经验，广泛宣传推广农业机械新技术、作业规范和技术要求。这一点非常重要。四是农机农艺要相适宜，培育推广抗倒伏、抗病虫害能力强、适宜机收的品种，统一种植方式。五是推动老旧农机具的报废更新，减少带病作业农机具的比例。

问： 我注意到您的建议中特别强调了农机手的培训，过去您也曾经多次提到关于农机手的培训问题，认为这是农机化发展的难点，年纪大的人培训难，年轻人不愿意干，机手的操作在作业过程中影响很大吗？

刘宪： 很大。农机手的使用操作水平对作业效果具有非常显著的影响。没有经过充分培训的新农机手，在遇到需要调整的田间情况时，不能及时应对，生硬操作，必然会造成不必要的损失。经验丰富的机手在作业过程中有很多小窍门：比如小麦比较潮湿的时候，要晚下地早收工，避免秸秆潮湿造成的夹带损失；去杂要根据小麦的干湿程度不同调整封堵板的开关和风向；作业速度不能过快，甚至发动机的转速、筛箱的摇摆速度对作业效果有什么影响都心里有数，会根据作业环境的不同及时调整作业方式，这都是他们在数十年作业中累积的宝贵经验。但目前的实际情况是在作业季对农机手需求大的时候，很多农机手只接受短时间的培训就上机操作，有些地方因为雇工难，对机手的要求甚至低到能干活就行，这种情况不单单是增加机收损失，还有很大的安全隐患。而且，机手的流动性大，也极大地增加了培训工作的难度。

问： 看来要提高机收作业质量，抓好机手培训是关键。就像中医所说的打通“命门”一样，可以激活身体系统的运转，提升健康指数。

刘宪： 你这个比喻非常贴切！只有造就一大批合格机手才能打通机收损失的“命门”。机手素质提升是一个长期存在又难以解决的问题，影响因素很多，我认为深层次原因是农业经营体制问题。只有土地经营相对稳定，农机手有稳定的工作和收入来源，流动性才会大大降低，才易于开展农机手的培训工作。在此我建议，出台优惠政策吸引高知人才参与农机服务组织的经营管理，对行业整体素质的提高，也有着极大的推动作用。

问： 降低粮食机械收获损失问题，大家都很关注，中国农机化协会如何面对？

刘宪： 作为行业协会，农机化协会致力于成为农机使用者的代言人，当行业内出现一些有争议的问题，或者是对大众会产生一些误导的问题时，协会有责任也有义务积极应对。近日，协会发布了《行动起来，争取秋粮颗粒归仓——中国农业机械化协会致各会员单位、分支机构秘书处的倡议书》提出了七点倡议，希望全行业能行动起来，发挥各自优势，主动作为，加强沟通协作，深入基层调研，强化机手培训，宣传推广新技术、作业规范和技术要求，提高作业效果，研发改进更先进适用的机具，更好地贯彻习总书记的批示，进一步减损增收，为粮食颗粒归仓做出新贡献。减少机收损失率是个很好的话题，我也特别期望社会各界持续关注这个问题，不是讨论一阵子就过去了。

来源：中国农机化协会公众号

采访整理：李雪玲

2020年10月23日

“打通机收损失的命门”——农机手有话说

咸阳市泾阳县张辉

经营收割机 20 多年了，针对收割机抛撒粮食，我有话说！

收割机抛撒多与收割机品牌有绝大关系。就拿市场主流产品来说，谷王收割机抛撒能少点，除非是司机地里开的速度过快。福田收割机质量好，但是福田收割机对风向要求相对偏高，我今年就有亲身体会。在湖北襄阳时，刚开始收割机抛撒量特别多，最后看不行才对机器风向做了改动，达到比较理想的收割效果！再一点就是在收割机的调试上，麦子潮湿时，封堵板必须开到最大；麦子干燥时，封堵板可以关闭 2/3。麦子干燥时，筛子相对来说要适当关小点，粮食干净抛撒少；麦子潮湿时，筛子相对来说要适当开大一点。还有最主要的一点，现在的收割机新机买回来都对轴流滚筒做了改装，但是大部分机手对轴流滚筒不太懂！原机滚筒地里干活负荷比较重，改装的滚筒负荷轻，但是改装的滚筒有比较严格的技术参数。轴流滚筒出厂直径都分为三个台阶，最里面的直径是 460 毫米，中间直径必须达到 475 毫米，最外面出草口这里直径稍微小一点。大部分司机对轴流滚筒不懂，只是知道那种滚筒拉着轻，地里跑得快，所以就造成收割机抛撒太多的情况出现。最根本在于我们农机手收获作业，不能只“向钱看”，不能说我今天割了 150 亩或者 200 亩，就把钱挣了。我认为在地里收割要把农户的粮食当成自己的粮食来对待，我们一起出门的同行人经常给我提意见，说我干活太细心，我干过的活，他们在旁边都没办法干。现在的机手在地里干活机器开得太快，这也是造成抛撒多的一个因素。以上就是我对收割机抛撒过多的看法，赞成的就共同改进，不赞成的多提宝贵意见。咱们大家共同努力，为伟大祖国粮食安全做出咱农机手的贡献！

宝鸡市金台区王勇

收割小麦如何减少损失

1. 如果天气不好，在小麦潮湿的情况下，尽量下地晚点，收工早点，可以避免因小麦秸秆湿度大引起的夹带。

2. 脱粒滚桶与凹板的间隙在小麦潮湿时开度小，会减少出草夹带，小麦干燥时开度放大，避免因粉碎太强糠量大，而导致筛选不及引起的筛箱跑粮。

3. 对于小麦过于干燥、糠量大引起的跑粮，可降低脱粒滚桶转速，中间轴 310 的皮带轮和脱粒滚桶 290 的皮带轮对换，加大风量，可完美解决因糠量大引起的跑粮，但早起有潮气时易堵住草口，可选择晚点开工。

4. 小麦干燥时要灵活运用拨禾轮，降低拨禾轮转速，可以降低因击打麦穗引起的掉粒。

5. 收割机一般都是右边筛选负荷量大，可用钳子把右边的筛片角度掰大些，避免因右面筛选负荷大引起的跑粮。

6. 中间轴 18 齿链轮可以加大成 20 齿链轮，增加筛箱的摇摆次数，发动机转速降到每分钟 2 000 转，可有效提高工作效率，降低油耗，防止因筛箱摆动次数不够引起的跑粮。

宝鸡市扶风县王忠海

收割机漏粮问题及解决办法

自从经营背负式收割机、新疆 2 号收割机、履带机以来，关于收割机漏粮问题可以总结为以下几点。以小麦为例。一是关于拨禾轮。不同谷物，在不同粮食的干湿度情况下需要调整拨禾轮的升降位置和拨禾轮的转速。过干的小麦，拨禾轮转速要降低，位置要升高；过湿的小麦，拨禾轮转速要提高，位置要降低。二是关于车速。不管在任何条件下，速度都不能过快。三是关于风量、筛子的大小度。在小麦干燥的情况下，风量调整到中间位置，筛子调整到中间位置；在小麦潮湿的情况下，风量调整到最大位置，上筛子调整到最大位置，下筛子调整到中间位置，尾筛调整到中间位置。

关于全喂入履带收割机漏粮问题总结为以下几点。一是关于拨禾轮。不同谷物，在不同干湿度的情况下需要调整拨禾轮的升降位置和拨禾轮的转速。二是关于喂入量。喂入限量、变速箱限速。这也是我操作机器最大的优点以及和其他品牌最大的区别之处。三是关于风量、筛子的大小度。风量调整到最大位置，尾筛不需要调整。根据我开收割机多年的经验，给鱼鳞筛上方铺设一个大约 1～1.5 厘米的网筛，目的是为了保证收割的粮食干净、粮食遗漏少。

以水稻为例。关于风量、筛子的大小度：风量调整到 2/3 的位置，鱼鳞筛调整到最大位置；特别注意收割水稻时，不用在鱼鳞筛上方铺设网筛，原因是水稻产量比小麦产量高。

以油菜为例。关于风量、筛子的大小度：关闭风量，鱼鳞筛调整到最小位置，原因是因为油菜颗粒太小；特别注意收割油菜时，建议在鱼鳞筛上方铺设 1 厘米的网筛，原因是收割干净、减少油菜遗漏问题。

宝鸡市扶风县李永福

1. 收割机风量大小调整有讲究，应该在正常收割中途用草帽接后边有没有粮食。有些人在开始收割地头时就检查有没有漏粮，有粮食就认为风小。实际正常收割时谷糠量增加，风就显得小。老机手收割时一看糠能吹散就行。

2. 现在的机器由于马力大，上粮速度跟原来小马力不一样。我们通过改速可以解决。

3. 高位卸粮在粮食湿度大时，可增加卸粮高位的转速解决，但平时要注意清理。

4. 收割湿度大的作物时应及时检查筛子堵塞情况，并及时清理。

宝鸡市扶风县郑应强

收获之旅质量是本质，更是口碑。我有几点经验，与大家分享。一是东路（河南、山东、河北等）作业，该地区麦干、地平、产量高。机器的上筛开至 2/3，下筛为 1/3，风量单风道风控为 80%左右；双风道风向抬高 45°，风控不变。二是到西路（甘肃、青海）

作业，地形复杂，小麦、大麦、青稞总体潮湿。所以要求风量最大化，上下筛不变，复脱15毫米。三是收油菜，因它颗粒小而轻，上下筛均关闭最小化，风量调至一半即可。

宝鸡市扶风县郑小虎

小麦收割时防止跑粮，收割潮湿和青一些的麦子时应提高滚筒转速至每分钟1 100转，降低行走速度，防止跑粮。麦子干燥时降低滚筒转速至每分钟850转，防止因滚筒转速过高产生的糠量大，筛箱清选不及时造成漏粮。收割油菜时，拨禾轮转速调至最慢速度，发动机转速控制在每分钟1 800转左右。调小风量，割茬尽量抬高一些，避免糠量大，使筛子能及时分离干净。收割高粱、谷子、黄豆一些杂粮作物时，要使用专用割台，专用凹筛。控制好发动机转速、风箱风量，掌握好收割机行走速度，安全作业。

宝鸡市陇县韩宏定

收割机跑粮问题我是这样解决的：首先车速不能过快。现在机子马力都大了，车速过

快容易夹带，也容易出现清选不及造成筛箱跑粮。其次就是拨禾轮转速和高度要根据作物的干湿、稀稠、高矮适时调整。以小麦为例，熟透的小麦在收割时，要降低拨禾轮转速并抬高拨禾轮，以减少因拨禾轮碰撞引起的掉粒问题。收割潮湿密度大的小麦时，要提高拨禾轮转速并降低拨禾轮，以保证喂入顺畅。草里面如有夹带，检查封堵板，干燥作物可关闭或开小一点，潮湿作物将封堵板开到最大。如还有夹带要看脱离滚筒是否磨损严重。筛箱跑粮主要是与筛子的开度和风量有关，这个要根据收割作物的产量和干湿程度调整。较为干燥的麦子适时调整滚筒转速降低糠量以减轻筛箱负荷，保证清选干净不跑粮；潮湿的麦子可将筛子开度开大，适时调整风量，必要时给风叶皮带轮内加垫片，提高风量以不跑粮为宜。收割油菜时，在不改装车的情况下，发动机转速降低到每分钟 1 700 转，滚筒转速每分钟 800 多转，上下筛关平风量不变。如跑粮严重可将中间轴 18 齿链轮换成 24 齿链轮，其余不变。收割时发动机转速降低至每分钟 1 200 转左右即可。

西安市临潼区杜玄

收割玉米时，为防剥皮不干净或者掉粒，要根据玉米的干湿度，调整剥皮辊和压送器转速。比如前期玉米比较湿，就可以选择更换链轮，使剥皮辊转速高，压送器转速低，这样扒皮会更干净。后期玉米干，防止啃粒、掉粒的情况发生，就需要把剥皮辊的转速降低，压送器的转速调高，还要把压送器距剥皮辊距离至少调高 5～6 厘米，必要时还得更换扒皮辊。如果还是出现掉粒的情况，可以在剥皮辊前面加一块钢板，钢板的宽度为 8 厘米左右最合适。这些情况只针对板式割台的机型。

来源：中国农机化协会公众号

2020 年 10 月

主粮机收损失率超过10%？太夸张了！

农业农村部农机化总站　朱礼好

·农民都很惜粮，如果机收损失太高，农民根本不让你进地。

·这些年机收，由于“丢玉米”几可忽略，只有少数农民在机器拐弯的地头捡捡，“不然捡起来的玉米都不够工钱”。

9月16日，中国农业机械化协会邀请有关收获机械生产企业、农机专业合作社、农业生产服务公司负责人，农业农村部农业机械试验鉴定总站、农业农村部农业机械化技术开发推广总站（下称“总站”）有关专家在京召开“主粮作物收获损失有关问题座谈会”。与会代表一致认为，当前通常情况下小麦、水稻、玉米主粮作物机械化收获损失分别能够控制在1%、2%和3%左右。

农业农村部农业机械化管理司科技推广处副处长刘晶，中国农业机械化协会会长刘

宪、副会长兼秘书长王天辰，总站政策发展处处长侯方安，粮作机械处处长张树阁、研究员兰心敏等参加了座谈会。

机收损失率约1%

针对小麦机械化收获损失问题，侯方安今年专门到河南、安徽、山东等地做了大量调研发现，目前国内小麦联合收割机品牌的收获损失约0.8%，而在国外因为更加追求收获效率，机收小麦损失约为1.2%。整体上看，国内小麦联合收割机的收获损失率比国外品牌要稍低。调研还发现，人工收小麦在割、捆、运、碾、放这5个环节，综合损失率达10%。因此，通常情况下小麦机收损失要比人工收获低8～9个百分点。他们在日照调研的一家合作社有6台收割机，今年参加机收作业均未出现异常损失情况，农户均比较满意。

辽宁万盈农业科技有限公司总经理韩卓去年曾在其服务的沈阳沈北新区财落街道木舒屯村作业时发现，在玉米籽粒收获机作业后，一平方米内掉落玉米37粒，后通过在这块200亩的玉米地选取3个点综合计算得知，一亩地大概损失10千克玉米。当地去年雨水较多，到12月才收获，过了应收的最佳时期。即便这样计算下来，按去年亩产700千克算，损失率大概为1.4%。韩卓称，当地播一粒玉米种子到成熟后能收获500～600粒，机收损失率相对人工已非常低了。特别是机器的效率无可替代，当地一个壮年劳力，一天能收获1.5亩，人工费最低需150元，机器一天最少也能收获数十亩，大大提高了作业效率。

河北辛集沐林农机合作社理事长王亚文称，今年当地好的地块亩产小麦500～550千克，而一般的地块亩产400多千克。但由于当地的土地流转进程相对较慢，田块不成规模，因此当地收获机作业来回调整、转弯环节较多，有的机主随便找个机手就开干，小麦收获回家后也没有标准的粮库存放，虽未进行过精确分析，但他通过多年的经验分析认为，当地小麦机收损失率约为1%。

高涛是有20多年收获机械制造史的著名农机企业山东巨明集团副总经理。他称，以他多年的观察经历看，收获机械综合损失率不超过1%。另包括像巨明在内的厂家近年来通过不断改善产品性能质量，现在割台作业、清选环节的损失都非常少，不过对于收获时配套夹带损失的处理还不够理想，但总体上看，巨明当前的小麦机收损失率约0.9%～0.92%，低于国家鉴定大纲现行规定的1.2%的损失率标准，而玉米机收的损失率、含杂率和破碎率也均不超1%，目前购买玉米收获机的机手基本上都参加跨区作业，从河南、山东收到河北。“机手收麦时老百姓就在边上看着，损失多了他们肯定不干，他们对小麦机收损失率的接受度也就在1%左右甚至更低。可以说，今年少数媒体报道的机收损失率达8%以上，严重失实。”

石家庄天人是国内从事玉米收获机产销并向同行供应割台的专业厂家，其总工程师姚志军称，目前玉米机收的损失率控制在1%完全没问题。2008年在黑龙江省农机鉴定站的主导下曾做过产品试验，鉴定的结果为0.9%。目前玉米割台的损失很少，玉米机收获作业后一米轨迹之内看到三四粒玉米正常，如果超过10粒，厂家自己都感觉看不过去。据他计算，亩产500千克玉米，机收损失率约为0.67%。

“天人一年销售1 000多台玉米收获机，如果真像有些人所夸大的‘损失率超过10%’，谁还会用我们的车呢?”过去姚志军在黑龙江曾看到人工收玉米之后，有农民开着拖拉机在后面捡玉米，而这些年收获机收，由于“丢玉米”几可忽略，只有少数农民在机器拐弯的地头捡捡，“不然捡起来的玉米都不够工钱”。

总站研究员兰心敏从事收获机械产品试验鉴定工作数十年，是业内公认的技术专家。据他介绍，2014年社会上曾一度关注机收损失问题，而最近有媒体在报道中引用的还是6年前的数据，实际上国产收获机械质量“根本没有那么糟”，国家、行业、企业的标准要求也已经越来越高，像三大主粮作物之一的水稻1991版机收作业标准规定的全喂入收割机的损失率是≤3.5%，2006版标准降为≤3%，到2017版标准已经降到≤2.8%；小麦1991版机收作业标准规定的全喂入收割机的损失率是≤1.5%，2006版标准降为≤1.2%，到2017版标准仍为≤1.2%，换句话说，小麦机收损失率能够控制在1.2%以下已经是很高的水平了；玉米2008版机收作业标准规定，果穗收获的损失率为≤4%，籽粒收获的损失率为≤5%，而在2019年标准修订的报批稿中，果穗收获的损失率已降为≤3.5%，籽粒收获的损失率降为≤4.5%。很多生产企业为了满足国家标准要求，在实际操作中会更严，小麦的机收损失率一般控制在标准规定值的80%左右。

兰心敏认为，无论是人工收获还是机械分段收获，都比现在联合收割机的作业损失率要高得多。鉴定结果显示：在标准条件下的小麦全喂入联合收割机的损失率不超过1%，更多在0.8%以下，水稻全喂入联合收割机损失率在1%～2%。在正常作业条件下，小麦全喂入联合收割机的损失率在1%左右、水稻全喂入联合收割机的损失率在2%左右的水平是有保证的。履带式全喂入水稻联合收割机的高效率、低损失，曾经得到国外同行的充分肯定。“农民都很惜粮，如果机收损失太高，农民根本不让你进地，我国的小麦机收水平也不会达到2019年96%的水平。”他说。

事实上，从中国消费者协会农机投诉分会近年来的投诉情况看，也几乎没收到过因为小麦机收损失率过高而引发的投诉与纠纷。在兰心敏的职业生涯中，同样为不少在华国外收获机品牌产品做过非常多的试验鉴定，在他看来，国产小麦联合收割机的损失并不比国外品牌差，有的国外品牌产品的损失率内控标准要高于1.2%。还有些人士关注的一些田地在机械收获后出青苗也是正常的，多数小麦种植区的亩播量为7～11千克，而机收损失若按亩产 500 千克、损失率 1%计算也有 5 千克的麦粒掉落田间，当然会出青苗。

机收损失率关乎多重因素

专家一致认为，机收损失率与作物品种、栽培制度、生产农艺、作物生长环境、收获时节、作业速度、机手操作水平、地形地貌等因素息息相关。通过多年的观察和研究，韩卓就认为，玉米收获机的机收损失与玉米品种、收获时间、种植方式有关。机器收获时，玉米通过拉辊、夹送和割台收割等环节，完成系列工序后割台基本不会掉粒。

高涛认为，机手作业速度太快也会提高损失率，机手操作水平很关键，不同的机手会导致损失率不一样，当地俗话说“三分机器、七分使用”，有经验、水平高的机手会根据作业产量、产品成熟度等对机器进行相应调整。

姚志军称，玉米成熟过度会产生自然脱粒与掉棒现象。去年东北地区因为雨水少，有些地方玉米收获过了最佳时节，姚志军就曾碰到过割台一碰就掉玉米的现象，他认为，像这种情况根本就不适宜用机械收获了。

兰心敏认为，有些机手作业的损失率较高包括多重因素，一是源于挣钱的欲望太强烈，高挡作业，有的甚至采用行走挡作业，致使收割机的喂入量过大而导致损失率高于正常标准，就像人吃饭太快而导致胃消化不良一样。二是新机手的培训不到位，很多机主雇用的新机手未经过充分培训，遇到异常作业情况，如作物倒伏、过熟、特殊品种等情况时，不知道或不会对收割机进行必要和及时的调整维护，导致损失率偏高。三是老旧机器的性能较差，不能代表现在的联合收割机水平。四是地块小，采用大型收割机作业，收不净田边地角。五是选择的收割机不合适，如选用半喂入联合收割机收割小麦，损失率自然偏高（2006 版标准规定半喂入联合收割机收割小麦的损失率为≤3.0%，比全喂入损失率的标准规定值大得多），也并不值得提倡。

张树阁日前刚结束江西调研，发现粳稻的机收损失要高于籼稻，同时不同的机手操作损失率确实不一样，有的要高出两三个百分点。今年因为当地发生严重的洪灾，籼稻的机收损失有的达到 2%。他认为，收获机在地边地角作业存在国外机械也解决不了的损失难题，另南北差异较大也导致机收损失率不一样，但整体损失率数据均较低。同时，2014 年是个重要的时间节点，此后国内联合收割机厂家技术水平提升很快，损失率较之前的数据降了一半以上，而有些人仍引用此前的数据显然是脱离事实、很不客观的。

减少机收损失是系统工程

如上所述，尽管当前阶段的机收损失率老百姓基本上都能接受，但减少机收损失率是个系统工程，涉及到产品本身、机手素质培训、种植农艺等多个方面，有的甚至是在农机部门职权之外，譬如农艺栽培制度等。

在王亚文看来，机手素质是减少损失的重要因素，但目前针对具体作业的机手培训总体非常欠缺，系统化、很细致的培训还很少，而当前由于技术好的机手非常难找，“一些机主对机手的要求是能驾驶机器就可以了，随便找一个来就开始开车作业。”

韩卓看来，收获机机手培训是个难题，如今只有实际操作机器的机手才算是真正的职业农民，而很多机主都谈不上。通常情况下，机主雇用的实际操作者会经常换人，“今天老王明天老张”，影响机器使用。设备再好，没有好机手操作，效果也会大打折扣，很难达到理想水平。

作为联合收割机综合性生产企业，高涛称，巨明已经建立了一套严谨完备的培训体系，对所有购机者要进行详尽的一对一培训、培训结束还要让机手亲自签字确认，同时也要对经销商开展培训工作及其效果进行考核。但在工作中高涛也发现，现在机手的年龄都偏大，受教育程度与文化水平偏低，他对机收作业的未来发展颇为担忧。

高涛坦承，尽管今年以来农机行业发展形势较好，但在具体运营中企业却感吃力，特别是在农艺与农机协同方面感觉难度较大。同样在北方，黑龙江与内蒙古种植制度差异非常大，甚至在一个省都存在很大差别。作为产品最齐全的国内农机企业之一，巨明有上百个收获机产品型号，适用于不同地区农艺状况、不同用户的需求，但这也带来了沉重的配件供应、三包服务等压力。当然，市场也会倒逼企业产品升级，目前巨明玉米收获机采用了各种先进的设计技术如自动液压换挡等国际先进技术，机器性能与质量与前些年已经不可同日而语。

兰心敏建议，减少作物机收损失，一是需要研究开发能应对异常作业如作物倒伏情况的高性能机器；二是要加大新机手的培训特别是“收获机老板雇用的新机手”的培训；三是研发智能监测系统，遇到损失异常情况能够及时报警，以提醒机手进行停机调整；四是要进一步培育适宜机收的作物品种和种植模式，加强农机与农艺的结合，现在玉米种植行距一般在 30～70 厘米不等，有的地方推行宽窄行种植，致使玉米收获机企业的产品型号多达上百个，可以看出企业新品研发的不容易。

在张树阁看来，目前机收损失率与绝对不低于10%损失率的人工收获相比确实极低，但自主品牌仍然有提升空间，需要进一步加大研发力度，他同样建议要加大机手培训力度，此外可在政府层面出台损失率标准，生产厂家也要从机具开发层面尽量减少需要人为调整的情况、增强机器操控的便利性。

中国农机化协会会长刘宪曾历任农业农村部农机试验鉴定总站副站长、农机化管理司副司长、农机化技术开发推广总站站长，由于工作关系，长期跟踪调研粮食机收损失情况。他称，减少机收损失是农机行业甚至全社会共同的事业，尽管现在机收损失率已经非常低、并没有引起种粮农民朋友的不满，但是行业内特别是生产企业仍需继续努力、不断降低整体损失率，抓住时机研发制造更优质的机器，全面提升我国的农机化发展质量。

来源：《第一农机财经》

2020年9月22日

如何从“丰收在望”到“颗粒归仓”

安徽日报社　史　力

收割机总量可以满足抢收需要，高性能和绿色环保机械普遍使用

经过200多天的生长，安徽省4 300万亩小麦陆续迎来收获。

5月21日，记者从合肥出发，过淮河入黄河故道，来到萧县。一路上，大地如铺上了一块块毛茸茸的金色地毯，洋溢着丰收的气息。在萧县郑腰庄村，美来农机服务社里静悄悄的，只有负责人孟迪一个人在，农机库棚里也空荡荡的。“现在收割机都在河南作业，预计月底前到咱们这里收割。”孟迪说。

记者看到，在这座老式粮库改造的合作社基地里，几座平房式粮库经过修缮，已经为新麦腾空。“合作社一共50多台收割机，日作业面积能达到600亩左右。预计今年在萧县会收到六七万亩。”孟迪说，“已经做好了所有准备，就等着麦子熟了。”

萧县农机管理服务中心副主任吴伯朗告诉记者，今年萧县小麦种植面积130万亩左右。“现在全县落实收割机3 100台，再加上每年正常流入的差不多3 400台，平均一台机子作业面积400亩左右，完全可以做到‘成熟一块、收购一块’。”

“预计安徽省麦收从5月下旬开始，到6月上旬基本结束，由南向北逐步展开，黄金收割期10天左右。”省农业农村厅农机管理处处长陈发明介绍，为确保小麦由“丰收在望”变为“丰收到手”，计划投入联合收割机20万台，如不出现重大异常天气，现有联合收割机完全可以满足抢收需要，机收率预计稳定在98.5%以上。

为迎战夏收，农机部门在机械保障上都做好了哪些准备？

陈发明说，4月30日省农业农村厅印发《2020年小麦抢收工作方案》，各地对辖区内小麦抢收信息摸排调查，准确掌握收割机保有量、拟引进收割机数量、预计收获开始与结束时间等基础信息。据此汇编成手册发放给全省机手，方便机手开展跨区作业，也作为本

地调配机械的依据。

为确保农机具充足，今年以来安徽省加快落实农机购置补贴政策，引导机手购置联合收割机，保证机具在小麦抢收前落实到位。截至 5 月中旬，安徽省落实农机购置补贴资金 27 428 万元，其中补贴联合收割机 2 549 台，受益农户 15 110 户，大量新机具为“三夏”抢收抢种提供了物质保障。

“以前机器的喂入量都是 2 千克或 4 千克，现在普遍是 8 千克。喂入量大意味着收获速度快，作业能力强，稍微有点潮湿的麦子也可以收。不像以前进麦口会卡住。”吴伯朗反映，从最近一两年夏收看，越来越多的大马力、高性能和绿色环保、复式新装备开始投入使用，提升了作业效率和质量。

强化服务解决机手后顾之忧，“绿色通道”让农机顺畅转场

“三夏”抢收时间紧、作业集中，对交通、油料供应和机械维修等都提出了很高要求。

如果农机突然在地里坏了怎么办？“那不能让它‘趴窝’!”吴伯朗拿出一张“2020 年三夏服务联系表”给记者看，上面是服务单位、服务人员以及具体的联系方式。“作业期间，这些人 24 小时待命，可以随时为农机手提供维修服务，解决后顾之忧。”吴伯朗说。

陈发明介绍，5 月初以来，各地已充分利用视频会议软件、微信群、QQ 群等信息化平台，开展在线技术培训和咨询答疑，提高机手操作技能和安全生产意识。组织技术人员在做好疫情防控前提下进村入户，指导机手对作业机械进行检修和调试。

农机作业，机手和机械往往跨越千里。为此，今年安徽省继续开通农机跨区作业“绿色通道”，落实免费通行政策。全省发放 3.4 万张农机跨区作业证，做好机手信息登记备案工作。联系往年来安徽省作业的外省农机化服务组织，吸引更多机械参与小麦抢收。同时，在主要路口设立 330 个跨区作业接待站，为外来机手提供服务。

加强沟通协作，合力推进小麦抢收。强化与气象部门协作，保持密切联系，关注天气变化，及时提供气象信息服务。强化与交通运输部门协作，确保农机跨区作业“绿色通道”畅通。强化与公安部门协作，做好道路交通管理。强化与石油供应部门协作，采取切实可行措施，认真落实优先优惠政策，保证农机用油供应。

采访中记者发现，“收割”也越来越成为一项成熟的“服务”产品。农机社会化服务组织主动适应市场的“菜单式”“托管式”“全程化”等服务模式日益完善，服务环节已经从耕种收向专业化植保、秸秆处理、产地烘干等农业生产全过程延伸，既满足了农民和农机手多样化需求，又促进了农机化水平不断提升。

“农机部门将充分发挥全程机械化综合农事服务中心、农机合作社等社会化服务组织服务质量好、组织能力强等优势，大力推广订单作业、托管服务和‘一条龙’全程机械化

作业等服务方式，确保‘机有活干，麦有机收’。”陈发明说。

建立红橙黄三级响应机制，应急机收作业队实行统一调度

连阴雨是麦收“头号大敌”。为此，各地提前谋划粮食晾晒和烘干，发展粮食烘干机械，努力提升烘干能力，确保粮食安全入库。

“太关心天气预报了！5天的、半个月的预报都看。”孟迪激动地说，2018年就是连阴雨，好好的优质麦最后成了不合格的麦子，“现在看今年的麦收天气还不错，但是也不能大意，已经做好了周密安排”。

记者在合作社大院一角看到一座簇新的烘干塔，地面硬化还在进行最后的收尾。据孟迪介绍，烘干塔刚刚完工，日烘干能力达120吨，“如果遇到阴雨不利天气，可以为合作社以及周边农户服务”。像这样的烘干设施，在萧县全县有30多处。

如果田间湿度大，轮式收割机短期内无法下地，影响抢收。“针对这个问题，合作社预备了3台履带式收割机，这样哪怕下着小雨都可以下地作业，抢进度。”孟迪说。

陈发明告诉记者，为应对不利天气，安徽省制定了《安徽省小麦抢收应急预案》，成立小麦抢收指挥部及办公室，建立红橙黄三级响应机制，明确相应措施，落实应急保障举措。要求各地结合实际制定应急预案，提高应急情况下小麦抢收能力。“主要是做好机具对接，引导供需双方签订作业协议，将作业田块落实到人到机。开展信息化服务。通过互联网、微信群等方式，及时发布作业信息及相关政策，引导机械有序流动。依托农机社会化服务组织，计划组建470个应急机收作业队，应急时由农业农村部门统一调度，确保关键时刻机械‘调得出、用得好’。”陈发明说。

采访中记者也发现，安徽省粮食烘干能力仍存在不足，应对阴雨不利天气的装备支撑还需要进一步加强。一些基层农业农村干部建议，在加强烘干设施建设的同时，要发挥粮食部门收储应急烘干保障主渠道作用，增加烘干设备，提升收储企业粮食烘干能力，更好地为农民服务。

来源：《安徽日报》

2020年6月1日

以粮为本　颗粒归仓

江西省彭泽县芙蓉墩镇　苏仁泰

“民以食为天”“粮安天下”，粮食对于人类的重要性不言而喻，现正值秋收，颗粒归仓是农人和农机人之光荣责任。

前段时间，农机群里有人说起机收抛粮跑粮多达10%，浪费了不少粮食。浪费粮食的确可耻，中国农机化协会，还特为此开了会，李雪玲为此专访刘宪会长。刘会长客观公正地做了全面总结，并指出《机收粮损的关键命门》。

现代的收割机出厂，有关粮损的各项指标，都不可能为零，但也没有高达10%的。愚以为粮损的主要原因：一是自然的风雨灾害，二是机手人为因素，三是适时收割。为什么这么说呢？我们先来了解一下，就以履带自走式全喂入的纵轴流收割机为例：除了动力、HST、变速箱、底盘以及电路系统外，收割的主要组成部件有拨禾轮、割台（割刀，割台搅龙）、输送槽、脱粒仓、风机、清选振动筛、一号运送搅龙、二号复脱搅龙、三号输送搅龙和集粮仓等。稻秆由拨禾轮扶至割刀上方，由割刀切割稻秆，割穗由输送槽输送至脱粒仓脱粒，稻草、籽粒分离，草排至粉碎机粉碎还田，籽粒落入清选振动筛筛选。在风机风力作用下，干净籽粒入一号水平搅龙由升运搅龙至粮仓，未脱净的稻穗被筛选至二号复脱后再进入筛选程序至粮仓，依此往复。

机器在设计时，设计师们早就考虑到了，稻麦长势的高矮，产量高低，种植疏密，品种多样和站立倒伏以及干湿等方面，从拨禾轮到振动筛，风机风量以及收割机行进车速等方面，都能做相应的调节和操控，也可以这样说，收割机上的每一个孔眼、滑槽、弹簧、调整罗栓都是有作用的，都是为收割作物预留备的调节位。但是，如不懂不知，或因其他原因（算经济账，降低油耗，减少磨损等），有一样未能调整到位，可能就会产生抛、撒、跑粮，这可不能说是机器原因造成的哟。

就拿拨禾轮来说吧，拨禾轮，字面上就能知道，它的作用是拨禾，相当于人左手，扶住稻秆，协助镰刀（剪刀，动刀）割断，喂入割台搅龙。根据作业现场作物情况（农作物站立，倒伏，疏密，成熟度，干湿度，作业时现场自然风力等），都要做相应的调节，拨禾轮支架上的孔，就是调整位置。例如，成熟透了的站立的水稻，田块干，收割时可以先将拨禾轮转速调低，减少对稻子的打击次数，以降低粮损，矮作物拨禾轮向后调，高作物拨禾轮向前调。风机可适量关闭进风口，减少进风量，降低因风力过大，吹跑粮食。脱粒仓也可以开大导草筋角度，减少稻草对机具的磨损，适当加快作业速度，减少作业时间。反之，如遇倒伏稻，要提高拨禾轮转速，调整拨禾弹齿的扶禾角度及收割方向（顺割，逆割），降低收割机行进车速，减少割幅宽度。因倒伏水稻割茬低，秸秆长，喂入量过大，易堵塞输送槽、脱粒仓，特别是烂泥田，有积水的倒伏田收割，极易堵塞收割机凹板筛和振动筛网眼，如不及时清堵而继续作业，跑粮是必然的了。愚每年都会接触到或听到，机手因收割机筛网堵塞赔偿农户损失的。也有很多机手，收割机都开报废了，拨禾轮转速从未调整过，皮带轮边的调整垫出厂时装啥样，报废时还是啥样。购机培训时讲了，他左耳听，右耳出。机器报废了，使用说明书还是新的，还是装在出厂的塑料袋里。

农机手大都是好样的，吃苦耐劳，尽心尽责。但也有一切向钱看的害群之马，为农户收割时在田间用行走档作业，跑粮、轧粮，糟蹋粮食，收割机都调到磨损小、耗油少状态作业，还大言不惭自己作业速度快，赚钱多。

再有就是成熟的庄稼要适时收。未成熟的因籽粒未饱满会减产。熟透了的，风一吹或轻轻一碰籽粒就落地了，同样也会减产。所以适时收割很重要，这也是农人、农机人没有节假日，只有农忙农闲时。

综上所述，愚以为：自然风雨非人力所及，颗粒归仓以粮为本，是农人、农机人之责任。“世上无难事，只怕有心人”广大农人、农机人，我们一起努力吧！争做爱粮、惜粮，颗粒归仓的好模范！

来源：陕西农机互助保险公众号

2020年11月6日

离开机械化粮食减损难以做到

天津市农业农村委员会　胡　伟

农机媒体文章《主粮机收损失率超过10%？太夸张了!》报道称：9月16日，中国农机化协会邀请有关收获机械生产企业、农机专业合作社、农业生产服务公司负责人，农业农村部农机试验鉴定总站、农机推广总站有关专家，在京召开了“主粮作物收获损失有关问题座谈会”。与会代表一致认为，通常情况下小麦、水稻、玉米主粮作物机械化收获损失分别能够控制在1%、2%和3%左右……农机化协会同时发出《行动起来，争取秋粮颗粒归仓活动倡议书》。

根据农机媒体另一篇报道：9月18日，农业农村部在北京召开秋粮抢收减损工作部署会议。会议指出，全面推进粮食机械化收获，是减少收获环节损失的有效举措。在过去，传统人工收获损失率有时达到10%以上，目前我国机收损失率约为1.5%～5%，做得好的地区可以降到1.5%以下。但是也应看到，我国机收损失控制与农机化发达国家相比还有差距，要采取措施，努力减少机收损失。会议强调，各地要把“三秋”机械化生产作为当前最为重要的工作抓实抓细。一是强化技术指导。因地制宜选择合适机械和适宜割期，调整好机械状态，针对因灾倒伏严重作物抓紧开展收获机械改装。二是强化装备升级。支持研发高效低损收获机械，加快升级换代。发挥农机试验鉴定源头把关作用，引导企业提高收获机械技术水平。加快淘汰老旧收获机械。三是强化培训和管理服务。深入贯彻粮食机收减损技术指导意见，强化机手培训工作，深入田间地头，做好指导服务。

再上溯到2019年，媒体有一篇“改革开放40年中国谷物联合收获机成就介绍”的报道。文章称，20世纪90年代以前，当“三夏”来临时，所有机关停工、学校停课，全民参加抢收抢种，往往需要一个月时间。改革开放40年来，小麦、水稻、玉米三大粮食作物实现了收获机械化。联合收获机技术的不断成熟，催生了跨区作业模式的发展，也成为农民致富的劳动工具。如驻马店汝南一个雷沃谷神用户，2018 年跨区作业长达 7 个多月，收获小麦、水稻、油菜等 3 500 多亩，净收益 15 多万元。如今，职业化的跨区机手也被誉为“铁麦客”，正是这个群体的出现实现了谷物收获专业化。

其实，不用专家论证和指导。干了几十年农机工作，常理告诉我们，如果机械化损失率高，农民根本不让收割机进地干活；不能把特例当一般，如果农机成了粮食损失的主要原因，那真的无语了，想哭的心都有！笔者只是想引用以上三则报道陈述一个事实，在农业机械化推进中，从播种、收割、脱粒、清选到烘干等环节，都大大减少了各环节损失率，为粮食生产节本增效、确保丰产丰收发挥了根本性作用，机械化成效非常显著，并由此培育了一批职业农民。农机人最为知晓粒粒皆辛苦的粮食来之不易，更理解环节减损的重要性。也许目前还不完美，但笔者想说，离开农机化粮食减损就难以做到。

来源：《农机质量与监督》

2020 年第 10 期

五、农机社会化服务

国内外农业社会化服务模式以及典型案例

中国农业大学　杨敏丽

农业社会化服务的新形势新需求

全世界的人口在不断增加，全球的人口从 20 世纪纪初的 16 亿人增加到目前的将近 76 亿人。中国人口从新中国成立之初的 5.4 亿人增加到目前的 14 亿人。粮食和农产品的消费量大幅度增加。从联合国有关的一些报告预测，今后在一定时期内人口的绝对数量仍然会呈增长态势。《世界人口展望：2015 年修订版》报告预测：到 2030 年，世界人口将会增加到 85 亿人；2050 年将会升至 97 亿人；2100 年将会达到 112 亿人。中国人口预计：2030 年前后达峰值 14.5 亿人左右，然后呈现下降趋势，到 2050 年将跌至 13.6 亿人。

但是社会对粮食和农产品的总体需求将会持续增加，不仅仅单纯是数量上的增加，还对多样化、质量、品质和安全方面有诸多要求。随着工业化和城镇化的快速发展，大量的农村劳动力转移到城市。现在农业劳动力的平均年龄是 46 岁，40～60 岁的大概占了 67.5%，“80 后”仅占 4.8%。技术型、经营型和服务型人才偏少，中西部、偏远山区、贫困地区人才偏少。虽然现在一些合作社、服务农业的企业看到一些年轻人在进入，但从总体来看还是太少。现在农村剩下的是我们称之为“386199 部队”的妇女儿童和老人。随着农村人口大量涌入城市，“80 后”不想种地，“90 后”不懂种地，“00 后”不问种地，“谁来种地”“怎样种地”的问题是不得不面对的现实。要面临的就是要以更少的人生产更多的粮食和农产品的局面。如何保证在人工大量减少的情况下生产出更多更好的农产品呢？这就要改变传统的生产方式，要有良好的组织方式和生产手段。

2018 年 9 月国家提出乡村振兴战略规划，到 2035 年，乡村振兴取得决定性进展，农业农村现代化基本实现。要实现农业农村现代化，首先要有农业全程全面机械化，这就需要有组织地依托规模化、标准化、专业化的生产来改变生产方式和生产手段，实现农业全程全面机械化。要做有效益的农业和有效益的农业社会化服务，农民才愿意干。牺牲个人的利益、公益性的农业生产，是不可持续的。新时期要做有效益的农业和有效益的农业社会化服务。习近平总书记也提到：“中国人的饭碗任何时候都要牢牢地端在自己的手上”“大力推进农业机械化、智能化，给农业现代化插上科技的翅膀”。

农业社会化服务形式与内容

（一）新时期农业社会化服务的内涵

根据现代农业发展要求，农业社会化服务主要包括为产前、产中和产后提供全程服务的各类服务。包括：技术指导、农机服务、市场及信息服务、政策法规咨询、金融服务、统防统治、作物收割采摘、储藏加工和农产品质量安全服务等不同的服务内容。不同农业产业需要的农业社会化服务有所不同。就种植业而言，其社会化服务项目包括：购买生产资料、农田作业、农机修理、运输，农产品包装、储存、加工等服务。

2017年农业部、国家发展改革委、财政部联合印发《关于加快发展农业生产性服务业的指导意见》，指出“农业生产性服务是指贯穿农业生产作业链条，直接完成或协助完成农业产前、产中、产后各环节作业的社会化服务。加快发展农业生产性服务业，对于培育农业农村经济新业态，构建现代农业产业体系、生产体系、经营体系具有重要意义。”农业生产性服务业是将普通农户引入现代农业发展轨道的重要途径，是推进多种形式适度规模经营的迫切需要，是促进农业增收和农民增收的有效手段，是建设现代农业的重要组成部分。

世界各国的农业中，以家庭为单位的农业生产经营普遍存在。即使在非常发达的美国，家庭农场占到整个农场总数的90%。现在的农业生产过程越来越专业化，生产的分工越来越密，生产的每一个环节都需要相当高的技术，生产设备也越来越专门化，产品的销售市场越来越大，市场对产品的要求也就越来越高，这样不可避免地就会出现各种各样的困难，如家庭经营在资料储备、生产各环节的完成、信息的收集整理以及市场销售的判断等方面都存在问题。所以各个国家陆续发展农业的社会化服务体系，将家庭农场的小规模生产连接起来，形成社会化大生产，把家庭小范围的经营和整个社会的大市场联系起来，来推动农业及整个社会经济的发展。

随着农业现代化和商品经济的不断发展，不仅农业家庭经营离不开社会化服务，一些规模较大的私人公司和农场，它们的经营和发展也越来越依赖社会化服务体系。从目前来看，美国、日本、欧洲等发达国家已经基本形成了比较完善的产前、产中和产后的农业社会化服务体系，可以向农业生产者提供农业机械、化肥、农药、饲料等农业生产资料供给服务及农业信贷、保险服务。很多国家从事农业社会化服务的人数已经超过直接从事农业生产的人数，农业生产服务创造的价值远远超过直接生产过程创造的价值。在美国，非农经济领域创造的价值在食品价值中所占的比重接近 90%，平均每个从事农场生产的农民就有 2 个人在为其提供农用生产资料服务，有 7 个人在为其提供农产品的加工销售服务，仅产前、产后两个环节提供农业社会化服务的人数就相当于产中环节劳动者人数的 9 倍。正是这种健全的农业社会化服务体系的建立，大大提高了农业部门的生产技术水平和生产能力。

美国大规模的农场平时只有 1～2 个人，但农场平均规模达 190 公顷以上。占美国全国劳动力总数 2%的农业劳动者不仅生产了全国人口消费的物美价廉的食物，而且还出口了占美国出口总收入 1/5 的农产品。美国 1 个农业劳动力能够养活 134 个人。2017 年中国 1 个农业劳动力养活了 6.6 个人，有专家预测 2020 年我国北方地区一个农业劳动力可以养活约 20 个人。从世界各国的情况看，农业社会化服务体系的发展，是整体经济水平和生产力水平发展的结果，很多国家农业生产水平和农产品实际供给水平很大程度上受制于农业社会经济服务体系的不健全。

（二）国外农业社会化服务的形式和内容

1. 以合作社为主体的社会化服务

合作社一般是农民为了克服家庭生产和家庭经营中遇到的一些困难，由农民在自愿互利的基础上建立的一种经济组织。主要是向农民提供产前、产中和产后的社会化服务。在世界各国的农业社会化服务体系中，合作社都占有非常重要的位置。

在欧美发达国家大约有 80%的农户都参加了合作社，有的农民还同时参加好几个合作社，在丹麦几乎每个农民都是合作社社员。第二次世界大战以后，特别是 20 世纪 70—80 年代以来，发展中国家的合作社也得到了迅速发展，并逐步成为农业社会化服务体系中的主要力量。

从事农业社会化服务的合作社大致分为三类：第一类是综合性的农业合作社，一般在一定的地域范围内把农民组织起来，为农民提供各方面的服务；第二类是专门进行某一方面服务的职能性合作社，如主要提供信贷服务的农业信贷合作社，帮助农民解决土地规模过小的土地合作社等；第三类是专门为从事某一项生产服务的专业合作社，如蔬菜生产合作社、奶牛合作社、养猪合作社等。

各类合作社向农民提供的社会化服务内容：资金服务、农副产品的加工和销售服务、生产资料供应服务、生产作业服务、指导服务等。

（1）资金服务

农业信贷合作社及大多数综合性的农业合作社、专业合作社都向社员提供低息贷款服务，帮助农民解决生产和经营中资金不足的问题。在日本农民的借款里面，农协系统提供的贷款占到了60%以上，如果再加上农协系统经办的对农民财政的贷款，其比重高达就是80%以上。法国农民从信贷合作社筹集到的资金在各种贷款总额的占比达90%左右。

（2）农副产品的加工和销售服务

在美国每6个农场主就有5个参加农业供销合作社，在法国每5个农民就有4个参加供销合作社。在西欧和北欧的一些国家，农业合作社所销售的农产品占全部农产品销售额的一半以上。法国70%以上的谷物由合作社来收购。丹麦农民生产的90%猪肉、87%牛奶和65%水果蔬菜也要通过合作社销售。在美国，合作社的农副产品销售量也占到总销售量的1/3以上。在韩国，农协帮助农民销售了40%的水果和蔬菜、37%的粮食、13%的畜产品和11%的其他农副产品。

日本农协的销售服务就有4种形式：农户把生产出来的农产品直接交给农协，由农协统一销售，最后按市场成交情况由农协与农户结算；农户与农协商量好产品等级、价格、出售时间、手续费等后交给农协出售；农协帮助农户寻找销售对象，收取一些手续费，但不经营商品，责任由买卖双方承担；农协代替政府收购大米、小麦、大豆等农产品。

（3）生产资料供应服务

在美国，合作社系统供应家庭农场农业物资供应总量约20%。在丹麦，合作社系统在全国农业生产资料采购量中占40%～50%。由合作社向农户供应的化肥在瑞典占70%、挪威占60%、荷兰占50%，这些国家合作社提供的饲料一般也达60%～70%。

（4）生产作业服务

各国合作社向农户提供的生产作业服务最普遍的是农机服务，其次是植保、病虫害防治等方面的服务。在法国，土地耕作方面有70%的农民有赖于合作社的服务。在日本，农协利用自己拥有的设施向农户提供种子、水稻育秧及农业机械租赁服务，还承包农户的经营，接受农户的农业生产作业委托业务，有的还有代耕队，帮助农户耕作。另外，还组织农户之间进行生产协作。

（5）指导服务

主要是合作社要对农业生产的技术指导服务，经营管理指导服务，生活指导服务，教育和培训以及信息服务等方面。

2. 各类企业或公司向农户提供的服务

随着农业生产的发展和社会分工的不断细密，许多原来由农民自己完成的生产经营活动，相当部分由专门的公司或者企业来承担。公司和企业对农户的服务首先是从产前和产后环节开始，并逐渐向产中环节渗透，形成全方位的服务。如农业生产资料生产企业和供应公司、农机公司、农化公司、种子公司、饲料公司等。

他们向农民销售生产资料，开展农机配件供应、维修、代耕、代播、收获作业，农机租赁，测土供肥、测土施肥，病虫害预测、植物保护，动物防疫，家畜人工授精服务等。

农民只要打一个电话就可以得到需要的服务。

3. 政府部门提供的服务

政府部门主要是农业生产的总体协调与规划服务，还有农业科技服务、资金服务、风险保障服务、基础设施服务。

（三）我国农业社会化服务的形式和内容

截至2018年年底，我国农业生产托管服务的面积达到13.84亿亩次，服务企业、农民合作社、集体经济组织、农业企业等多元化服务主体达37万个。

山东省高度重视农业生产托管服务，强化政策引导，完善服务标准，搭建信息平台，规范服务行为，推进了社会化服务的有序发展；山西出台一系列托管行业规范，直接服务小农户26万户；福建将茶叶、水果、蔬菜等特色经济作物列入托管服务试点范围。

供销社系统全程托管服务规模已达1.78亿亩。中化集团着力打造的“MAP”模式，在全国25个省（自治区、直辖市）建成128个技术服务中心、292个示范村，为321万亩耕地提供全程服务。金正大集团着力打造的“金丰公社”模式，覆盖全国22个省（自治区、直辖市），累计服务面积1 125万亩。甘肃谷丰源农业科技公司推出的“技术集成+农事服务”模式，3年累计服务面积超过216万亩。

胡春华副总理特别强调要“加大家庭农场和农民合作社的扶持力度，增强发展活力和服务带动能力”。“要将家庭农场作为现代农业的主要经营方式，鼓励不同地区、不同产业探索多种发展路径”。“引导农民按照产业发展需要成立合作社，支持延伸产业链条，拓展服务领域，服务带动更多农户推进农村一二三产业融合发展。要加强对小农户扶持，增强其适应和接纳现代农业的能力。要鼓励龙头企业、农业科技服务公司为农户提供各类专业化服务”。

典型案例分享

1. 欧美国家

美国艾奥瓦州KimberLey农场

美国艾奥瓦州KimberLey农场已经成为了一个明星农场，习近平总书记曾经两次到访过这个农场，农场耕地面积24 000亩，主要种植玉米和大豆。农场有3个全职工人，总数不超过5人。农场玉米和大豆的产量是30年前的一倍。农场可以自己进行土壤、产量、病虫害的数据分析，有信息化的控制箱，可以集中控制湿度和温度，不仅可以现场调控，还可以远程调控。农场有现代化的信息系统装备和高效的农机具。

农场主瑞克·金伯利的儿子格兰特说过，现代农业不是简单的种地，还要学科学，会营销，懂金融，懂管理和市场营销，未来的农业发展趋势是高附加值农业。整个国家要让农户觉得有盼头、有成就感，就会有越来越多年轻人从事农业。

农场主瑞克·金伯利谈到农场主最不愿看到的就是中美之间有贸易摩擦，互相设置贸易壁垒，这对两个国家的发展都没有好处，也不会有赢家。我们相信布兰斯塔德大使能担负这个重任，能继续在中国推广美国农业和农产品，为两个国家带来更大的福祉。

美国爱荷华州 LyleGreenfield 农场

农场耕地面积 19 434 亩，80%租赁，20%自有，租赁价格为每英亩 400 美金，购买价格为每英亩 8 000 美元。主要作物：玉米，并且养了 21 000 头猪。

美国 Taylor 农场

农场有 12 146 亩耕地，一半土地自有，一半土地租赁。主要作物：40%面积种植大豆，60%面积种植玉米。

美国 Yunker 农场

美国伊诺伊 Yunker 农场有 9 000 亩耕地，一半土地自有，一半土地租赁。主要作物：大豆和玉米，全部是转基因的品种。农场平时 3 人来管理，忙时再雇 3 人。

加拿大温尼伯农场

农场主 Johnson 从事农场的工作有 40 年，他的儿子在农学专业大学毕业后跟他一起经营农场。农场耕地是 14 400 亩，主要种大麦、燕麦、大豆和油菜籽。农场全程机械化，生产效率非常高。特别是播种油菜籽，作业效率约 200 亩/小时。储藏仓采用自动化技术控制环境。农场常年只有 2～3 个人从事农业生产，忙的时候他夫人帮忙。在农闲的时 Johnson 到曼尼托巴大学担任 Part-time 讲师。他有些讲解比大学老师讲的更好更生动，因为他对农业技术和农机的应用非常熟悉。

欧美农业从业者素质

欧美农业从业者要求持证上岗的。像德国农民大学的职业农民的培训，它们会提供实用的农业技术培训的课程，其理念就是正确、专业地应用新技术。培训合格颁发社会认可的职业技能证书。大多数情况下培训费用由农机企业承担，学员个人无须支付费用。通过培训，没有农业生产的经验和背景的年轻人也可以拿到 9 欧元的时薪，有的可以拿到 15 欧元甚至更高，比有些大学毕业生收入还高。欧美的农业可持续发展良好，实际上是有很多的制度和配套的政策来相互支持的。

2. 日本大米的加工和增值销售

大家都知道日本的大米都很好吃，那是因为它对大米的生长过程的掌控和产后的处理加工都很严格。所以日本的大米不仅加工的质量好、口感好、品质好、附加值高，价格还很昂贵。日本东京银座米店增值销售：这里有产自日本的各种大米，以及一切能让米饭更好吃的周边。最好的大米约 150 元/千克，选好米后再选想要的研磨程度，从玄米到白米共 5 档可选，磨完还会把米糠还给顾客。

3. 中国

台湾省的实践

台湾省水稻全程机械化：政府承担土地整治的责任。农民组织带动地方产业升级；小地主大佃农，机械化规模化的生产，虽然是小规模，但是土地都整好以后就可以实现规模化的生产；电话农业，品种在一个特定的地区相对会统一，全程机械化；产后处理＋米业加工＋品牌打造；建立严格的产销履历制度，可溯源；年度冠军米评选，优质评价；提升产品附加值，实现产业发展。

台湾省中兴穀堡稻米博物馆是做全程机械化生产和米加工的联米企业股份有限公司建设的，用来典藏、探索、体验、贩卖任何与“米”相关的文化知识与商品。具有社会公益性，同时也为他自己的销售打下了基础。

江苏海斌合作社

承包经营流转土地 4 600 亩，对外社会化服务 9 000 亩。合作社服务包括农田整治、种子处理机械化育秧、田间全程机械化、产后处理、米业加工、物流、信息化技术应用。

采用无人驾驶航空植保机进行田间管理作业，有效的提高了生产效率，减少农药施用量 10%，节省成本 20%以上。采用精米加工设备进行稻米加工，实现了稻谷田间收获—烘干出来—精米加工—成品装袋全程机械化，提高产品附加值 45%以上。在拖拉机、联合收获机上安装 GPS，实现田间作业实时信息采集、数据统计和机具合理调配，工作效率提高 5%以上，节省合作社管理成本 40%。形成了资源节约、环境友好的农业生产体系。

江苏润果农业发展有限公司

拥有 2.5 万亩的地。主要是稻麦轮作、稻渔共作、种养结合等循环农业模式，注重农田面源污染综合治理及大田数字农业建设。已实现大田种植的全程机械化，部分设施设备自动化，拥有高地隙植保机 30 余台，每天作业能力达 5 000 亩。具有单次装机能力 1 500 吨的粮食烘干系统。公司下属富农农机机械化专业合作社是国家级示范社。更重要的是人才。公司现有博士 2 人，本科及硕士 10 余人，农业从业人员 120 余人。富农农机机械化专业合作社副理事长孙振中博士今年 1 月份参加我们举办的一个高层学术活动。（曾在北京大学深圳研究生院工作）

丘陵山区的实践

宣汉县家丰农机服务专业合作社：稻渔全程机械化生产模式；产后处理＋米业加工＋品牌打造；线上线下销售＋电商平台；提升产品附加值，实现产业发展；带动当地贫困户脱贫致富；带头人具备高素质和较宽阔的视野；当地政府投资700万元，支持胡家镇稻鱼综合种养基础设施建设。

未来农业展望

在科技飞速发展过程中，未来农业生产的效率将实现新的飞跃，从而满足全球人口增长对衣食住行的更多要求。科技已经融入到我们整体的生活，并为生产发展提供了重要支撑。

今后5～10年，数字化技术将会进入实际农业生产，颠覆传统的农业生产方式。根据有关国际机构的一些预测，全球农业经济的市值将会达到684亿美元，发展最快的是亚太地区，特别是中国。所以农业未来发展主要的内容应该是大田的精准农业、智慧畜牧业、智慧渔业、智能温室，主要的技术是大数据、云服务、遥感和传感器技术，还有智能化装备等。现在一些企业和机构已经开始开发智慧农业的管理系统。这些都要求农业从业者具备一定的文化水平和基本素质并掌握相应的技术，所以需要综合施策，注重经营主体和人才队伍的建设和培养，未来才能实现农业社会化服务更好的发展。

来源：中国农业机械化信息网

2020年6月10日

中国农业机械化协会召开综合农事服务座谈会

中国农业机械化协会　权文格

编者按： 习近平总书记高度重视农民合作社的发展，强调要突出抓好家庭农场和农民合作社两类农业经营主体发展。习近平总书记近日在吉林省考察时指出，鼓励各地因地制宜探索不同的专业合作社模式，把合作社办得更加红火。习近平总书记的重要指示，为农民合作社高质量发展注入了强大动力。把农民合作社办得更加红火，必须牢牢把握其“姓农属农为农”的特质，围绕规范发展和质量提升，加强示范引领，不断增强合作社经济实力、发展活力和带动能力，充分发挥其服务农民、帮助农民、提高农民、富裕农民的功能作用，为推进乡村全面振兴、加快推进农业农村现代化提供有力支撑。

8 月 29 日，中国农业机械化协会大学生从业合作社理事长工作委员会在北京召开综合农事服务座谈会。会议邀请到 24 家农机合作社、农业生产服务公司负责人进行座谈，共同讨论研究现阶段农机合作社典型模式以及农业生产作业服务情况。

农业农村部农村合作经济指导司司长张天佐、农业机械化管理司刘小伟处长、农业农村部农业机械试验鉴定总站、农业农村部农业机械化技术开发推广总站副站长涂志强、宁新康处长、田金明副处长出席会议，中国农业机械化协会会长刘宪、副会长杨林、副会长兼秘书长王天辰及全体工作人员参加会议，大学生从业合作社理事长工作委员会主任委员柴宇主持座谈。

中国农业机械化协会会长刘宪代表主办单位致辞，对各位合作社理事长和领导专家莅临会议表示了感谢。他表示：协会的宗旨，是全心全意做好农机使用者的代言人。协会的一切活动都是致力于为广大农机使用者提供服务、解决问题，搭建农机使用者与农机管理部门、农机生产厂商之间沟通的桥梁，以此推动农机化事业的发展。农业社会化服务是建设现代农业的必由之路，综合农事服务组织正处在最好的发展时期，接受过高等教育的有抱负的年轻人是最充满活力最有发展潜力的群体，越来越多的高知人才进入农机合作社领域，是“十四五”期间农业机械化高水平发展的依托和希望，这次会议邀请他们中的佼佼者到会，就是专门听取他们的想法和意见，共同探索农机合作社发展的方向和途径，研究大家面临的困难和问题的解决办法。

座谈会上，各合作社理事长详细介绍合作社经营过程中的经验和心得，就遇到的“重点、难点、急点”问题进行了深入探讨和分析。与会专家与领导多次发言答疑解惑，针对农机合作社相关政策和经营管理模式进行了交流，座谈气氛热烈。

张天佐司长就各合作社提出的具体问题进行了回答，他强调，农业社会化生产服务是现阶段农业高质量发展的必要途径，大学生从业合作社理事长们应该坚定信心，把握好发展策略和方法，利用自身优势，以现代化手段促进合作社内部管理、整合现有资源、注重节本增效、发挥金融和互联网等助力作用，顺应现阶段市场需求和发展需求，发挥路径优势，将农业生产服务、农资服务、农业技术服务、互联网服务稳步推进。把握规律、稳扎

稳打地提升农业生产社会化服务水平，最终实现农业高质量发展。

中国农业机械化协会大学生从业合作社理事长工作委员会成员全部为具备了一定学历和知识的大学生理事长所经营的农机合作社或农业作业服务组织，自 2018 年成立以来，受到了农业农村部各主管司局和各农机管理部门的大力支持，在农业生产和新农村建设过程中不断凝练生产模式、形成标准、推广技术，始终将团结带动周边农民走进现代农业、服务乡村振兴作为自身使命。

本次座谈会的背景正是习近平总书记在吉林省考察并对农民合作社发展做出重要指示之后，习近平总书记的重要指示，不仅为农民合作社高质量发展注入了强大动力，更是激发了委员会大学生理事长们“为农、爱农”的热情，纷纷畅述己见，认真研究现阶段合作社运营管理模式，探讨未来发展。

座谈会同期举行了大学生从业合作社理事长工作委员第一届第五次工作会议，对现阶段工作进行了总结和回顾，对计划项目进行了研讨，各合作社理事长还就农业生产服务信息化、农资服务等相关主题进行了深入对接。委员会分管领导、协会杨林副会长，农业农村部农业机械试验鉴定总站田金明副处长参加会议并对委员会工作进行了指导。

来源：中国农机化协会公众号

2020 年 9 月 1 日

果园托管　联合共赢

——山西吉县探索苹果生产托管模式观察

农民日报社　马　玉　王彦章

今年，因户施策、因园签约，山西吉县6 000亩苹果园实现了生产托管，一支支果树修剪、喷药、施肥等专业托管队伍活跃在乡间果园。

"在果园托管作业中，吉县探索形成了'五方联手建体系，目标管理下订单、六统六降优服务、全程参与强监督'的苹果生产托管模式，实现果园托管、果业提质、果农增收多方共赢。"吉县果业服务中心主任丁宏介绍说。

这标志着，在小麦、玉米等大田作物后，生产托管成功向农业产业结构比重日益增加、支撑农民增收的经济作物延伸，山西农业社会化服务内容和服务体系进一步推进与完善，农业产业实现快速提档升级。

五方联合　搭建托管平台

吉县是全国苹果优生区，经过30余年的不懈接力，种植面积已达28万亩，占到全县耕地面积的80%，年产22万吨，产值10亿余元，成为9.5万农民脱贫致富的支柱产业。尤其近几年，苹果远销到美国、澳大利亚、俄罗斯等国际市场，声名远播。

产业发展脚步越来越快，企业主体却越来越谨慎。吉县苹果产业发展协会会长杨朝辉解释说："国际市场对苹果质量把控度和标准一致性的要求更加严苛。回归塑造高品质的种植环节是很多企业的现实选择。"

回归种植端，两个阻点摆在面前。一是，果农经营的果园小而分散，难以规模化，果品无法标准化；二是，"年轻人外流，普遍老龄化的劳动力对新技术接受程度低，造成果农'干不了'。进而现代化设施技术投入不足、管护方式落后，造成果园'干不好'。"吉县东城乡果树技术员葛成稳说。

究其原因，归根结底还是一家一户的生产方式制约着苹果产业的发展。

如何实现果园规模化，并在果农干不了、干不好的生产环节发力？通过生产托管模式种植，组建苹果生产社会化服务体系成为吉县的破题之举。

山西壶口有机农业公司是一家致力于苹果产业开发的省级农业龙头公司，承担着农业农村部有机旱作农业开发试验项目，在果农中有良好的口碑和影响力。该公司牵头整合县域内具有一定实力的农机、植保专业合作社、农资经销商组建起吉县苹果产业社会化服务联合体。

有了服务联合体，果园托管后会享受到从生产环节到销售环节六个统一服务。

在生产环节上，组建的8个技术服务队按照苹果生产周期提供技术支撑；专业技术、机械操作和修剪、疏果、套袋、采摘等服务队伍提供标准化作业；联合体直接对接农药、化肥、果袋等生产厂家，直接配送到果园，提供农资供应；依托智慧生态苹果产业链，建立托管户全流程信息系统和质量追溯机制。

在流通环节上，联合体将对托管果园的苹果集中保底收购，进行分级包装，冷链配置，对接国内外市场，提高品牌溢价，降低果农销售成本。

这之后，服务联合体横向联合金融保险机构和吉县农村商业行，就果树生产托管开发金融产品“利农宝”，为托管果园办理自然灾害保险，以低利率为托管果农提供贷款服务；纵向联合县农业农村局、果业中心，获取政策引导、培训指导等扶持，联合乡村两级基层组织，宣传、组织果农托管生产。

这样，以社会化服务联合体为依托，县级部门指导监督、乡村基层组织协调推动、金融保险机构保障支持、果农参与的果园生产托管服务体系形成，并覆盖苹果从产到销的全产业链。

果园选择套餐　果农全程参与

有了平台，果园托管迈出了第一步。接下来，如何让果农和果园广泛参与进来，实现各方利益的最大化？

在吉县果业服务中心主任丁宏看来，这个问题就在于果农选不选择生产托管。“基于苹果管理环节多、用工成本高，果园种植基础各异，又面临自然和市场价格的双风险，果农会犹豫观望。”他说。

苹果种植环节多，而且环环相扣。山西壶口有机农业公司把这些环节细分为29个工序，按照“一户一方案、一园一合同”的原则，对施肥、打药、锄草、修剪等果农“干不了、干不成、干不好”的生产环节实施生产托管；对疏花疏果、套袋卸袋、采摘入库等工序，根据每年不同时期物候条件，以技术托管的方式，给予生产指导。

在托管协议签订前，公司组织专家技术团队对果园逐片区、逐果园、逐品种树开展生产现状分析和评估，制定市场预期目标和产品质量把控技术措施，因园而异制定三年生产管理目标和每年生产管理计划，因树施策制定当年水肥和植保方案。

这样，果农可以按照意愿，在任意生产环节中，选择购买两种套餐下的服务内容，进行果园托管。

“按照托管协议，保障每亩盛果期果园亩纯收入不低于 2 000 元，少于收益标的由企业补齐。”吉县东城乡沟东村村民陈武装将 30 亩果园进行了托管。

除了收益有了兜底保障，让他更放心的是，果园每个生产环节托管作业的完成质量都得经过他验收、签字。

“同样，实施技术托管的环节，在技术人员指导下，果农自行完成后，也需由公司验收确认。”山西壶口有机农业公司技术总监王秀军说。

这样就形成了果农全程参与、托管双方相互监督的长效机制，在保证各方利益的同时，推进了果园种植的标准化，实现了品控。

转变生产方式　多方共赢

如今，在山西壶口有机农业有限公司打造的果园里，地力质量提升技术、农水集约增效利用技术、绿色清洁生产循环技术、新品种新产品引进适用技术配套使用，数据信息采集传感器、“5G+智慧农业”科技信息化系统、全天候田间管理影像监测等智能化管理设备一应俱全。

得益于生产托管模式，果园实现了规模化、标准化，进而打破了一家一户生产方式的限制，使得各方资源和力量汇聚投入，先进生产技术得到快速转化运用。

在吉县，生产方式转变为各方带来的共赢效应逐步显现并放大。

对于苹果营销企业来说，“果园成为了企业的第一车间，企业可以从源头获得成规模的高标准产品供给，为提升产品在国际国内两个市场的竞争力打好基础。”从事苹果出口的超正果业董事长丁振荣说。

“之前，自己找人锄草每亩地需 50 元，果园托管后，采用农业机械化，每亩地只需 20 元。”陈武装介绍说，每亩果园投资物资成本和作业成本直接节约 310 元，托管后每亩商品果可增加收益达 300 元。一减一增，每亩获益 610 元。

果园劳力投入减少后，陈武装加入到了劳务服务队。在托管作业中，山西壶口有机农业公司还组建了 8 支技术服务队、8 支机械服务队、8 支劳务服务队，吸纳有劳动能力的果农，让果农多了一份务工收入。

“在现有的托管果园中，覆盖建档立卡户 374 户 2 000 余亩，果园托管也成为扶贫带贫成效明显的新型产业扶贫模式。”吉县副县长强晓辉介绍。

对于苹果产业，“生产组织方式改变后，果园托管带动苹果产业上下游生产要素聚集，形成资源共建共享，农业社会化服务体系完善，推进了现代化农业设施与技术应用，为苹果产业提档升级插上了腾飞的翅膀，也让小农户参与到产业链中分享收益。”山西省农业农村厅工作人员介绍。

据了解，山西既有核桃、红枣、苹果等传统优势经济林，也有沙棘、连翘等特色经济林。近年来，山西每年新发展经济林 100 万亩以上，成为繁荣县域经济、增加农民收入的重要来源。2019 年，仅干果一项，山西省总面积已达 1 950 万亩，产量 24.32 亿千克，产值达到 175 亿元。

可以说，吉县果园托管开启了农业生产托管向苹果等经济作物的延伸，将成为推动山西经济林发展的有益探索。

来源：中国农网

2020 年 5 月 22 日

基层农机维修还需增加关注

中国农业机械化协会　李雪玲

11月13—15日，中国国际农机展在青岛举办，在此次展会上，中国农机化协会联合有关农机维修培训机构，共同举办小型农机维修装备展，同时召开现场座谈会。

座谈会上，刘宪会长、杨林副会长和来自全国各地的基层农机维修人员对基层农机维修工作现状展开讨论，大家纷纷发言。这些维修人员长期在农机维修一线开展工作，对于目前基层农机维修人员的现状，他们结合自己的经历谈了很多切实的困难和需求。他们反映，目前基层农机维修工作有三大难点：一是培训学习难，基本依靠师带徒弟或者民间组织进行培训学习；二是场地不稳定，环境脏乱差；三是目前基层维修人员普遍年龄偏大，文化程度偏低，学习程度跟不上农机装备发展的速度，由于工作苦累，愿意加入这一行的人越来越少，后继乏人。

刘宪会长表示，农机维修是农机使用不可或缺的一环，但目前受到的重视还不够，维修培训更是薄弱环节，缺乏专业系统的培训体系，农机维修人才缺乏，确实有很多困难，也需要行业更多的关注，中国农机化协会一直在推动维修培训工作系统化、专业化发展，今后也将充分发挥协会作用，继续为大家提供帮助支持。

杨林会长表示，提高基层农机维修人员的服务素质和职业能力必不可少，协会将利用平台资源，打通维修人员与生产企业之间的沟通壁垒，建立信息交流反馈渠道，协调企业参与维修培训工作，维修人员将产品信息反馈回企业，形成良性互动互促机制，同时，向行政管理单位提出意见建议，推动政府出台利好扶持政策，促进农机维修工作的进步和发展。

来源：中国农机化协会公众号

2020 年 11 月 17 日

农机维修行业发展工作研讨会暨中国农机化协会农机维修分会一届二次委员会会议在青岛召开

农业农村部农机化总站、中国农业机械化协会农机维修分会　田金明

为进一步落实国发 42 号文件精神，加强农机维修质量，规范农机维修行业市场化运营。在新形势下，适应“放管服”改革要求，强化会员间的沟通交流。11 月 14 日，农机维修行业发展工作研讨会暨中国农业机械化协会农机维修分会一届二次委员会会议，在 2020 中国国际农机展期间同期举办。农业农村部农机鉴定总站、农机推广总站副站长王桂显、中国农机化协会副会长兼秘书长王天辰出席会议。

会上，王天辰副会长传达了农业农村部及农机化司关于分会负责人候选人的批复并对分会的工作提出要求；分会副秘书长张成焱汇报了分会成立以来的重点工作；分会秘书处对新一届委员会的组成和分会管理办法的修订进行了说明；经过会员代表投票选举，农业农村部农机鉴定总站、农机推广总站副站长王桂显当选分会主任委员；另 17 名同志当选

副主任委员；农业农村部农机鉴定总站、农机推广总站运用指导处副处长田金明当选为秘书长。分会管理办法获全票通过。

新任主任委员王桂显对分会下一步工作从三个方面进行了部署，一是要充分认识农机维修行业发展现状，二是要深入分析存在的问题和需求，三是要充分发挥行业协会的作用，着力做好三个服务。服务政府：宣传贯彻国家有关农机维修行业发展的政策法规，研究农机维修行业发展变化的趋势和规律，及时向政府和有关部门反映情况，报告研究结果。服务市场：要研究制定行业标准和服务规范，促进行业技术水平提升；推荐一批维修质量好、技术水平高、服务能力强、覆盖范围广的区域性农机维修服务中心；要研究农机维修行业市场化体系建设的途径和模式，指导农机维修的服务模式创新发展；要组织开展农机维修服务水平提升、农机报废更新政策实施、农机再制造、农机节能减排等课题研究；要引导农机维修企业开展品牌化建设，公平竞争，提高服务质量；要开展培养高技能农机维修人才的服务和指导；要组织开展农机维修服务质量评价工作，开展行业内企业的信用和技术水平的评价工作；要搭建多种形式的信息共享平台，促进农机维修装备、农机维修技术、维修配套产品三者的互动。服务会员：为会员提供服务，维护会员的合法权益；积极建立行业内约束制度、市场自律机制、协商议事机制和自身建设机制；积极发展会员，壮大组织队伍；逐步完善分会内部工作运行制度；细化分会内部职责分工；建立畅通及时的沟通联络机制。

来自全国的会员代表围绕农机维修服务标准规范建立、开展农机维修服务网点服务能力活动、农机维修人才培养和技术资格认可、提升农机维修人才社会地位等行业发展的热点问题进行了充分交流研讨。

来源：中国农机化协会公众号

2020年11月17日

农机服务天地宽　返乡双创谱华章

陕西省西安市长安区长丰农机专业合作社　薛　强

编者按：2019年3月17—18日，农业农村部在湖北省襄阳市召开全国农业机械化工作会议，陕西省西安市长安区长丰农机合作社理事长薛强，在会上作了典型交流发言。全文如下：

大家好，我叫薛强，是陕西省西安市长安区长丰农机专业合作社理事长。非常荣幸站在这里，向各位领导汇报自己的农机化实践。

我2012年从西安工业大学研究生毕业，带着满腔热情，回到了生我养我的农村，顶着乡亲们甚至家里人说我是“傻子”“瓜子”的压力，开始了自己的农业实践。我所负责的长丰农机专业合作社成立于2010年，经过9年的不懈努力，目前已拥有社员112人，托管土地面积达到3万余亩，覆盖6个乡镇100多个行政村，各类农机资产原值达到1 000余万元，被授予“国家农民合作社示范社”等荣誉称号，取得了一些成绩。主要有以下4个方面的体会。

良好的政策环境是合作社发展的先决条件

党的十九大吹响了实施乡村振兴战略的号角，国家密集出台支持农业、农民、农村发展的政策，使我倍感鼓舞。我之所以以一名经济学硕士的身份回乡创业，就是看准了国家对农业的支持，就是看准了我国农业发展的广阔前景。长丰农机专业合作社之所以能够不断发展壮大，首先是得益于国家的强农惠农富农政策。我们购置机具有补贴，种植粮食有补贴，选用良种有补贴，这些都为合作社发展提供了良好的政策环境，使合作社能够轻装上阵，努力开拓市场，在粮食生产的经营实践中大显身手。

规模化经营是合作社发展的生命线

我们以粮食生产作为自己的核心业务，而粮食相较于经济作物，单位面积产生的经济效益处于明显劣势。合作社创建之初，由于规模小，机具“吃不饱”，人员“增收难”。我们积极探索农机合作社发展模式，率先在陕西省拓展土地托管业务，一方面减轻种粮群众的劳动强度，另一方面拓展了业务，壮大了规模。在这一经营模式的引领下，合作社迅速发展壮大。目前，合作社年均耕种管收、深松整地等机械化作业面积达到 3 万余亩，小麦玉米耕种收、病虫害统防统治实现了全程机械化，合作社业务涵盖 6 000 多户，年经营收入超过 300 万元，机手人均收入达到 6.5 万元。

强大的软硬件是合作社发展的重要支撑

近年来，我们一方面积极购置大型现代化农机农具，另一方面着力打造专家和服务团队，软硬兼施，跨越前进。购置大型拖拉机和联合深松整地机，先后实施深松整地作业5 万余亩；购置植保动力伞和无人机，“一喷三防”航化作业面积超过 10 万亩；建成10 吨种子加工成套流水线，年加工小麦良种 3 000 吨；建成 30 吨粮食烘干塔，在全省率先实现玉米籽粒收获、烘干一体化。聘请了 6 名西北农林科技大学的专家建立了专家指导组，对粮食生产过程中的重大问题进行科学决策；聘请 80 多名种田能手组成了土地托管团队，建立了农机、农技、植保、水电 4 个专业服务队，粮田实现了“种子、化肥、农药、耕、种、收获、管理、粮食回收、销售九个统一”。同时，我们还通过召开土地托管联盟协作培训会等形式，带动周边区（县）发展土地托管 5 万亩，使 1.2 万户农民受益。

经营模式创新是合作社发展的不竭动力

过去几年，土地托管模式的创新应用，支撑着合作社从小到大发展。去年，我们致力打造土地托管模式的升级版，创新了农机合作社经营方式，率先在全省提出了建立集体粮食农场的经营模式。我们与农户、村集体经济组织合作，共同打造集体粮食农场。农户以土地入股，享有入股分红；村集体经济组织主导集体粮食农场，从土地入股分红总收入中提取商定比例的集体发展基金；合作社投资生产经营集体农场，获取扣除土地入股分红和生产经营成本后的利润。这一模式下，三方在合作中各司其职，提高了效率，拓展了合作范围，实现了互利共赢。

各位领导、各位代表。下一步，我们将以此次会议为契机，求真务实，创新实干，做推进农机服务机制创新的实践者，做综合农事服务中心的引领者，做全程机械化的推动者，为周边农户提供“一站式”综合服务，为农业机械化全程全面高质高效发展做出更大贡献。

来源：农业农村部农业机械化管理司网站

2019 年 3 月 26 日

六、智能农机智慧农业

构建我国第三代农机的创新体系

中国科学院计算技术研究所　孙凝晖　张玉成　石晶林

习近平总书记指出，要大力推进农业机械化、智能化，给农业现代化插上科技的翅膀。随着科学技术的进步，农业生产逐步呈现出“工业化”的趋势。当前，农业生产过程中的流程颗粒度越分越细，以数据为驱动的生产组织管理模式得到了广泛认可，农业生产的组织方式初步具备了工业化流程生产的特点。可以预见，这种生产模式将会极大地解放人力，提升农业生产效率，并将深刻地影响农业产业的上、下游。

与工业生产类似，贯穿农业生产上、下游的核心是“装备”和“信息”，尤其是两者融合而成的“智能农机装备”，其应具有信息数据处理与智能作业能力。从全球农机巨头的技术布局来看，这一趋势已十分明显。

但是，在我国传统农机技术远远落后于发达国家的情况下，如果仍采用按部就班的“追赶策略”，必然导致我国农机创新体系的建设“一步落后，步步落后”。

因此，在全球农机工业强国纷纷开展新一代农机创新体系建设的起跑时刻，我国的农机工业借助我国在信息技术领域的优势，打造以信息技术为核心承载的自主可控的农机创新体系，将是一种重要探索。

农业机械泛指在种植业和畜牧业生产过程中，以及农、畜产品初加工和处理过程中所使用的各种机械。而以提供动力输出为主要特征的拖拉机则被作为农业机械的代表产品，其技术发展水平在很大程度上反映了一个国家农机产业的整体技术水平。因此，本文将以拖拉机为代表来阐述我国农机工业创新体系的建设思路。

我国的农机创新体系长期依靠“引进消化吸收”

新中国成立以前，我国没有自己的农机工业体系。新中国成立后，我国农机工业发展历程大致可分为两个阶段。

第一阶段始于20世纪50年代。这一时期，我国立足于集体农业生产模式，并于“一五”期间引进苏联技术。例如，兴建“东方红洛阳拖拉机厂”，并以哈尔科夫拖拉机厂“德特54”为基础生产出“东方红54”金属履带式拖拉机，这标志着我国从此由铁犁牛耕开始进入农业机械化进程。同期还有1956年正式命名的天津拖拉机厂及“铁牛”牌拖拉机，1958年建立的长春拖拉机厂生产的“上游”牌拖拉机，1958年上海拖拉机厂生产的第一台“红旗”牌拖拉机，以及江西、清江、邢台、湖北、新疆等拖拉机厂。这些拖拉机制造企业代表了一个时代的技术水平，成为当时的十大农机制造厂，也为我国农机产业发展进入新的时代奠定了基础。

第二阶段始于改革开放。此时，农业生产模式由集体生产模式改变为家庭联产承包，以苏联技术为基础的农机技术体系已难以满足个体化农业生产过程中的复杂多变的使用需求，于是十大农机制造厂纷纷推出满足农村改革的小四轮、小手扶等农机产品。但是，这一短暂的自主创新产品属于“土法制造”，成“体系”不足。在“技术换市场”的思路指导下，我国于20世纪80年代末以成套引进意大利菲亚特的中、大马力轮式农机体系为标志，开始了以欧美技术体系为代表的第二代农机体系的“引进—消化—吸收—再创新”的产业发展历程，并以此为基础催生了以产业配套为特征的农机产业聚集区和新的农机品

我国农机体系创新发展史丨从东方红拖拉机到第三代智能农机

牌。如今，以河南洛阳、山东潍坊、江苏常州为主的三大农机生产制造基地已经成型；此外，浙江东部、安徽芜湖、吉林、河北等地也形成了一定规模的农机产业聚集。

构建自主可控的第三代农机创新体系

（一）第三代农机创新体系特点

以美国凯斯公司 2016 年研制的全球第一台无人驾驶智能农机作为标志，世界农机发展站到了以信息技术为核心的第三代农机体系的关口。信息技术驱动的第三代农机创新体系，具体有 3 个特点：电子化实现农机数字控制、网联化实现农机互联互通、智能化实现农机无人作业。

具体来说，就是以机械装备为载体，融合电子、信息、生物、环境、材料、现代制造等技术，不断增强装备技术适应性、拓展精准作业功能、保障季节劳动作业可靠性、提升复杂结构制造高效性、改善土壤—动植物—机器—人与生态环境协调性，实现“安全多能、自动高效、精准智能”。

图片源自网络

（二）第三代农机创新体系核心路线

由于第三代农机创新技术将传统的农机从机械控制带到了“机械、控制、通信、计算”融合的新阶段，需要中国科学院计算技术研究所这样的信息领域相关单位进入该领域，并积极主导推进新体系的建立，从而建立类似于信息产业的分工模式。以信息产业为例，苹果、华为等信息领域的企业，以构建体系、攻克关键技术、输出解决方案和提供服务为业务核心，真正的生产制造由富士康、比亚迪等代工企业完成。

因此，第三代农机创新体系的核心思维方式就是把农机转变为以信息技术为核心的高科技智能农业装备。而智能农业装备的实现需要以农业机械装备学科为基础，融合物联网、移动通信、云计算、大数据、人工智能等信息技术，实现跨越式发展。在研发体系上，要构建开放的标准体系，最大限度发挥出高校、科研院所、企业的各自优势，联合攻关。

（三）第三代农机体系构建重点

1. 第三代农机体系的开放标准，形成了农机开放的基础参考架构

第三代农机体系面向农业生产模式的转变，需要在传统农机架构的动力系、传动系、行走系、悬挂系、液压系、收获系统等物理系统基础上，以信息技术为血液构建新型整体架构，包括：分布式电机动力系统、集中式高密度能源系统、电子控制减速系统、模块化收获系统、智能网联系统。基于标准架构及共性技术平台，实现定制化农机产品的开发，形成面向农业生产服务的成套技术、标准和工艺流程，满足未来农业生产全生命周期管理需求。

第三代农机体系的实现需要集中国内相关领域的核心研发团队，构建统一开放的标准架构，通过功能的分层分块和接口的标准统一，进行全产业链的协同，完成农机产品开发、制造与信息技术的深度融合，促使制造业、信息产业和农业的协同升级。

2. 面向农机智能化的核心信息部件研发

智能化是第三代农机体系的核心。为此，需要重点围绕 5 类核心部件进行布局，实现农机的智能化。

（1）面向农机综合控制的芯片

针对农机信息化需求，实现农机电子系统的集中化控制，并为农机作业、自动驾驶等功能提供毫秒级的数据处理及通信平台。

（2）微型控制操作系统

满足农机应用多元化的核心调度与智能控制算法，完成农机作业过程中亚米级的自动化精量控制。

（3）智能网联系统

基于天地一体化网联通信技术，将传统的农机升级为具备计算、通信、控制能力的新型智能终端，并支持集群、协作、广域通信的能力，满足农机控制过程中 GB 级别的综合数据传输需求。

（4）“人机分离”的无人驾驶

分阶段实现辅助驾驶、遥控驾驶、智能自主驾驶，具备对农业生产的记忆和自我执行能力，在特定的农场里面可以根据历史经验自主执行。

（5）农机大数据系统

实现农机农业数据 EB 级的存储及处理，实现数据驱动的农机作业控制、故障预测等，并对上提供农业生产应用的数据及控制接口。

3. 基于新能源技术实现农机基础平台的“换道超车”

经过多年的发展，我国在新能源技术领域已经获得良好的技术积累，为我国借助新能源技术研发农机基础平台提供了良好的基础。此外，新能源技术与信息技术具有天然的亲和力，因此，基于新能源技术实现农机基础平台的飞跃是构建第三代农机体系的重要思路。农机基础平台的研发工作主要包括 6 个方面。

（1）轮毂电机系统

通过分布式控制的轮毂电机实现大马力动力系统提升，包括单机的分布式电机部署，实现单机动力的线形叠加和依靠通信系统实现多机集群驾驶，提升作业效率。

（2）新型的清洁高密度能源系统

分阶段引入新型清洁能源驱动农业装备，从锂电到甲烷，再到氢能源动力，稳步实现 500 瓦时/千克能量密度，完成农机主体能源系统从燃油到清洁能源的替代。

（3）分布式控制系统

针对可扩展的轮毂电机架构，通过分布式的轮毂电机控制，实现低速非道路行走的分布式控制。

（4）大扭矩减速器

完成低转速大扭矩的农机减速器设计与材料选型，实现大马力农机平台的稳定控制。

（5）电控液压控制系统

通过电控方法和精确控制液压系统，为厘米级的农机精量作业提供更为准确的控制。

（6）数控底盘系统

针对无人智能驾驶需求，设计大马力数控底盘，实现自动转向、提速等功能。

4. 基于我国地理地貌特点，进行定制化研发，并构建新型农业生产服务

我国农业生产极富地域特色，东、西部地区以 400 毫米年降水量为界。其中，东部地区热、水、土条件有较为良好的配合，人口稠密，是我国绝大部分农作物及林、渔、副业的集中地区。西部地区气候干旱，在热、水、土条件的配合上有较大缺陷，人口稀少，大部分地区是以畜牧业为主，种植为辅。因此，个性定制的农业装备有着非常现实的需求。

针对我国不同地域、不同气候、不同作物的农业生产需求，应提供多元化的成套智能农业装备及信息化解决方案。长期目标是打造面向农业、制造业与服务业相融合的互联网化农机服务体系，实现以农机为入口的农业生产服务“阿里巴巴化”，构建农机行业与现代服务业结合的新型业态，推动资源综合循环利用和农业生态环境保护建设，支撑农业的可持续发展。

通过以上 4 个方面的重点布局，构建完整的第三代智能农机的创新体系，覆盖技术创新、产品创新、装备创新、标准创新、商业模式创新等不同的环节。从根本上改变目前农业装备的生产—销售模式，通过信息技术、智能技术驱动农机产业转型升级，从而与世界农机强国比肩。

我国第三代农机体系与智慧农业在黄河三角洲的探索

第三代农机体系的构建、完善和成熟需要一个发展过程，而大量的测试和验证是必不可少的环节。因此，针对特殊地形地貌和特殊的农作物品种，按照“工业 4.0”的思路，实现个性化的农机定制，并开展技术、整机和示范验证，对于推动第三代农机产业的发展尤其重要。

目前，我国耕地面积约 18 亿亩，但其中碱化面积占 6.62%。此外，据统计我国有近 15 亿亩盐碱地，约占世界盐碱地的 1/10。其中，有 2 亿亩盐碱地被认为具有农业利用潜力。作为我国重要的后备耕地资源，改良和利用盐碱地对补偿日益减少的耕地面积、保障国家粮食安全具有重要意义。在农业装备方面，由于盐碱地土壤以及作物的特殊性，目前几乎没有出现专门针对盐碱地作业的农业装备，更不用说“耕、种、管、收”的全程机械化。

黄河三角洲农业高新技术产业示范区（以下简称“黄三角农高区”）是我国 21 世纪设立的第一个围绕盐碱地综合治理的国家级农业高新技术产业示范区。国务院赋予黄三角农高区的重大任务是：深入实施创新驱动发展战略，在盐碱地综合治理、国际科技交流与合作、体制机制与政策创新、“四化”同步发展方面先行先试，做出示范；建立可复制、可推广的创新驱动城乡一体化发展新模式，成为促进农业科技进步和增强自主创新能力的重要载体，成为带动东部沿海地区农业结构调整和发展方式转变的强大引擎。

特别是，当前黄河流域生态保护和高质量发展已经上升为重大国家战略，黄三角农高区在中国科学院、山东省政府的积极支持下成立了黄河三角洲农高区技术创新中心，而第三代农机技术体系则成为未来农业耕作模式的一个重要支撑点。因此，我们计划以黄河三角洲盐碱地农业综合应用示范为例，对第三代农机体系的构建和未来农业耕作模式进行探索，建立可复制可推广的农机商业模式，具体工作包括 3 个方面。

（一）资源整合，在黄三角农高区落地建设新一代智能农机中试研发平台

2019 年 11 月，经中国科学院批准，由中国科学院计算技术研究所牵头，联合中国科学院植物研究所、微电子研究所、沈阳自动化研究所等 7 家院内单位联合组建了中国科学院智能农业机械装备工程实验室（以下简称“工程实验室”）。

经过多年的部署和研发，工程实验室已经成功研发出国内首款智能农机专用控制芯片、智能网联终端控制器、农机大数据平台和无人驾驶技术等，率先提出并成功研制出全

球第一台基于第三代技术体系的智能农业装备。目前，工程实验室团队在新一代智能农业装备领域处于国内领先、国际一流的水平。

为进一步促进我国新一代智能农机的发展，工程实验室联合国家农机装备创新中心、中国石油大学（华东）、电子科技大学等，以黄三角农高区为基地，组建了山东中科智能农业机械装备技术创新中心。目前，该中心已经完成第三代农机中试研发平台的建设。针对第三代农机创新体系的关键技术，完成了智慧农业机器人应用开发平台、智能农机应用大数据平台、超级基站农业传输网络应用开发平台、智慧农耕设施监测应用平台、超大马力智能农机研发平台、农机具变量作业技术开发及验证平台、通导遥一体化的农业航空系统开发平台、智慧农耕装备生产过程检测开发平台、智慧农耕感知识别技术开发平台和全程无人化作业示范应用开发平台等十大关键技术平台。

（二）围绕第三代超大马力智能网联农机装备建设中试组装基地

我国的农机产业，既要破“重主机，轻部件”的困局，也要继承“主机突破，零部件跟进”进而带动产业整体创新发展的历史经验。因此，在完成第三代农机创新体系的核心技术和核心零部件布局的同时，通过聚集国内的优势科技力量，形成核心竞争力，包括提供第三代农机核心控制芯片、操作系统和电子控制单元（ECU）等核心零部件，彻底打破国外对农机相关领域的垄断。

项目团队将联合院内相关单位，围绕超大马力智能网联农机“鸿鹄”系列开展重大装备攻关，在黄三角农高区突破超大马力农机的复杂系统控制与系统集成难题，形成具备天地一体化网联、智能化作业、自主作业路径规划等功能的“全程无人化”系列农业装备。

（三）打造以第三代农机为核心、数据为驱动的新型农业生产模式

30 年前，我国的移动通信领域形成了以巨龙通信、大唐电信、中兴通讯、华为技术为代表的通信设备制造商，并依托三大电信运营商为主的产业格局。30 年过去了，移动通信进入 5G 时代，以华为技术为代表的通信设备商和以中国移动、中国联通、中国电信为代表的运营商继续带领中国的通信产业前进。同样的情况也会发生在未来的农业生产领域。

我们应当认识到，第三代农机创新体系未来商业模式的核心就是“服务”。因此，除了第三代农机装备生产制造外，还应当依托农机装备的“智能网联”能力，实现农机装备的服务运营，打破目前依靠政府补贴销售给农民农机的传统模式。农机之外，涉及智能化农业生产技术及智能化服务，形成智能化时代的新型农业生产模式变革。

为了实现全面“立体”的智能化农业生产，本项目团队将基于山东黄三角农高区提供的万亩标准试验田，按照第三代农机体系的标准，从“端、网、云、数、用”5 个层面实

现信息技术与盐碱地农业生产相融合。

(1) 在感知端，结合土壤、气象、作物、畜牧生产的需要，构建以传感器技术为核心的末端数据采集系统。按照50亩为一个网格单元部署传感器终端，实现对整个农业生产过程的数字画像。

(2) 在通信网络，结合农业生产规模化的特点，提供蓝牙、WiFi、5G、卫星组合通信方式，实现空天地一体的立体通信，服务万亩级场景的农业生产通信要求。

(3) 在“云”和“大数据”层面，围绕盐碱地的农业生产构建大数据中心，并结合云计算等技术手段进行数据分析与挖掘。通过每天约10GB（视频数据经处理后回传）的农业生产数据的汇聚并实现万亩标准示范田的数据综合处理，形成盐碱地农业的生产经验数字化。

(4) 在应用方面，挖掘盐碱地农业生产数据的价值，反向控制耕、种、植保、收获、烘干、储、运、深加工的第三代农业机械装备的无人化运作。黄三角农高区以科技创新为己任，借助土地连方成片，具备规模化和智能化作业的基础和创新优势，一旦形成1万亩级盐碱地智慧农业应用示范的标准生产模式，就可以逐步向我国5亿亩盐碱地复制推广，推动第三代农机体系的成熟。

黄三角农高区盐碱地是第三代农机创新体系以及商业创新体系的试验场。未来，以万亩级的标准试验田为模板，并结合我国复杂地形地貌、气候及作物特征，打造符合我国农业多元化特征的统一商业模式。以第三代农机体系为支撑，以“中国科学院农业科技整体解决方案”为基础，在全国范围内实现一系列的万亩级的样本，将其打造成国家粮食的“稳定器”，保障“中国饭碗”装“中国粮食”；并进一步为“一带一路”沿线国家提供全套体系，践行习近平总书记提出的“人类命运共同体”的伟大构想。

展望与建议

构建自主可控的第三代农机创新技术体系是改变我国农机产业长期落后局面的重要抓手，更是提升我国农业生产力水平的关键。围绕“构建我国第三代农机的创新技术体系”这一核心目标，提出 3 个方面的建议。

（一）加强顶层设计

建议中国科学院针对该方向开展战略研究，结合创新性国家的发展战略，分别制定到 2025 年、2035 年、2050 年的发展规划，开展面向“一带一路”沿线国家的农机产业应用推广战略研究。同时，与科学技术部、工业和信息化部、国家发展和改革委员会、农业农村部、教育部等多个部委联动，对技术体系、制造体系、产业体系、应用体系、人才体系进行融合顶层设计，为达成第三代农机创新体系这一目标优化资源配置。

（二）建立国家平台

农机装备的创新涉及基础理论创新、关键技术创新、集成装备创新、商业模式创新。因此，建议围绕农机—农艺融合的复杂农机系统理论、不同土壤阻力模型下的农机动力学建模等基础理论，建立模拟与仿真试验场，并在国家重大基础科技设施方面予以支持。同时，依托工程实验室和筹备中的“中国科学院未来农业科技创新与产业化联盟”，争取在“十四五”期间建成“智能农机国家技术创新中心”。

（三）支持模式探索

建立融技术、产业、资金、科研、政策于一体，互相支撑的农机创新体系，明确各类主体在农机创新体系中的定位和任务。争取在中国科学院内以此为目标设立战略性先导科技专项支持，形成中国科学院的农业科技系统解决方案，并以此为基础孵化龙头企业，打造出与农机大国、强国相匹配的世界级农机龙头企业和一批核心关键技术细分领域的隐形冠军。

来源：《中国科学院院刊》

2020年第2期

农机智能化发展前景光明
——刘宪会长在中国工程科技论坛上发表讲话

中国农业机械化协会　刘　宪

8月18日，由中国工程院主办，中国工程院农业学部、国家农业智能装备工程技术研究中心、中国人工智能学会、中国农业机械学会、中国农业机械化协会、中国农业国际合作促进会、江苏大学、南京农业大学等单位共同承办的“中国工程科技论坛——农业机器人工程科技论坛”暨“智慧农业与智能农机装备成果技术交流大会”在南京市召开。

中国工程科技论坛是由中国工程院创办的高端学术交流平台，主要针对工程科技面临的关键技术问题、前沿问题，组织跨学科领域的院士、专家进行交流研讨，以提高水平、培养人才、推动创新。本次会议以“农业机器人—智能改变农业”为主题，为国内农业机器人领域的专家学者、企业界精英、创新创业人员搭建学术探讨和专业交流平台，有力促进农业机器人技术创新与产品推广，同时也为国家部署智慧农业战略提供方向性指导，为科技界、产业界共商农业机器人合作之路提供渠道，引领中国智慧农业高质量发展。会议由中国工程院赵春江院士主持，邀请中国工程院罗锡文、赵其国、李德毅、陈学庚、曹福亮、张洪程、李培武、张佳宝、单忠德9位院士进行专题讲座，中国农业机械化协会会长刘宪参加会议并发表讲话。

刘宪会长向与会代表介绍了中国农业机械化协会的服务宗旨与发展情况，中国农业机械化协会是农业农村部主管的社会组织，协会秉承“做好农机使用者的代言人”的宗旨，致力于企业和政府之间、政府和农机使用者之间的沟通，为促进行业技术进步、推动农机化发展做出了积极的贡献。目前，协会已组建了先农智库、农机科技分会、农机专业服务组织分会、农机鉴定检测分会、农用航空分会、设施农业分会、信息化分会、畜牧分会、技术推广分会、大学生从业合作社理事长工作委员会、农机维修分会、农机安全互助保险工作委员会、保护性耕作专业委员会等分支机构，服务范围涉及农业机械化全行业，承担政府委托的研究和项目评估，为行业不同领域会员提供需求服务。

刘宪会长表示，智慧农业是现代农业发展的必然趋势，智能农机装备是智慧农业的重要组成部分，随着农业科技的快速发展，智能农机装备已经不再局限于智能拖拉机和农业无人机，在物联网、云计算等信息技术的支撑下，越来越多拥有先进人工智能技术和内置分析系统的有学习能力的农业机器人正开始应用于机械化农业的各种场合，从种植业到养殖业，农业机器人带来的快捷方便以及对生产过程的精细管理受到越来越多的欢迎。农业农村部、中央网信办印发的《数字农业农村发展规划（2019—2025年）》要求，加快农业人工智能研发应用，实施农业机器人发展战略，研发适应性强、性价比高、智能决策的新一代农业机器人，加快标准化、产业化发展。开展核心关键技术和产品攻关，重点攻克运动控制、位置感知、机械手控制等关键技术。智能农机装备的发展，正在改变我国传统的耕作观念与方式。

刘宪会长总结了近年来中国农业机械化协会在智慧农业发展方面所做的工作。中国农业机械化协会自2017年起，联合国家农业信息化工程技术研究中心等单位多次举办智能农机装备发展研讨会及培训班，积极探讨智能农机装备与精准作业技术产品的研发和推广应用，深入研究“互联网＋”农机技术在现代农机装备作业监管服务与精准作业中的应用模式，提升农机信息化与智能农机科技创新能力，推进农机化与信息化融合，加快智能农机新技术应用和科技成果转化，推进农机全程机械化作业、社会化服务领域信息化技术发展。发布农机信息化技术和无人机领域的协会团体标准20余项，为智能农机装备的开发使用提供了良好的标准化技术支撑。

刘宪会长认为，本次会议的召开搭建了一个高层次的学术交流平台，必将进一步促进中国农业机器人的发展，对推动农业现代化、保障粮食安全意义重大。

来源：中国农机化协会公众号

2020年8月21日

中国农机离智能化还有多远?

中国科学报　卜　叶

当前，农业生产中，人工成本已经超过整体成本的一半。在这种背景下，如何降低人工成本逐渐成为农业生产关注的热点问题。

“智能化的农业农机装备为提高农业生产效率指出了一条路。从长远看，农业机器装备发展到一定程度就会衍生出农业机器人。农业机器人可全部或部分替代人或辅助人高效、便捷、安全、可靠地完成特定的、复杂的生产任务。”日前，中国工程院院士、国家农业信息化工程技术研究中心主任赵春江在2019世界机器人大会上说。

农业机器人是农业智能化装备的一种，能够利用多传感器融合、自动控制等技术，让自然环境下作业的农业装备实现自动化、智能化生产。农业机器人种类丰富，包括大田作业机器人、温室机器人、林业农业机器人、畜牧农业机器人、水产农业机器人等。

传统农民正在减少

来自农业农村部的数据显示，我国田间平均机械化作业水平达到63%，而江苏、黑龙江等全国粮食主产区已经突破80%。

“虽然农业机械化水平已经比较高，但是农机的作业环境依然比较恶劣，劳动强度也比较大，而且对农机操作人员的驾驶水平要求比较高。”江苏大学教授魏新华说，“由于操作人员技术水平的差别，农业作业质量也差别较大。”

中国农业大学教授李伟表示，现代农业生产对作业人员提出了规模化、标准化、信息化等要求。

农业生产对生产人员提出更高要求，与此同时，传统农民正在减少。据统计，“十三五”期间，我国约有 1.2 亿人口进入城镇。

越来越多的耕地依靠集体经营、规模化生产。目前，我国 40%的耕地由 270 万个农业新型经营主体耕作，农业生产开始依靠合作社、家庭农场、牧场、种植业和养殖业大户、龙头企业等新型经营主体。

国际上同样面临农业生产人员缺乏的问题。自 20 世纪 80 年代起，农业机器人应运而生，如瑞士的田间除草机器人、苹果采摘机器人，美国的苗圃机器人、智能分拣机器人，爱尔兰的大型喷药机器人，法国的葡萄园作业机器人等。

国际学术界对农业机器人非常重视，2008 年国际机器人与自动化协会（IEEE RAS）成立农业机器人与自动化学术委员会。2009 年美国《时代周刊》将年度最佳发明奖颁发给一款除草机器人。

美国研究公司 Tractica 的一份报告预测，到 2024 年底，全球农业机器人的年出货量预计将达到 594 000 台，农业机器人市场的年收入将超过 740 亿美元。

“农业机器人的发展拥有前所未有的大好局面，农业机器人迎来了春天。”李伟说。

非结构性环境的挑战

春天的到来都要经历寒冬的考验。对于农业机器人来说，这场寒冬就是机器人研发使用过程中的一个个科研难题。

和其他机器人一样，农业机器人由三个重要部分组成：类似人类五官的视觉、触觉、听觉、味觉等，能够感知、获得信息的传感器和系统；能够解析任务，识别、判断环境，制定行动计划的芯片，功能类似大脑；具有超强的执行能力的机构。科研难题就隐藏在这其中。

李伟表示，整体看，我国农业机器人与国际研究水平相当，部分技术处于领跑水平，比如自然环境下机器人的伺服控制等。也有一些技术处于落后状态，比如涉及作物信息、动植物生理、生态感知的传感器件等。

她强调，其中全世界面临的一个共性难题是在非结构环境下如何有效获取信息。“不同于工业环境的流水线生产，农业机器人面临的工作环境非常‘多变’，果实形态多样、农业环境中复杂的光照条件、植株的复杂布局等，都会对农业机器人的判断和执行造成干扰。”

她举例说，黄瓜采收机器人在摘黄瓜的过程中，首先得找到目标。但是每个黄瓜长得都不完全一样，并且还有枝叶的遮挡，机器人找到黄瓜、定位、伸手、采摘的过程不顺畅，这大大影响了机器人采摘过程的速度。

日前，李伟研究团队取得突破性进展，研发出非结构环境智能双目视觉系统。该系统能够在农田、果园等自然环境下，识别光照、时空，动态采集，高速实时传输数据。该系统已经在采摘机器人、除草机器人、割胶机器人等农业机器人方面展开实验与验证。

以大田作业为切入口

事实上，农业机器人的应用已经展开。魏新华介绍，目前我国农业机器人的推广，主要集中在大田作业中自动驾驶农机、农业植保无人机等的应用。大田无人农机已经能够替代人工，实现自动驾驶、工作环境监测、农业决策以及其他具体操作。

除了解放人力，无人农机还有何优势？魏新华表示，无人农机采用按需精准变量作业，提高化肥农药的利用率。另外，无人农机搭载的作业环境现场感知技术，可以根据土壤、环境和作业对象的实时情况，以及机器的作业状态，让机器始终处于接近满负荷的最佳作业状态，提高作业效率，保证作业质量。最重要的是，无人农机作业过程中还实现了信息收集和远程存储。

“未来的农场很可能是无人农场，农业机器人编组后，互相联系，协同作业。”魏新华预言。

但在赵春江看来，我国对机器人的研究整体比较弱，前期的创新研究积累不够，将导致后期产业化“底气”不足，无人农场终究是纸上谈兵。

魏新华说：“农业机器人的研制是不断发现问题、解决问题的过程。”他举例，此前，无人农机作业过程中农田边界的识别是困扰研究人员的难题。无人农机无法识别农田边界，作业之前需要人工驾驶无人农机获取田块的四个顶点，非常耗时。

虽然能够通过自动识别边界和固定障碍物的系统尝试解决这一难题，但是实际作业过程中又发现了新问题。该系统的田头作业不尽如人意，尤其是在不规则田块中作业存在比较大的难度。调试好的无人农机在移到另一区域作业时，也暴露出土壤及地表状况适应性差的问题。

此外，面对播种或插秧直线度差的田块，如果农业机器人在田间管理时仍按照北斗导航规定的直线作业，就会增加轧苗率。魏新华建议，进行多导航信息融合，即把北斗导航和视觉导航信息融合。“未来，我国的植保将是以地面机械为主导、农业航空为体系的立体的植保防控体系，要对农业机器人的未来有信心。”

赵春江表示，机器人学是一门交叉学科，涉及到人工智能、材料、机械等多个学科。目前机器人的研究队伍偏小，不利于快速推进农业机器人发展。做好农业机器人，必须鼓励和支持多学科交叉研究。

来源：《中国科学报》

2019 年 9 月 4 日

大田种粮“神器”多
——丰收节里探农机

人民日报社　史自强　郁静娴　常　钦　王　浩　王　沛

又是一个丰收节，又是一年丰收季。

广袤的田野里，金黄的稻穗压弯了腰，挺拔的玉米秆迎风摇曳。在广场，在地头，时时听到爽朗的笑声，处处都是欢庆的场面。

驰骋沃野的一台台新农机，正是一个侧面，折射出我国农业生产发生的历史性变革，折射出粮食丰收背后的坚实底气！

这是不断升级的先进装备。没有农业机械化，就没有农业现代化。曾经，手插青秧、挥镰割麦，农民“一滴汗珠摔八瓣”，数不尽的辛劳。如今，大田里众多“神器”各显神通：产前有育秧流水线，产中有植保无人机，产后有联合收割机、秸秆打捆机。目前全国农作物耕种收综合机械化率超过70%，从“人扛牛拉”到“机器耕种”，“面朝黄土背朝天”成为历史，一台台现代农机化身生产利器，在田野里释放出巨大动能。

这是集成高效的技术支撑。从“靠经验”到“靠数据”，从“传统农业”到“智慧农业”，农机化带来技术革命。北斗导航、物联网等新技术广泛应用，农机安上智慧大脑，田野连上传感器、大数据，“人在干、云在转、数在算”，越来越多绿色优质的农产品走出田间，走向市场，种粮的好效益化作农民的张张笑脸。

农机手、飞防手、农业经理人，田野里涌现出一批批高素质农民，他们懂农业、爱农村、爱农民，成为引领现代农业发展的生力军，解开了“谁来种地”难题，为农业发展注入新动力。

千村万乡的丰收图景串联成片，我们有底气，绘就更有奔头的农业前景。

【农业物联网】手机上就能看地里苗情

初秋，河北定州市东留春乡北邵村，千余亩高产玉米长势正旺，大田里一片油绿。农业合作社社员高义峰在挂面车间的生产线上忙碌，工作间隙，他掏出手机，查看着自家地里玉米的生长情况。

“现在乡亲们基本上都‘手机种地’了，今年抗灾保丰收，多亏了农业物联网。”高义峰说着，在手机上进入“科百云数据”网站，登录后，就能查看光照、温度、湿度等12项实时监控数据。

“以往想看庄稼长势，就得下到地里，走一趟，半天时间就过去了。现在手机信息平台打开‘视频监控’板块，就能看玉米有没有倒伏、叶子有没有发黄，坐在屋里就全搞定了，真是省心省力！”高义峰感慨。

北邵村从去年开始使用农业物联网。“大田里安装有各类传感器，能够采集农业环境信息，远程传输至数据平台，经过综合分析，科学指导农户进行农业生产活动。”定州市农业农村局农技人员吴永山说。

“以前灌溉时，有的农户为了图省事，老是大水漫灌。现在一次不用灌太多，可以根据监测随时补水补肥，省力又省水，作物产量也提升了。”高义峰说。今年上半年，有一回监测数据显示土壤湿度过低，信息平台随即发出预警。他在手机上收到提示信息后，及时给黑小麦补水，确保了作物正常生长。

“物联网不仅采集实时数据，同时也具备大数据储存功能。北邵村农业合作社生产的挂面、黑小麦粉等，消费者只要扫一扫包装上的二维码，就可以进行原料质量追溯。”吴永山说，通过农业物联网技术，农产品实现了“生产有记录，产品有标识，质量有检测”，进一步保障了食品安全。

目前，北邵村以10亩地作为试点，根据农业物联网的信息提示，在手机上就能操作自动喷灌。“虽然现在村里大部分耕地灌溉仍需合作社社员进入水泵房按键操作，但接下来，手机操作喷灌试点范围还要扩大。”村党支部书记吴开勋信心满满。

【小档案】农业物联网，是将大量的传感器节点构成监控网络，采集光照、温度、湿度等信息，远程监控生产环境，实现智能化种地，达到增产提质、提高经济效益的目的。（记者 史自强）

【育秧流水线】育秧插秧　一气呵成

“3 000多亩地，育秧、插秧，老谢的机器一出手，一个礼拜就包圆了！”江苏泗洪县方海农业公司负责人许芳说起几个月前的情景依然兴奋，如今田里稻花飘香，微风拂过，阵阵绿波翻卷。

许芳口中的“老谢”，是泗洪县四方农机合作社理事长谢成富，也是当地的农机大户。合作社去年购置了9台育秧流水线、18台高速插秧机，实现了从育秧到插秧的全程服务。“别看一次性投入不少，可十里八乡都来找咱，使用率高着呢!”老谢得意地说，今年雨水大，抗灾抢农时，合作社服务订单达到了8 000亩。

在泗洪，农民通常是种一季小麦、一季稻。“老话讲得好，秧好一半禾。小麦还在地里，我们的水稻秧苗就育得差不多了，麦子一收完，立马犁地移栽，一时也不耽误。”谢成富说，跟直播稻相比，提前育秧将水稻生长期延长了20多天，不仅稻穗出米率高，米质也更软糯。

育秧是每年水稻生产的开端。老谢介绍，在育秧设备中提前添加土壤、肥料和水，稻种经过浸泡、甩干，装入机器。设备开启后，垫底土、上肥、拌匀、浇湿、撒种、盖土、叠盘……环节虽多，但机械操作一气呵成。没几分钟，流水线上就输出一块块秧盘，直接运送到秧板地或大棚里，“9台机器转上一天，能供上2 000亩水稻的育秧需求。”

“过去育秧、播种全靠人工，一亩地正常要配10斤稻种，实际上要消耗12斤以上。”谢成富说，人工育秧不但费种子，底土厚薄还难控制，底肥搅拌不匀，秧苗间隔疏密不均，不仅发芽率低，还常常出现弱苗。

机械化育秧的推广，大大降低了农民的劳动强度，育秧质量也显著提升。“现在都是精准化育种，一穴控制在4～6粒，基本同期发芽。20天左右，秧苗长到八九厘米，就可以移栽了。”谢成富说。水稻栽插，讲究“浅、匀、直、稳”，“流水线育秧出来的苗又齐又壮，为机插秧提供了有利条件。”

“不光是育秧，现在村里50岁以下的都不会手插秧了!”谢成富笑着说。种了大半辈子地，他见证了水稻全程机械化的变迁——父辈挽裤赤脚、蹚田水，弯腰劳作一整天也只能完成半亩田；后来是步行机，一天栽插十五六亩地；再到如今的乘坐式插秧机，一天五六十亩不在话下。

水稻机械化一代代发展，为粮食丰收提供了强大动力。“说不准将来的种稻设备什么样，但是肯定会更先进!”谢成富眼中是满满的期待。

【小档案】育秧流水线集铺土、洒水、播种、覆土等功能于一体，能一次性完成水稻塑盘、育秧、播种各道工序。其效率是人工育秧的3倍以上，每亩秧田可节本60～100元。（记者　郁静娴）

【植保无人机】飞机打药　节本增效

“用上新神器，节本增效抓得稳!”行走在河南滑县乡间，郁郁葱葱的玉米长势喜人，锦和街道宣武村的张振兴望着绿浪翻滚的玉米地，一脸欣慰。今年雨水大，为了防治病虫害，县里利用植保无人机开展统防统治，老张的地块也在其中。

中午刚过，河南慧飞农业科技公司的飞防手杨伟彬就来到田头。一番调试，“大家伙们”登场了——植保无人机转动旋翼缓缓升起，一团雾雨随即喷出，在空中向前推进，田里的玉米秆随气浪摇曳，尽情享受着“药浴”。

“一架无人机可装20升药，一次喷洒20亩地，十几分钟就能完成。”杨伟彬说，无人机飞过，下旋风力强，可以把药直接吹到植株下部，把农作物的叶片翻起来，包括玉米棵下面的叶都能均匀打上药，“既节省了农药，又保障除病虫害的效果。”

说到用无人机种地，张振兴一开始也拿不准。“在电视里见过无人机喷药，可担心效果不好、影响产量，不敢尝试。”然而，张振兴眼瞧着，相邻地块用无人机植保，不仅小麦、玉米都比自家的多打上四五袋，每到收割时，粮食经纪人还在地头抢着要，他也心动了。

“庄稼人不光看热闹，还要有账算。”今年是张振兴第三年请无人机作业。“一亩作业费才7元，省水90%以上、省药30%，里外算下来，一亩地省了好几十块钱。单机一天作业300多亩，相当于二三十个人干的量，一亩地还能减少人工成本九成。”张振兴说，节本是一方面，质量也好了，现在自家的粮食成了面粉厂的“香饽饽”。

无人机是个技术活，专业的人干专业的事。大田里，杨伟彬手握摇杆，左右开弓，灵活操纵航向，起飞、前进、悬停、降落一气呵成，无人机成为田野里的“舞者”。杨伟彬说：“飞行高度距作物顶端1.5至2米，要注意风速、风向，保证打药效率。还可以针对不同地形、作物、生产时期、病虫草害调整飞行高度和农药配比，提供个性化的植保服务。”

市场有需求，社会化服务快速发展。滑县已有集无人机飞防、销售、培训、维修于一体的农业技术公司3家。今年，县里对10万亩高标准示范田全部进行飞防作业。慧飞农业科技公司拥有20多架无人机和26位持证飞手，“我们还到新疆、内蒙古、黑龙江等地开展不同作物的植保作业，年作业面积达到80余万亩。”公司负责人史召亮说，“无人机已成为种粮提质增效的好帮手。”

【小档案】植保无人机通过遥控远程喷施农药，既适用于小麦、大豆、水稻等低秆作物，也适用于玉米等高秆作物，可以省水90%以上、省药30%。（记者　常　钦）

【北斗导航系统】智能农机　种地更轻松

秋风徐徐，田野换金装。这几天，“麦客”赵凯带领农机车队从山东直奔安徽涡阳县。

车行至作业田，收割机轰鸣前行，一簇簇玉米被农机吃进“肚子”，摘穗剥皮，金黄籽粒倾泻而出。车外麦芒飞扬，车内安静整洁，屏幕上显示收割进度。只见赵凯双手搭在方向盘上，熟练操作，“现在农机越来越智能了!”他感叹。

新变化离不开北斗导航系统。“有了小盒子，安上‘大脑’，农机变聪明，疫情防控期间，派上了大用场。”赵凯一一列举北斗导航的好处。

“卫星‘指路’，农机能无人驾驶了。”赵凯说，他开的“雷沃谷神”收割机搭载的无人驾驶系统、电控方向盘，与北斗导航系统配合，“牵”着农机往前跑，“过去开车，不停地挂挡、打方向盘，一天下来，腰酸背痛。如今坐在驾驶舱里看着就行，轻省多了。”

种地就像“绣花”，效率更高了。“地块的遥感图显示在手机屏幕上，设置好行驶路线、行距就行。”赵凯说，好多客户都点名要北斗导航系统。农机跑得直、速度匀，过去播种按斤算，现在按粒算，大大减少浪费。而且每行苗行距相等，为后期机械化施肥提供了便利，有效降低生产成本。

更让赵凯觉得神奇的是，一辆辆农机都接入“网”，网上约车成了新时尚。“手机接订单，跨区也不会跑空。”赵凯说。车上装有智能屏幕，可实时显示位置、亩数、价格，“就跟出租车计费一样。”

“依靠北斗导航系统，每台农机的特性、位置、作业时长等信息汇总到智联云服务平台上，一个个点组成了一张分布图。”雷沃服务中心主任石海波介绍，“后台可以根据各地需求向农机手直接派单，还能为农机手提供卫生防疫、天气预报、维修配件、用油供应、交通状况等信息服务。”

赵凯当“麦客”已经8年多了，吃饭的家伙不断升级。他细数，拖拉机从90马力升级到220马力，拖着一吨多重的铁犁整地，干“重活”一点也不费劲。农机配上导航系统、智能终端，大块头有大智慧。目前赵凯车队有3台大型拖拉机、2台收割机，可以提供耕种收全程作业。

“这几天日程排得满满的。”赵凯说，农机越来越受欢迎。“今年尤其忙，我跑了河南、山东、安徽，一天就能收160多亩，算下来光小麦就收了10万多斤，咱也算为大家的‘饭碗’做贡献了。”

【小档案】北斗农业导航系统由卫星接收机、车载计算机等组成，可运用在拖拉机、植保无人机、收割机等机械上，实现无人驾驶和精量作业，能有效提高产量5%，农机油耗节约10%。（记者　王　浩）

【耕种收一体化】收割打捆播种实现“一条龙”

雨后放晴，山东昌乐县朱刘街道西尖庄村种粮大户张建勋的地里，立秋后播种的萝卜已破土，壮实的玉米秆迎风挺立。广阔的农田难觅人影，七八台大型拖拉机和机械设备整装待发。

“2 000 亩的农田，日常管理全靠我们夫妻俩和 2 个工人，只有农忙时才会临时雇人。”坐在办公室里，52 岁的张建勋不慌不忙。2015 年，他开始投身规模农业，由最初的 900 多亩陆续扩到了 2 000 亩。这个季节，地里种着 1 300 亩玉米、600 亩萝卜和 100 亩蔬菜，等这些作物收获后，再轮作小麦。

“能种这么多地，多亏有这些机械设备。”旋耕机、专业播种机、联合收割机……一套套现代化农机装备，就是张建勋一年年扩大农业生产的底气。2018 年，张建勋购买了小麦宽幅精量播种机，“一次播种 8 垄，宽幅 3 米，能带 800 斤化肥、600 斤种子，可走多个来回……一天最多能播 350 亩，比起原来一次播 6 垄的机器又先进了不少呢。”

眼下，1 300 亩玉米丰收在望，张建勋的玉米联合收割机、旋耕机已整修好。上半年收获小麦的时候，前面是秸秆一体化收割机，“专注”收割小麦、打秸秆，后面的玉米免耕播种机紧跟其上，环环相扣，一点时间都没浪费。

“过去哪想得到种地也能这么便利！机收、秸秆还田、播种，看上去是三个环节，如果分开干，不光费柴油，对土壤也造成破坏，翻耕多了，容易引起水土流失。”张建勋说，一体化收种管理模式，不仅节本增效，更有利于养护耕地。

平时，张建勋穿着整洁的衬衣，很少需要到地里忙活，从原来的传统庄户“老把式”变成了发展现代农业的“甩手掌柜”。职业形象的转变，得益于现代化机械设备的应用。张建勋说：“踏踏实实，紧跟政策走，用好农业科技，种粮前景敞亮着呢!”

【小档案】新型联合收割机、秸秆打捆机、免耕播种机等机械作业的普及，让小麦收割、秸秆打捆、下茬播种“一条龙”作业变为现实，从“开镰”变成“开机”，大大提高了收种衔接效率。（记者　王　沛）

来源：《人民日报》

2020 年 9 月 22 日

降成本　提效率　智能农机本领高

农民日报社　孙　眉

无人驾驶旱直播机在地里进行播种作业

碧桂园携手北大荒集团打造的超万亩无人化农场近日开展演示活动，展示了从耕作、田间管理、收获到粮食加工全过程无人化作业，受到中国工程院院士、华南农业大学教授罗锡文的赞许，随着老龄化社会到来以及人工成本持续增加，未来更需要自动化、智能化的现代农机。

窘境：粮食连年增收，但成本奇高，农产品竞争力不强

目前国内玉米、水稻、小麦三大作物种植面积常年维持在13亿亩，如果加上大豆、油菜、棉花等种植面积较大的农机作物，我国大田作物种植面积应该在15亿亩以上，主粮产量已经连续多年超过万亿斤，但由于生产成本，特别是人工成本居高不下，导致国产粮棉油市场竞争力不强。

在不久前召开的中国丘陵山区农机高峰论坛上，中国农业大学杨敏丽教授说：“中国农业对外依存度在快速上升，后期这种价差驱动型进口压力会逐步增加，并且将成为常态。”而国内农产品没有价格竞争力的一个关键因素是生产成本偏高，尤其是呈现跳跃式增长态势的人工成本。

目前国产小麦和棉花种植成本是美国的 3 倍多，玉米和大豆是美国的 2 倍多，水稻是美国的 4 倍多，花生是 8.6 倍。“国内农产品生产成本中，占比最大的变成人工成本，当前水稻、小麦、大豆、花生、棉花的人工成本占总成本的比例分别为 38.72％、34.64％、30.66％、48.95％、52.52％，而玉米居然高达 65％，而美国以上六大农产品人工成本占比均在 10％以内，玉米和大豆更是在 6％以下。”杨敏丽介绍说，在全球粮食贸易中，生产成本居高不下，尤其是人工成本的跳跃式发展让中国农产品缺乏竞争力，进口农产品“围城”压力无法缓解，出路只有通过提高效率来降低成本。

出路：智能化农机提高效率降低成本

在信息化社会，效率就是效益，必须要用机器替代人力，尤其是自动化、智能化的农机。

用一架植保无人机喷洒农药，每小时作业量可达 50～80 亩，效率是人工的 40～60 倍。在海南三亚热带蔬菜园区，一架载荷 20 升农药的植保无人机在菜地里作业，短短一个半小时就完成了 150 亩的作业量，据合作社负责人介绍，用这种无人机不但效率高，而且可以节约 50％的农药使用量以及节约 90％的用水量。

使用自动导航或辅助驾驶的拖拉机工作效率能提高 30％左右，节约土地 10％以上，生产成本也能降低 30％以上。在新疆奎屯市的万亩马铃薯农田，种植大户江有用通过无人驾驶拖拉机牵引着马铃薯收获机，已收获马铃薯 200 多亩。

江有用说：“设定好路线后，拖拉机会自动走直线，不用人扶方向盘，拖拉机后面的挖掘式收获机会自己把土豆挖出来，这种农田‘神器’真是又快又好用。”

无人驾驶插秧机今年也很受农民欢迎，效率提高 20％以上，可以节约 1～2 个人工成本。在广东省恩平市晚稻种植引进了搭载北斗导航驾驶系统的无人插秧机，机手只需通过平板车载终端完成定位及参数设置，系统便能自行规划路线，实现田间自动插秧、智能避障、掉头转弯等全套无人作业。

希望：国产智能化农机正乘风破浪

据“科普中国　智慧农民”提供的数据，2020 年国内自动化、智能化农机需求量同比增长200%，预示着农业智能化将迎来新时代。农业的智能化、无人化正由理想走进现实。

在上海崇明区万禾千亩有机稻田示范园区，水稻插秧机器人、5G无人驾驶收割机在田间忙碌，操作人员在专用的遥控器上设定好之后，只需按下启动键，水稻插秧机器人就能自动规划路线、自动直行或曲线行走、自动转弯、自动提升插秧台，在遇到树、电线杆等障碍物还会自动绕行。

据了解，国内的无人农场有5个特点：一是耕种收生产环节全覆盖，二是机库田间转移作业全自动，三是自动避障异况停车保安全，四是作物生产过程实时全监控，五是智能决策精准作业全无人。

中国的植保无人飞机已经进入了普及期，在重庆梁平市李元贵的合作社，夫妻两人经营了1 500亩水稻，植保环节全部使用无人飞机。与其他合作社请专业飞手不一样，李元贵自己就是飞手，63岁的他还炫了一把他的飞行技巧，李元贵说，“明年我要买一架大疆最新的植保无人机，现在家里粮食烘干、储存、分选等环节也可以实现全程无人化操作了。”李元贵家的烘干机上安装了基于北斗技术的智能化无人管理系统，设定好参数，烘干机会自动上粮、自动清选、自动烘干。

国产智能化农机正乘风破浪！据农业农村部南京农机化所专家介绍，智能化农机，中国与欧洲和美国等发达国家同步，植保无人飞机、自动驾驶等技术和设备国内甚至领先于发达国家，自动化、智能化农机的大量使用将极大地提高农业生产效率，同时大幅度降低生产成本，这将是缓解农产品价差驱动型进口压力的有效手段。

来源：《农民日报》

2020年11月20日

传统农机不再是农机人的唯一

狼　爷

20 世纪 60 年代，毛泽东主席英明提出，“农业的根本出路在于机械化”。为实现农业机械化的目标，整整经历了半个多世纪的风风雨雨。现如今，农业的出路在不断提升改变，从现代化农业步入了智能化、数字化、信息化的时代，这就是人们常讲的社会发展与进步。

笔者做了一辈子传统农机，对农机市场的一次次变革，总感觉自己是一次又一次地重生。淘汰，是变革中保守群体的终点站；勇立潮头，是改革者的唯一选择；适应时代环境，是每一个农机经营者的必修课。无论你是否愿意继续坚持，还是顺应时代变迁，社会发展的步伐，绝对不会因你个人的态度而改变。

从 1998 年的国企改革，一个国家人，一夜之间变成了市场人（个体户），从不适应到适应。从 2004 年的农机具试补，从独家经营到万家争鸣，从计划经济体制改革，演变成农机具购置补贴，事实上又回到了计划经济的源头。从有理有节的规范经营，到手段用尽，欺诈竞争。从诚信做人，到忽悠唬弄人，这些“存缺”都改变不了历史发展的必然趋势。从单一的小柴小拖、东风 12 手扶，发展到今天 220 马力段以上的大型拖拉机，从发动机国 2 升级到国 3，一次次的迷茫改变，一次次的重生发展。

不谦虚地讲，笔者经历了农机化发展的全过程，经历了改革开放的全过程，经历了农机补贴的全过程，我们又将会经历智能化时代的全过程，传统农机再也不是农机人的唯一。

选择

无论是传统农机还是智能产品，产品质量对农机人来说，不单纯是农机商人的生命线，更是农机用户朋友们的生存之源。作为农机商，选对产品只是第一步，选对产品质量才是取胜的关键，选对合作伙伴更是企业无往而不胜的法宝。

过去狼爷对无人机市场也曾动过心，试探过程是比较残酷和现实的，选错了品牌，最终只能是无奈地单方面买单。故而，狼爷总有一种“一日被蛇咬，千年怕草绳”的感觉，曾拒绝过某疆、某飞的品牌合作。很多道友多次关心提醒，我始终觉得不跟风不冒险，跟着自己的感觉前行。

农民朋友在选择农机产品时，产品质量更是决定用户沉浮的一个标志。古人言：“越穷越喝卤”，不是没有道理。凡是杂牌机用户的经济状态，应该说都不是很亮眼，他们用7万～8万元买一台2004杂牌机，不难想象，他们对所购买的农机具，抱着多大的期望值。一分钱一分货的道理，他们比谁都懂，就是想碰碰运气。一位客户曾这样对狼爷讲：你们不赊账，我欠了一台杂牌机回去，下地不到15分钟，下面的轴断了，连夜又换了一台，用70个小时同样的位置轴又断了，该用户认怂，亏2万元卖掉了。假设我们的农机仍继续无序竞争，为生计奔波劳累，产品质量的确是问题中的问题，包括一线产品的质量并没有明显的提高。案例证明：农机具质量永远是决定市场的主旋律。

改变

当人们都沉浸在收获的季节时，农机人又不得不思考来年的市场变数。过去的一年将成为一个记忆，无论是酸甜苦辣还是硕果累累，终将成为一段历史，给农机人能留下的只是一个痕迹而已，纸上的效益定会大于实际效益。

无论是生产企业还是代理商，包括我们的客户朋友，聚焦一个共同点，就是想不断地改变自己，改变市场环境，改变产品质量和服务，改变新型农机具的推广运用，传统农机具转型不再是传说中的故事。

其实，智能农机在数十年前早已进入市场，只是人们对智能农机的认识难以统一。过去的无人机市场发展缓慢，除了价格高、使用寿命短（两年）、产品质量不稳定以外，最根本的原因，还是实用性不够完美，难以实现喷药、施肥一体化作业。除了单纯喷药，大面积施肥还是要靠轮式施肥机为主。因此，尽管部门加大了补贴力度，尽管一二个品牌的确成为用户首选，但并非是广告宣传片中的无所不能，只能是智慧农业生产中的一部分。无人机在实际运用中，与用户的需求还是有一定的差距的，产品质量仍然是焦点，电池的成本和整机的使用寿命，尚有非常大的提升空间。

来源：农机观察公众号

2020年12月27日

七、新媒体看农机

新中国第一代女拖拉机手和智能农机的“对话”

新华社　熊聪茹　周　晔

新华社乌鲁木齐10月23日电（记者熊聪茹、周晔）秋收时节，中国西部万亩棉田棉桃吐絮，渐次进入成熟期。田野间，看不到忙碌的农民，配有GPS定位的先进拖拉机正在作业。不远处，农用植保无人机正喷洒落叶剂。田埂边，一位满头银发的老太太俯身摘下几朵棉花，攥在手里，久久凝视轰鸣的现代化智能农机，眼神带着欣喜和一丝惊奇。

新疆石河子市的这块棉田边，站着的是新中国第一代女拖拉机手——86岁的金茂芳。作为那个拓荒岁月的杰出女性代表，金茂芳驾驶拖拉机的形象被当作原型印在1960年版1元人民币上。

来到最熟悉的农田，她仿佛回到了67年前。在那个住地窝子、缺吃少穿的年代，19岁的金茂芳因为个高、劲大、敏捷被选为拖拉机手，开渠犁地，一年四季不休息，誓将戈壁变成农田。她曾创下7年完成20年任务的纪录，被评为全国劳模，受到周恩来总理的接见。

一直想看看拖拉机眼下变成啥样的金茂芳，终于满足了心愿。“我坐上面看看行不?”在农业合作社负责人的搀扶下，60多年前的女拖拉机手坐进了如今最先进的拖拉机。带有GPS导航、动力换挡技术、驾驶舱还有空调的国产拖拉机，让她又新鲜又羡慕。

“真不可想象，我86岁了还能‘开’上这么厉害的拖拉机。”金茂芳摸摸这，看看那，笑得像个孩子，“我当时开的斯大林80号（拖拉机），操纵杆要12千克的力才能拉动，现在咱们国产拖拉机真不简单。”

在无数建设者奉献青春的新疆土地上，如今，大功率、高性能、复式作业农机装备，正快速更新换代。据新疆维吾尔自治区农牧业机械管理局统计，全区棉花综合机械化水平已达80%以上。

一批智能化、信息化机械装备正运用到新疆农业生产各个环节。金茂芳眼前的拖拉机也迎来一旁植保无人机机群的“挑战”。充好电、加满药的无人机，空地起飞，低空飞行，严格按程序逐行喷洒，之后自动返航降落。旁边的飞手只用一部手机即可完成操控。

20 多岁的飞手指着手机屏幕给金茂芳细细讲解植保无人机作业原理，老人听得津津有味，目光随着无人机飘向远方。

今年年底，新疆植保无人机有望突破 5 000 架，累计作业面积将达 4 000 万亩次。近年来，新疆在农机购置补贴、新型农机技术推广等方面出台一系列政策，为农业机械化水平提升再创有利条件。

金茂芳还会看到，越来越“智慧”、越来越“绿色”的农机，将继续改变中国农业的生产方式，改变千千万万农民的生活。

来源：新华社

2019 年 10 月 23 日

欧美农机企业在华各有怎样表现，迪尔或将出现战略调整

清闲老农　刘振营

外资农机企业虽然进入中国市场有先有后，但投资经营这么多年，有的介入很深，有的还处在探索阶段，但他们各有各的特点。今天，我们就着重分析一下欧美跨国企业在中国的表现。

老农的一位朋友，是农机行业老专家，他参观今年国际农机展后，向老农谈了一些感想，特别是对欧美跨国农机企业在中国的表现，进行了点评。现将这位不愿透露姓名的专家的点评做简单整理，一同与业内人士和各界朋友分享。

约翰·迪尔的特点是稳扎稳打，产品成系列，技术有底蕴，但赚钱的产品已不多

约翰·迪尔是改革开放后第一家进入中国的外资农机企业。先是约翰·迪尔佳联收获机械有限公司，后有约翰·迪尔天拖有限公司，再后来分别变成迪尔独资公司。进入中国的产品，最早是改革开放之初，东北友谊农场五分场二队的全套迪尔农业机械。之后，中国引进迪尔 1000 系列联合收割机技术，在国内生产 1065、1075 型联合收割机。

约翰·迪尔的特点是不喜欢与别人合资经营，在中国的迪尔佳联和迪尔天拖是特例，也是迪尔公司的权宜之计和过渡安排，最终还是走向独资。

另外，他们不允许其他品牌在公司的存在，即使有也是短期行为。所以，中国佳联的“丰收”牌联合收割机和天拖的“铁牛”牌拖拉机，与迪尔合资后很快就弃之不用了。

约翰·迪尔进入中国这么多年，不愧为世界农机老大，为中国的农机企业树立了榜样，成为国内农机企业经营模式和产品模仿的典范。

通过本次展会约翰·迪尔没有参展这件事分析，可能是因为中国的制造业太强大了，他们无法在常规产品上与中国企业展开竞争。

从小小的产品打火机，到一般技术产品家用电器，再到高技术产品计算机和智能手机，只要中国人掌握了生产技术，就能把产品变成“白菜价”!

迪尔也曾根据中国市场需求，综合吸收中国国内产品技术，开发了摘穗玉米收获机等产品，但在与中国农机产品在市场上的较量中，还是败下阵来。

2007年，迪尔公司收购了当时经营效益最好的宁波奔野拖拉机公司，强势切入中国的中小型拖拉机市场。然而，在10多年中小拖拉机市场的拼杀中，世界头号强手却败在众多中国农机企业之手。

本来，迪尔公司早在10多年前，就开发出了水稻插秧机，投入市场的时间一推再推，到现在也没敢推向市场。开发的水稻收割机，在投产之初就夭折。

目前，常规机械传动的大型拖拉机，在中国已经成了“白菜价”，就连迪尔这样的外资企业根本不是对手。

国内企业动力换挡的重型拖拉机也越来越成熟，大型智能采棉机这样的高端农机产品，在中国也有越来越多的企业参与竞争，迪尔等外资企业高端农机产品的暴利时代也将结束。

不可否认，约翰·迪尔是一个有远见的企业，早在中国农机市场开始下滑之前，他们就调整了发展战略，在各个方面进行了收缩。

日前迪尔中国换帅，国际农机展缺席，高调参展中国第三届进口博览会，可能是再次调整发展战略的信号。

约翰·迪尔有可能退出在中国的农机产品制造业务，而对于中国的高端农机产品需求，则通过外贸途径进入中国。

凯斯纽荷兰在中国农机市场上有得有失：如同猛虎，输了上海，赢了东北

凯斯纽荷兰进入中国也是比较早的，早在凯斯与纽荷兰合并之前，纽荷兰农机就先一步进入了中国。

(一) 输了上海

2002年1月与上海拖拉机内燃机公司合资组建了上海纽荷兰农业机械有限公司。众所周知，上海纽荷兰由于意大利方和上海方磨合期太长而始终不能融合，最终因经营不善而解体。其实，上海纽荷兰同样也是败在国内拖拉机的众多竞争对手上。这就是我们所说的“输了上海”。

（二）赢了东北

凯斯纽荷兰机械（哈尔滨）有限公司，实际上是一个经销公司，最多加上一些组装业务。也就是说，多年来凯斯纽荷兰哈尔滨公司主要业务是销售进口大型农机产品，充其量是将进口来的大型农机零部件运来哈尔滨，进行组装后再销售到市场上去。

由于这样的经营方式，没有大的投入，而且可以做到以销定产。公司主要是一些营销、组装和售后服务人员，占用人员很少，人工成本很低，因此盈利比较大。

其中凯斯系列纯单纵轴流联合收割机，适应东北种植业的调整，对收获玉米的速度与效果绝对在迪尔同级别产品之上，迪尔产品根本无法招架。加之后来结合中国市场推出的4088型联合收割机，彻底在东北市场打了个胜仗。这就是我们所说的“赢了东北”。

可见，凯斯纽荷兰哈尔滨与约翰·迪尔的经营方式有非常大的区别，所以结果也大不相同。

科乐收CLAAS自成体系，步步为营，更像大家闺秀

科乐收进入中国也很早，而且很早就与中国农机科研院所有着良好的合作。我国最早成熟的联合收割机产品新疆-2，就有着科乐收产品的血统。因为中国农机院在研发新疆-2时，就有过与科乐收的合作。而国内现有的联合收割机产品，基本上是在新疆-2的基础上发展起来的。

科乐收的农机产品尤以简洁轻小结构件的收获机械见长，产品自成体系，而且产品管理非常严格。

农机行业知名领袖级专家高元恩，早年曾在科乐收研修工作，据他介绍，科乐收农机产品的零部件通用性和互换性非常好，因为在新产品开发时，不能轻易增加新零件，一定要最大限度地保持与现有零部件的互换通用。这一做法一直延用到后来的部件互换通用和现在的模块互换通用。

在产品系列方面，老农也有深刻印象。就在前两年，科乐收推出了一款专门针对中国市场研发的联合收割机产品——DOMINATOR 370型联合收割机。

这让老农想起1982年3月，那时老农大学毕业刚参加工作，即到哈尔滨黑龙江农机校，参加农业部举办的9省市联合收割机师资研究班，学习期间，在黑龙江农机校门口的广场上，停着一台大型联合收割机，其系列型号就是DOMINATOR 106，当时我们北京的学员登上收割机拍了一张合影，留下了这台联合收割机的影像。

科乐收的一个联合收割机产品系列能够延续近40年，并且可能还要延续下去，这就是一个百年企业的做法，这就是为用户着想，能够吸引用户持续购买其品牌，确保用户忠

科乐收 CLAAS DOMINATOR 106 型联合收割机（拍摄于 1982 年 4 月）

诚度的做法。

反观我们国内有的农机企业，用户刚买了 3 年的拖拉机，再买配件时到处买不到，去原产厂家去买，却被告知这种产品因更新换代已经停产，无法提供配件，这为用户造成的损失何其巨大！试想，难道这个用户还再购买这个品牌的拖拉机吗！

2013 年 7 月，科乐收并购山东金亿春雨后，没有抛弃春雨原有机型，而是借鉴收购的春雨平台，改造原来的产品，开发推广适应中国市场的收获机械。这次国际农机展上打出的是 CLAAS 和春雨两个品牌。与迪尔这个农机老大相比，科乐收更像大家闺秀，一步一个脚印，稳扎稳打地一路向前。

爱科目标不清，措施不利，行动迟缓

爱科采取的是多品牌战略，旗下有中国农机人熟悉的芬兰维美德、英国福格森品牌，还有德国芬特、美国卡特匹勒和海斯顿等品牌。

爱科在中国是从基建开始的，2009 年爱科宣布在中国投资建厂，2010 年在常州设立公司并开始建造工厂，2015 年生产基地建成并投入运营。

2011 年 4 月，爱科收购山东大丰机械有限公司 80%的股份。大丰是徐祥谦于 1995 年创办的以收获机械产品为主的民营企业。当时，老农就认为，如果愿意，徐祥谦很快就会再建一个大丰。果然，仅仅过去 3 个多月，山东金大丰机械有限公司就诞生了，金大丰延续了以前的经营项目，而且比以前更有了底气和实力。这可能是中外农机合作中，一次为数不多的中方最大的赢家。

据说，爱科在中国投资近10亿元人民币，没有产生多大效果。爱科产品研发流程和市场投放都很严谨，但各部门之间衔接协调存在困难。自成立至今设置的产品经理基本不懂产品和市场，研发部门这几年研发的许多产品，最终都因采购、成本和市场原因被高层枪毙，理由是只要不赚钱就不能投入。

尽管目前爱科经营不是很顺利，但毕竟在中国的投资和发展是真心实意的，而且是唯一一个从基建开始的。爱科在中国的发展应该有耐心，要坚持；国人也要有耐心，要等待。

2020国际农机展上道依茨法尔展位

道依茨法尔不争不斗，我行我素，谨慎做事

道依茨法尔机械有限公司几乎是最后一个进入中国的大型跨国农机企业。2011年，意大利赛麦道依茨法尔公司投资20亿元，在山东临沂开发区与常林合作，设立了山东常林道依茨法尔机械有限公司，目标是致力于打造高端智能农业装备产品，采用德国和意大利等国成熟的静液压、电液压、动力换挡、无级变速等技术，为满足匹配大型农机具的现代农业作业需求，结合中国农业农艺自主研发产品，引领中国农业机械制造水平的再升级。

赛麦道依茨法尔在全球农机制造的排名不在前列，所以进入中国也是静悄悄的。加之合作伙伴常林的波折，更使其小心翼翼。经过几年的市场摸索，道依茨法尔要在中国入乡随俗，收拾常林原有产品，同步市场通用机型。

虽然能够生产高端农机产品，但从今年国际农机展上可以看出，按照中国农机市场的需求，全系列展出的产品，完全像一个标准的国内企业展位，同样展示传统机械传动的200马力以上的拖拉机产品。

以上就是5个欧美跨国公司在中国的表现点评，你有什么意见和建议，请在评论中分享。谢谢!

我是清闲老农：农业生产都用上了机器，老农就清闲了。

来源：非常农机网

2020年11月24日

中国农机“围城”悖论：雄心勃勃而来，丢盔卸甲而去？

清闲老农　刘振营

在中国农机制造业，圈里的人总想逃出去，而在圈外的不少人又想冲进来，这就是农机制造业的围城现象。这一现象由来已久，而且还在不断地更新、延续和上演。

华源集团涉足农机行业

农机行业中的围城现象由来已久，20 世纪末的华源集团进入农机行业，就是较早期的围城现象之一。

当时纺织行业的华源集团，先后投资控股山东华源莱动内燃机有限公司、山拖农机装备公司、山东潍坊拖拉机厂集团有限公司等 10 家农机行业有名的制造、销售和科研企业，组建成立华源凯马机械股份有限公司，并于 1998 年 6 月在上证所 B 股上市。

然而，由于新股东无法有效整合原有企业，不能形成有机整体，以及市场变化等原因，没过几年，这些企业相继出现问题，一个接着一个销声匿迹，最终（2007 年）甚至连母公司华源集团都被华润兼并重组。

奇瑞汽车进入又退出

当年，奇瑞汽车的数位高层，参观了汉诺威的国际农机展，他们被展会上各式各样的农机装备迷住了，基于国内对于农机产品的优惠和支持政策，他们下定决心干农机，于 2010 年成立了奇瑞重工股份有限公司。

经过几年的发展，感觉这个行业没有想象的那么好，投入越来越大，似乎没有穷尽，而收益却不是很高，达不到预期的目标，最终决定放弃并退出。

还好，围城现象还在延续，圈外不乏进入者，2014 年 9 月，工程机械大腕中联重科接手奇瑞重工，奇瑞重工变成中联重机，也就是现在的中联农业机械有限公司。

工程机械转产农业机械并不简单

今年 9 月，又一工程机械企业宣布进入农机领域，那就是广西柳工机械股份有限公司。柳工一次推出了 3 款甘蔗收获机和 3 款拖拉机产品，可谓势头不小。

早在中联重科欲进入农机时，他们高层征询意见时，老农就告诉他们，最好在业内收购一家相对较好的企业，这样进入比较快，也比较稳妥，不会有太大风险。

中联重科收购奇瑞重工不久，老农于 2016 年在工程机械的一次会议上，做了题为《中国农机行业的特点及发展机遇》的主题演讲，表述了农业机械的特点及与工程机械的区别（详见：祛除“两浮”弊病　农机行业大有可为）。

工程机械与农业机械的差别

从机械构造和工作原理来说，工程机械与农业机械都是机械，工作原理和构成部件与系统相差无几，但因使用条件的不同，两种机械却属于不同的领域，有着相当大的差别，这是工程机械进入农机领域遇到的最大问题。

首先，农业机械与工程机械一个很大的不同，就是农业机械有一个管理部门，他们掌握着农机购置补贴政策，实际上掌握着农机市场的导向和发展节奏。而工程机械完全是靠市场决定，没有这样的管理部门。

其次，农业机械与工程机械另一个很大的不同，在于用户相差特别大。工程机械面向工程建设单位，是比较“有钱”的单位，而且是取得了建设项目有备而来，使用者基本上不存在赔钱问题。而农业机械面向农民用户，他们购买农机是要用来挣钱的，如果挣不到钱还要赔本，他们绝不会放过卖机器给他们的人。

最后，农业机械的作业是有季节的，不是一年四季都能作业，有的一年甚至干不了多少时间。如果不跨区作业，小麦收割机也就几天的作业时间，水稻收割作业最多也就十多天。不像工程机械那样，一年四季都能干活挣钱。其实，季节性也使得农业机械的研发和试验受到限制，无形中延长了产品开发和成熟的时间，这一点对于有的工程机械制造企业来说往往被忽略，最终吃了大亏。

铁建重工造采棉机的教训

按照工程机械的思路去研发生产农机产品，注定要失败，我们来看看中国铁建重工集团股份有限公司有哪些教训。

（一）没有重视农机特点有些急于求成

据媒体报道，2018年9月8日，铁建重工造出第一台重达24吨的6行采棉机，当年12月20日，在新疆一次性订货20台，货款5 000万元。到2019年采棉季前夕，据称订货量达到60台。并称，预计2020年产能有望达到200台以上，2021年达到500台以上。可见，当时的铁建重工雄心勃勃，准备大干一番。

2019年10月，有新闻报道铁建重工交付18台给用户，老农听到这一消息，即在头条号发表一篇题为《预警：大型智能采棉机存在风险》的文章，不指名地提示铁建重工，这种做法存在巨大风险。

事情的结果不幸被老农言中，铁建重工和用户都蒙受了损失，据说文章和事件还惊动了相关部门。尽管铁建重工参加了去年的国际农机展，但今年却无声无息了。

从以上所述可知，铁建重工在上采棉机时，没有搞清楚农业机械的特殊性，急于求成造成了不良后果。

（二）农业机械研发需要相当长时间

如果造盾构机，一年内边试验边改进，一台盾构机改进十几次甚至更多次都没问题，因为随时可以做试验，没有季节性限制。到第二年产品可能就能够差不多成熟，小批量生产应该问题不大。

而采棉机就不一样了，棉花一年只有1个月左右的采收时间，做试验也只有在这个时间段内进行。2018年试制出1台，试验了1个月，第二年就制造18台投放市场，这种想一次成功的做法难度是相当大的。

如果达到像盾构机那样1年的试验次数，因为每年采棉时间也就1个月左右，采棉机需要12年才能做盾构机1年同样次数的试验。因此，研制采棉机需要更多的研发时间，有时可能是数倍工程机械的研发时间。

（三）农机用户伤不起

盾构机的用户是建设单位，如果价值数千万元的盾构机出现了故障，最多是延误工期，不会对用户造成太大损失。而采棉机就不同了，农民花200多万元购买了采棉机，是要在1个月的采收期挣钱的。一旦采棉机出现故障，就会耽误采棉作业，而且耽误一天就相当于一年作业的1/30时间失去了。

再说，农民花了那么多钱，眼看着采棉机坏在地里，放着白花花的棉花不能采收，内心的急躁情绪可想而知！此时，生产企业服务人员的压力也非常大，极易与农民用户发生矛盾激化事件。

（四）交了学费就应学成毕业

铁建重工既然已经选择了进入农机制造业，尽管受到了损失，也应该坚持做下去。关键是要汲取教训，权当交了学费，再从头开始，用三五年时间，把产品打造好，重新建立起用户的信心，扎扎实实地稳步发展，最终一定会把采棉机做好。否则，交了巨额学费却辍学，造成的浪费会更大。

中国农机制造业，还会有圈外的进来，而且会源源不断地进来；也会有圈内的退出，而且会源源不断地退出。

我是清闲老农：农业生产都用上了机器，老农就清闲了。

来源：非常农机网

2020年12月13日

刘镜辉离任，约翰·迪尔会差还是会好？

陈栋栋（笔名：陈5G）

6月23日，非常农机记者从约翰·迪尔（John Deere）中国区原总裁刘镜辉本人处证实，他已不再担任总裁职务，他回复记者“感谢支持和关注”。

据约翰·迪尔内部人士介绍，刘镜辉是为了“寻求其他发展”，相关文件已于6月15日生效，目前约翰·迪尔中国区总裁一职由亚太区总裁代行。

截至记者发稿时，约翰·迪尔（John Deere）中国区尚未发布有关此事的任何消息。刘镜辉本人也没有透露新的去向。

37岁从部门经理干起　掌握约翰·迪尔中国区8年

早在3年前，就有传言称，刘镜辉将卸任约翰·迪尔中国区总裁，但这一消息随后被证伪。

刘镜辉毕业于清华大学，曾担任清华大学研究生联盟主席的刘镜辉生于1962年，1998年夏季加入约翰·迪尔总部任海外业务部项目经理，曾留学美国西北大学，获工商管理硕士学位。

自1999年加入迪尔起，刘镜辉曾任职约翰·迪尔在佳木斯及天津工厂的管理工作，并有着海内外市场及销售经验。在担任约翰·迪尔中国区总裁前，他的职务是约翰·迪尔中国市场部总经理，全面负责约翰·迪尔中国的市场及销售工作。

2012年9月1日起，刘镜辉担任约翰·迪尔中国区总裁兼约翰·迪尔（中国）投资有限公司董事长，开始全面负责约翰·迪尔在中国的业务运营和管理。

算下来，刘镜辉在这家美国的世界500强公司已经工作了22年。这在中国的职业经理人生涯中并不多见，足见约翰·迪尔对刘镜辉的信任。

对于约翰·迪尔的发展战略，福田雷沃缔造者、原全国人大代表、中联重科原副总裁王金富一语点破约翰·迪尔的关键：全球战略如何适应中国市场，中国市场如何适应全球战略。这个艺术显然需要刘镜辉去平衡。

网友@何学扣评价，刘总是一位令人敬佩的农机前辈！我和他在几次会议期间打过几次招呼，也是由于我在马恒达悦达工作期间的上司李越总经理和他是老同事，在交流中经常提到刘总本人及极其敬业的工作！一代一代的“老”农机人渐行渐离，除了感慨，不知何味了……

两次接受记者独家专访：“深刻感受到裁员的痛苦”

2013年以来，非常农机记者两次专访刘镜辉。

2013年（7月3日）仲夏的一个午后，在约翰·迪尔（JohnDeere）位于三元桥附近的中国区总部，记者采访了刚刚升任约翰·迪尔中国区总裁兼约翰·迪尔（中国）投资有限公司董事长不久的刘镜辉（详见：迪尔中国追求更全面成功）。

2013年的那次采访，非常农机记者试图用不够敏锐的视角和不够细腻的感情，去剖析刘镜辉这位跨国公司舵手。回忆那次采访，非常农机记者依然能够感觉到刘镜辉当时酝酿的那场改革。静水流深，不显山露水的背后也许是波涛滚滚。

2017年初夏，非常农机记者再次采访刘镜辉。

彼时，约翰·迪尔中国公司已经搬到了北京市朝阳区酒仙桥路的一个园区内。这次会面，记者感到刘镜辉似乎憔悴了一些，但笑容依旧。一番交谈后得知他那几年经历了不少。

“裁员”可能是他那几年不得不面对的难题。采访中，刘镜辉坦陈调整的艰难。“我们也裁了不少人，深刻感受到裁员的痛苦。市场那时候还不错，对调整也没有什么硬性要求。但我们觉得不行，如果还是保留原来的架构，将很难应对未来的变化。”

在刘镜辉任职约翰·迪尔的最后几年里，约翰·迪尔经历了苦痛的“裁员”——据不完全统计，约翰·迪尔中国区员工从5 000人裁减至2 500人左右。

和刘镜辉交谈，你很容易跟着他的思路穿梭到新疆采棉花的光辉岁月，也会和他一起感受公司改革经历的风雨兼程。

事实证明，刘镜辉似乎做对了，尽管在公司内部也有非议。因为，如果没有脱胎换骨式的改革，约翰·迪尔后来很难从容，也许会像不少其他企业一样慌乱，甚至像福田雷沃被迫委身潍柴。企业家必须要有预见性并提前做出调整，刘镜辉做到了，但他还需要一种“千秋功过任评说”的心态。

中国农机工业协会首任会长高元恩曾谈到，在中国发展的农机跨国公司并不顺利。除了久保田战略战术得当，赢得主动外，其他日韩美企业无一不处于勉强维持状态，有的甚至一直亏损。

“过冬术”有四：市场下滑不可怕

2018年11月20日晚，一年一度的约翰·迪尔（中国）经销商大会在湖南张家界举行。刘镜辉登台演讲，阐释他对于农机行业如何过冬的看法。

过冬术之一：拥抱变化——发力智能化、二手机、融资等新业务

“面对市场严峻的形势，有的是在零件和服务上想办法，用零件和服务拉近与用户的距离、保证用户的收益，让用户得到使用约翰·迪尔设备的价值，让用户从心地里感受到这是一个合适的产品、合适的关系，会跟我们在一起。”刘镜辉说自己查了上年的记录，拜访了26家经销商，有17家没有事先通知、就是过去参访一下，另外几家是事先通知的，这里面真能发现经销商里面有有思想的经营者。

“有的经销商在二手机方面、有的是在智能产品，拥抱这个变化。原来不熟悉、没怎么关注过二手车，但通过半年一年的时间就把这个业务摸透了，知道把要做的二手车业务带起来。”刘镜辉说，导航这个产品现在只是一个开始，大家知道导航其实是一个最基础的产品，说到数据农业、智能农业，导航就是一个基本的铺垫，导航导不到大数据、引导不了智能农业，上升不到对农业的指导层面，它只是一个基础，如果这个东西做好了才能到下一步、在未来新的农业技术的情况下怎么发挥作用。

过冬术之二：创新——产品创新、营销创新

大家所面临的东西都在发生深刻变化，需要探索一条新的发展路径、寻求突破口。约翰·迪尔（中国）在这样一个整体环境下也在不断探索。大家熟悉的产品升级与创新，都是探索把产品联接到用户，以及目前对用户最有帮助、提高效率、提高经营效果的模式。技术方面的提升在这个环节里会起到应有的作用，但更重要的是要深刻了解用户，深刻了解他们在模式上做的一些探索。要深耕市场，尤其在目前市场深度下调、连续几年下滑的形势下，没有对市场的深耕难以生存，别看市场热热闹闹的，实质上里边别说活得好、真正能活下来就是不简单的事情。

这几年我相信大家的感受会很深，在市场经营一线经营，面对的问题是很严峻的，同行业厂家在一起聊的时候同样有这样那样的问题，这是约翰·迪尔所看到的。我们需要找到一个模式、找到一个突破点，找到一个市场深度下滑的形势下如何抓住用户、缓解他们

的痛点，帮到我们的用户，助他们成功、提升收益。

现在营销靠深耕、靠精准，精准靠海量的数据，而且这些数据能够处理、能够关联，每一个销售动作反应下来这个阶段、这个用户到底关联到什么程度，如何发展这种关系，最后成为忠实用户，这就是我们要探讨的，也是这两天我们要反复得到的信息。希望在这个过程中探讨我们如何把业务做好。我们的经销商会看到这个过程中有不断探索、做出很多创造性的案例。

有的经销商是在融资方面做得风声水起，持这个想法想办法去沟通、贴近用户把这个业务做好，约翰·迪尔这方面有许多新的东西在运作、在思考、在推动大家，很多有思想的经销商也在不断探索和摸索。

过冬术之三：执行——“执行促增长　合作赢未来”

提到“执行”（指本次经销商会主题“执行促增长　合作赢未来”）两个字，其实更多的是我们的团队从服务的角度计划在这一年中主要要干几件事。约翰·迪尔有这种执行力的要求，我也欣喜地看到在座的绝大多数经销商能够跟上约翰·迪尔的步伐，而且有这种信任，要是没有这种信任很难在一起做，尤其在这么困难的市场，由于这种结合起来的执行力，整个一个大的事情不同的环节，约翰·迪尔、经销商都要执行力才能把事情做好。

推崇“执行”其实就是提倡“实干”和“奋斗”。良好的执行是其在冬天依然可以昂首的原因之一。

刘镜辉说他，很高兴地看到，据我们掌握的数据，这几年拖拉机连续几年下滑，2018 年还是下滑 20%、联合收割机也大幅下滑的严峻形势下，我们的销售额有两位数的增长，拖拉机、收割机市场占有率同比都有所提升，在这种市场形势下取得这样的结果，真的是跟我们共同努力、共同执行好我们的计划、卓有成效的工作分不开的。

过冬术之四：信心——低位运行考验能力

2019 年及以后一段时间问题肯定不少，仍然有很多不确定性、有很多不利的因素，我主张我们要比以往任何时候都要有信心，我们也有很多有利的因素，要在跌宕起伏的市场形势下坐得住。其实，越是在市场艰难的时候、越是在市场下滑的时候我们感觉越有事可做。

市场好的时候都好，看不到大家的好坏、看不出大家的本事，越是在市场糟糕的时候越能看出真东西、越能考验大家的真功夫，这就是我们的信心所在。这次经销商会约翰·迪尔团队有很多内容跟大家沟通，我想跟大家讲的是，市场下滑不可怕、市场有难度不可怕，把我们的工作做好，信心比什么时候都重要。

眼下，中国农机工业已在近 6 年的变革后趋稳，包括约翰·迪尔、久保田、一拖以及沃得等玩家已经开始了新一轮的排兵布阵。未来已来，农机工业历史已经翻开了崭新的一页，无论是人还是事。

你准备好了吗？

来源：非常农机网

2020 年 6 月 23 日

长拖将死

陈栋栋（笔名：陈 5G）

与一拖股份（ 601038. SH）牵手 10 年后，拥有 62 年历史的长春拖拉机厂未能走过 2020 年。

12 月 22 日，一拖股份（601038. SH）公告称，一拖股份控股子公司长拖农业机械装备集团有限公司因外部市场环境变化，经营出现困难，近年来业务已基本停止，但仍持续亏损，目前已资不抵债，难以清偿到期债务。经一拖股份第八届董事会第二十四次会议审议同意，一拖股份拟以债权人身份向人民法院申请长拖公司破产清算。公告显示，长春市国有资本投资经营有限公司、中国机械工业集团有限公司及一拖股份分别持有长拖公司 1/3 股权（一拖股份对长拖公司出资额为 9 425 万元）。中国机械工业集团有限公司将所持长拖公司 1/3 股权委托一拖股份管理。数据显示，截至 2020 年 10 月末，长拖公司资产总额 11 849 万元，负债 14 489 万元（其中，对一拖股份的债务金额为 6 391 万元），净资产为－2 640 万元，已资不抵债。长拖集团前身是始建于 1958 年的国家农机行业大型骨干企业——长春拖拉机制造厂。

2010 年与一拖重组时的新闻稿这样写道："老长拖"曾为我国农机化事业发展作出历史性贡献，但随着市场经济的深入发展，长拖的体制性、结构性矛盾日益突出，终陷入破产深渊。

为了不使吉林省、长春市这一传统产业流失，长春市利用"老长拖"有效资源重新组建了长拖集团，但由于合作伙伴不具备支撑长远发展的实力，企业发展速度不快、效益不高。

2010 年 10 月，一拖集团与长拖集团战略重组签约仪式在长春南湖宾馆举行。拥有 52 年历史的"老长拖"希望借此迎来转机。

但事与愿违，长拖如今走到破产清算边缘，令人唏嘘。

在这次重组前的2008年，国机集团刚刚将曾经的“共和国长子”一拖收入囊中。

2008年2月20日，国务院国资委发文批复同意国机集团接收无偿划转的中国一拖67%的股权。

中国工业报时任编辑部主任何事勇先生当时发文指出，作为老牌的国有企业，一个全新的机制或许是中国一拖更需要的。同样作为国有企业的国机集团也面临着这样的问题。

一言蔽之，国机集团重组中国一拖是一项复杂的系统工程，这种复杂性不仅仅表现在重组的过程上，还将表现在结果上，也就是表现在两个庞大的个体的内部整合上。

显然，这个故事的结局充满了不确定性。

值得一提的是，一拖集团今年取得了不错的成绩——大中拖销量5.3万台，同比增长31.2%；收获机2 800台，同比增长59.2%；农机具9 000台，同比增幅21.5%；柴油机11.4万台，同比增幅26.5%。

2021年，一拖将销售目标定为：大中拖增长15%和30%，小麦机增长40%，玉米机增长50%，农机具增长15%，柴油机增长10%。市场占有率力争提升两个百分点。

眼下，中国农机行业正面临调整和变革，行业的大时代正式开启，农机行业连横合纵现象将持续上演，谁能笑到最后？

往者不可谏，来者犹可追。长拖这样的老牌国企怎样才能不在“行业的春天里”逐步凋零死去？这或许值得研究，以警示后来人。

来源：非常农机网

2020年12月23日

农机企业走不出恶性竞争旋涡难有未来

王超安

近年来，我国农机行业一直在承压前行。由于供大于求，农机市场竞争更趋激烈，价格战此起彼伏。面对发展目标，农机企业必须实施价值导向，培育竞争优势，走出恶性竞争旋涡。

2020年，农机行业呈现出逆势增长的态势，主要产品同比实现较大幅度增长。1—10月，大中型拖拉机、细分领域收获机械均实现了两位数以上的增幅，呈现出近年少有的产销两旺现象。

面对未来，农机行业仍需克服瓶颈、聚焦突破，追求更高的发展目标。

大企业不强、小企业不专现象严重。尽管农机行业已经形成区域性产业集群，但弱乱散小格局没有彻底改变。在农机购置补贴目录内的企业有2 800家左右，能够生产14大类50小类4 000多种产品，但没有一家企业农机主营业务超过100亿元。

目录内的大中型拖拉机制造企业203家，小麦收获机、水稻收获机、玉米收获机制造企业167家。前5家企业的制造能力基本能满足整个行业的需求。

农机经销商18 000家左右，尚没有一家企业成为全国性流通企业，多为区域性布局销售。农机产品销售收入超过10亿元的寥寥无几，以大中拖为例，平均每家经销商销售收入不足300万元。

尽管2020年市场形势较好，但仍有不少企业呈现亏损状态。其中，拖拉机企业亏损面达到36%，盈利企业主要是从传统的重规模向重盈利价值导向转变的企业。过度重视价格战造成价值偏离是企业亏损的重要因素之一。

农机市场产品供求结构失衡、高端产品供给不足，产业结构仍在调整。大企业秉承追求高端产品、实践中端产品、兼顾低端产品的路线，中小企业多数在中低端产品上进行跟进。

受工艺、材料和核心关键零部件采购等因素的影响，高端产品缺乏技术积累，如动力换挡拖拉机、纵轴流收获机等技术得不到有效提升。中端产品缺乏品质保障，电控系统、同步器等核心部件，仍需外部支撑。低端产品缺乏质量优势，升级速度缓慢。

没有利润支撑，出现经营困难，企业就不可能提供高品质的产品和服务。对企业而言，利润得不到有效保证，将会减少产品研发、品质保障、员工素质提升、售后服务、客户关系等领域的投入，直接导致企业价值链断点、脱轨，造成发展后劲不足，反过来进一步影响企业的品牌和产品声誉，陷入恶性竞争旋涡无法自拔。

从市场溯源分析，今年大中型企业的市场营销主要采取现款、信用等方式支持经销商增加销量，小企业重点采取现款、补贴垫资等方式开拓市场。价格竞争仍是企业间主要的竞争方式。

价格战是由多种因素的冲突和叠加造成的。

一是制造能力供大于求。大中拖企业由2016年的133家增长到2020年的203家，市场需求由2016年的40万台下降为2020年的30万台左右，企业增长速度、行业销量需求出现反差。

二是处理库存。面对国四市场切换预期，以及部分农机企业经营目标需求，以价格促销实施库存产品的处理现象不断增多。

三是主导产品缺乏竞争优势。国内高端农机产品销量占比不足5%，中低端产品销量占比95%以上，且同质化严重，尤其是低端产品制造资源、产品资源重叠，退出和升级均十分困难。

四是扩大市场规模。部分企业尤其是新兴企业，将市场占有率作为首要经营目标，片面重视产品销量和经营收入，一味降低产品价格。

五是盲目跟进。缺乏市场规律和用户需求的深度洞察和研判能力，未能充分考虑竞争对手的经营行为，一味跟进价格战，出现市场战略迷失现象。

智慧农业、农业机械化高级阶段需要智慧农机、高端农机的支撑。“十四五”时期将是中国农机产业从中低端迈向中高端的关键期，农机企业要立足双循环，审视自身定位，优化资源、整合要素、培育能力，把握发展机遇实现突破。

一是秉承价值导向。农机企业要坚持利润为导向，从价值链的核心痛点入手，构建产业转型、产品升级和服务推进的闭环。全面提高经营能力，不断增强产品盈利价值传导，进一步满足用户价值需求。

二是依靠人才取胜。分阶段引进、培育和使用企业急需的人才团队，采取多维度薪酬激励、要素分配方式，为企业优化资源和能力提升提供关键的人才和智力支撑。

三是加快产业升级。做好国四产品切换准备，全面提高产品品质，保障产品一次性投放成功。加快解决工艺、材料和电控技术等方面的薄弱区域，将自主权掌握在自己手中，为产业升级提供有效支撑。

四是优化资源匹配。充分运用互联网、物联网、人工智能、大数据、云计算、5G 等新一代创新技术，升级优化配置企业研发、制造和管理资源等要素，培育企业独特、稀缺的优势，全面提升综合竞争力。加大线下场景化和体验化等方面的布局力度。

五是把握环境机遇。抓住惠农政策、粮食战略安全、产业政策、数字化营销、新型农业经营主体和服务主体等需求机遇，坚持高质量发展、双循环推进。

未来一段时期内，高质量发展将加快行业优胜劣汰和产业升级，重组兼并将成为行业阶段性特征。

实践证明，百年企业没有任何一家是靠价格战、低品质来实现长期发展的。注重价值传递，规避价格战，实施价值战、品牌战、服务战，不断培育自身核心竞争能力，尽快破局走出恶性竞争旋涡，打造适合自身的发展平台，才是企业努力的方向。

来源：农业机械公众号

2020 年 12 月 22 日

半喂入联合收获机能否再次重磅回归

柳　琪

沉寂十年后半喂入联合收获机终于苏醒

追溯半喂入水稻联合收获机（以下简称“半喂入”）的历史，有个惊讶的发现，这种机器的发明原来源自中国。据相关资料显示，早在20世纪50年代，我国水稻收获机“半喂入”研发已有所建树，由我国著名农机专家马骥设计的半喂入水稻收获机参加了德国莱比锡国际博览会，70年代的湖州-120型，江南-120B型有少量生产，但由于当时我国的工业基础落后等种种原因，“半喂入”一直没有发展起来。墙里开花墙外香，“半喂入”制造技术在日本得以成熟并发扬光大。大约自1994年开始，江苏、上海、浙江等地开始引进日本半喂入收获机，有代表性的如洋马CA335型、久保田PRO481型、三菱MC486型等，都是在这个时期引进的。

客观说，技术成熟的“半喂入”都是舶来品，在国内经历了数个发展阶段。从图1可看出，2009年”半喂入”销量达到巅峰，快速增长的主要原因应该归功于农机补贴政策，尤其是南方省份累加补贴政策，萧条也是累加补贴退出所致。

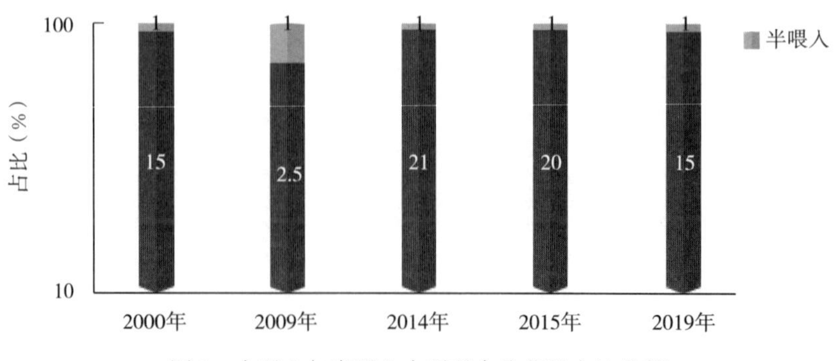

图1　全喂入与半喂入水稻联合收获机占比分析

近两年来，“半喂入”沉寂近10年后有了复苏的迹象，在探索秸秆资源化利用行动中，秸秆离田资源化利用政策成为普遍共识，这一利好让具有完整保留秸秆功能的“半喂入”再次引起重视，黑龙江、辽宁、江苏、湖北、上海等省份开始恢复“半喂入”累加补贴，另有一些地方对秸秆离田打捆作业进行补贴，在重赏政策下，“半喂入”再次走进企业、经销商和作业服务组织的视野。当然，“半喂入”由于收获和综合收益高，尤其是合作社和种粮大户有现实需求也是重要原因。总之，利好来了且叠加出现，“半喂入”近两年实现了恢复性增长，2019年销量接近4 000台。

说起“半喂入”就绕不开全喂入联合收获机（以下简称“全喂入”），这是农机市场上具备充分竞争关系的两种典型产品，销量此消彼长。1994年之前，因为“半喂入”没有进入中国市场，国内大约5万台水稻机销量中，全部是国产品牌的“全喂入”机型；在此之后，“半喂入”进入国内市场后就一路掠夺“全喂入”市场份额，到2009年，生产企业有29家，全、半销量比达到2.5∶1的顶峰。2010年之后盛极而衰，由于土地流转加快了规模化，加上收获在速度和效率上比较逊色，“半喂入”销量一路下滑，直到2016年后销量低于2 000台，生产企业只有10家。近两年，全、半格局有所改变，2019年，“半喂入”销量复苏接近4 000台，沉睡10年之久的“半喂入”市场表现出苏醒迹象。

“半喂入”优势不可替代

笔者观察跟踪多年认为，“全喂入”和“半喂入”虽然互为替代品，但并非单选题，有条件可以多选。有些作业场景“全喂入”具有经济或高效率优势，有些作业场景“半喂入”则比较划算，当然不同用户选择也有倾向性，如跨区作业用户更愿意用“全喂入”，散户更愿意用“半喂入”，所以说“全喂入”和“半喂入”将长期共存，受补贴政策和需求影响，在不同阶段两者销量占比会有高低变化。下面就“半喂入”这个农机品类进行探讨。

收获方式模拟人工，保留完整秸秆。收获作业后能保留完整秸秆，这个特性是由“半喂入”收获模式决定的，其脱粒装置采用弓齿滚筒脱粒，脱粒时夹持输送链将谷物根部整齐夹住沿着滚筒轴向移动，仅谷穗部分进入滚筒而茎秆不进入，在此过程中不断受到滚筒弓齿梳刷将谷粒脱下，同时秸秆得以完整保留。脱粒后的秸秆平铺到地面，人工或捡拾打捆机打捆，如果在收获机后面安装一台打捆设备，可实现一边收获一边打捆，近两年带打捆功能的机器很受市场欢迎。

动力消耗少，节省作业成本。对于专业服务组织和规模种植户来讲，作业成本高低直接影响其收益。据有关测试，“半喂入”油耗平均4～5元/亩，同等功率的“全喂入”约是8～10元/亩，“半喂入”作业成本优势非常明显。从目前市场上两者主销机型数据对比分析，也能看出一定端倪。沃得“全喂入”主销产品锐龙 4LZ－5.0E 其功率是 112.5 马力，巨龙 4LZ－6.0A 的功率是 165 马力，久保田“半喂入”主打产品 PRO888GM 只有 100 马力，PRO588 仅有 73 马力，洋马 AG600A 也只有 70 马力。虽然动力配备有差别，但从作业效率分析这些产品其实没有太大差别。

通过性好，应对倒伏更有方。从喂入方式看，“全喂入”是传统的拨禾轮方式，“半喂入”配置底部割刀可以从水稻根部割断，应对超级高产稻、青熟相间、稠密高植株尤其是倒伏，“半喂入”有更好的适应性；“半喂入”结构紧凑，有更好的通过性，洋马 EE－60 系列 2 行机虽然只有 14 马力，但在丘陵山区都能适用。目前，久保田、洋马推出的最大“半喂入”是 95～100 马力，其机型 EE－2 型小麦机还要小。

作业质量好，满足高端稻谷要求。这是“半喂入”的决定性优势。如果需要留种或用于高档大米加工，最好选择用“半喂入”收获。据田间实况测试，“全喂入”损失率在 3.5%以内、破碎率在 2%以内，“半喂入”损失率可达 1%以内、破碎率在 0.2%～0.5%，“半喂入”优势更明显。另外，梳脱式脱粒决定了“半喂入”收获含杂率低很多，更便于收获后烘干作业。在两者竞争中，由于在特殊结构和收获方式上的独有性，“半喂入”占有“全喂入”永远无法超越的优势。

新一轮日系和自主品牌竞争态势

在现阶段的国内市场，“半喂入”分为日系和自主两大阵营。大家清楚，在“全喂入”领域，以沃得为代表的自主品牌已经实现全面超越，这让很多人会产生联想。实际上，自主品牌“半喂入”其实很不理想（图 2）。

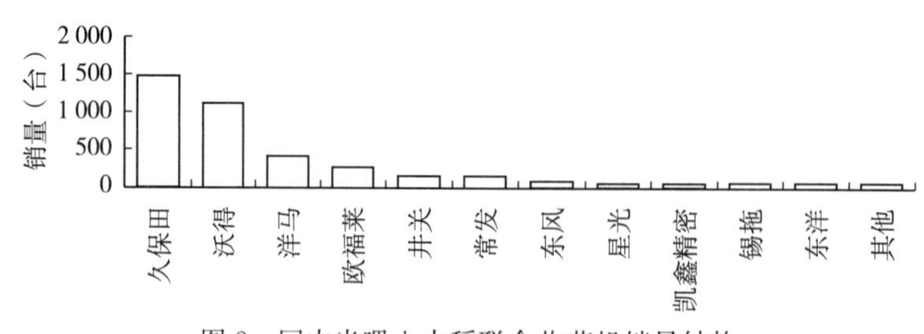

图 2　国内半喂入水稻联合收获机销量结构

收获机械领域专家认为，日系“半喂入”在日韩有 20 多年发展经验，采用了国际领先的机电液一体化成熟技术，在推向中国市场后，针对国内市场需求特点又进行了大量适应性改进，如首次故障间隔可达 800 小时，是自主系的 3～5 倍，上佳的稳定性让日系“半喂入”在中国市场一直保持良好口碑。

日系实力强大，以至短期内难以超越，这是客观存在，但自主品牌成长也很快更是不争事实。在 2004—2009 年高速发展后，自主品牌经历了一次大浪淘沙，当年近 30 多家企业如今绝大多数已经消失了。可喜的是，沃得、星光农机股份有限公司、江苏常发农业装备股份有限公司、常州东风农机集团有限公司等主流企业一直没有放弃，他们依靠在拖拉机和联合收获机方面的成熟渠道以及强大的集团背景，正在发起二次冲击。从 2019 年销量看，自主品牌进步很大，但差距仍非常明显。据跨区作业机手反映，在北方地区作业自主品牌“半喂入”效果尚可，但在南方高产区表现不佳，如 2019 年个别地方甚至出现用户集体要求退机的现象，可见自主品牌“半喂入”在技术进步上还有相当长一段路要走。

“半喂入”的技术发展有向大马力延伸的趋势。目前，自主品牌以 4 行入门级产品为主，作业效率低是老毛病，与“全喂入”PK 基本没有竞争力；日系就完全不一样，久保田、洋马、井关主打的都是 5 行和 6 行高端机，据内部消息称，三家日系企业都把研发重心放在高效率的 6 行机上，未来方向是更大功率和更高效率，通过批量可逐步把价格降下来，其中久保田 120 马力“半喂入”已试验 2 年多，预计很快就会推向市场，虽然自主品牌也在布局 6 行机，但预计要晚一步。

对迎接“半喂入”回归的建议

高效率高质量是必要条件。“全喂入”是“半喂入“”的竞品，“半喂入”后期能否保持增长，一是取决于“全喂入”的升级换代步伐，二是取决于“半喂入”的提升。目前，自主品牌“全喂入”的发展表现在三个方向：一是产品性能质量不断完善，二是继续向 6 千克、7 千克大喂入量升级，三是向多功能多作业场景发展。“半喂入”只在第一方面有一拼，其他则为弱项，所以，能否推出速度更高、效率更高和质量更佳的新产品，其实是“半喂入”能否再次回归市场的关键所在。

进一步从“全喂入”的发展历程说明，从 2000 年到 2019 年，“全喂入”呈现出喂入量增大、功率延伸、割台加宽的发展趋势，如 2006 年最大割台是 2 米，配套动力大概是 40～60 马力；到了 2019 年，主流厂家如沃得、中联、雷沃在 6 千克、7 千克喂入量级别展开争夺，出现了 3 米以上的大型割台，发动机功率也超过了 120 马力。其实，背后的逻辑是企业顺应规模化农业趋势，核心竞争要素仍是效率和速度。“半喂入”和“全喂入”的较量，以及“半喂入”之间的竞争，也大概出不了这个圈。

跨区作业市场份额是首要阵地。跨区作业运作模式已经非常成熟，这是中国农机化在专业化细分道路上的成功探索，如今，考虑到雇佣机手、日常维护、修理保养、存放等诸多麻烦，即使是种植大户、合作社有能力购买收获机，他们还是愿意接受跨区机收，所以满足跨区作业的需求就成为开拓水稻联合收获机市场的首要阵地。另外，因为跨区作业的机器一般应满足作业效率高、故障又少两个条件，这会刺激厂家不断完成产品升级换代吸引用户淘汰低效率机器，水稻收获机也因此成为农机市场中颇活跃的产品。可见，“半喂入”的回归也取决于其在跨区作业中占有份额的大小，决定因素当然是能否推出效率更高、故障更少、适应性更强的机器。

品牌保值问题提上日程。据笔者观察，近几年销量大的产品，二手机市场也一定最好，这其实是个品牌保值问题。可见，生产企业和经销商都需要关注存量市场，考虑其品牌二手机的出路问题，所谓“旧的不去、新的不来”，二手机流动越快，新机就越有销路。

来源：《农机质量与监督》

2020 年第 4 期

八、农机抗疫和扶贫攻坚

团结一致抗击“疫情” 农机人在行动

农民日报社 钟 欣

无人植保机、自走式高地隙杆式喷药机、背负式果园植保机、背负式油动喷雾机，这些原本只能在农田里看到的农业机械，如今却奔走在很多乡村的街道上。众多农机人以高度的社会责任感，挟先进的农机装备，投入到抗击新冠肺炎疫情的保卫战中。

农机合作社主动请缨 助力提高防疫效率

红色的机身，可伸缩的喷药机器臂。河北正定县新安镇秦家庄润杰农机合作社的机手们把自走式高杆喷雾机开进了社区和街道，承担起日常社区喷洒消毒的作业任务。

“我看到镇上志愿者们用喷雾器进行消毒，听到大喇叭里循环播放防疫知识，觉得咱们合作社应该积极为家乡的疫情防控尽一分力，所以我们主动联系了镇农业办。”润杰农机合作社理事长王金锁介绍说，自 1 月 28 日开始，合作社每天出动两台车 4 名机手，协助新安镇 14 个村 1 个社区进行消毒作业。这种农机每次可以装 700 升药，出动两台这样的设备，每天可以对 7 个村的主要街道进行喷洒消毒，两天可以对乡镇辖区实现消毒一次，提高了消毒效率和效果。

山东枣庄市西王庄镇的富源农机合作社投入了 20 余台农机，为该镇辖区内的 15 个自然村进行消杀作业。合作社理事长付国告诉记者，我们主动向镇党委、政府表示无偿提供高效植保机械用于消杀工作。从农历大年初三开始，合作社出动植保机械，在镇南部 15 个自然村每天开展消杀作业，每天的消杀面积达到 20 多万米^2。“我们的拖拉机背负式果园植保机车身短且矮小，可对村内巷道进行防疫消杀，背负式油动喷雾机可对院区、厂区等不适宜大型机械作业的区域进行防疫消杀。镇政府为我们的作业人员提供了专门的防护服。”他说。

“我们会根据街道的要求进行每天的消毒作业。”陕西西安市长丰合作社理事长薛强说，我们选择高效合适的植保机械用于疫情防控消毒作业，从农历大年初三开始每天对灵沼街道 10 个行政村 22 个自然村主干道进行消毒作业，农机消毒作业均为公益使用，街道办事处为作业人员提供专门的防护服，消毒液也为政府采购。

在河北滦州市，百信农机合作社理事长郭秀云给政府主管部门负责人发去短信：我们已经把两台意大利进口“加农炮”（一种大容量喷药机的俗称）调试到最佳状态，随时待命参与联防联控。

农村防疫是当前防控工作重点之一，越来越多的农机合作社主动请缨，为广大农村地区防控疫情贡献力量。

疫情无情人有情　农机行业勇担当

抗击疫情，众志成城。1月28日，国机集团向湖北省捐款3 000万元，以国机大爱和守望相助精神助力早日打赢这场没有硝烟的战役。2月3日，新疆钵施然智能农机股份有限公司向驻地乌苏市红十字会捐赠100万元，助力疫情防控工作。自疫情发生后，潍坊巨沃世昌机械有限公司利用自身生产植保打药机的优势，出动多台次3WPZ－700喷药机，主动承担起了为青州市下辖乡镇街道进行公益消毒的义务。

一年之计在于春。2月4日，中国农业机械化协会向全体农机化行业工作者发出《倡议书》，呼吁全行业坚定不移，再接再厉，助力打赢疫情防控攻坚战。

中国农机协会相关负责人告诉记者，疫情发生以来，农机管理和服务部门、生产和流通企业、农机专业合作社等积极行动起来，捐款捐物、协助消杀，发挥专业优势，为控制疫情作出了一定贡献。2月1日，中国农业机械流通协会与中国农业大学药械与施药技术研究中心，联合发布了《农村消毒液喷施技术及设备使用建议》，相关植保机械生产企业、经销企业、农机专业合作组织等在进行防疫消杀工作过程中可进行参考，科学实施。下一阶段，农村地区的疫情防控工作任务和春耕生产任务将不断加大，广大农机化行业工作者特别是一线的农机大户和农机专业服务组织将继续发挥专业团队技术及装备优势，在农村疫情防控、稳定农业生产和环境治理等方面进一步有所作为。

来源：中国农机网

2020年2月9日

现代农机成为春耕主力军

经济日报社　刘　慧

春耕不等人，备耕正当时。当前正值新冠肺炎疫情防控关键时期，各地充分发挥农机在春耕备耕中的主力军作用，切实做到防疫不松劲，春耕不耽误，全力保障“菜篮子”“米袋子”有效供给。

在河北柏乡县西汪镇西汪村的麦田里，绿色的麦苗从冻土层中吐露新芽。一名驾驶员正驾驶着麦田专用镇压器进行返青镇压。“早春麦田要先进行镇压，可以在一定程度上灭除越冬杂草，以达到土层上松下实、提墒保墒增温抗旱的作用。由于受到疫情影响，合作社主要通过微信、明白纸、广播等无接触形式宣传指导群众开展小麦春季管理工作。”河北柏乡县金谷源优质小麦专业合作社理事长常清说。

农业农村部预计，今年春耕生产全国可投入各类农机具超过 2 200 万台套，粮油作物机耕率、机播率分别超过 90%和 55%。

作为劳务输入大省，浙江省大力推进农业“机器换人”，积极发挥农机服务组织的作用，推行代耕代种代管服务，合理调配作业机具，协调开展跨区作业，解决农业生产中存在的“用工难”问题。

劳务输出大省对农机的需求更大。“使用无人植保飞机、无人驾驶拖拉机、无人驾驶收割机等智能化农机装备能够有效降低劳动力成本。”四川眉山市东坡区悦兴镇金光村好味稻水稻专业合作社联合社理事长李相德说，好味稻水稻专业合作社拥有大型农机具160 余台（套），其中大型拖拉机 12 台、乘坐式插秧机 52 台、烘干机 65 台。为了进一步提高生产效率，合作社还购买了 25 架无人机，为 20 台插秧机安装了北斗导航系统，现在正着手购买无人插秧机、收割机。

无人机和喷杆喷雾机还成为当前农村防疫工作中的一大亮点。各地鼓励和引导农机合作组织和农机企业，使用自走式喷杆喷雾机、无人植保飞机等高效农机装备，积极参与农村地区疫情防控，在村道、街巷、复工企业等公共场所喷洒消毒液，有效缓解了农村防疫压力。常清表示，他们合作社安排了7辆喷药机参与柏乡县西汪镇各个村群防群控免费消毒作业，花费1万多元。

经济日报记者在采访中了解到，受到疫情影响，当前农机作业仍然存在很多问题：一是一些地方乡村道路封闭，部分区域出现了误时误工现象。二是防疫防护物资不足，农机作业和服务人员无法集中复工。三是防疫隔离人员的信息没有区域共享平台，部分区域可能重复隔离，农机作业和服务人员无法跨区作业。四是排灌等基础设施建设和保养维护无法得到有效保障。五是农机产品供应困难，几乎所有农机整机产品和零配件都处在紧俏状态。

针对当前疫情防控期间农机作业中存在的问题，各地采取了多项措施，加强服务保障。福建厦门通过农机购置补贴手机App和农机购置补贴辅助管理系统全程网上受理农机补贴申请。云南省保山市农机推广站通过电话、微信等远程手段，督促指导5县（市、区）农机推广站加快组织开展农机春耕备耕、农机检修工作，做到防疫春耕两不误。

针对疫情防控新形势下农机供应紧缺的新情况，四川强化农机装备支撑，指导农机产销企业加强机具调度、储备，保障农机装备供应不断档、不脱销。加强与相关部门的沟通协调，及时解决农机运输流通过程中的实际困难，在做好疫情防控的前提下，确保用于春耕备耕生产的农机具能进得来、卖得出、买得到、运得走，及时投入到农业生产中。

来源：《经济日报》

2020年2月25日

回访团庄村侧记

中国农业机械化协会　王天辰　耿楷敏

早春二月，春暖乍寒。蜿蜒山路两边的山坡上草刚刚吐出新芽，满眼看去，绵延起伏的山丘还是一片枯黄。

“团庄村的农机合作社运营得怎么样？捐赠的机具使用的还好吗?”在前往甘肃省永登县通远乡团庄村的路上，中国农业机械化协会副会长王天辰心里一直在嘀咕。

两年前，中国农业机械化协会向全体会员发布了扶贫公益倡议书，得到了广大会员的广泛响应。在甘肃省农机质量监督管理总站和山东省农机鉴定站等单位的大力协助下，协会在甘肃省永登县通远乡团庄村进行了“牵手贫困村，助推机械化”为主题的农机定向捐赠扶贫公益活动，山东潍坊鲁中拖拉机有限公司、潍坊百利拖拉机有限公司、青岛璞盛机械有限公司、西安亚澳农机股份有限公司、高台县福祥机械制造销售有限责任公司等企业慷慨捐赠12 台大中型机具，中国农业机械化协会捐资 10 万元，建成了当地第一家农机合作社。

两年过去了，合作社运行得还好吗？借甘肃出差的机会，王天辰副会长一行到团庄村进行回访。

“协会给我们办了个大好事。”一见面，村支书把多信就高兴地握着王天辰副会长的手说。

“有了这些农机具，团庄村地里的农活基本上都用机子干了。”把书记说，靠协会捐赠的这些机具，2017 年 7 月村里注册登记成立了团庄村农机专业合作社，由村集体经营管理，现有理事 5 人、会员 350 人。合作社实行民主管理，建立了财务管理制度、“三会”制度（成员代表大会制度、监事会制度、理事会制度）等各项管理制度，经营实行统一管理，统一排活，统一标准、统一核算，统一收费。在保证本村农活完成的同时，合作社还给周边乡村提供作业服务，目前服务范围已辐射到周边 4 个乡镇。对合作社会员只收取成本费，非会员按标准进行收费。

“原先因为让家里几亩地绑着，娃们也不能出去打工，现在有了合作社帮工，娃们也能出去打工挣钱了。”旁边围观的村民包根生说。

“这台深松机可出了大力了。”把书记指着西安亚澳的深松整地联合作业机说。去年合作社完成通远乡深松作业任务 3 000 亩，光深松作业政府就补贴了 4 万元。

陪同的通远乡党委书记苏惠学说“团庄村农机专业合作社实行集体经营管理，以‘服务农民群众、持续增加农民收入、逐步壮大村级集体经济’为经营理念，极大地改善了当地的农业生产条件，增加了村集体经济收入，使团庄村由原来的集体经济“空壳村”一跃成为年收入 15 万元的先进村，2018 年实现了脱贫摘帽。这其中农机合作社的作用功不可没”。

“协会捐赠的这两台马铃薯机具还没用上呢。”把书记指着机库中青岛璞盛机械有限公司捐赠的马铃薯种植机和收获机说。虽然当地环境条件非常适合种植马铃薯，效益也很好，但因为种植马铃薯全靠人工作业，费工费时，近年来村民都不再种马铃薯了。“有了这两台机子，合作社计划今年通过流转土地种植几百亩，使村里作物品种更多样化”。

说到团庄村农机专业合作社的发展，把书记脸上充满了对未来的憧憬：“自协会捐助成立合作社两年来，得到了各级政府的高度关注和支持，各级政府先后为合作社投资支持近百万元，新购置了 200 马力拖拉机等一批机具，目前合作社有大中型农机具 20 多台，可以开展深松整地、犁耕、旋耕、铺膜、播种等机械化作业，一年多来共作业了 2 万多亩，使团庄村农业生产的机械化水平从零点起步，实现了跨越式发展。今年我们又筹资购置了 4 台联合收割机，组织跨区收获作业队，5 月开始从河南一路向西进行小麦跨区收获作业，合作社效益今年又会上一个台阶。”

一起参加团庄村回访的甘肃省农机质量监督管理总站张雄副站长感慨地说：中国农机化协会在团庄村开展的农机定向捐赠扶贫公益活动，就象一个孵化器，建立了一个合作社，带动了一个产业，解脱了农民，壮大了集体，给我们的扶贫工作起到了很好的示范作用。

在回来的路上，我们一直在讨论团庄村合作社未来的发展。现在国家政策好，扶贫力度大，像团庄村这样的贫困村正在慢慢减少。

车窗外晚霞映红了绵绵山丘，似焰似火……

来源：中国农机化协会公众号

2019年4月27日

因地制宜“找路子”精准把脉“开方子”

——农机化系统“爱心农机助力脱贫攻坚”系列捐赠活动纪实

中国农机安全报社　朱梦莹

2019 年 5 月 20 日，参加昭觉县机具捐赠仪式的领导、专家、企业代表及部分群众合影留念

2019 年 5 月 20 日，昭觉的农民朋友正试驾爱心企业捐赠的农机具

5 月 22 日，雷沃重工股份有限公司捐赠的拖拉机在理塘县进行田间排石演示

5 月的西昌已是骄阳似火，20 日中午从这里出发，汽车驶过蜿蜒曲折的盘山公路，沿途可见初夏的大凉山郁郁葱葱，一片生机盎然景象。跋涉 3 小时后，我们到达了四川省凉山彝族自治州昭觉县，室外温度也骤降至 15℃，凉风阵阵，寒意中却涌动着一股暖流。

按照农业农村部“三区三州”等深度贫困地区特色农业扶贫工作部署，这一天，农业农村部扶贫开发工作领导小组、部农业机械化管理司、部农业机械化技术开发推广总站、中国农业科学院蔬菜花卉研究所、中国农业机械化协会、中国农机安全报社等单位的领导专家以及 15 家企业的代表专程来到昭觉县，开展“情系‘三区三州’，爱心农机助力脱贫攻坚”机具捐赠活动，对口帮扶四川省凉山州昭觉县、甘孜藏族自治州理塘县和阿坝藏族羌族自治州红原县的 9 个贫困村。

合力攻克深度贫困堡垒

初入昭觉县城，只见白墙灰瓦的屋舍错落有致，蔬菜大棚散布其间，路灯树立在水泥路的两侧，行人络绎不绝。汽车驶入昭觉县农牧局，这里早已人头攒动。爱心企业捐赠的崭新的拖拉机、半喂入联合收割机、马铃薯播种机、田间捡石机、旋耕机……整齐划一停放在院里，农民朋友们围拢在机具旁交谈甚欢。

一位身披彝族传统服饰擦尔瓦（用羊毛编制成的披衫）的大姐，走到悍沃 604A 拖拉机前，东瞅瞅、西瞧瞧。一旁的潍坊百利拖拉机有限公司总经理毛小亮热情邀请她登上机具感受一番，众人目光聚集，她坐在驾驶室里喜笑颜开，现场气氛更加热烈起来。

党的十八大以来，习近平总书记对扶贫开发工作提出了明确要求，发表了一系列重要讲话。特别是2015年11月在中央扶贫开发工作会议上的讲话、2017年6月在深度贫困地区脱贫攻坚座谈会上的讲话，对动员和凝聚全党全社会力量，加快精准扶贫、精准脱贫，坚决打赢脱贫攻坚战，确保如期全面建成小康社会作了全面部署。

作为民族地区深度贫困的典型缩影，昭觉县在新中国成立后才废除奴隶制，实现“一步跨千年”的飞越。然而，由于自然、历史等因素制约，农村住房、道路、产业等“看得见”的贫困与群众思想观念、陈规陋习、内生动力等“看不见”的贫困交织叠加，昭觉、红原、理塘三县贫困量大、面广、程度深，是全国贫困区的“贫中之贫”，脱贫攻坚中的“坚中之坚”。

农业机械化管理司科技推广处处长刘小伟在捐赠仪式上表示，当前我国农业生产已实现了主要依靠人力畜力转向主要依靠机械动力，进入了机械化为主导的新阶段，全国大部分地区农民群众已从“面朝黄土背朝天”的繁重体力劳动中解放出来。但理塘、昭觉、红原等深度贫困地区的农民朋友还未能充分享受农业机械化发展的红利。

今年，是决战决胜脱贫攻坚战的关键之年。去年以来，农业机械化管理司会同四川省农业农村厅，切实加强与昭觉、理塘和红原县的9个村的联系，开展实地调研，加强科技帮扶，明确任务清单，共谋脱贫致富。

为了啃下深度贫困这块“硬骨头”，根据《2019年农机化司扶贫工作任务清单》，中国农业机械化协会积极履行社会责任，充分发挥农机行业优势资源，广泛动员社会力量，向全体会员发布了“情系‘三区三州’，爱心农机助力脱贫攻坚”公益募捐倡议书，得到了广大会员的热烈响应。

据中国农业机械化协会会长刘宪介绍，本次共有15家企业奉献爱心，为凉山州昭觉县、甘孜州理塘县、阿坝州红原县3个“三区三州”深度贫困县的9个村捐赠了83台（套）、价值超过150万元的农机具。中国农机化协会也为红原和理塘的牧民群众购置了50台牛奶分离器。

“希望通过这次捐赠活动，能够进一步提升农牧民朋友对农业机械的认知程度，进一步激发使用农业机械的积极性、主动性。希望受赠单位能够充分发挥这些机具的作用，充分发挥先进农机化技术的示范影响力。”刘小伟说。

下足“绣花功”，敢啃“硬骨头”

扶贫工作不是一朝一夕的事，精准扶贫需要的是一步一个脚印，脚踏实地干工作才能完成，在攻坚克难的关键阶段需要的是“绣花”的耐心。去年4—5月，由农业机械化管理司领导带队组成了3个调研组，专门赶赴昭觉、理塘、红原的联系村展开了深入调研和走访摸底，发现当地农业生产遇到的阻碍。

如今，一批适宜当地农牧业生产的爱心农机具“如约而至”。

“这批脱贫攻坚爱心大礼，犹如‘久旱甘露’，为我们这个经济条件落后、生产物资匮乏的贫困地区增添了强劲动力。有了这批农机设备的支持，为我们打赢这场脱贫攻坚战、巩固脱贫成果坚定了信心!”昭觉县日哈乡党委副书记、综合帮扶工作队长张军满怀期待地说。

马铃薯是昭觉县的主要农作物，种植面积有 23 万亩，但机收效果非常不理想。昭觉县农业农村局局长罗俊面露难色，他向专家们反映：“每年 8 月初是马铃薯的收获季节，正好是我们这里的雨季，土壤黏度很高，想把马铃薯分离出来很难。”“你们可以试试高垄覆膜栽培。”中国农科院蔬菜花卉研究所研究员余宏军说。

在这次捐赠活动中，青岛洪珠农业机械有限公司为昭觉带来了一台马铃薯收获机具，公司副总经理吴婷婷介绍：“这款机具专门用于收获地下根茎农作物，效率高、不堵草、漏土快，最主要是可以直接提取土壤中的残存农膜，不影响下一季作物的生长。”此外，洛阳辰汉农业装备科技有限公司捐赠的田间排石机，正好解决了土壤中砾石多抑制作物生长的问题。

而在阿坝州红原县，广州极飞科技有限公司早在 4 月 25 日，就带着新研发的智能播撒系统在海拔 3 600 米的若尔盖草原上大显身手，如今那里的草籽也都开始发芽了。

红原是畜牧业大县，草场面积占全县总面积的 91.8%。尽管当地政府每年都会组织牧民对草场进行草籽补播，以保持整个草原的生态。但是，传统的人工撒播效率低下，平均一人一天撒播 10 亩左右，已然跟不上畜牧业发展对草场的消耗速度。

极飞公司副总经理贾向阳介绍，这次为红原县带来了针对农业生产中播种和植保环节研发的自动化播撒设备，可以应用在草籽、水稻种子、油菜籽等 1～10 毫米的种子及药肥固体颗粒的播撒，一天至少可以播撒 640 亩草地，相当于 60 多个人工劳动力。而且能克服高原气压和风场的困难，将种子精准喷撒到目标区域，不会造成重喷和漏喷。再搭配极飞无人机，对草原进行遥感和监测，利用人工智能识别，自动生成 AI 处方图，无人机以此进行全自主、精准补播，大大提升了草原播种效率和效果，帮助红原地区快速恢复生态，促进畜牧产业发展。

“带动四川省的农机合作社、种粮大户和新老用户走向致富的道路，为扶农、助农尽一己之力，是我们始终坚持的社会责任。”江苏沃得农业机械有限公司副总经理胡必有在领取荣誉证书时坚定地说。

正如雷沃重工股份有限公司副总经理李金良所言，立足贫困用户需求，通过赠予脱贫农机工具这种“授人以渔”的方式，促进贫困地区农机化发展，增加贫困农户收入的有效途径，强化产业扶贫，必将推动“三州三县”脱贫攻坚取得全面胜利。

激活内生动力，打造脱贫“新引擎”

有了金刚钻，能揽瓷器活儿。有了这批先进适用的农机具，该如何为当地百姓创造更大的经济效益？或许我们可以从合作社找到答案。

理塘县圣地农机服务农民专业合作社联合社在5月22日正式挂牌成立。这是农业机械化管理司指导筹建的当地农机作业服务组织，由对口帮扶的3个贫困村所有的3家农民合作社共同组建而成，与帮扶村村集体合作经营管理捐赠机具。

康藏阳光合作社理事长杨帆是联合社的带头人。他告诉记者：“去年，这3家合作社都完成了股权量化，通过产权量化、确股到人、按股分红的方式，实现了‘资源变资产、资金变股金、牧民变股民’。这批新捐赠的机具总价值52.6万元，我们也马上会对它们进行股份确认。”据介绍，捐赠机具的所有权和经营权剥离，机具归各乡合作社所有，以资金入股到联合社，联合社享有经营权。联合社将以贫困户优先为原则，以1.5∶1的比例对贫困户和非贫困户进行分配，尽最大努力帮助脱贫。

联合社成立之后，第一件大事就是保障牧民生活的口粮。理塘县以青稞种植为主，由于面积广阔、地块分散，每年机播机收都无法满足全县需求，作业效果也不理想。“有了雷沃捐赠的谷神联合收割机，就能把牧民们从地里解放出来啦，他们可以去采虫草、捡菌子，又增加一笔收入哩!”杨帆高兴地说。

解决了温饱，还要考虑发展的问题。杨帆说：“这些年，老百姓看到了机械化的便捷，他们也愿意花钱来购买农机作业服务。截至目前，我们接到了老百姓300多亩订单。”不仅对外作业，还能跨县作业。“以前合作社的机具不能覆盖整个县的作业面积，有了这批捐赠机具补充后，别说三个乡，全县都没问题。”杨帆说。另外，杨帆所在的康藏阳光联合社，也向3家合作社下了订单，接下来将由联合社完成作业，康藏阳光进行订单回收，作业费拿给联合社按股分红。

俗话说，“家有良田万亩，不如薄技在身”。脱贫攻坚不是一味帮扶、一味救济，应该在帮助和救济过程中，让更多的贫困人口获得自食其力的基本技能，在脱贫中扶智，激发其脱贫的内生动力。

农业机械化管理司正紧锣密鼓加大扶智力度。一方面，围绕“三区三州”主导特色农业产业机械化生产需求，有针对性地组织农机化科技创新专家组、主要农作物全程机械化专家指导组有关专家走进“三区三州”相关市（县），开展机械化技术培训、咨询指导、机具现场演示等活动，提高当地农牧民学技术、用技术的意识、能力与本领。另一方面，根据当地实际需求，邀请四川省深度贫困地区3县9村农机化技术管理人员走出来，参加农业机械化管理司及部农机鉴定总站、部农机推广总站举办的有关技术培训。

此外，农业机械化管理司还将帮助四川省理塘县的3个对口帮扶贫困村进行2 000亩农田捡石作业，为当地发展农业生产及机械化作业创造条件。同时委托四川省农业机械研究设计院承担四川省深度贫困地区3县9村扶贫工作跟踪反馈、农机化技术机具应用指导服务、“部—省—州—县—村”上下联络沟通等工作。

“脱贫攻坚是一场必须打赢打好的硬仗。不获全胜，决不收兵。”习近平总书记的话言犹在耳，铿锵有力。

来源：《中国农机化导报》

2019年5月28日

无人机播种助红原县建立脱贫攻坚持续动力

中国农业机械化协会 张 斌

2019 年 4 月 25 日，在深度贫困地区——四川省红原县举行的“万亩草籽飞播作业启动仪式”，正式开始了无人机草籽播撒技术的规模化试验。在高原的春光里，万亩试验草场边，农业农村部农业机械化管理司范学民处长，中国农业机械化协会杨林副会长，农业农村部南京机械化研究所薛新宇主任，四川省农业农村厅王植力巡视员、张晓玲调研员，红原县副县长杨发礼，广州极飞科技有限公司创始人彭斌等，与来自红原县各个乡镇的牧民出席仪式。

协力探索扶贫攻坚新模式

红原县是我国的畜牧大县，草场面积占县境面积的 91.8%，牧民人均草场 321 亩。2018 年 5 月，中国农业机械化协会随农业农村部农机化司扶贫调研组赴红原县进行调研，发现当地每年要对草场进行草籽补播。当地山坡、沼泽等特殊地形较多，部分地区无法机械作业，只能由人工进行撒播。传统的人工撒播效率低下，平均每人单日撒播面积 5 亩。同时随着畜牧业的不断发展，当地对特殊地形草场草籽补播的需求不断加大。因为当地劳动力缺少，作业劳动强度大，每年进行草籽补播作业成为困扰当地的一大难题。

农业农村部农机化司扶贫工作小组、中国农机化协会、极飞公司，多次共同深入实地进行调研考察。最终，提出使用无人机播撒草籽的方案，解决当地畜牧业发展中的瓶颈难题，助力当地脱贫攻坚。

经过不断研发改制和测试，极飞公司最终探索出了农用无人机撒播草籽的技术，随即开始了样机的生产。

4 月 25 日，极飞公司带来了针对扶贫任务最新研发的农用无人机，首次进行大面积无人机草籽撒播试验，标志着这种崭新的扶贫攻坚模式正式开始运作。

据极飞公司创始人彭斌介绍，此次参与撒播的新型号产品是一种信息化水平非常高的无人机产品，一台手机就可以操控无人机进行草籽撒播；此外，通过多型号无人机数据整合可以实现草场的全方位监控，根据草场情况进行播撒量调节，精准地进行草籽补播。

现场的牧民及行业专家进入撒播区域仔细检验了撒播效果。四川省草原科学院李达旭副院长认为撒播效果非常理想：相较于固定翼飞机高空撒播，无人机播撒有着独特的优势。无人机撒播离地高度 2～3 米，近地面撒播克服了风力对撒播的影响，能够实现精准、均匀撒播；无人机同样可以克服地形对撒播的效果影响，在坡地、沼泽地等特殊地形可以取得很好的撒播效果。

培育内生力量确保持续脱贫

无人机操作需要专业的人员，培养当地的无人机服务队，可以为当地提供内生动力，摆脱对外依赖，进而形成良性的产业经济。在极飞公司的重点培养下，协会请当地主管部门协助推荐的王青泽郎等 4 位当地农机手，已经取得了无人机操作证书，成为技术过硬、可以独立操作无人机撒播的合格机手。农业农村部农业机械化管理司范学民处长表示，科技产业扶贫作为脱贫攻坚的重要手段，注重一种内生发展机制的建立，能够有效地促进当地持续脱贫。

“万亩草籽飞播作业”启动仪式上，当地机手熟练地操作着无人机进行草籽撒播，单台无人机 3 分钟便补播了 3 亩草场。

当地合作社还在现场进行了人工撒播演示。由 10 个人组成的撒播队，在 10 分钟的时间只播撒了接近 5 亩的草场面积，与无人机播撒差距明显。红原县副县长杨发礼表示：无人机撒播草籽兼具低成本、高效率，在保证每天 8 小时工作量的情况下，效率能够达到每天300～500亩，是人工效率的几十倍。这项技术的应用将极大地解放劳动力，促进多余劳动力向第二、第三产业转移，从而实现平均收入的增加，实现脱贫致富。

高海拔地区作业面临着重重挑战，缺氧的环境加大了作业的强度。同时当地播撒季也面临着高原风力大、作业条件不稳定等因素。截至5月4日，当地作业团队牺牲节假日时间在极飞公司技术团队的带领下，克服暴雨、冰雹、雨夹雪、供电困难等各种突发情况，已经完成了全部试验草场的草籽撒播任务。在撒播过程中，通过不断探索和总结，初步形成了一套适应高原草籽撒播的无人机应用技术和作业流程。当地无人机操作手也已经具备独立的操作无人机系统进行撒播作业的能力，为今后红原地区无人机草籽撒播提供了内生支撑力量。

范学民处长表示，科技产业扶贫落地“三区三州”，特别注重引导当地成立市场化的无人机撒播团队，服务当地地区，推动促进贫困个体（家庭）与贫困区域协同发展，激活发展动力，阻断贫困发生的动因。

来源：中国农机化协会公众号

2019年5月9日

汇涓流以资沧海，积小善以聚大成

——易云扶贫专访手记

中国农业机械化协会　张　斌

牛年春节来临之际，笔者易云专访了中国农业机械化协会会长刘宪。手记问答梳理如下：

易云：刘会长您好。非常荣幸能就扶贫话题和您一对一聊天。协会早在2017年就开始做定点专题扶贫。当时本着怎么一个初心呢？

刘会长*：谢谢您关注这件事。说来话长，20多年前我曾经有帮助贫困户的经历。当时我在河北挂职认识了一个贫困户的孩子，母亲因病去世，治病欠下许多债，按照党委计划我负责帮助她继续学业，孩子很懂事也很努力。后来她幼师毕业，她的下一代也有了好条件。在当地党委和政府扶贫计划的帮助下家里的情况也渐渐好了。这件事我感触很深。

易云：我想这段早年的经历，一定是影响您投入扶贫活动的一个重要因素吧？

刘会长：是的。我年轻时也曾经在农村生活过，认同扶贫的必要性。但这只是个人想法，参与扶贫事业这件事我们协会和会员单位有共识是关键因素。为扶贫做点事情是我们义不容辞的社会责任。协会作为农机使用者的代言人，能够第一时间感受贫困地区的痛点，农业生产力落后，农机化率偏低，劳动力被束缚在土地里“面朝黄土，背朝天”，辛苦的劳作依然长期被贫穷困扰。为了帮助他们找到致富之路，我们联合地方农机部门试着在贫困县甘肃省永登县的团庄村做一个试点，取得了很好的效果，也为我们后续的扶贫工作提供了信心。

易云：在采访您之前我通过协会公众号了解到团庄村这个试点，据我们跟进了解，现在团庄村已经整体脱贫“摘帽”。经过几年的发展，合作社新购置了200马力拖拉机等一

* 刘会长：中国农业机械化协会会长　刘宪。

批机具，已拥有大中型农机具 20 多台（套），可以开展深松整地、犁耕、旋耕、铺膜、播种等机械化作业。团庄村所在的通远乡党委书记苏惠学认为：团庄村由原来的贫困村一跃成为先进村，农机合作社的作用功不可没。

刘会长：团庄村脱贫我们很欣慰。2017 年发起开展“牵手贫困村，助推机械化”农机定向捐赠活动的时候，团庄村农业生产任务繁重，农机化水平很低。我们组织行业专家多次赴当地考察，根据当地生产实际需求采用“点单式”的定向捐赠，按照和村里商量的结果，向当地捐赠了价值约 50 余万元的农机具共 12 台（套），另外，协会捐赠 10 万元建设了 300 米^2 的专用机库，没想到几年后就看到成效。

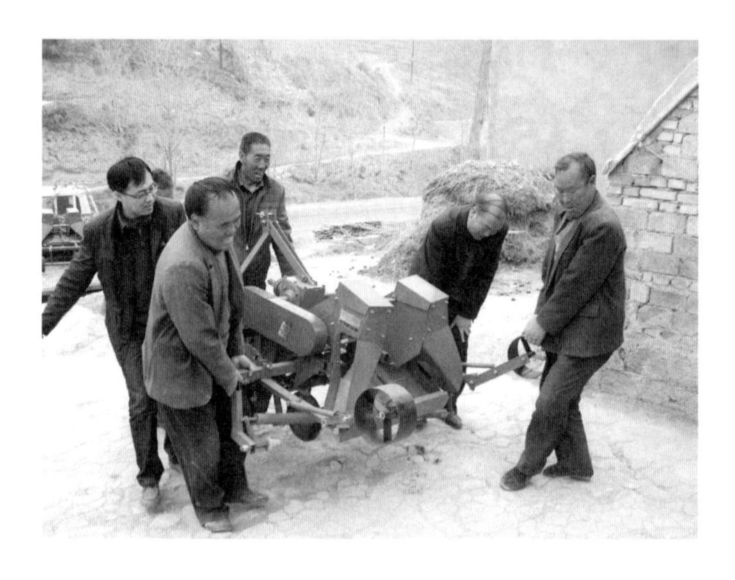

易云：这个试点的确为团庄村带来了实实在在的收益，在做这个试点的时候，并没有什么先例可循，协会肯定也遇到了很多问题吧？

刘会长：坦率地说，首先摆在面前的是钱的问题。在团庄村扶贫方方面面的投入，全靠我们自己想办法。协会是自负盈亏单位，在资金积累不多的情况下，自己花钱做这些事的确需要很大的决心。

易云：以自有资金进行扶贫投入，对协会日常运营是不是有影响？

刘会长：经济上只有投入没有产出，影响不言而喻。况且不是短期一次的投入。但我们认识是一致的，态度是坚定的。既然要做公益事业就要有奉献，不能怕花钱只算经济账。我们一方面自筹资金，一方面动员会员单位捐赠。这几年下来农机爱心企业提供的捐赠机具、协会自行采购的机具、培训班、扶贫活动日常开支和差旅费等，我估算累计也有五六百万元。这几年开展扶贫活动我们没要国家一分钱，虽然有困难但我们还是坚持下来了，也做成了一些有益的事。

易云：您说到这里，我联想到“不忘初心，方得始终”后面还有一句话，“初心易得，始终难守”。

刘会长：你说得很对，我认为扶贫贵在坚持始终和求得实效。

易云：团庄村项目后，协会在后续的扶贫工作中还有哪些新的尝试？

刘会长：扶贫不只是“输血”，同时也培养当地“造血”的能力。农机扶贫不仅是把机器送到了贫困农民手里，还需要进行技术培训等一系列配套工作。我们在实际扶贫工作中，往往会帮助当地培养机手，让机器能够在当地独立地运转起来。

易云：许多新机具对贫困地区来说可能是第一次接触，让不同新机具在当地发挥出应有的水平，也是个不小的挑战。

刘会长：的确是这样，我们认为针对性的培训很重要，这些培训不仅仅是机具的操作，还包括后期的保养维护维修、不同机具的搭配使用、农机农艺结合等培训。我们与地方管理部门合作，组织捐赠企业、协会专家组等很多方面的专业人士对合作社提供技术支

持。不仅加强技术人员的培训，还投入资金组织了贫困地区的农机合作社社长参加“脱贫致富带头人培训班”，为合作社的运营提供新的思路和视野。

培训班与山东农业大学联合举办，我们组织贫困地区的村第一书记、村干部、合作社社长等 40 多人参加了培训，协会的年轻同志王京宇与学员同吃同住，全程为学员提供服务支持。培训班采用专题授课、参观考察、主题研讨、交流互动等灵活多样的授课方式，通过解读扶贫及政策文件，分享优秀村支部书记、第一书记典型经验，现场参观教学等内容，帮助参加培训的学员掌握如何借助特色优势产业助推精准扶贫、如何从自身出发带头扶贫攻坚的理念和方法。

易云：我觉得这是扶贫工作一个升级，协会不仅舍得花自己的钱扶贫，也在花心思做扶贫。

刘会长：是的，我们的确不断在思考提高农机扶贫有效性，更好配合主管部门和当地政府的扶贫工作。2018 年开始，在农村农业部农业机械化管理司统一安排下。协会组织行业专家、爱心农机企业多次赴四川“三区三州”地区实地考察，就脱贫致富过程中的困难进行调研分析。

我们在四川红原县调研发现山坡饲草地进行草籽补播是一大难题，严重制约了当地畜牧业发展。协会与农用航空分会、农业航空企业进行技术沟通，杨林副会长和许多协会的同事克服高原反应等身体的不适，多次前往红原、理塘县等高海拔地区走访，积累了大量一手素材。

经过反复技术尝试，协会会员单位广州极飞科技有限公司通过对无人机进行研发改装，完成了适应高海拔地区作业的无人机研制。2019 年 3 月，红原县农机管理部门推荐的 4 名农机手，通过系统培训，掌握了农用无人机驾驶技术并顺利结业拿到农用航空器“驾驶证”，为红原地区提供了内生的技术支持。2019 年 4 月，极飞公司组织了 6 台农用无人机在红原县完成了1万亩草籽撒播作业，实际作业效率是人工作业的几十倍。这项技术的应用解放了劳动力，实现收入的增加。

易云： 无人机撒播草籽，这的确是个新鲜的尝试。看来扶贫活动要做的事情真不少。

刘会长： 扶贫的主体是地方政府，协会主要是配合地方政府工作，有多大力量就出多大力量。能为"三区三州"地区带来实实在在的受益是我们最终的愿望。

2019年3月，协会面向行业发布了"情系'三区三州'，爱心农机助力脱贫攻坚"公益募捐倡议书，协会孙冬同志多方联系，得到了会员单位、社会各界的广泛响应。15家企业奉献爱心，为昭觉、红原、理塘三县共捐赠了83台（套）价值近170万元的机具；协会以自有资金购买了50台电动牛奶分离机赠送给当地贫困家庭。希望能为当地贫困家庭带来更为全方位的支持。

易云： 给贫困地区送去新的机具、技术，填补信息时代的"数字鸿沟"，我想这对当地扶贫，也对促进农机化发展提供了新的发展思路和模式。农机化协会确确实实在用自己的行动践行"市场导向，服务当家"的办会方针。

刘会长： 对，作为行业组织服务会员单位，做政府、企业、使用者的桥梁是我们工作的主题，我们把扶贫工作作为主题中的重点，建立了扶贫工作领导小组，多次召开扶贫工作小组会，专题研究部署定点帮扶工作具体事项，落实了具体的工作安排，使此项工作有检查、有落实、专人抓专人干。同时，协会广泛引导和动员协会会员等社会力量，积极参与扶贫公益事业，在行业中营造了关心扶贫、支持扶贫、参与扶贫的浓厚氛围和情怀。协会所做的扶贫工作受到了农机系统内外的关注和肯定。

易云： 嗯，我也了解到协会近些年来在扶贫工作中获得了一些赞誉。

2019年9月，民政部社会组织管理局在安徽合肥主办了首届"全国性粮农类社会组织产业扶贫对接活动"，咱们协会与12家全国性粮农类社会组织通过图文展示了扶贫成果，与 20 家全国性粮农类社会组织共同发起“履行社会责任，助力脱贫攻坚”全国性粮农社会组织扶贫攻坚倡议书，大会授予中国农机化协会突出贡献表彰证书。

2020 年 11 月，协会所做的一些扶贫工作入选了农业农村部举办的农机系统扶贫优秀案例，得到了系统内外的肯定。您对这些荣誉是怎么看的？

刘会长：协会的这些荣誉离不开上级部门的指导、会员企业的支持，更离不开协会处在扶贫前线同志的付出。2018 年协会组织了相关活动对农机系统内积极参与扶贫公益事业的会员单位和个人进行表彰，我们希望通过这个活动把荣誉给到扶贫工作背后默默付出的人。

易云：您为协会得到这些荣誉感到自豪吗？

刘会长：肯定有一些。但我们的初衷不仅是为了获得荣誉。我和我的同事们更在乎能加入主旋律，跟上时代发展步伐，亲身参与扶贫这件事，融入这项伟大的事业。把农机人的专业技能用于帮助脱贫，特别是看到许多熟悉的人生活一天天好起来，看到农业机械化在扶贫工作中派上用场，作为农机人真的有一种成就感。

易云：我很理解和赞同您的说法。2019 年新冠肺炎疫情暴发，对于贫困地区来说肯定更加艰难，这对扶贫工作有没有什么影响？怎么应对？

刘会长：新冠肺炎疫情暴发后，我们第一时间通过远程会议探讨如何帮助贫困地区减小疫情影响。决定购置 400 台喷雾器协助疫情防控。协会副秘书长耿楷敏联系电动喷雾器生产企业，对接相关部门捐赠方案，通过农业农村部协调解决物流运输困难，保障捐赠机具及时配送至湖北疫区、四川“三区三州”、湖南、贵州、甘肃等司、站、协会对口帮扶贫困地区。

这次疫情没有阻碍扶贫后续跟踪回访工作，综合部张斌同志在疫情期间以电话询问、网络调查的方式开展工作，对四川“三区三州”——红原县、昭觉县、理塘县、河北曲阳县、甘肃永登县、黑龙江泰来县、湖南永顺县等农机系统重点扶持贫困地区进行调研，以接受捐赠的农机合作社、村委会和农机使用者为对象，了解 186 台（套）捐赠机具中在用数量、作业面积、作业效果、维修售后服务情况，进一步了解捐赠农机使用情况，帮助受赠方在困难条件下及时联系相关技术人员、营销售后人员对相应问题跟进解决。完成了《贫困地区农机购置补贴机具核查及捐赠机具使用效果评估》报告。

易云：2020 年是我国脱贫攻坚的收官之年，协会对于以后的工作有什么设想？

刘会长：我国脱贫攻坚工作已经取得了为世瞩目的成绩。党中央的提出推进全面脱贫与乡村振兴有效衔接，是新时期一项重大战略任务。我们将一如既往地在上级领导和农机行业爱心人士的共同推动下，为我国乡村振兴添砖加瓦。

60 多年前，毛主席就说过“农业的根本出路在于农业机械化”。近年来，运用先进适用的农业机械装备改善农业生产经营条件的典型案例层出不穷，发展农业机械化大幅度地提高了当地劳动生产率、生产技术水平，提高了经济效益、生态效益，也为偏远地区农业发展提供借鉴。我认为农机化能在扶贫中发挥独特的作用，在乡村振兴中同样也能发挥独特的作用。在举国开展乡村振兴的新时期，中国农机化协会将继续以农机人的角度努力工作，贡献全部的力量。

易云：今天话题的内容很丰富，再次感谢您能够接受我的采访，也感谢所有爱心人士所做出的努力。最后，我可否用这样一句话来概括和描述中国农机化协会扶贫的故事——汇涓流以资沧海，积小善以聚大成。

刘会长：你的文笔很传神，“汇涓流以资沧海，积小善以聚大成”这句话用来描述协会扶贫工作相关活动再好不过了。

非常感谢！春节快乐！

易云：春节快乐！

来源：中国农机化协会公众号

2021年2月9日

图书在版编目（CIP）数据

农业机械化研究文选．2019—2020 / 中国农业机械化协会编著．—北京：中国农业出版社，2021.10
ISBN 978-7-109-28665-8

Ⅰ．①农… Ⅱ．①中… Ⅲ．①农业机械化－中国－2019－2020－文集 Ⅳ．①S23-53

中国版本图书馆 CIP 数据核字（2021）第 159836 号

中国农业出版社出版
地址：北京市朝阳区麦子店街 18 号楼
邮编：100125
责任编辑：程 燕　　文字编辑：耿增强
责任校对：刘丽香
印刷：中农印务有限公司
版次：2021 年 10 月第 1 版
印次：2021 年 10 月北京第 1 次印刷
发行：新华书店北京发行所
开本：787mm×1092mm 1/16
印张：23.75　　插页：1
字数：400 千字
定价：285.00 元

融合智慧　策源思想